#!/usr/bin/python3

智能产品

交互原型设计

INTERACTION PROTOTYPING DESIGN OF
INTELLIGENT PRODUCTS

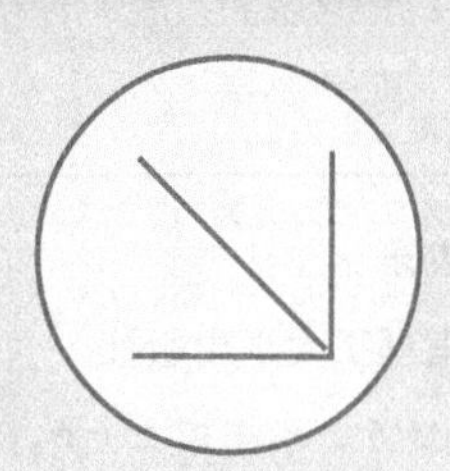

刘再行 顾 莉 编著

print("hello world!")

·广州·

图书在版编目（CIP）数据

智能产品交互原型设计 / 刘再行，顾莉编著. -- 广州：华南理工大学出版社，2024. 11. -- ISBN 978-7-5623-7825-9

Ⅰ. TB472

中国国家版本馆CIP数据核字第202484U9B2号

智能产品交互原型设计

刘再行　顾　莉　编著

出 版 人： 房俊东

出版发行： 华南理工大学出版社

（广州五山华南理工大学17号楼，邮编510640）

http：//hg.cb.scut.edu.cn　E-mail：scutc13@scut.edu.cn

营销部电话：020-87113487　87111048（传真）

责任编辑： 王魁葵

责任校对： 伍佩轩

印 刷 者： 广州小明数码印刷有限公司

开　　本： 787mm × 1092mm　1/16　**印张：** 22.75　**字数：** 553千

版　　次： 2024年11月第1版　**印次：** 2024年11月第1次印刷

印　　数： 1～500册

定　　价： 63.00元

作者简介

刘再行

广州美术学院副教授，硕士生导师，工业设计学院工业与交互设计系主任，兼任中国图学学会计算机辅助工业设计分会委员，广州市美术家协会数字艺术委员会副主任、广东省陈设艺术协会理事。本科毕业于华南理工大学，硕士毕业于中山大学，武汉理工大学博士生。主要研究方向为人机交互以及人工智能应用，主持/主要参与省厅级以上科研课题6项，已公开发表相关领域中英文核心期刊论文19篇，出版著作3部，获授权职务发明专利4项，入选2022国际体验设计百强——十大杰出青年教师，指导设计作品获红点至尊奖、日本概念艺术设计银奖、奥艺大会中国设计金奖等。

顾　莉

广州美术学院高层次引进人才，工业设计学院副教授，硕士生导师，认知心理学研究所负责人。本科毕业于浙江大学，中山大学和美国加州大学伯克利分校联合培养博士，具有认知心理学和设计艺术学交叉学科背景。长期致力于设计学和心理学的交叉领域研究与实践，主持教育部人文社会科学项目、广东省自然科学基金等省部级项目6项，作为核心骨干身份参与国家重点研发计划项目和广东省重点领域研发计划项目。已公开发表SCI/SSCI学术论文21篇，获授权职务发明专利2项，设计作品入选第十四届全国美展。

前　言

在信息技术快速发展的今天，人工智能（AI）产品逐渐进入人们的视野。在可以预期的未来，AI技术将会成为支持人与人、人与物、物与物互联的重要工具，人们日常工作生活中使用的软硬件产品也将普遍融入AI技术。从智能玩具、智能家居到医疗健康、智能汽车等各个领域，智能产品将进一步推动智能技术与现实应用的深度融合。智能交互原型的设计能够让开发人员在设计前期更好地验证AI产品概念，并通过实际测试来优化设计。

智能产品的设计通常涉及多个平台和复杂的网络环境，需要考虑智能产品的服务对象、功能定位、感知精度等关键因素。其设计以计算机软硬件为基础，集成了智能感知、无线互联、大数据处理等新一代信息技术，并具备自动感知、处理和反馈环境信息的能力，从而可以为用户提供更加个性化、智能化的应用体验。同时，以神经网络算法为代表的现代AI技术所具有的数据驱动、过程黑箱、反馈不确定等特点，使得面向智能产品的原型设计面临新的挑战和机遇。在这一过程中，设计师不仅需要考虑如何通过AI技术提升人机交互体验，还需综合考虑智能产品与人、社会、环境之间的关系，确保设计方案兼顾技术可行性与用户需求。

《智能产品交互原型设计》一书围绕智能产品的原型设计方法展开，目标读者包括从事交互设计、智能产品开发的初学者以及有一定编程基础的设计师和工程师。针对期望深入了解人工智能技术在交互设计领域的应用影响，以及计划通过编程及硬件开发手段打造智能产品原型的专业设计师，本书提供详尽的指导以及众多的精选案例。本书分为八章，系统地介绍了智能产品的交互原型设计流程和方法。第1章详细介绍AI交互原型的基本概念，解释了交互原型的定义、特点及其在产品设计中的重要作用，并帮助读者了解如何结合AI技术实现创新的交互体验。第2章深入分析了交互原型设计的流程，从用户研究、需求分析到实际的原型制作，通过详细的流程说明和实例分析，帮助设计师在产品设计过程中科学地规划和优化交互原型。第3章至第6章，引入了编程语言和工具，特别是通过Processing这一专为艺术家和设计师而设的编程平台，在此基础上学习编程基础和Python语言编程，并通过具体的实例展示了如何一步步实现交互界面的设计与优化。第7章和第8章进一步讨论了硬件与软件结合的交互原型设计，尤其是通过Arduino等硬件平台的应用，在实体层面实现交互原型的开发，在结合实际应用场景的基础上，展示如何通过编程和硬件整合来开发智能交互产品。通过这本书，读者不仅能学会如何使用智能技术进行产品设计，更能以智能原型为思维辅助的工具，与其展开对话，在反思与实践中实现设计创新。

本书的撰写得到了许多同事和学生的大力支持与帮助。在此特别感谢参与编写工作的各位同仁，包括：广州美术学院毕业生李冠佑同学参与书稿的文字整理工作，广州美术学院研究生梁楚圻同学参与本书图片相关设计工作，广东轻工职业技术大学的曾启杰教授、贺秋芳教授为本书电子电路技术部分提供了基础知识框架，并给予了专业的编写建议。此外，为了教学的系统性，本书还参考了部分网络资源，并尽量注明来源，但因种种原因，无法对所有资源进行详尽注明，如有侵权，请与编者联系。

作者

2024年9月

目　录

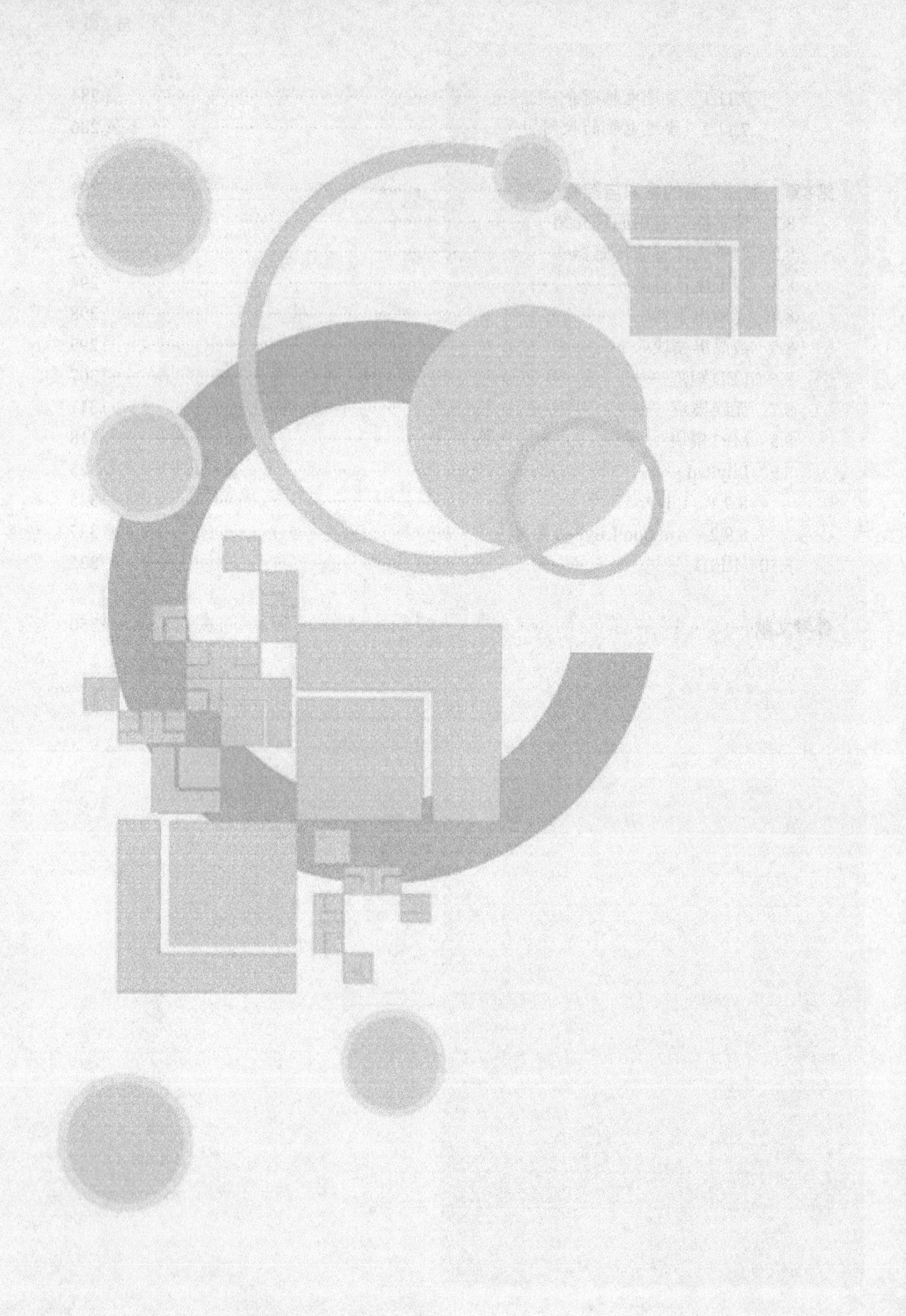

第1章

AI交互原型概述

交互原型是一个交互式系统的具体实现。原型与设计概念不同，它的根本特征是实体存在的人造物品，而不是需要进一步解读的抽象概念。本章将对原型设计的相关理论做整体介绍，并讨论AI技术对原型设计的影响。

1.1 交互原型设计简介

原型，是指一个实体产品或软件系统的初步模型，其主要目的是在产品的早期阶段模拟和测试其功能、交互性和可行性，用于在设计定型前发现潜在的问题。原型可以以物理形式或数字形式存在，具体取决于产品的性质和设计阶段。原型既是设计前期概念的具体表现——允许设计者、开发者和利益相关者在启动全面实施之前对概念进行可视化和评估，也是一种进行设计迭代的重要工具——设计师可以根据反馈和测试结果对方案进行改进和调整。制作可交互原型的目的主要是为人机交互设计提供依据，通常涵盖物理部分和数字部分。物理部分通常用于测试实体产品的设计，而数字部分则通常用于网站或应用程序的设计。人机交互是一个多学科的领域，它结合了科学、工程和设计的元素。在设计交互式产品或系统的时候，使用原型来模拟抽象的人机交互的过程尤为重要，设计师、开发者和其他相关人员通过原型测试才能有效理解和评估用户与产品的交互体验效果。在AI产品设计中，原型可能包含一个或多个AI模型程序，来达到模拟产品核心功能的目的。

1.1.1 原型与产品设计

“A good design is better than you think.”超越用户预期的设计才是好设计（Rex Heftman，2000）。

设计是不断做出选择的过程，是平衡创造力和工程可行性的迭代演进。原型设计在设计过程中扮演着关键的角色，只有持续对设计原型进行测试迭代，设计师才能推动设计创新、深化设计，并为最终产品的成功打下基础。产品原型一般分为硬件原型（实体模型）和软件原型（可交互的操作界面），通过展示产品的外观、功能和用户体验，帮助设计师和利益相关者更好地理解产品的潜力和局限性，同时也为设计团队提供了一个实践和迭代的平台，以评估和改善设计方案，减少风险和成本。在概念设计阶段，设计者可以通过原型直观地感受产品的外观和使用体验，验证设计概念的可行性，并与客户或用户进行有效的沟通和反馈。在产品迭代阶段，原型测试可帮助生产工程师和设计师更快更直接地根据真实环境下用户测试的反馈结果，快速发现问题并更新产品设计。

当下，我们正在走向一个与机器智能普遍互动的时代：越来越多的自动驾驶车辆出现在传统车辆的车流中且不时会遇到穿行的路人；家庭智能设备独立感知并自主行动；协同机器人与工人在同一条流水线上工作。这些新型的互动形式一方面正在以重要的方式影响我们的工作和家庭生活，另一方面也让设计师在为AI产品进行交互设计时面临新的挑战。设计师需要通过AI产品原型不断地探索用户如何与AI产品进行交互，实现人与人工智能之间的默契互动，确保用户能够最大程度地利用和发挥人工智能的潜力和功能。我们应该开始思考如何使用人工智能创造伟大的、深刻的设计，但其中的基础技术是很难掌握的，而要了解何时、如何以及为什么要应用这些技术则更加困难。好消息是随着互联网的普及乃至人工智能的最新进展，交互编程技术的相关知识变得更加容易获取，甚至可以在人工智能的辅助下快速完成交互功能的实现。

原型设计的目的是实现设计创新。我们既可以把原型看作是产品的早期版本，也可以看作是设计过程的重要环节。成功的设计原型可为提升创造力提供支持，帮助开发者捕捉和生成想法，促进探索设计的可能性空间，并发现关于用户场景的相关实际信息。同时，有效的原型也有利于交流，可以帮助设计师、工程师、项目经理、软件开发人员、客户和用户讨论各种方案并相互交流。依托原型进行早期评估，可以在整个设计过程中以各种方式对设计方案进行测试，包括传统的可用性研究和非正式的用户反馈。

原型开发是一个反复的过程，设计原型应保持合理的发散性，所有的原型都不可避免地根据设计目的提供某些方面的信息，而忽略了其他方面。设计者必须在设计过程的每个阶段考虑原型的目的，并选择最适合于探索当前设计问题的表现形式（Houde and Hill，1997）。

在整个产品设计和开发过程中，围绕设计创新的原型验证有多种目的，包括：

①沟通和协作：原型有助于设计师、开发者、客户和其他利益相关者之间的有效沟通，为讨论提供了一个共同的参考点，使每个参与的人都能很好地理解预期的设计方向。

②迭代和细化：原型设计鼓励迭代的设计过程，在这个过程中，设计者可以根据用户的反馈迅速地做出改变和改进。这种迭代的方法可以使最终产品尽可能满足客户的期望。

③减轻风险：原型有助于识别和减轻与设计相关的潜在风险和挑战，做到早期发现问题，可以在投入大量资源进行开发之前解决这些问题，将开发出不符合用户期望或要求的最终产品的风险降到最低。

设计师根据测试结果和反馈对原型进行迭代和改进，因此原型是持续发展变化的，正是这种变化性使得原型成为一个有效的设计工具，同时也是促进产品设计深化的重要手段。以设计一个智能煮茶器为例：在初步设计阶段，设计团队可能首先会创建一个概念原型，这个初步原型只是一个用纸和胶带制作（或3D打印）的模型，用以验证基本的设计理念，例如这款产品的大小、形状、用户界面的位置等（图1-1a）；一旦基本设计概念被接受，就进入功能验证阶段，可以创建一个包含工作部件以及简单的用户界面功能原型（图1-1b），测试和验证产品的基本功能；下一步，设计团队可能会创建一个更为接近最终产品的原型，包含更多细节（例如完整的用户界面、实际的外壳材料、初步的包装设计等），以便进行用户测试并收集用户的反馈。可见，不断完善的原型在设计过程的不同阶段都有其特定的作用和价值。

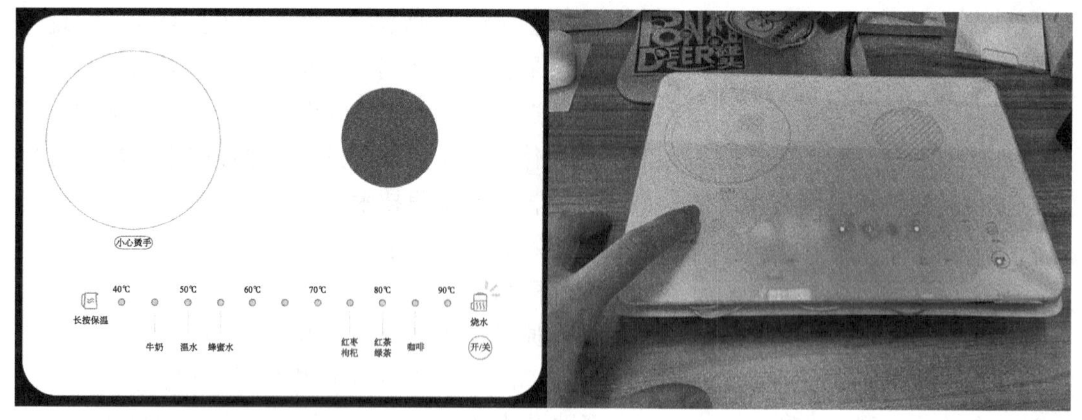

（a）可交互原型　　（b）可交互功能原型

图1-1　一款煮茶器的设计原型（广州美术学院工业设计学院学生作品）

1.1.2　原型的价值

1.1.2.1　原型提升设计质量的实证

建立早期原型并进行迭代是一种有效的设计方法。通过早期原型，设计师能够更快地获得相关设计概念的实际情况，并可在反馈的基础上不断改进和优化。研究发现，对于软件系统缺陷而言，发现并消除错误的成本在产品的每个阶段都会增加一个数量级，原型设计能让设计师更早地发现问题和盲区并及时解决。尽管在现实世界的设计任务中，隔离设计问题并进行原型验证无法直接让设计师生成最终设计，但原型设计仍被证实为提升设计质量的有效工具。在一项旨在检验原型设计有效性的研究中，研究人员发现在有时间限制和具体可测量结果的实验设计任务中，建立早期原型并进行迭代的参与者的表现优于没有建立原型的参与者。该研究设计的实验的任务是机械工程中的“鸡蛋掉落”练习，要求参与者使用有限的日常材料设计制作一个容器，保护生鸡蛋免受垂直掉落的冲击，即掉下来摔不碎。图1-2为28个比较好的设计方案，在这个对照实验中，实验组（图1-2a）必须尽早制作一个可测试的原型，并对该原型进行迭代，而对照组（图1-2b）则不鼓励建立原型，实验结果表明实验组的成绩优于对照组。值得注意的是，不熟悉任务的新手在制作原型后的表现与没有制作原型的专家一样好，这充分显示了原型设计对于设计成果的积极影响。这表明，原型设计作为一种设计方法，在提升设计质量和效率方面具有潜在的价值。

1.1.2.2　原型的认知辅助价值

认知科学的研究显示，实体原型探索在推理设计问题和构建解决方案空间时有助于设计者更好地理解问题并生成创新的解决方案。

1）*在实践中思考*

具身认知理论认为，思想和行动是深度融合的，共同产生学习和推理。这种实践性

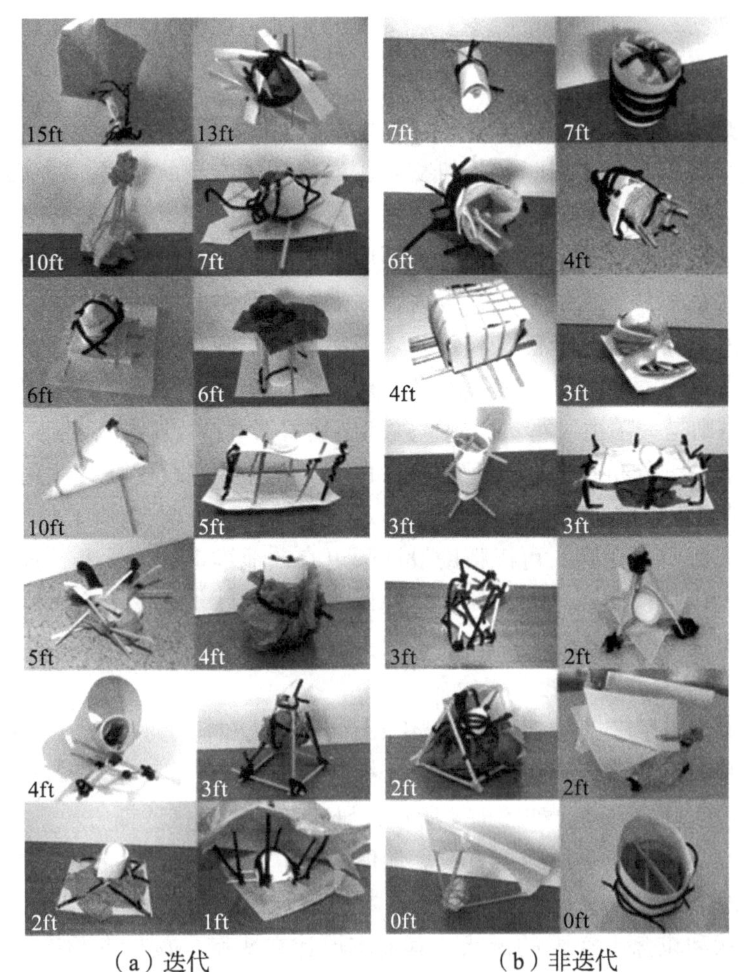

（a）迭代　　（b）非迭代

图1-2　设计一个结构保护自由落地的鸡蛋（Dow，2009）

的思考方式更符合人类思维的自然方式，因为人类在实际操作中将思考与行动紧密地结合在一起。“在实践中思考”的理念强调了通过实际参与、行动和实践来促进学习、创新和推理的过程。通过制作原型、尝试实际操作等方式，设计者能够更好地理解问题、发现问题，创造性地思考解决方案，并从实践中获得反馈以不断改进。迈克尔·波兰尼在《个人知识》（图1-3）中提出“隐性知识”概念，他认为，许多专业知识和技能都是“以行动为中心”的，因此无法用于明确的符号认知。骑自行车的例子非常形象地说明了隐性知识的概念，骑自行车是一种以动作为中心的技能，是通过反复练习获得的。这些隐性知识很难通过简单的语言描述传达，需要通过实际操作和体验来掌握。在设计领域中，许多设计师具有丰富的隐性知

图1-3　迈克尔·波兰尼所著《个人知识》的封面

识，这些知识在实际创作中发挥着重要作用。

2）延伸到环境中的认知

分布式认知理论强调认知不仅局限在个体的大脑中，还涉及环境、工具和其他人的共同协作。这个观点在认知科学和人机交互领域得到了广泛的探讨，对于理解人类认知的方式以及设计有效的工具和系统具有重要的意义。环境和工具可以扩展个体的认知能力，使其能够处理更复杂的问题和任务。环境和人工制品是认知过程的一部分，它们不仅可以辅助人类认知任务，还可以在很大程度上影响人类的思考和决策。此外，在协作过程中，人与人之间通过共享信息和任务来扩展自己的认知能力，从而共同解决复杂的问题。例如，古代航海家通过司南等工具，拓展了认知和思考能力，实现了远距离航海任务；现代航空则是一项由飞行员、副驾驶和导航仪器共同完成的任务。

在设计领域中，分布式认知的理念提示我们，设计师不仅需要关注用户个体的认知过程，还需要考虑他们与环境、工具和其他人之间的互动。原型作为具体的人工制品在设计过程中扮演着重要角色，可以帮助设计师更有效地推理、表达和传递他们的想法和概念。同时，设计师也需要考虑如何创造性地将约束条件与概念稳定地结合，以支持用户更好地理解和应用设计概念。

3）付诸行动让思考更高效

认知科学家提出了实践行动（practical action）和认知行动（cognitive action）两个概念。实践行动是指那些推动我们朝着已知目标前进的行动；而认知行动则是指那些能发现更多有关目标信息的行动。如图 1-4 所示，研究者通过对俄罗斯方块玩家的研究证实，外部行动可能比心理操作更快或更有效。他们的研究测量了俄罗斯方块游戏中新手和高手旋转棋子的次数，发现高手旋转棋子的次数更多。因为在游戏中进行旋转，然后目测比较棋子的形状和棋盘上空隙的形状，其成本要比在头脑中旋转并检查是否合适更快。在拼字游戏中也发现了类似的结果，高手通过重新排列他们的字母组合来帮助他们推理该字母组合可能组成的单词。因此，构建具体原型可以比抽象推理的设计更快更好地解

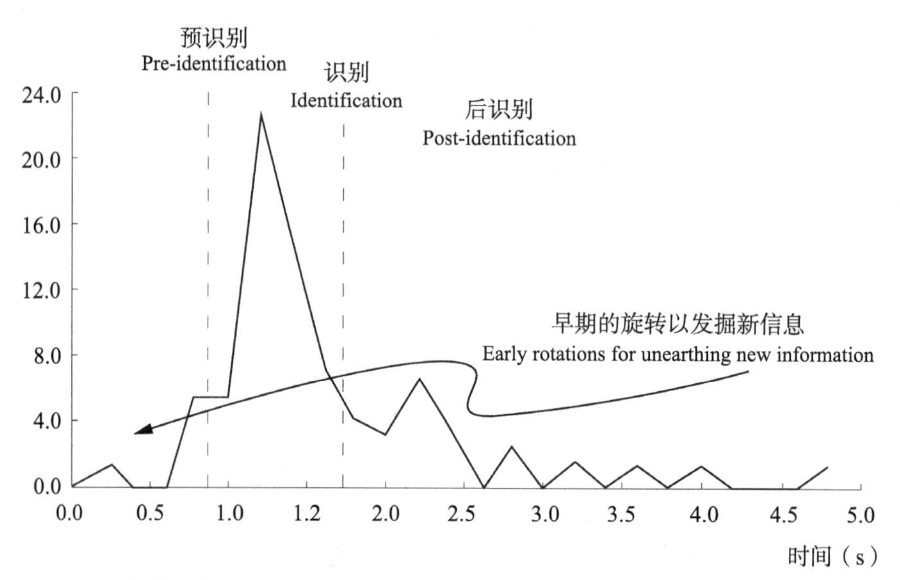

图1-4　在俄罗斯方块游戏中旋转以帮助认知（Kirsh and Maglio, 1992）

决问题。

4）与材料对话

在《反思性实践者》（*The Reflective Practitioner*）这本书中，唐纳德·舍恩提出了反思性实践的概念，深入探讨了设计师如何通过反思实践来提升其专业能力和创造性思维。他强调了设计师在面对设计挑战时的双重反思。一方面是在实际的设计行动中，设计师通过与材料和媒介的互动来发现新的解决方案和创意，他将这种创意的发现称为“后话”（backtalk）。成功的产品和建筑设计源于一系列“与材料的对话”。这里的“对话”是指设计师与设计媒介之间的互动——在纸上画草图、塑造黏土、用泡沫芯材建造。为具体原型的制作提供了关键的惊喜元素，即设计师如果不将其想法具体化就不可能实现的意想不到的创意。另一方面是在行动之后的反思中，设计师通过审视自己的设计决策、策略和成果，从而推动自我学习和不断改进。设计师在实际制作原型、探索素材、调整方案时，通过与设计媒介对话，能够更深入地理解问题的本质，以及如何在实际操作中产生创新性的解决方案。如图 1-5 所示，手持电动云台手柄造型的探索，从油泥原型到 3D 打印结构原型的设计实践就是这样的创新性解决方案产生的过程。设计师的实践和思考的紧密融合，并反思实践如何为设计师提供持续的学习和提升的机会，从而促进创新和专业成长。

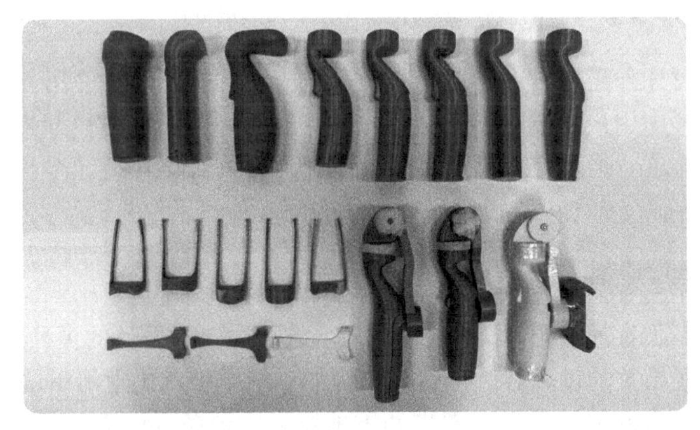

图1-5　手持电动云台手柄设计原型（广州美术学院工业设计学院学生作品）

1.1.3　面向体验的交互原型

可与用户互动是智能产品的核心特征之一，智能产品的这类互动功能被统称为人机交互（human-computer interaction，HCI）系统。在 HCI 中，互动不仅仅是一个“命令—响应”的过程，更是用户和系统沟通、理解和学习的过程。通过交互，用户可以表达他们的需求，系统可以理解这些需求并提供相应的服务。人机交互设计是产品提高用户体验的关键因素，关注的是如何设计易用、高效、有趣的交互方式。

不幸的是，设计优秀的人机交互是很困难的。虽然视觉设计的重要性不言而喻，但它不能完全替代优秀的交互设计，许多带有交互系统的产品（包括网站、应用软件、智能产品等）可能有很漂亮的“外观”，但在使用过程中却让用户感到无所适从。交互设计并不只是关注产品本身，更关注作为使用者的人，满足不同用户可能的非常不同的需求和期望。例如，有些用户可能需要一个功能强大的工具来完成复杂的任务，而其他用户可能只希望进行一些简单的操作。一个为专业打字员设计的文字处理器与一个为秘书设计的文字处理器需要不同的交互设计，即使他们的目的在表面上看起来相似。此外，使用的环境差异也会使用户表现出不同的行为，同一款产品在不同的环境下可能会有不同的使用体验。例如，在驾驶场景中使用的电话、音乐等软件与手机等手持移动设备中使用相关功能需要不同的交互设计，如图1-6所示为汽车中控面板操作界面的设计案例。

图1-6 汽车中控面板操作界面设计

优秀的交互设计师需要尽可能地使其设计适应不同的用户和使用环境。研究用户工作和生活环境，考虑用户的技能、知识、习惯、目标等，找到一种方法来平衡并满足目标用户群的使用需求。通过交互原型实验，设计师可以对交互设计涉及的用户的行为模式、认知能力、情感反应等因素进行研究，从而深入理解用户并进行交互设计迭代优化。

1.1.3.1 交互式体验原型

体验是一种非常动态、复杂和主观的现象。它取决于对设计的多种感官体验的感知，并通过与环境因素相关的过滤器进行解释。例如，滑雪板从山上滑下的体验是什么？这取决于滑雪板的重量和材料质量、绑带和雪地靴、雪地条件、天气、地形、空气温度、技巧水平、精神状态、同伴的情绪和表情。即使是简单的人工制品，其体验也并非存在于真空中，而是与其他人、地点和物体之间的动态关系。此外，人们的体验质量会随着时间的推移而变化，因为它会受到这些多重环境因素变化的影响。了解交互体验质量的最佳方式就是亲身使用产品，由此，面向体验的原型设计应运而生。体验原型可以是任何媒介的任何一种表现形式，其目的是理解、探索或传达与我们正在设计的产品、空间或系统打交道的感觉。其核心理念是让设计师、客户或用户“亲身体验”，而不是目睹演示别人的体验。因此体验原型与其说是一套技术，不如说是一种态度，它允许设计者从设计综合体验的角度来思考设计问题，而不仅是设计一个静态的人工制品，还要关注社会环境、时间压力、环境条件等背景因素的重要影响。

对于交互式系统来说，体验原型不能是建筑模型那样的等比例缩小模型，设计者可以限制原型所能处理的信息量，但是实际的界面必须以全尺寸呈现。无论是在设计交互界面，还是在进行用户测试和评估时，按照实际尺寸制作的原型才能提供真实的用户体验。全尺寸原型可以帮助设计者捕获和理解用户在真实环境和设备上的使用体验。这种体验包括操作的便利性，例如移动应用中的点击区域大小、桌面应用中的信息布局以及实体产品的物理特性等。全尺寸原型还能模拟产品在实际使用环境中的情况，例如移动设备在各种环境下的使用，桌面应用在长时间使用中的体验，以及实体产品在实际环境中的布局等。因此，全尺寸原型能使设计者更深入、更准确地理解用户的需求和体验，进一步提升设计质量，从而提供更优秀的用户体验。

例如设计一款智能手机应用，全尺寸的原型能够以实际大小显示诸如按钮、文字和图像等元素，这可以帮助设计师确保视觉元素的排版在真实设备上看起来正常，并且易于阅读和操作。同时，用户可以使用真实的手势，例如滑动、点击和缩放，来与全尺寸的原型进行交互，才能给设计师提供更真实的体验反馈。如图 1-7 所示为纸面原型示意图，图 1-8 为制作纸面交互原型工具。

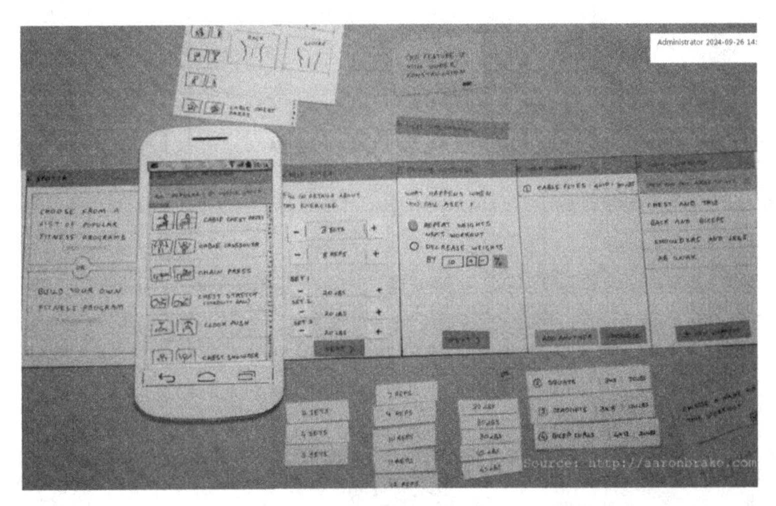

图1-7　UI纸面草模（Caminha，2020）

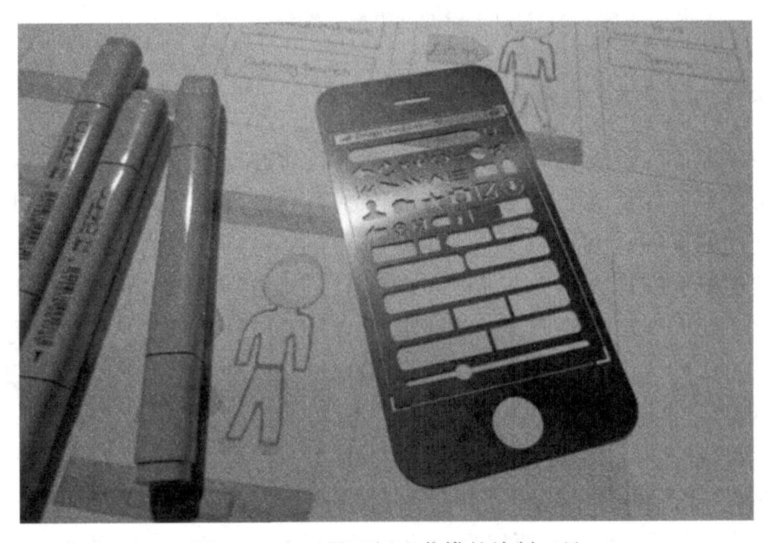

图1-8　交互界面纸面草模的绘制工具

（来源：https://uxbooth.com/articles/paper-prototyping/）

体验原型设计是交互系统设计中的一项关键活动。一些知名的公司和研究机构，如苹果电脑公司、施乐帕克公司和Interval Research公司，一直在积极推动原型设计的发展。他们试图超越传统方法，对不同形式的原型有更深入的理解，从而提升设计质量。IDEO的设计师们正在努力将“体验原型设计”这一概念纳入其设计实践，并将其视为设计流程的一部分。例如模拟用户体验、验证设计假设等，将用户体验作为核心，通过原型来创造更好的产品（如图1-9所示）。

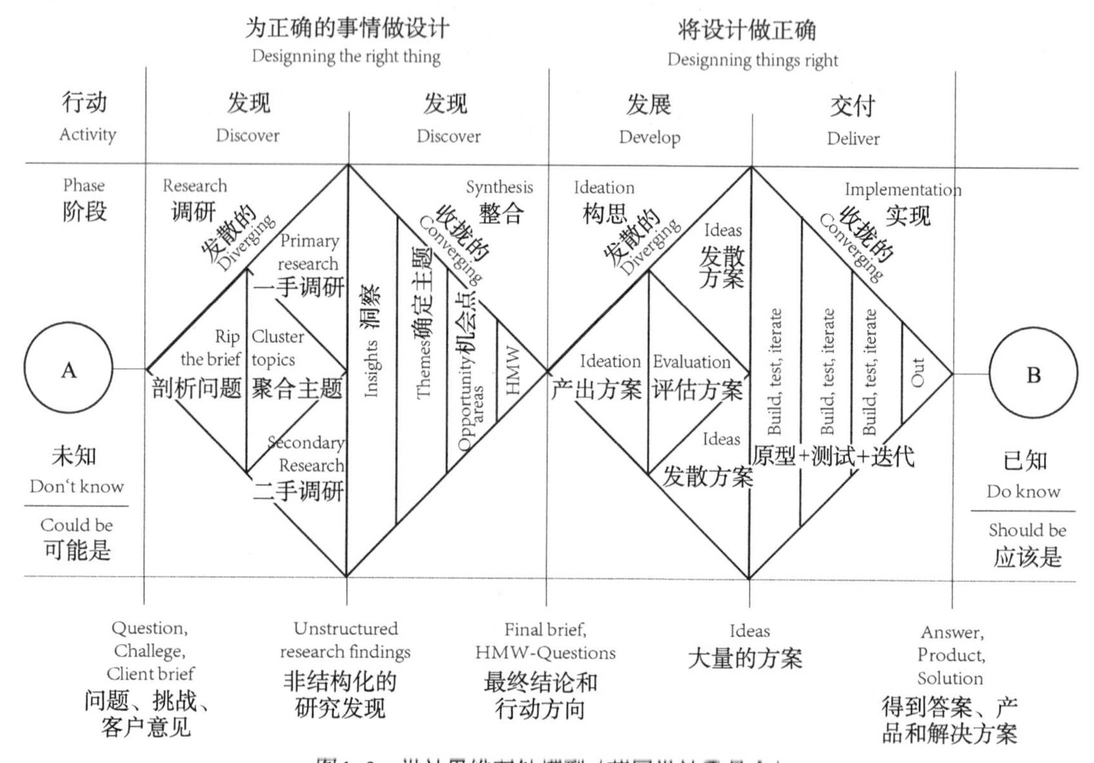

图1-9　设计思维双钻模型（英国设计委员会）

1.1.3.2　跨学科、跨媒体的融合体验

越来越多的设计实践表明，在设计具有复杂互动的智能产品时，需要融合硬件和软件、空间和服务——如移动数字通信设备等产品，或如智能音箱、共享充电宝租借等连接实体进行互动的系统。由此产生的物联网产品需要对其原有的功能进行新的表达。这一未知领域需要新的设计方法、具体的考虑因素，并最终设计出在真实场景中的综合体验，而不是单个的人工制品或组件。例如飞利浦智能灯具设计要求设计师考虑智能灯光的情感体验，而不是直接考虑物理灯具本身的设计。为了满足这一要求，设计师需要注重“在实践中探索”，积极体验各种设计方案之间的细微差别。

要解决这些设计问题，需要多种学科的参与，例如交互设计、工业设计、环境设计、人因工程、机械工程和电气工程等。每个学科都对当前的问题有独特的理解，并有各自的解决方法。作为一个设计团队，要想有效地开展工作，就必须对团队要实现的目标形成共同的愿景。因此，需要拥有能够创造共同体验的工具和技术，为形成共同观点奠定基础。

面对体验设计的新需求，设计师的思维方式和解决方案，甚至是想象力，会更加受到人们所掌握的原型工具的启发和限制。当新的材料或设计工具出现时，需要以新的方式思考可能出现的情况，例如计算机辅助绘图（改变开发流程，使其更加高效）、虚拟三维建模（影响形式设计，使其更加规范），以及新材料，例如聚四氟乙烯或电致发光织物（提供新的产品功能和功能逻辑）。我们应当认识到体验原型能够帮助设计师以新的方式思考所面对的问题。

1.1.4 作为设计工具

1.1.4.1 原型在设计流程中的作用

设计作为一门独特的学科，本质上与艺术、工程和科学都有密切的联系，它涉及创意、表达和审美，涉及将理论原则应用于创造实用的产品和系统，需要通过观察、实验和假设、检验来发展普遍知识。设计师需要将艺术的创造性、工程的实用性和科学的观察与实验相结合，以创造出兼具美感、功能性和创新性的解决方案。这种跨领域的特性使得设计成为一个富有挑战性和创造力的领域，核心目标是为社会提供有价值的产品、服务和体验。

1）设计师的核心能力

著名的设计研究者克罗斯认为，设计具有一种“独特的认知方式”，并总结了专业从业者的四个核心能力：

①解决模糊问题：设计问题的表述本身在最初阶段并不明确，不能通过优化来解决，设计师需要区分合适的解决方案和不合适的解决方案。

②采用以解决方案为重点的认知策略：设计师采用以解决方案为中心的策略，首先生成可能的解决方案，然后检查所生成的想法在多大程度上适用于问题。

③运用归纳推理：设计师从具体观察和猜测开始，然后逐步形成关于设计空间的理论。

④使用非语言建模媒介：设计师倾向于通过人工制品和模型而非书面语言来思考和交流，草图、图表、模型和原型既辅助设计师思考，也是设计团队成员及利益相关者沟通的工具。

2）设计的核心策略

上述四个基本认知能力若在设计师的实际工作中得到了充分体现，对应产品设计的流程一般包含以下四个核心策略。

①发现需求/建立约束条件：通过用户研究方法，设计师能够深入了解新产品的目标用户，包括他们的需求和痛点。这些数据有助于制定约束条件，从而指导设计的方向和范围。

②构思：设计师通过头脑风暴或草图等方法产生许多可能的想法。这种发散性思维有助于创造出多样的设计方案，为后续的选择提供更多可能性。

③原型设计：设计师根据构思阶段的想法创建具体的模型和近似模型，从抽象的概

念转化为可视化的实体。原型可以是纸上草图、数字化模型或者物理模型。

④迭代改进：设计师通过比较、评估和用户或利益相关者的反馈，对原型进行改进。这个过程是一个反复迭代的过程，不断优化设计方案。

设计师首先通过用户研究方法发现需求并建立约束条件；然后进行构思，产生多种可能的设计想法；在原型设计阶段将这些想法具体化为模型；最后通过比较、评估和迭代改进，推动设计的不断完善。设计师通过不断产生想法和筛选想法，推动设计的发展和完善，设计在概念的生成和选择之间不断循环进行。

1.1.4.2 通过原型回答设计问题

在设计过程中，原型能够回答以下问题：该设计的作用是什么？是什么样的外观和感觉？相关功能是如何实现的？

可以根据设计的不同阶段和问题构建原型。例如，在早期设计阶段，可以通过草图或纸板模型构建初步的概念原型，以便快速探索各种设计可能性。随着设计的逐渐完善，可以使用更详细的数字原型或交互式原型来测试和验证特定方案的可行性和用户体验。

原型的价值可划分为三类问题：作用、实现、外观和感觉。这三类问题构成了一个三角形（图 1-10），被称为巴里中心坐标设计空间，而特定原型则可根据其在这个空间中的定位来反映其目标。

①作用：这涉及产品在用户生活中的功能问题，即产品如何对用户有用。这方面的原型关注产品的功能和效用。

②实现：这涉及用于实现产品功能的技术和算法。原型可以关注产品的技术实现细节。

③外观和感觉：这指的是用户在使用产品时的感官体验，包括外观、触感、声音等。原型在这方面关注产品的视觉和感官方面。

基于经济考虑，任何特定的原型通常会聚焦于其中某些方面，或者优先考虑某些方面。例如，一个展示产品在使用中商业效果的视频片段可能更注重产品的功能（如图 1-10 中 1 号位置）；一个展示图形应用程序的菜单和界面的软件原型可能更注重外观和感觉（如图 1-10 中 2 号位置）；而一个演示图形应用程序所需功能的原型可能更注重实现。综合考虑并解决所有三个问题的原型则被称为“集成原型”，它接近最终设计，可以测试整体用户体验，但可能会更昂贵、更耗时（如图 1-10 中 3 号位置）。

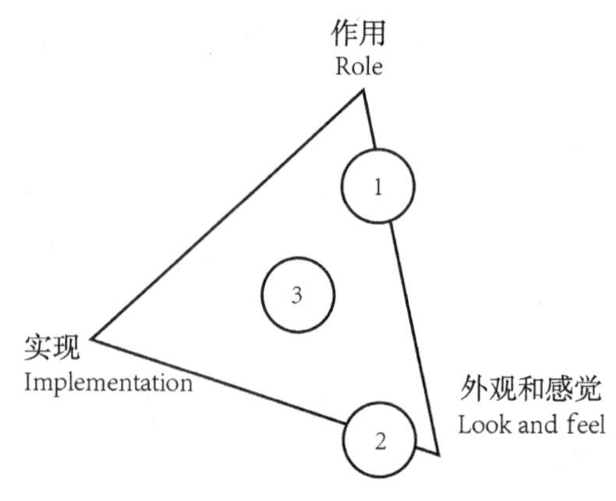

图 1-10 原型的作用、实现、外观和感觉
（Houde and Hill，1997）

1.1.4.3 灵感、演化、验证

IDEO（国际知名设计咨询公司）的原型设计总监 Hans-Christoph Haenlein 描述了该公司内部原型设计的三个阶段（见图 1-11）：启发、演变、证实。随着设计项目的推进，创意的比例会减少，原型也会从灵感工具变成验证工具。

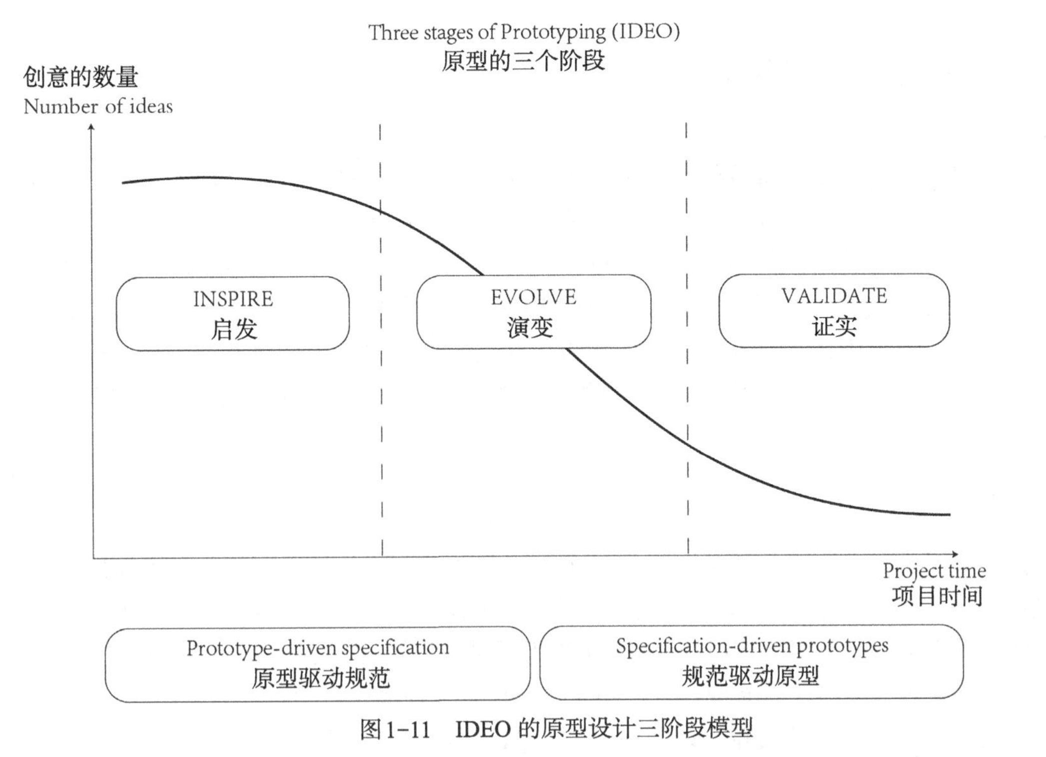

图1-11　IDEO的原型设计三阶段模型

①灵感启发阶段：在项目的早期阶段，会生成许多平行的原型来获取灵感。这些原型通常在设计方案上大相径庭，旨在探索完全不同的设计思路。

②演变阶段：随后，会对数量较少的想法进行反复演化，以解决更为集中的设计问题。在这个阶段，原型的数量会减少，但它们会更加深入和精细，以适应具体的设计挑战。项目的规格和要求通常从这些原型中衍生出来。

③验证阶段：在项目接近尾声时，会制作非常完整的原型来验证整个设计规范。这些原型通常更加精确和细致，用于验证最终的设计解决方案。

此外，他明确区分了两种类型的原型：一种是探索性原型，用于设计团队内部探索和创意启发的原型；另一种是验证性原型，为向外部客户和利益相关者传达设计概念和见解而创建的原型。相比之下，草稿可以看作是一种快速、廉价、一次性的工具，用于建议和探索，而不是最终确认的设计。原型则是一种更具体、更实际的表现形式，用于描述、提炼、回答问题、测试解决方案以及解决设计挑战。许多原型设计方法都共享一个基本目标，即设想所设计的人工制品在未来使用中的情境，因此原型设计可以被视为一种"定位策略"，并进一步区分原型所探索功能的广度（横向相关性）和深度（纵向相关性）。

探索性原型设计应采用简化问题的方法：一个好的原型既能作为探究和互动认知的基础，又能简单创建。这意味着原型应具备其目的所需的属性，而其他属性则应尽可能少。这也意味着，相关性总是与原型的具体用途相对应，这决定了原型需要具备哪些属性。也就是说，原型应该专注于实现其特定目标，而不应过于复杂或冗余。这种策略强调了原型在设计过程中的目的性和定位，原型应该是为特定认知目标而设计的，这有助于确保原型在设计过程中起到有效的作用，并促使设计师关注于实现其所需的属性和功能。

1.2 制作有效的交互原型

我们既可以把原型本身看作是具体的人工制品，也可以把它看作是设计过程的重要组成部分。如果将原型视为设计过程的重要组成部分，成功的原型具有几个特点：它们支持创造力，帮助开发人员捕捉和产生创意，促进对设计空间的探索，并发现用户及其工作实践的相关信息。原型鼓励交流，帮助设计师、工程师、经理、软件开发人员、客户和用户讨论各种方案并相互交流。由于可以在整个设计过程中通过各种方式（包括传统的可用性研究和非正式的用户反馈）对其进行测试，因此还可以对其进行早期评估。

1.2.1 原型设计任务

原型设计在具有交互功能的产品开发项目中起关键作用，设计师和开发团队需要在原型的创建和使用过程中谨慎权衡不同的因素。在这些项目中，原型设计有两个主要目标：①作为学习工具，帮助团队更好地理解所面对的设计问题、探索不同的设计思路；②作为交流手段，通过展示原型，设计团队可以更好地理解用户的需求和期望。

原型需要具备足够的功能，以便模拟用户执行真实而非琐碎任务的体验，这有助于用户更好地理解系统的工作原理和潜在的价值。但同时，对于复杂的交互产品项目来说，由于资源限制，一次只能构建和测试一个原型，这需要仔细选择哪些方面的功能是最值得关注的，以便有效地验证设计概念。

原型设计存在一个悖论，即设计者需要使用原型来进行概念探索，但一旦将相关的初步概念制作成原型，它可能会限制设计者提出更具创意的设计。这是因为，向用户展示原型之后，用户可能会以原型作为理解基础提出期望，从而设计概念的革新会受到约束。因此，设计者需要在学习和满足用户期望之间寻找平衡。

据此，原型设计的目的可定义为探索（明确需求、讨论替代方案）、实验（衡量建议的解决方案是否充分）和演进（调整现有系统以适应不断变化的需求），如表 1–1 所示。原型设计在不同阶段和不同目标下具有多样性和复杂性。例如，在探索阶段只需要尽量简单能表述问题的草模，而在实验和演进阶段，原型的制作需要使用与最终产品相似的生产工具和技术，以确保原型的实施与最终产品的实现方式一致，降低从原型到最终产品的转换过程中的风险和不一致性。

表 1–1 原型的三个目的

方法	目 的	研究内容
探索性	根据需求，确定交互技术的边界和不同的备选方案的可行性	用户需求
实验性	检验假设的技术解决方案是否可以满足要求	特定解决方案
演进性	不断调整系统以适应快速变化的环境	不断变化的需求

来源：参考文献［23］。

原型通常是不成熟的版本，用于评估想法和决策参考。它们可能在质量（响应时间、可维护性、可靠性）或功能方面与最终完善的系统存在差距。原型在某些方面可能不如最终产品，但足以用于探索和验证设计概念。根据原型所支持的不同开发阶段，可将原型分为四种不同类型。

①演示原型。演示原型通常用作说服工具，在项目的早期阶段说明项目的可行性，并展示核心概念和想法，以获得客户或利益相关者的支持。这些原型可能会强调用户界面和外观，以便清楚地传达设计愿景。

②临时运行的系统原型。临时运行的系统原型是一种可以在实际运行中使用的原型，通常限于特定的用户界面或实现的部分，可能是为了在项目的早期阶段快速验证某些功能或概念而构建的，这些原型不一定需要具备完整的系统功能。

③面包板原型。面包板原型通常用于技术验证，其主要目的是为开发团队澄清实施问题，通常不涉及最终用户的反馈，而更专注于解决技术和实施方面的挑战。这些原型有助于确保所选的技术和方法是可行的。

④样机原型。量产前的样机是一种用于评估最终产品的功能和性能的原型。它们可能包含与最终产品相似的硬件和软件组件，并用于测试、评估和改进系统的可行性和可靠性。

原型的开发需要具备灵活性和适应性，在选择原型策略时需要考虑多个因素，不同类型的原型、不同的目的和不同的构建技术都可以在不同的情境下发挥作用。原型设计构建规划可以是根据覆盖完整交互流程的横向探索，也可以是纵向的具体功能实现方式探索。关键是根据项目的具体需求和约束来选择适当的原型开发方法，以更好地满足阶段目标和要求。

1.2.2 原型的形式与精度

1.2.2.1 原型的形式

原型有不同的用途，因此也有不同的形式，在纸上绘制的一系列草图可视为原型，详细的计算机模拟也可视为原型。两者都很有用，都能以不同的方式帮助设计者构思。

1）离线原型与在线原型

离线原型（也称纸质原型，如图 1-12 所示）不需要计算机。它们包括纸质草图、图解故事板、纸板模型或视频。离线原型（交互式系统的原型）最显著的特点是创建速度快，通常是在设计的早期阶段，而且通常在达到目的后就会被扔掉。

在线原型（也称软件原型，如图 1-13 所示）要在计算机上运行。它们包括计算机动画、交互式视频演示、用脚本语言编写的程序以及用界面生成器开发的应用程序。制作在线原型的成本通常较高，可能需要熟练的程序员来实施先进的交互和（或）可视化技术，或满足严格的性能限制。软件原型通常在设计的后期阶段更为有效，因为此时基本的设计策略已经确定。

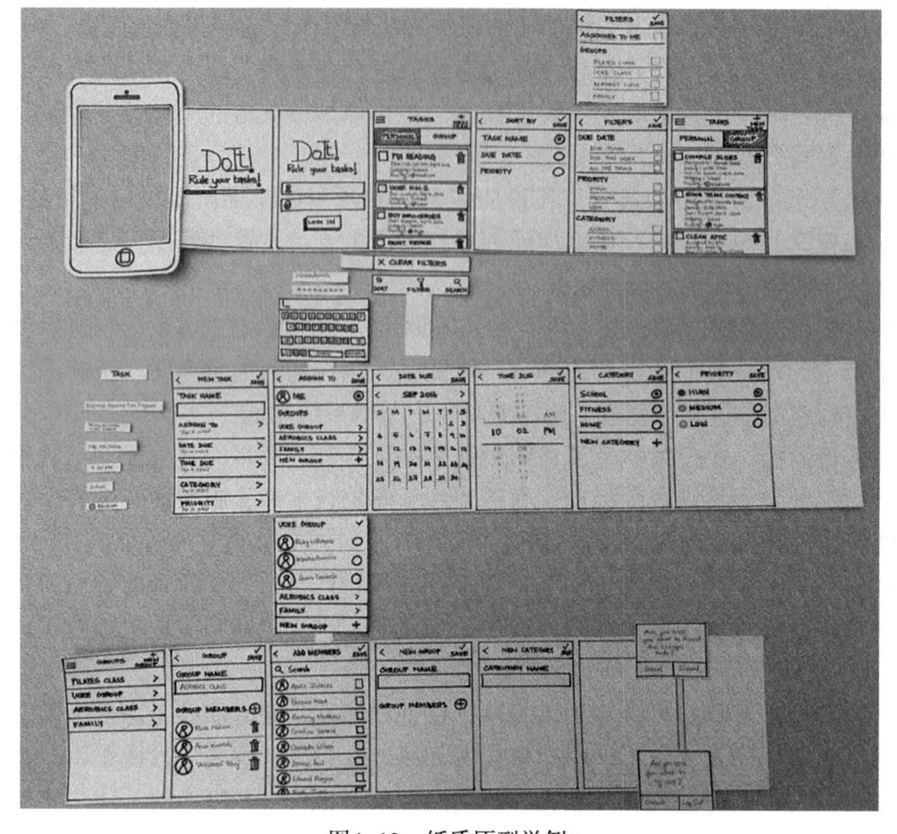

图1-12　纸质原型举例

（来源：https://www.mockplus.com/learn/prototype/paper-prototype）

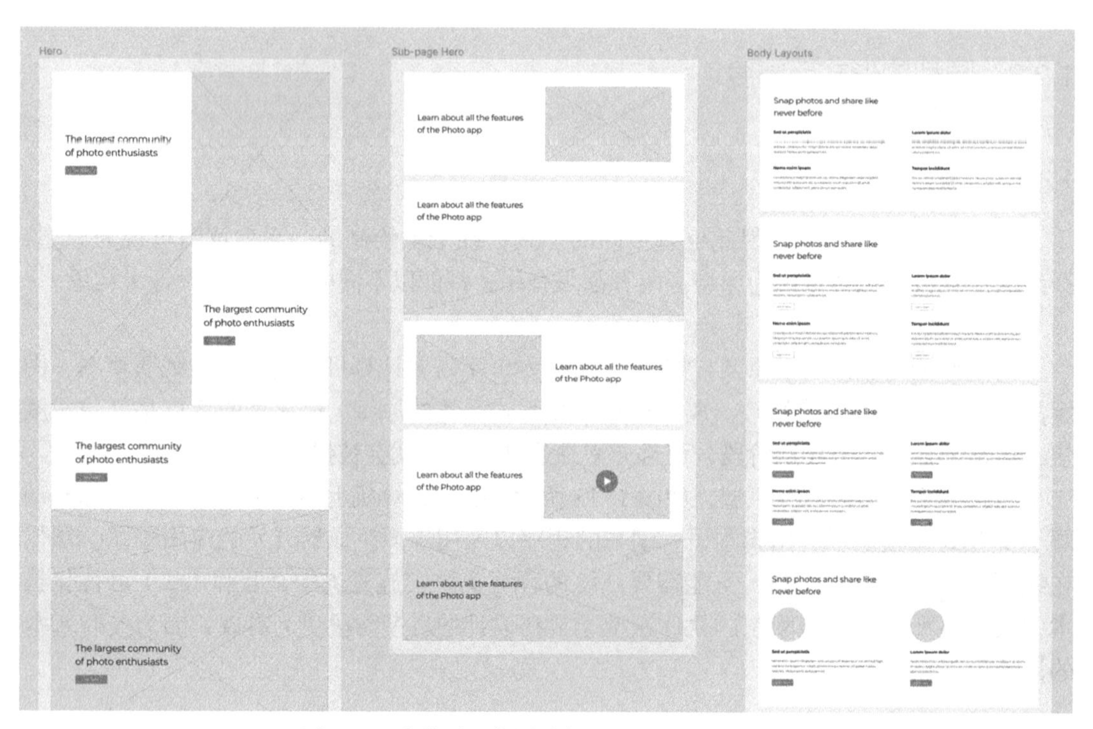

图1-13　在线原型截图（来源：Figma.com示例）

对一个特定项目来说，选择开发离线原型还是软件原型取决于设计过程的阶段、项目要求和目标。通过选择适当的原型类型，设计团队可以在整个开发过程中有效地进行沟通和验证他们的设计概念。对于某些软件产品来说，即使在设计的最初阶段，开发团队中的程序员也往往会支持使用软件原型，这些程序员认为编写代码比制作纸质原型更快、更有用。然而无论在研究领域还是在工业设计领域，实体的离线原型仍然是设计过程的必备选项。

首先，离线原型的成本很低，速度也很快。这样能够保障快速迭代周期的需求，并有助于防止设计者过分执着于第一个可能的解决方案。离线原型更容易探索设计空间，检查各种设计方案并选择最有效的解决方案。而在线原型则在想法和实现之间引入了一个中间环节，从而减慢了设计周期。

其次，离线原型更容易协助设计者拓展思维。每种编程语言或开发环境都会对界面施加限制，从而限制创造力，限制考虑的想法数量。如果某种工具使创建滚动条和下拉菜单变得容易，而创建可缩放界面却很困难，那么设计者很可能会相应地限制界面。考虑更广泛的替代方案，即使开发人员最终使用一套标准的界面部件，通常也会产生更有创意的设计。

最后，也许是最重要的一点，离线原型可以由各种各样的人创建，而不仅仅是程序员。因此，所有类型的设计人员，无论是技术人员还是其他人员，以及用户、管理人员或其他相关人员，都可以在平等的基础上作出贡献。与软件编程不同，修改故事板或纸板模型并不需要特别的技能。在纸质原型上开展合作不仅能提高设计过程的参与度，还能改善团队成员之间的交流，提高最终设计方案被广泛接受的可能性。

2）功能原型与概念原型

功能原型的重点是展示产品的功能和技术可行性。它们的目的是展示核心功能和交互方式，功能原型可能包括交互元素、后端逻辑和数据处理能力。这些原型对于测试复杂的系统、验证技术限制，以及从技术角度评估产品的整体可行性至关重要。工作原型可以使用各种工具创建，包括硬件、软件和物理材料。功能原型关注产品的技术可行性和功能。它们的目的是展示核心功能和交互，通常使用代码或软件开发工具。功能原型对于测试复杂的系统和验证技术约束是至关重要的。

概念原型的创建是为了将一个概念或想法可视化。它们通常被用来向利益相关者传达产品的愿景，并获得对项目的支持。概念原型可以由任何材料制成，而且它们不需要是功能性的。视觉原型主要强调设计的美学和视觉方面的效果，它们专注于创造一个在视觉上有吸引力的、有凝聚力的用户界面，而不一定要包含功能上的交互。视觉原型有利于激发人们对视觉设计元素和品牌的反馈。

3）低保真原型与高保真原型

低保真原型是设计概念的简单而快速的表现。低保真原型的重点是传达产品的整体结构、布局和流程，而不是详细的视觉效果或功能。这些原型是早期想法探索、概念验证和收集利益相关者和用户的初步反馈的理想选择。低保真度的原型可以用纸、纸板或其他材料制作。它们也可以用简单的工具创建，如HTML、CSS和JavaScript。这些原型是设计概念的快速和简单的表现。它们通常使用纸张、草图或基本的数字工具来表达产品的整体结构和流程。低保真原型是早期阶段的想法探索和概念验证的理想选择，它们通常被用来快速测试产品的基本功能。低保真度的数字原型允许比纸质原型有更多的交互性。

高保真原型为最终产品提供了一个更详细和真实的表现。它们包含了视觉设计元素、互动功能，有时甚至是真实的数据。高保真原型的目的是密切模拟实际产品的外观和感觉。它们对于测试可用性、交互设计和收集更准确的用户反馈非常有用。高保真原型通常需要更多的时间和精力来创建，但却能提供一个更加身临其境和真实的用户体验。高保真原型可以使用更先进的工具来创建，如Axure RP、Adobe XD或InVision。高保真原型为最终产品提供了一个更详细和真实的表现。它们包含了视觉设计元素、互动功能，有时甚至是真实的数据。高保真原型在功能和外观方面都非常接近最终产品，对于测试可用性、交互设计和收集更准确的用户反馈都非常有用。

1.2.2.2 原型的精度

原型是帮助设计师、工程师和用户对正在构建的系统进行推理的明确表述。就其本质而言，原型需要细节。诸如“用户打开文件”或“系统显示结果”这样的口头描述并不能提供用户实际操作的信息。原型迫使设计者展示交互过程：用户如何打开文件？屏幕上显示的具体结果是什么？

精确度指的是细节与原型目的的相关性。例如，在绘制对话框草图时，设计者会指定对话框的大小、每个字段的位置以及每个标签的标题。然而，并非所有这些细节都与原型的目的相关，可能有必要显示标签的位置，但文本内容可能并未确定。设计者可以通过写一些无意义的单词或画一些斜线来表示这些文字，这样就可以在不指定标签实际内容的情况下显示出标签的必要性。

虽然这看似矛盾，但详细的表述并不一定要精确。这是原型的一个重要特征：原型中那些不精确的部分是可供未来讨论或探索设计空间的。然而，它们需要以某种形式体现出来，以便对原型进行评估和迭代。精确度通常会随着原型的连续开发和越来越多的细节设定而提高。原型的形式反映了其精确程度：草图往往不精确，而计算机模拟通常非常精确。平面设计师通常喜欢使用手绘草图来制作早期原型，因为绘画风格可以直接反映出哪些是精确的，哪些是不精确的：一个物体摇摆不定的形状或一个代表标签的斜线都会被直接认为是不精确的。而使用线绘图工具或用户界面生成器则很难做到这一点。

原型的形式必须适应所需的精确度，精确度定义了原型所陈述的内容（相关细节）与原型所保留的内容（无关细节）之间的取舍关系。原型所陈述的内容需要进行评估；原型所保留的内容则需要进行更多的讨论和设计空间探索，如图1-14所示从左至右保真度逐渐提高。

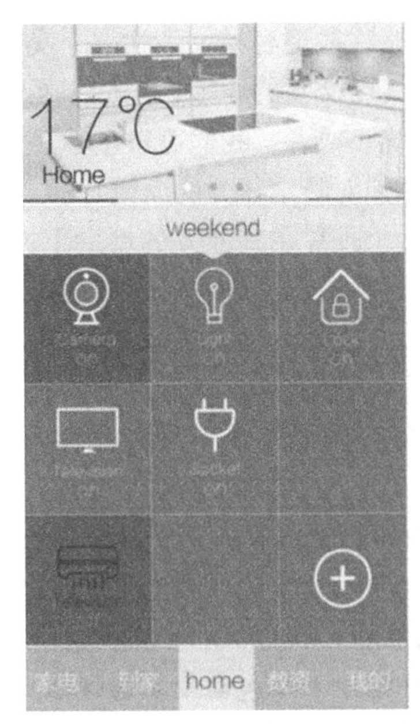

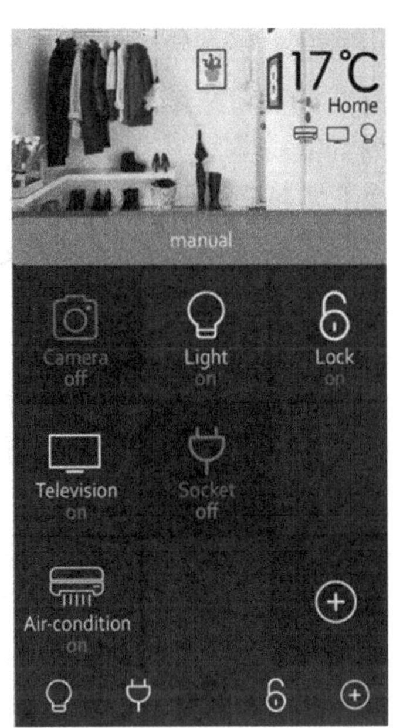

图1-14　低保真原型与高保真原型的对比（广州美术学院学生作品）

表1-2总结了不同类型原型的对比。

表1-2　不同类型原型对比

原型的类型	描述	优点	缺点
低保真原型	一个快速和容易创建的原型	*易于创建 *成本低 *可用于测试基本功能	*不太现实 *不太详细
高保真原型	以更多的细节和准确性创建的原型	*逼真 *详细 *可用于测试可用性	*创建时更耗时且昂贵
功能原型	一个功能齐全的原型	*可用于测试性能 *可用于从用户那里获得最终反馈	*创建时更耗时，更昂贵
概念性原型	这类原型是为了将一个概念或想法可视化而创建的	*易于创建 *成本低 *可用于传达产品的愿景	*不太现实 *不太详细

1.2.3　原型互动性的实现

交互式系统原型的一个关键作用是说明用户将如何与系统交互。虽然这在在线原型中看起来更自然，但事实上，用离线原型探索不同的交互策略往往更容易。请注意，交互性和精确性是正交的维度。我们可以创建一个不精确的、高度交互的原型，比如一系列的纸质屏幕图像，其中一个人充当用户，另一个人扮演系统。或者，我们可以创建一个非常精确但非交互式的原型，比如一个详细的动画，显示用户对特定行为的反馈。

原型可以以各种方式支持交互。对于离线原型，一个人（通常在其他人的帮助下）扮演交互系统的角色，展示信息并对另一个扮演用户的人的行动做出反应。对于在线原型，软件的一部分被实现，而其他部分则由一个人“扮演”。（这种方法，根据1939年的同名电影中的人物而称为“绿野仙踪”）。关键是原型要让用户感觉到互动。更重要的是，在带有人工智能的交互系统中，“绿野仙踪”法可以很好地降低实现早期探索型原型的成本。

不同原型可以支持不同程度的交互。固定的原型，如视频剪辑或预先制作的动画，是非交互式的：用户不能与之交互，或假装交互。固定原型经常被用来说明或测试场景。固定路径的原型支持有限的交互。极端的情况是一个固定的原型，其中每个步骤都是由预先指定的用户动作触发的。例如，控制原型的人可能向用户展示一个包含菜单的屏幕。当用户指向所需的项目时，她会在相应的屏幕上显示一个对话框。当用户指向“OK”这个词时，她会呈现显示命令效果的屏幕。尽管点击的位置是不相关的（它被用作一个触发器），但扮演用户角色的人可以感受到交互。当然，这种类型的原型可以更加复杂，每一步都有多个选项。固定路径的原型对场景非常有效，也可以用于水平和基于任务的原型。

原型中互动性的重要性怎么强调都不为过。交互性增强了用户体验，促进了用户反馈和验证，支持了可用性测试和用户研究，促进了利益相关者之间的合作，实现了快速的原型设计，并有助于推销和向投资者展示。利用原型中的交互性，设计师可以创造出引人注目的、以用户为中心的体验，从而推动其产品的成功。

1.2.3.1 数字化原型设计

一般来说，数字化交互界面包含如下交互元素。

①可点击的按钮：用户可以点击按钮来与原型互动。这可以用来测试按钮的功能，并收集用户对按钮的标签和位置的反馈。

②拖放元素：用户可以拖放元素来与原型互动。这可以用来测试用户界面的可用性和收集用户对原型布局的反馈。

③表单输入：用户可以在表格中输入文字或选择选项来与原型互动。这可以用来测试表单的功能，并收集用户对表单元素的标签和位置的反馈。

④动画：动画可以用来创造一个更加真实和吸引人的原型。这可以帮助改善原型的用户体验，并收集用户对动画的反馈。

数字化设计工具提供了一系列的功能来创建具有不同保真度的交互原型，目前流行的数字设计工具有如下几款。

1）Sketch

Sketch是一个基于矢量的设计工具，能够创建静态和交互式的原型。它提供了一个广泛的插件和集成库来增强原型设计能力（图1-15）。

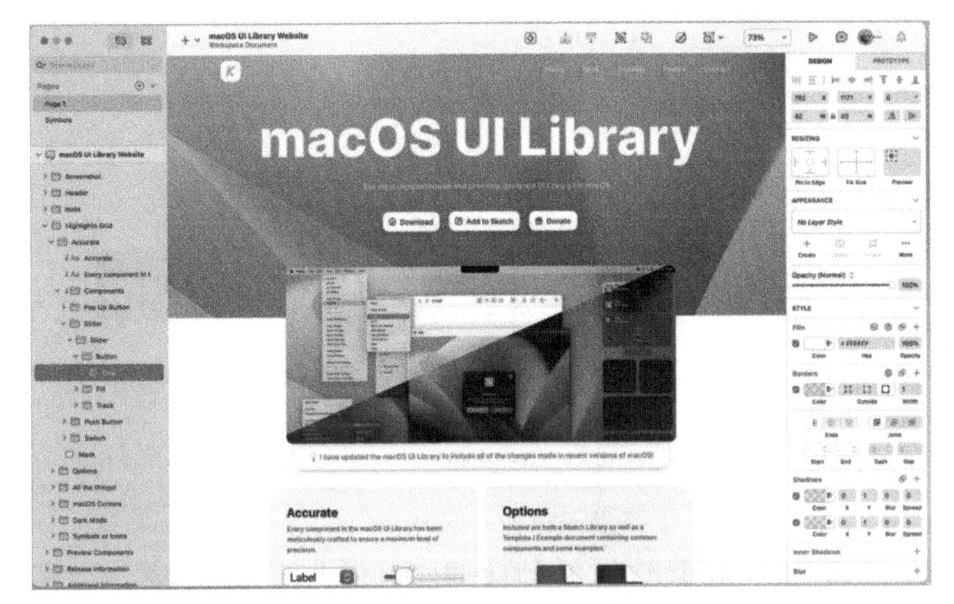

图1-15　Sketch界面和标识

2）Axure RP

Axure RP是一个强大的原型设计工具，提供了逻辑编程接口，它允许创建具有广泛功能的高保真原型。对于需要详细和真实的原型的项目，它是一个很好的选择（图1-16）。

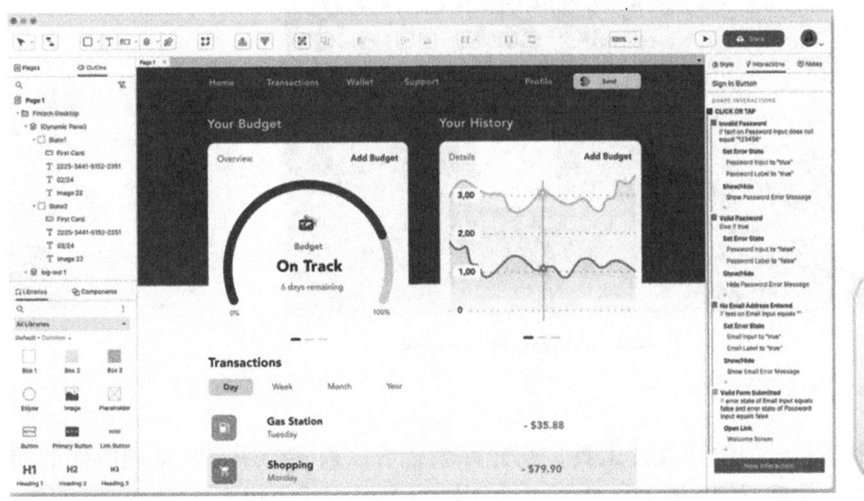

图1-16　Axure RP界面和标识

3）Adobe XD

Adobe XD是一个多功能的原型设计工具，可以用来创建低保真和高保真的原型。对于需要各种功能且需要快速创建的项目，它是一个不错的选择（图1-17）。

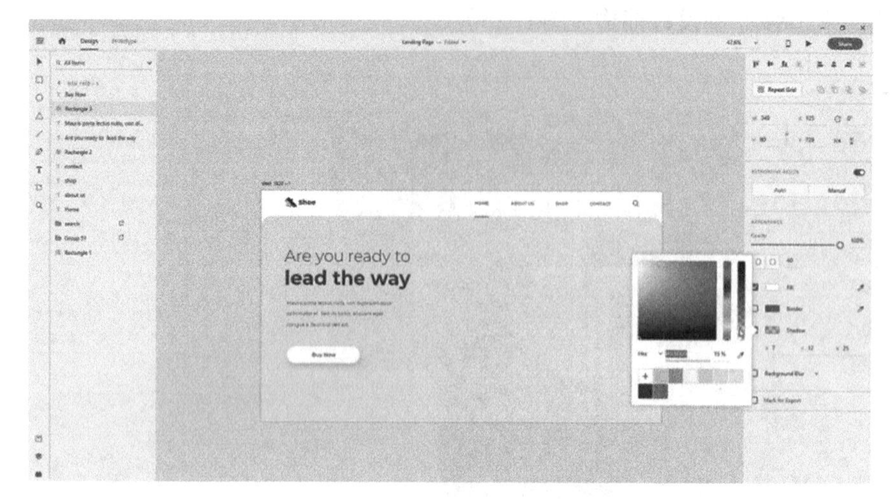

图1-17　Adobe XD界面和标识

4）InVision

InVision是一个流行的原型设计工具，它允许创建可与他人共享的互动原型。对于需要协作和用户反馈的项目，它是一个不错的选择（图1-18）。

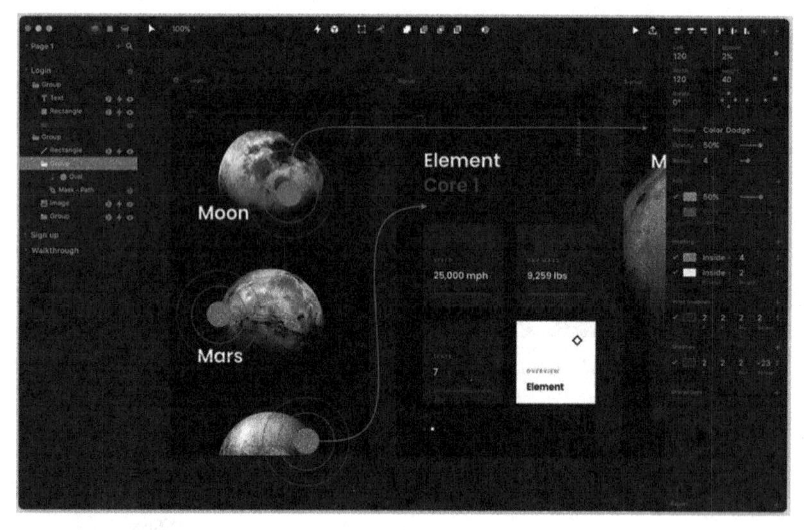

图1-18　InVision界面和标识

5）Figma

Figma是一个基于云的原型设计工具，它允许创建可以被多个用户共享和协作的原型。对于需要用户协作和反馈的项目，它是一个不错的选择（图1-19）。

6）Mockplus

Mockplus是一个免费的原型设计工具，它可以快速而轻松地创建低保真度的原型。对于处于开发初期、不需要很多细节的项目来说，它是一个不错的选择（图1-20）。

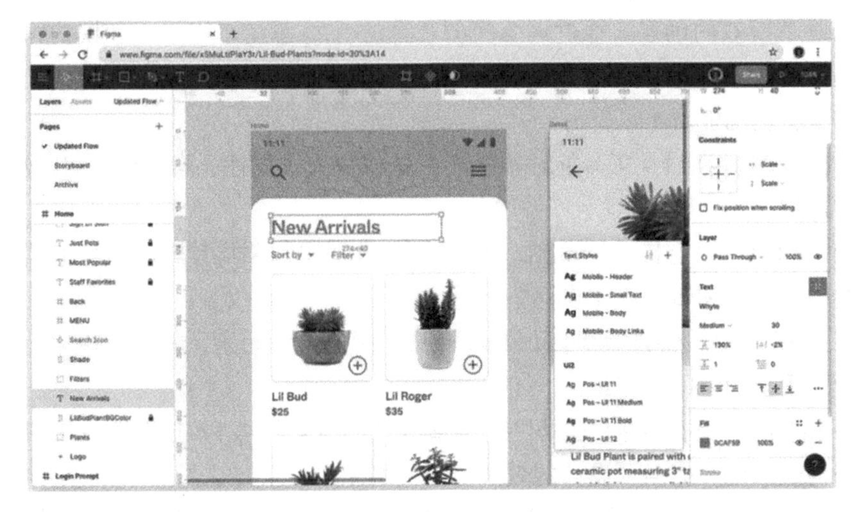

图1-19　Figma界面和标识

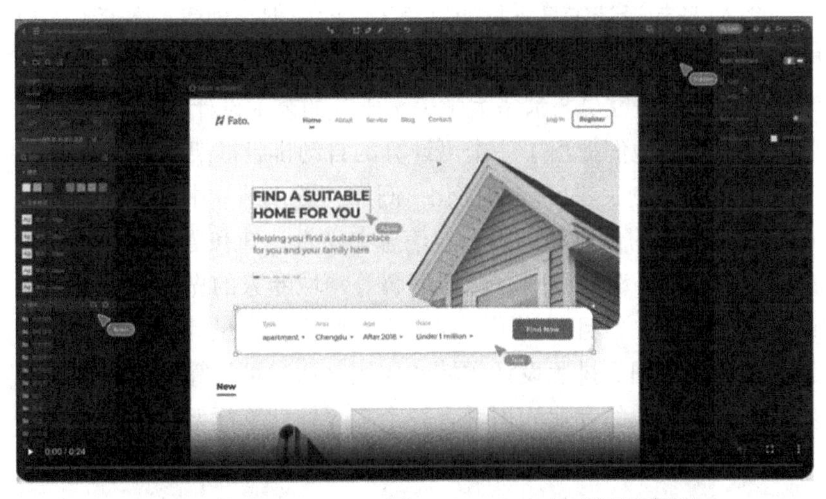

图1-20　Mockplus界面和标识

1.2.3.2　人工智能的介入

由于快速原型设计服务中对快速反应时间的要求，现在制造商还依靠人工智能技术来大大加快原型的开发。特别是开发一个基于网络或移动的应用程序，必须与时间赛跑，一个应用程序越早从概念到开发，它就越有可能成功。人工智能可以带来一个数据驱动的原型设计过程，缩短应用程序的上市时间，为产品提供竞争优势。

随着人工智能生成内容（AIGC）相关研究的突破，人类社会正面临着一个全新的转折点，诸如多模态、可控扩散模型和大型语言模型等技术正在直接改变创意设计领域的生产过程。传统的产品原型设计通常需要产品经理或设计师手动创建和调整设计，而AI原型设计则利用机器学习、图像识别、自然语言处理等技术，使计算机能够自动分析、理解和生成设计元素和交互效果。AI原型设计可以应用于各种设计阶段，从概念设计到界面设计，甚至是动画和特效的创建。通过训练模型和算法，AI系统可以学习和模仿人类的设计思维和创造力，生成符合特定要求和目标的设计原型。目前加入人工智能辅助的原型设计系统有如下特色功能。

①文本生成设计稿：AI原型设计工具能够根据用户提供的文本描述，自动生成UI设计稿，从而加速设计过程。

②手绘草图转换：用户可以上传手绘草图，AI系统会自动识别并将其转化为可编辑的数字化线框图，便于进一步编辑和优化设计。

③屏幕截图转换：AI原型设计工具可以识别屏幕截图中的设计元素，并将其转化为可编辑的组件，减少了手动构建的工作量。

④预制设计模板和UI组件：这些工具提供了丰富的预制设计模板和UI组件，用户可以直接使用它们来构建原型，提高了设计的效率。

⑤自动生成配色方案和文案：AI系统可以自动生成配色方案和文案建议，为设计提供更好的外观和用户体验。

⑥数据驱动设计：一些AI原型设计工具支持通过导入真实数据来创建动态原型，以更真实地展示应用程序的功能和内容。

此外，来自微软亚洲研究院的研究员与清华大学美术学院的艺术设计专家让AI接手了繁杂专业的图文排版设计工作，他们提出了一个可计算的自动排版框架原型，图1-21为其设计实例。该原型通过对一系列关键问题的优化（例如，嵌入照片中的文字的视觉权重、视觉空间的配重、心理学中的色彩和谐因子、信息在视觉认知和语义理解上的重要性等），把视觉呈现、文字语义、设计原则、认知理解等领域专家的先验知识自然地集成到同一个多媒体计算框架之内，并且开创了“视觉文本版面自动设计”这一新的研究方向。该案例展示了人工智能在图文排版设计领域的应用，通过可计算的自动排版框架原型，研究人员成功地将多个领域的专业知识融入一个多媒体计算框架中，实现了自

图1-21　由AI完成的排版设计

（来源：https://www.leiphone.com/category/ai/npFKzTJQuxKyCaNJ.html）

动化的图文排版设计。这个框架可以优化视觉呈现、文字语义、设计原则、认知理解等方面的问题，使得设计过程更加高效和规范。

这个案例也提出了一个重要观点，即可被公式化的设计和创新的设计之间存在差异。可被公式化的设计是那些已经成熟、有规律、受限制、可量产的设计，适合由人工智能来处理。这些设计通常可以被公式化或规范化，因此可以用算法和模型来实现。而创新的设计则是那些未成熟、未被发现规律、包含更多元素的设计，可能涉及历史、文化、环境、情感等复杂参数，难以被简单地公式化。因此，设计师在面对人工智能的崭新领域时，可以选择注重创新和多样性，通过更多元素和复杂参数来创造出独特的设计。人工智能可以在规范化和常规的设计任务上提供帮助，但在创新和复杂性方面，人类设计师的创造力和审美感仍然是无法替代的。设计师可以将人工智能作为辅助工具，帮助他们更高效地处理常规任务，以便将更多时间和精力投入到创新性的设计工作中。这样，设计师和人工智能可以相互补充，共同推动设计领域的发展。

1.3　基于物联网的交互原型设计

物联网（Internet of Things，IoT）是一个将设备和物理对象连接起来并通过合作实现某些目标的概念。最初，“物联网”一词是由凯文·阿什顿在宝洁公司供应链工作时提出的。此后，在不同愿景的启发下，人们从不同角度对物联网进行了定义。第一，“物”的愿景侧重于实现物理对象与用户之间的互动。第二，面向网络的愿景涉及设备、系统及其用户之间的各种通信方法。第三，面向语义的愿景侧重于从传感器和其他数据提供者生成的大量不一致数据中检索有用信息，为用户提供支持。欧洲物联网研究集群（IERC）将物联网定义为“一种动态的全球网络基础设施，具有基于标准和可互操作通信协议的自我配置能力，其中物理和虚拟‘物’具有身份、物理属性和虚拟个性，使用智能接口，并无缝集成到信息网络中”。这一定义强调了物联网不仅关注物理世界和虚拟世界之间的通信，还要求物理对象变得更加智能，以实现只需很少维护甚至零维护的自主系统。

尽管物联网前景潜力巨大，但许多复杂的技术、社会和经济问题仍未得到解决。在物联网的广阔领域中存在着如此多的可能性，因此，硬件和软件平台在加速将想法转化为工作原型方面的作用是一个引人入胜的考虑因素。在此概述了目前可用于促进网络嵌入式设备原型开发的一些硬件工具和服务。Arduino 等工具的关键要素包括电子设备硬件的快速构建和重新配置、编程和调试的简便性，以及利用在线网络服务进行额外存储、通信和处理的能力。快速制作原型、测试和部署设备的能力将是加速设计师了解物联网的挑战和优势的关键因素。

1.3.1 物联网原型的开发

1.3.1.1 物联网原型开发工具

有几种工具可将嵌入式机器对机器通信概念转化为工作系统。Arduino 平台（http://arduino. cc）就是其中之一，它是一个嵌入式处理器系列，可通过一个易于访问的简约集成开发环境（IDE）使用 C 语言进行编程。Arduino 通常通过串行接口进行简单通信，支持调试。在电子硬件方面，Arduino 处理器由“屏蔽”生态系统（扩展平台基本功能的附加电路板，http://shieldlist.org）进行补充。

从硬件的角度来看，提供以太网、Wifi 和 GPRS 连接的插件使 Arduino 能够用于连接设备的开发。在软件方面，开发人员通常使用表征状态传输（REST）技术，因为它是一种轻量级、易于调试的连接设备间通信方式，如图 1-22a 所示为使用 Arduino 构建的设备。使用 REST 技术，可通过 HTTP 公开和访问服务，而实现相关网络协议并支持简单网络服务器操作的 Arduino 库可轻松支持 HTTP。此外，Arduino 的广泛使用已经形成了一个充满活力的用户社区，他们在网上创建、共享和支持更多的库和示例，进一步促进了新应用的开发。

图 1-22b 显示了另一种流行的工具 mbed（http:// mbed.org），这是一种嵌入式电子开发平台，有两种不同的微控制器产品。这两种微控制器都是带有突出引脚的小型矩形模块，开发人员可将设备插入面包板进行原型开发。如有必要，还可将模块集成到定制的印刷电路板（PCB）上。

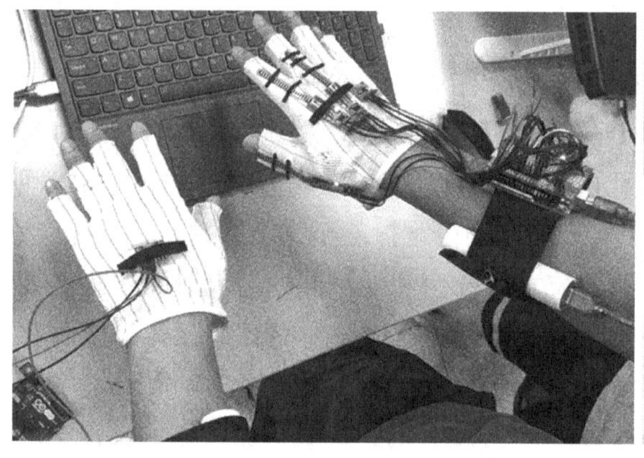

（a）Arduino 设备原型开发平台

（b）面包板嵌入式开发平台

图1-22 连接设备原型开发工具（广州美术学院工业设计学院学生课程练习）

与 Arduino 的主要区别在于 mbed 的在线集成开发环境，可通过网络浏览器访问，无需安装任何软件。通过集成开发环境可以获得大量的文档和程序库，集成开发环境还支持共享用户生成的代码示例和程序库。

为了支持连接设备的开发，mbed 的一个变体包括内置以太网连接，mbed 代码库包括一套全面的网络库和示例。迄今为止，对在 mbed 上运行的代码的调试支持还很有限，但可以过渡到更传统的基于 PC 的集成开发环境，即将推出的 mbed 版本将为通过在线集成开发环境进行调试提供更好的支持。

除了 Arduino 和 mbed 等基于微控制器的平台外，还有一些运行 Linux 的小型设备可供使用。这些设备提供了利用大量现有工具和软件组件［如 Node.js (http://nodejs. org)］的机会，Node.js 可简化基于 REST 的异步 Web 应用程序编程接口 (API) 的实施。这些平台功能强大且灵活，但在轻量级设备开发方面，它们对于非计算机技术背景的用户来说过于复杂，而且成本效益通常低于 Arduino。不过，Raspberry Pi (http://www.raspberrypi.org) 和 BeagleBone (http://beagleboard.org/bone) 等价格低廉的新产品越来越受欢迎，在线社区也日益壮大。

Microsoft.NET Gadgeteer 也是一个物联网应用集成系统，利用该系统可以快速简便地实现连接物联网设备的原型制作。Gadgeteer 是一个便于构建数字设备原型的模块化平台，由一个中央主板组成，主板上有一个中央处理器和几个插座，开发人员可以将这些插座连接到大量不同的模块上，包括传感器、执行器、显示器以及通信和存储元件。硬件组件的无焊料可组合性使开发人员能够快速构建、重新配置和扩展原型。Gadgeteer 系统与 Microsoft Visual Studio IDE 紧密集成，可在整个原型开发过程中提供支持。Visual Studio 的 IntelliSense 功能可执行动态语法检查，并不断提供提示，以简化编码。集成开发环境还可通过断点、单步、变量观察和执行跟踪来帮助调试。

图 1-23 展示了利用 Gadgeteer 制作的一个简单的“互联网摄像头”，以说明创建一个连接的、符合 REST 接口的设备是多么简单易行。如图 1-23a 所示，创建过程首先使用图形设计工具指定硬件组件以及如何将它们连接到主板。在屏幕上简单地“布线”后，构建相应的物理硬件只需几分钟。完成的网络摄像头如图 1-23b 所示，由连接以太网、摄像头和电源模块的 Gadgeteer 主板组成。封装硬件配置所需的代码已自动生成，并链接到相应的库。有了 Gadgeteer，一旦建立了网络连接，开发人员只需一行代码就能设置网络服务器。Gadgeteer 基于事件的编程风格适合通过为每个所需的 HTTP 请求路径创建事

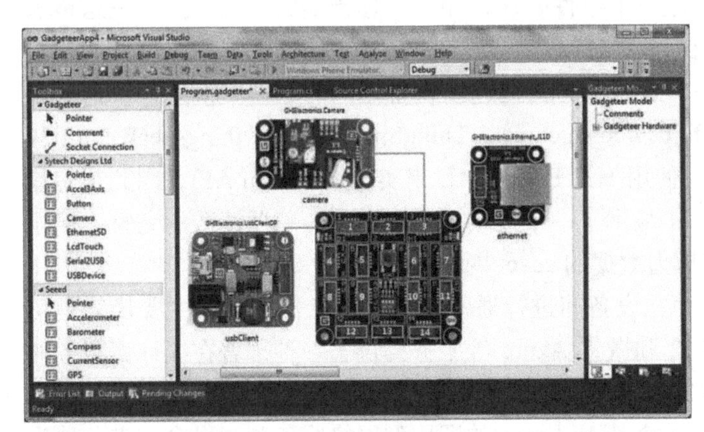

（a）硬件配置（包括用于有线以太网连接的 RJ45 模块）以图形方式输入 Visual Studio。选择模块连接器时，兼容的主板插座会以绿色高亮显示，以帮助用户进行布线设计

（b）完成的网络摄像头的相应物理硬件

图1-23　用.NET Gadgeteer 制作的网络摄像头（Hodges，2013）

件处理程序来处理 REST 请求；每个处理程序只需用相应的对象响应相关的传入请求即可。Gadgeteer API 直接支持字符串（包括完整的 HTML 页面）、图像和数据流。就网络摄像头而言，来自远程客户端的 HTTP 请求会触发新图像的捕获，捕获的图像将返回给发起请求的网络客户端。使用 Gadgeteer SDK v4.1 实现必要功能仅需的 11 行 C# 代码，不包括自动生成的函数原型。如果有线连接不可用或不方便，Wifi 网络接口提供了另一种连接互联网的方式。Zigbee 接口支持与重量较轻的 Gadgeteer 设备（如温度和光照度传感器）连接，并利用相机设备上运行的附加软件作为桥接器，有效地使这些设备在互联网上存在。

虽然物联网工具的数量迅速增加，但物联网系统原型的开发过程仍然是一项复杂的任务。这需要各个领域的专业知识，因为开发人员必须应对各种技术挑战，如各种传感器组件的噪声、网络协议和数据格式的互操作性、海量数据的存储和分析等。此外，物联网开发中使用的现有开发平台旨在支持特定的开发人员群体，如嵌入式开发或企业应用开发。因此，要创建一个简单的物联网原型，开发人员需要结合不同的集成工具和编程平台。例如，嵌入式 C 语言和模型驱动开发通常用于嵌入式系统开发，因为它们可以在计算资源非常有限的设备上高效地工作。与此同时，将物联网与企业应用程序（通常可在功能强大的服务器或个人电脑上运行）集成，通常是通过使用 Java 和 C# 等较新编程语言的中间件来实现的，因为这些语言具有简化开发人员任务的功能，更易于维护，而且由于使用了垃圾收集器，容错性更高。此外，开发人员还需要了解嵌入式设备和企业应用程序所使用的异构通信范例和协议。

1.3.1.2 联网设备的云端处理

虽然嵌入式网络服务器允许设备通过 HTTP 公开状态或功能，但存储、检索和共享数据的能力是物联网应用的关键要素，而嵌入式网络客户端 API 对这些应用同样重要。因此，Gadgeteer 库的设计目的是确保发出 Web 请求与接收请求一样简单。当指定了 HTTP 请求的细节后，就会创建一个事件处理程序来处理预期的响应，然后发送请求本身。除了支持真正的点对点通信外，HTTP 协议还提供了一种直观的方式，让用户可以访问越来越多的托管网络服务，这些服务支持连接设备之间的数据交换过程。这些工具包括 cosm（前身为 Pachube；https://cosm.com）、ThingSpeak (https://thingspeak.com) 和 Nimbits (www.nimbits.com)，它们使用 HTTP 和 XML 来实现 RESTful API，因此很容易被 Gadgeteer 等平台访问。图 1-24 显示了一个连续记录和上传传感器读数的完整连接设备，以及用于可视化相关温度和压力数据的 cosm 网络界面截图。

除了通过 cosm 等在线存储库在设备间进行通信外，互联操作的一个主要优势是可以利用基于云的计算。亚马逊 EC2 和微软 Azure 等服务提供了一种部署在线计算服务的机制，开发人员可利用这些服务卸载联网设备的计算。微软研究院的夏威夷项目（http://research.microsoft.com/hawaii/）是一个基于 Azure 的即用型网络服务测试平台。它免费为非商业应用提供各种功能。其中包括支持某些计算密集型进程的现成服务、远程设备之间的基本通信以及在线数据存储。

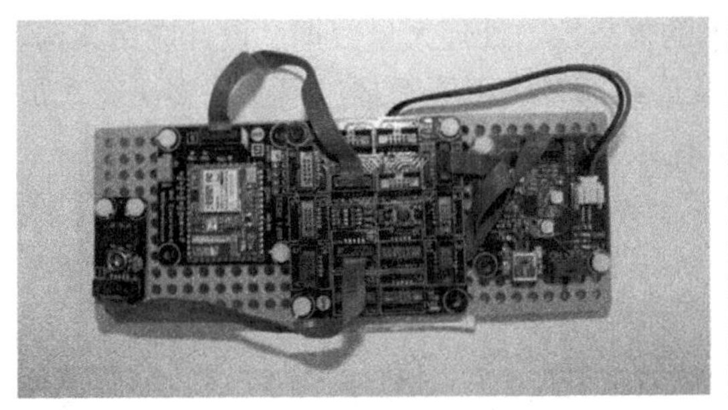

（a）设备通过 Wifi 使用网络服务定期存储温度和压力读数。请注意，原型装置是用穿孔塑料底板组装的；黄色塑料弹铆钉将 Gadgeteer 模块固定在底板上

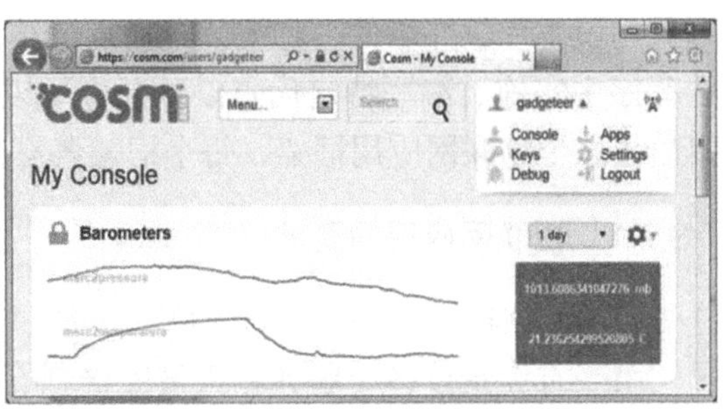

（b）24 小时内收集的数据图

图1-24　用 Gadgeteer 创建的原型设备（Hodges，2013）

1.3.2　交互原型设计扩展到物联网的挑战

物联网（IoT）的核心理念是将现有和未来的物理对象与互联网连接起来。物联网被描述为将大量现实世界的物体整合到互联网中，目的是将与物理世界的高级交互变成与虚拟世界的交互一样简单。物联网在物理世界的物体与虚拟世界的信息之间建立了互联。有了物联网，物理世界的物体可以被嵌入识别、传感、联网和计算功能，使它们能够通过互联网相互通信，以实现日常物品（包括移动电话等电子设备、汽车等先进技术系统以及衣服、树木和书籍等人们可能不会自然地认为是电子产品的物品）共享信息，为规划和做出与环境相关的决策提供智能辅助。将日常物品转化为智能物品具有巨大的前景和好处，例如提高我们的生活质量和优化业务流程。物联网的最终目标是使“物”能够随时随地与任何事物和任何人连接，使用任何路径/网络和任何服务。

要完全实现上述愿景，需要在物联网的基础技术和其他新兴技术方面取得重大研究进展。当然，其中一些基础技术并不是全新的，射频识别（RFID）、机器对机器（M2M）通信、无线传感器和执行器网络以及普适计算等技术已被应用于多个应用领域，从用于资产跟踪的工业和制造环境到用于自动化和监控的消费电子产品，不一而足。物联网技术可大致分为三类：①使物联网系统中的事物能够共享和获取上下文信息；②使物联网系统中的事物能够处理上下文信息；③提高物联网系统的质量属性。前两类共同被理解为物联网的功能构件，第三类不是功能性的，而是普遍接受的要求，如果没有这些要求，物联网的普及率将大大降低。

尽管物联网应用无处不在，但开发物联网应用仍然充满挑战且耗费时间。这是因为开发物联网应用需要处理几个相关问题，如缺乏对各利益相关方角色的正确识别，以及缺乏适当的框架来解决物联网系统的大规模和异构性问题。另一个主要挑战是难以在不同技术层（从设备软件到中间件服务和最终用户应用程序）实现有效的编程抽象。这些困难增加了开发时间和资源，延误了物联网应用的部署。物联网应用的复杂性意味着以临时方式开发物联网应用是不合适的，因此需要一个框架。物联网应用框架可以简化处理异构设备和软件组件、克服分布式系统技术的复杂性、处理大量数据、设计应用架构、在程序中实施、编写特定代码以验证应用以及最终部署应用等困难过程。许多研究人员提出了多个物联网应用框架，每个框架各有其优缺点。

1.3.2.1　物联网应用的要求

1）安全性

由于有大量设备、服务和人员连接到互联网，因此隐私、信任、保密和完整性被认为是物联网的重要安全原则。这些原则是物联网应用的重中之重和基本要求。由于物联网应用使用的数据形式多样、速度快、来源广泛，因此它必须采用可执行隐私和保密的信任机制。此外，物联网应用必须集成检查数据完整性的机制，以避免物联网应用的错误操作。

2）适应性

物联网系统由多个节点组成，这些节点资源有限，可以移动并无线连接到互联网。由于连接不畅和电力短缺等因素，节点可以任意连接或断开系统。此外，这些节点的状态、位置和计算速度也会发生动态变化。所有这些因素都会使物联网系统极具动态性。在高度动态的物理环境中，物联网应用需要具有自适应能力，以管理节点之间的通信和使用节点的服务。物联网应用程序的设计和开发方式必须能够根据人类定义的业务政策或性能目标等，对不断变化的环境做出及时有效的反应。物联网应用应具有自我优化、自我保护、自我配置、弹性和能效。

3）智能性

智能物和网络的系统是物联网的基石。物联网应用将为物联网智能技术提供动力，将日常物体转化为智能物体，通过做出或促成与“上下文”相关的决策来理解和获取智能，从而在无人干预的情况下独立执行任务。要实现这一点，就需要在设计和开发物联网应用时采用智能决策技术，如情境感知计算服务、预测分析、复杂事件处理和行为分析。

4）实时性

许多物联网领域都需要及时交付数据和服务。例如，考虑到物联网在远程医疗、病人护理和车对车通信等场景中的应用，几秒钟的延迟都可能造成危险后果。在时间紧迫的操作环境中，物联网应用需要及时提供数据和服务。

5）符合法规要求

物联网应用可能会收集有关人们日常活动的敏感个人信息，如详细的家庭能源使用情况和旅行记录。许多人认为这些信息是保密的。当这些信息暴露在互联网上时，就有可能泄露隐私，从而影响个人隐私。为了不侵犯个人隐私，物联网应用必须符合法律规定的隐私要求，如在欧洲必须遵守《欧盟数据保护规则》，否则可能会被禁止。

1.3.2.2　物联网应用开发面临的挑战

如前所述，物联网的应用要求与物联网技术基础设施的固有特性相结合，这使得开发物联网应用并非易事，也给物联网应用的利益相关者带来一系列挑战。

1）分布式部署

物联网应用通常分布在多个组件系统中。一般来说，一些物联网应用算法将在云中实现，而实时分析和数据采集等功能在物联网设备中实现，允许终端用户与物联网系统交互的应用组件则通常作为单独的网络、移动或独立应用来实现。物联网应用也可能分布在不同的广阔地理区域。由于它们是分布式的，处理所有这些软件组件的传统集中式开发方法可能不再适用。此外，设计和实施能够从非集中资源中做出一致决策的分布式应用并非易事。

2）异构设备交互

实现物联网应用的主要挑战之一是使用各种技术的物联网设备之间的互操作性。物联网应用涉及异构设备之间的互动，提供和消费部署在异构网络（如固定、无线和移动网络）中的服务。这种异构性不仅源于功能和能力上的差异，还有其他原因，如制造商和供应商的产品和服务质量要求，因为它们并不总是遵循相同的标准和协议。设备和通信异构会使物联网应用难以实现可移植性。

3）大数据管理

这些异构设备产生的数据通常数量巨大、形式多样、生成速度不同。物联网应用通常会根据收集和处理的数据做出关键决策。有时，这些数据会因各种原因而损坏，如传感器故障、恶意用户引入无效数据、数据传输延迟和数据格式错误等。因此，物联网应用开发人员面临的挑战是，开发可确定是否存在无效数据的方法，以及可捕捉所收集数据与决策之间关系的新技术。

4）设备维护

物联网应用将在由数百万台设备组成的分布式系统上执行，这些设备以丰富而复杂的方式进行交互。由于物联网应用将分布在广阔的地理区域，因此支持纠正性和适应性维护的应用部署的可行性备受关注。这些设备上运行的代码必须定期调试和更新。然而，维护操作会带来许多挑战。允许设备支持远程调试和应用程序更新会给隐私和安全带来巨大挑战。此外，由于这些设备的带宽有限，交互式调试可能比较困难。

5）涉及人类活动的介入

许多物联网应用都是以人为中心的应用，即人与物将协同工作。然而，人与物体之间的依赖关系和互动关系尚未完全协调。人类的接入在物联网中有其重要价值。例如，在医疗保健领域，将各种人类活动模型和辅助技术纳入老年人的家中，可以改善他们的医疗状况。然而，建立人类行为模型的物联网应用是一项重大挑战，因为它需要对人性中复杂的行为、心理和生理方面进行建模。未来有必要开展新的研究，将人类行为纳入物联网应用设计，并了解物联网应用与人类之间的基本要求和复杂依赖关系。

6）应用程序相互依赖

当多个物联网应用程序共享现实世界对象的服务时，可能会出现相互依赖的问题。考虑一下在家中同时运行的两个物联网应用：一个是用于调节电器和电子设备能耗的能源管理应用，另一个是用于监测屋内人员生命体征的医疗保健应用。为了降低部署成本和减少信道争用，这些应用共享来自家庭传感器的信息。然而，整合这两个应用是一项挑战，因为每个应用对现实世界都有自己的假设，可能对另一个应用的工作方式一无所知。例如，家庭保健应用可能会检测到患抑郁症的家庭成员，并决定打开所有的灯。另一方面，能源管理应用可能会在没有检测到人员移动时决定关闭灯光。检测和解决此类依赖性问题对交互式物联网系统的正确运行非常重要。

7）多个利益相关者的关切

物联网应用的开发涉及不同的利益相关者，他们的关注点和期望值各不相同，有时甚至相互冲突。这些利益相关者包括领域专家、软件设计师、应用开发人员、设备开发人员和网络管理人员等。这些利益相关者必须解决物联网应用生命周期各阶段的问题，如设计、实施、部署和演进。由于缺乏解决各利益相关者所关注问题的机制，以及利益相关者在识别组件和了解系统方面所需的特殊技能和专业知识，物联网应用程序开发面临着诸多挑战。

8）质量评估

目前，物联网应用已融入我们的日常生活，有时甚至在危急情况下使用，对错误和故障的容忍度极低，因此，这意味着整体系统质量非常重要，必须在部署前进行全面评估，以保证系统的高质量。然而，评估性能等质量属性是一项关键挑战，因为它取决于许多组件的性能以及底层技术的性能。文献已报道了对单项底层技术的性能评估，但缺乏对物联网应用的全面性能评估仍是一个未决问题。

物联网应用越来越多地部署在医疗、交通和农业等多个领域。与传统的产品形态不同，物联网应用依赖于各种技术和组件的异构组合。此外，物联网利益相关者需要掌握底层技术的专业知识，并需要清楚地了解领域知识。这些因素使得物联网应用的开发变得复杂、耗时且具有挑战性。因此，在进行物联网产品原型开发前，设计团队首先需要一个确定的物联网框架。

1.4 人工智能带来的机遇和挑战

目前，以机器学习技术为基础的人工智能系统在不断发展，这些系统从大量数据中创建表征来展现各种形式的智能行为。这方面的例子包括能准确识别和标注图像中物体的计算机视觉系统，以及能理解自然语言的语音输入系统。这些人工智能的进步为人机交互（HCI）带来了激动人心的机遇，人工智能为改善用户体验（UX）带来了许多希望，并实现了原本不可能实现的交互形式。但人机交互设计师在设想人工智能系统并为其设计原型时大多会遇到困难。例如，即使是简单的人工智能应用程序也会出现难以预料的推理错误。这些错误会影响预期的用户体验，有时还会引发严重的伦理问题或导致社会层面的后果。然而，目前旨在减轻意外后果的人机交互设计方法（即草图和原型设计）似乎并不适合人工智能。人机交互专业人员无法轻易勾勒出人工智能系统在不同环境下适应不同用户的众多方式。他们也无法轻易地对尚未开发的人工智能系统可能出现的推理错误类型进行原型设计。

对于人工智能的技术复杂性、对数据的需求以及不可预测的交互，使得人机交互设计传统上采用的纸质原型和“绿野仙踪”方法无法满足处理复杂、数据密集型技术的需要。

1.4.1 人工智能的用户体验设计挑战

为了更好地解读人机交互研究人员和从业人员在与人工智能合作时所面临的挑战，有学者对这些挑战及其新出现的解决方案进行了编目。将这些挑战和解决方案映射到我们熟悉的用于描述以用户为中心的设计的双钻设计流程（图1–25）和精益产品开发（lean startup）流程图（图1–26）中，据此，读者可以更清晰了解这些挑战对设计流程的影响。精益创业流程图的重点是生产最小化可行产品，随着敏捷软件开发的日益普及，这种设计方法也变得越来越流行。

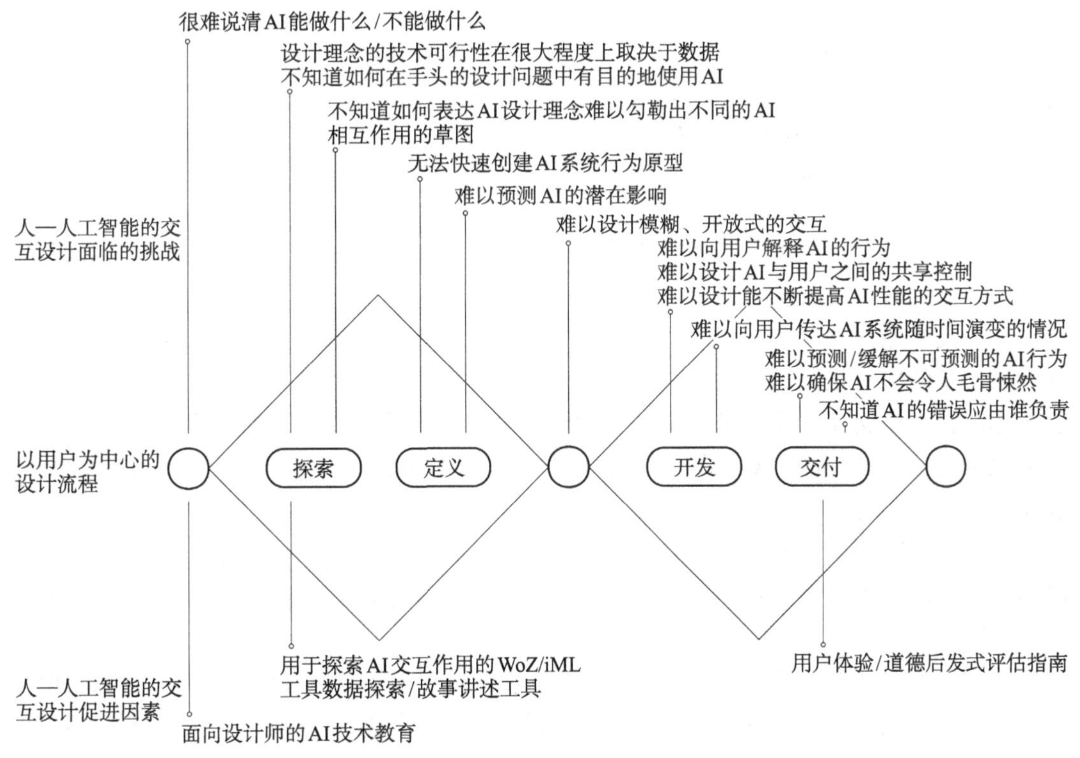

图1–25 基于双钻设计流程（Qian Yang等，2020）

1.4.1.1 人工智能的用户体验设计挑战

在人机交互和用户体验领域，研究人员和从业人员报告了在以用户为中心的设计过程中，几乎每一步都会遇到与人工智能合作的挑战。在图1–25中，从左到右依次为：

①理解人工智能能力的挑战（第一个发散思维阶段）：设计师经常反映，很难理解人工智能能做什么或不能做什么。这就阻碍了设计师最初的头脑风暴和草图绘制过程。

②为给定的用户体验问题构思新颖、可实施的人工智能功能难度大（在两个发散思维阶段）：人工智能驱动的交互可以适应不同的用户和使用环境，而且可以随着时间的推

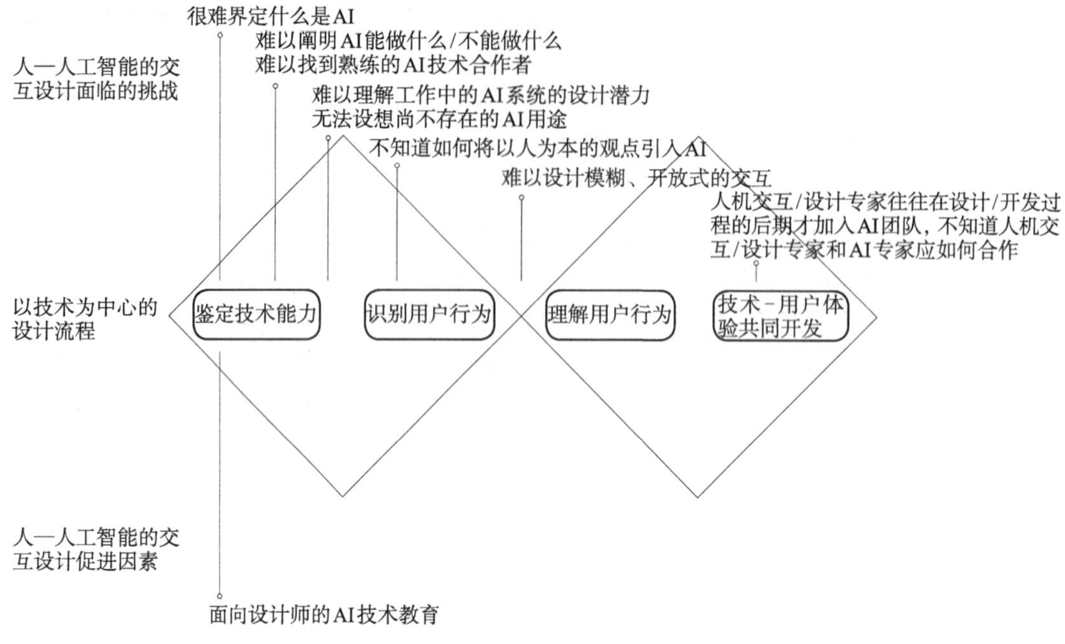

图1-26　基于精益产品开发（lean startup）流程（Yang等，2020）

移而不断发展。即使设计师了解人工智能是如何工作的，他们也常常发现很难流畅地构思出许多可能的新交互和新体验。

③迭代原型开发并测试人机交互成本高（在两个聚合思维阶段）：人机交互设计和创新的核心实践之一是快速原型设计，即评估设计对人类的影响并不断改进。在与人工智能合作时，人机交互从业人员无法切实做到这一点。因此，人工智能的用户体验和社会后果似乎无法完全预测。对于服务不足的用户群体（包括残障人士）来说，人工智能的故障尤其有害。

④无法精确设计与智能系统的交互（最后一个聚合思维阶段）：对于人工智能有时难以预测的输出结果，设计师们努力为用户设定适当的期望值。他们还担心所设想的设计会带来道德、公平或其他社会后果。

⑤与人工智能工程师合作的挑战（在整个设计过程中）：对于许多用户体验设计团队来说，人工智能技术专家可能是一种稀缺资源。一些设计师还发现，与人工智能工程师进行有效合作具有挑战性，因为他们缺乏共享的工作流程、边界对象或共同语言来为合作搭建脚手架。

人机交互研究人员尝试了三种方法来应对这些挑战。第一种方法是创建“绿野仙踪”系统或基于规则的模拟器，作为早期阶段的交互式人工智能原型。这种方法能让人机交互专业人员快速探索多种设计可能性并探究用户行为。然而，这种方法无法解决因人工智能推理错误带来的用户体验问题，因为没有办法模拟这些错误。第二种方法是创建一个正常运行的人工智能系统，并在真实用户中部署一段时间。这种耗时的现场试验原型设计过程能让设计者充分了解人工智能的预期和非预期后果。然而，它却失去了快速迭代原型所带来的价值。这种方法无法避免团队过度投资在行不通的想法上。它不允许团队在早期或经常失败。第三种是尝试应用敏捷开发或最小可行产品开发的策略。设计师从一个精心设计的匹配过程开始，将现有的数据集或人工智能系统与最有可能从配对中受益的用户和情境配对起来。这种方法不同于传统的以用户为中心的设计，因为目标用户或用户体验问题并不那么固定。它更类似于敏捷开发过程中的客户发现，该过程侧重于最小可行产品（MVP）的创建和持续评估。

然而，最小可行产品开发的策略也有其挑战，例如（图1-26从左到右）:

①了解人工智能能力方面的挑战；

②为“最低可行性”人工智能系统制定正确的用户故事和用户案例，或设想如何以不那么明显的方式应用人工智能系统；

③与人工智能工程师合作方面的挑战。

对于人工智能与交互设计之间的挑战，不同研究者持有不同观点。一些学者认为技术复杂性是导致交互设计问题的原因，另一些学者则指出不可预测的系统行为可能是挑战之一。还有学者认为人工智能只是一种新的、具有挑战性的设计材料，随着时间的推移，已知的人机交互方法可能会解决这些问题。同时，也有学者提出以用户为中心的设计需要适应人工智能的改变。对该领域尚未形成明确的共识，因此对其研究仍在不断探索中。

1.4.1.2 促进人与人工智能的交互设计

在过去的30年中，设计实践已从关注物体的形式扩展到更广泛地关注与系统和产品服务生态（系统的系统）的互动。如今的产品通常是智能的（由微处理器控制）、感知的（充满传感器）和连接的（相互连接和基于云的服务）。这些产品和服务以及我们与它们之间的互动会产生越来越多的数据，而此时计算机处理正成为一种按需使用的实用工具，模式识别软件（人工智能）也在不断进步。今天的设计师必须考虑信息如何在这些系统中流动，数据如何使操作更高效、用户体验更有意义，以及反馈如何为学习创造机会。

1）提高设计师的技术素养

一种正在形成的共识认为，人机交互和用户体验设计师需要对人工智能有一定的技术了解，才能有效地使用人工智能。面向设计师的人工智能教育材料已经可以提供帮助。然而，对于哪些人工智能知识与用户体验设计相关，以及设计师需要多高的技术理解才足够好，仍然存在很大的分歧。

2）促进以设计为导向的数据探索

这部分工作鼓励设计师对生活中的数据进行调查，以发现人工智能设计机会。例如，研究用户的音乐应用程序元数据，将其作为设计沉思式音乐体验的素材。

3）让设计师更容易使用人工智能，获得对人工智能所能做事情的感觉

这项工作创造了交互式机器学习（iML）工具和基于规则的模拟器作为人工智能原型设计工具，例如用于基于手势交互的威客（Wekinator）和用于有形交互的人工智能工具包（Delft AI Toolkit）。目前，几乎所有的iML工具都是针对特定应用领域的。为了让设计人员能够使用这些系统，并最大限度地实现数据预占有和建模自动化，这些系统不得不限制可能的输入/输出范围，因此都集中在特定的应用领域。

4）创建专门针对人工智能的设计流程

一些研究人员提出，人工智能可能要求设计流程不那么关注一个用户群体，而是关注许多用户群体和利益相关者。流程不那么关注快速、迭代的原型设计，而是关注现有的数据集和功能完善的人工智能系统，或者流程不那么关注作为最终交付给工程师的一个设计方案，而是关注一个系统的设计方案。

1.4.2 原型设计中对人工智能的需求

虽然人工智能革命仍处于早期阶段，人工智能的实例可能在每个角落都能找到。基于人工智能的应用程序的美妙之处在于，一旦它们启动并运行，我们往往会忘记它们是由人工智能驱动的。当涉及软件开发时，人工智能可以将公司花在原型设计上的时间从几周到几个月减少到几天，甚至几分钟。在人工智能中，这一切都是与速度和优化有关。使用人工智能，从事原型工作的设计师和开发人员将能够更快、更有效地完成。以下是人工智能影响企业进行新产品原型设计的一些方式。

1.4.2.1 使用机器学习（machine learning，ML）技术的设计数据分析

用于训练人工智能算法的数据集只有人工智能算法本身才是好的。将机器学习应用于设计和布局数据分析，以及将ML技术与计算机视觉相结合，可以从低保真图纸中快速开发出高保真原型。创建一个应用程序打开一个新窗口，无论是基于网络的还是移动的，都是一个高度竞争的领域。应用程序从构思到开发阶段的速度越快，成功的机会就越大。

虽然有大量的原型设计工具供使用，但创建一个高保真、功能性的原型是一个时间密集型的任务，需要一个由专门的设计师和开发人员组成的团队，其成本也很高。最理想的情况是，开发团队能够在很短的时间内将低保真度的模型转换成高保真度的功能原型、编码并运行它们进行用户测试。这就是人工智能在原型设计中可发挥作用的地方。利用人工智能的力量，致力于创建原型的设计师和开发人员可以以更快、更有效的方式完成。以下是人工智能改变公司新产品原型制作方式的方法。

1）用于分析设计数据的机器学习算法

人工智能算法只有用于训练它的数据集才是好的。应用机器学习来分析设计和布局数据，并使用ML算法和计算机视觉，可以在很短的时间内从低保真草图创建高保真的原型。利用Airbnb，人工智能算法正在积极地将初始草图转化为高保真原型，这是可能的，因为设计组件是由公司范围内的UI设计指南标准化的，其中包括150个组件。这些组件和指南被送入人工智能系统，该系统使用机器学习和深度学习算法对它们进行分类。基于人工智能的产品开发工具能够识别低保真原型中的手绘设计组件，并将设计封装为高保真版本。

2）使用人工智能算法从头开始制作代码

为所设计的原型编写前端代码是人工智能确定可应用的另一个领域。人工智能算法正在被用来实现一个高保真的原型，其前端代码从最初的设计草图中产生了功能齐全、

可点击的原型版本。

在设计初始阶段有多个原型变化时，这种产品的潜力可以被可视化。减少开发原型和测试多个原型的时间，可以为设计师节省大量的精力，并帮助其采取有数据支持的决策，决定应该继续使用哪个版本的产品，从而缩短整个应用程序的开发周期。人工智能辅助的原型设计具有巨大的潜力，因为它能在几分钟内有效地将原型草图转化为可点击的原型版本。

3）测试原型并纳入用户反馈意见

为了简化产品开发过程，确保想法在正确的时间得到验证，需要对功能原型进行测试。用户测试的结果可以作为一个决定性因素，即当前的路线图策略是否会产生结果，或者你的商业想法是否需要转折。

人工智能通过自动化重复性任务帮助加快和完善数据科学过程。通过使用对现有设计数据集进行训练的机器学习算法，纳入原型的设计方面可以被测试和验证为用户的反应。从实际用户那里收到的反馈也可以用人工智能来收集和整理，以提供可操作的结果，从而实现高效和简化的产品开发过程。

1.4.2.2 未来会有什么

尽管在科幻小说和流行文化作品中，人工智能被无数次描绘成邪恶的形象，但未来并不会像怀疑论者所描述的那样让人沮丧。在产品开发中使用人工智能可以增强人类努力的效果，但不会取代人力资源。设计师和前端开发人员不会被淘汰，而是会成为战略资源。随着世界向“零工经济”发展，保留负责战略决策的人才将变得比以往任何时候都更重要。

将人工智能与人类智能结合起来，加快原型设计过程，创造一个有吸引力的设计，有可能大大缩短产品的上市时间。虽然上述技术仍处于测试阶段，但一旦充分开发，其应用潜力是无限的。人工智能（AI）技术的进步正在彻底改变产品原型设计的面貌。迅速变得明显的是，人工智能和机器学习（ML）的利用使公司处于领先地位，因为它以较低的成本加快了进程，将过程中可能发生的错误风险降到最低，并使产品开发的这一重要部分更加有效。

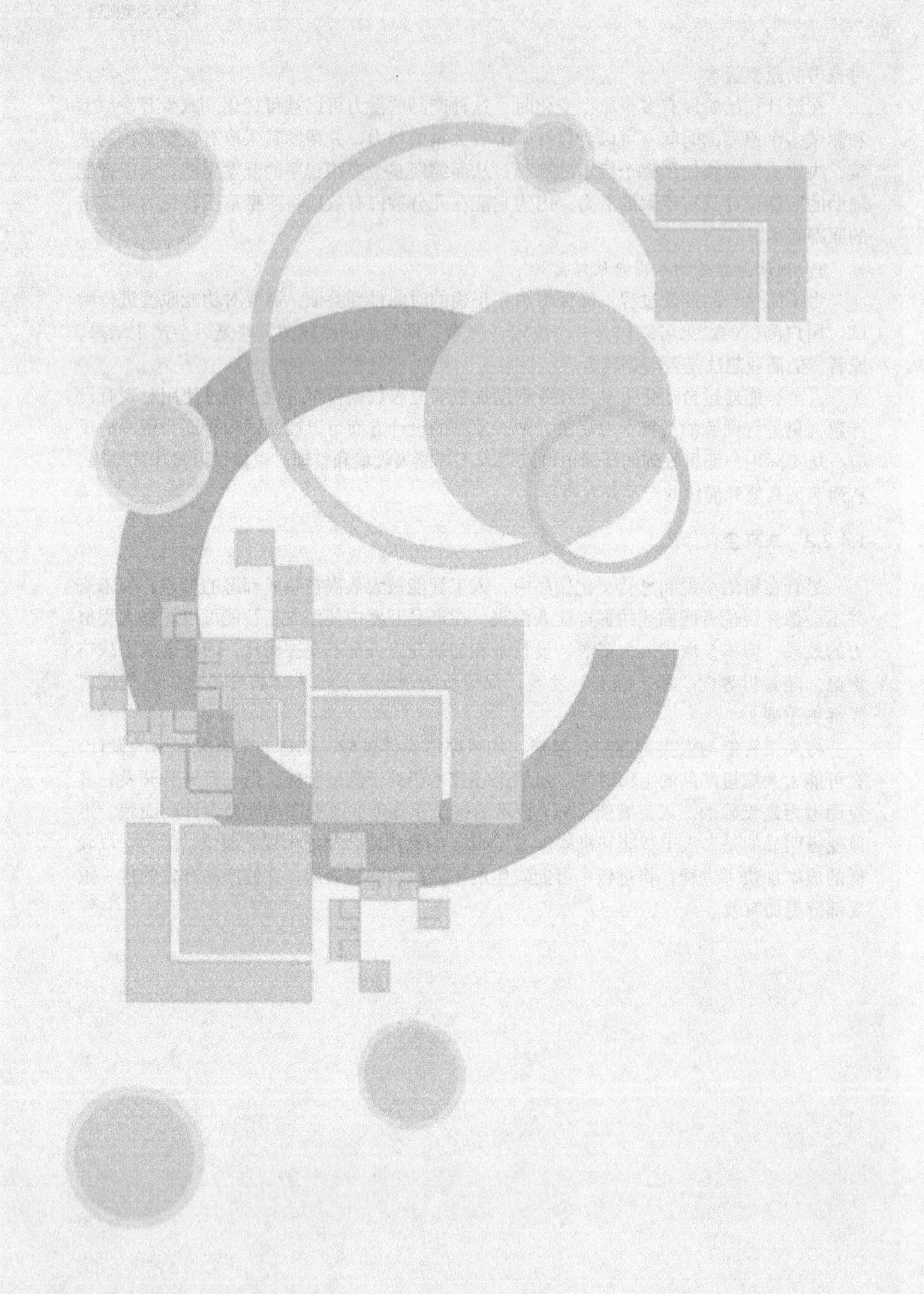

第2章

交互原型设计流程

原型设计帮助设计师思考，原型是他们用来解决设计问题的工具。本章着重讨论原型设计的过程及其与整个设计过程的关系。

2.1　原型设计流程

根据每个原型的目的不同，原型设计过程也会略有不同。构建原型的主要思考过程如图 2-1 所示，取决于设计目标、受众和假设。从确定用户和问题，到设计用户流程和优化原型，再到测试和改进，这个过程可以帮助设计师解决用户的问题，并提供更好的产品体验。

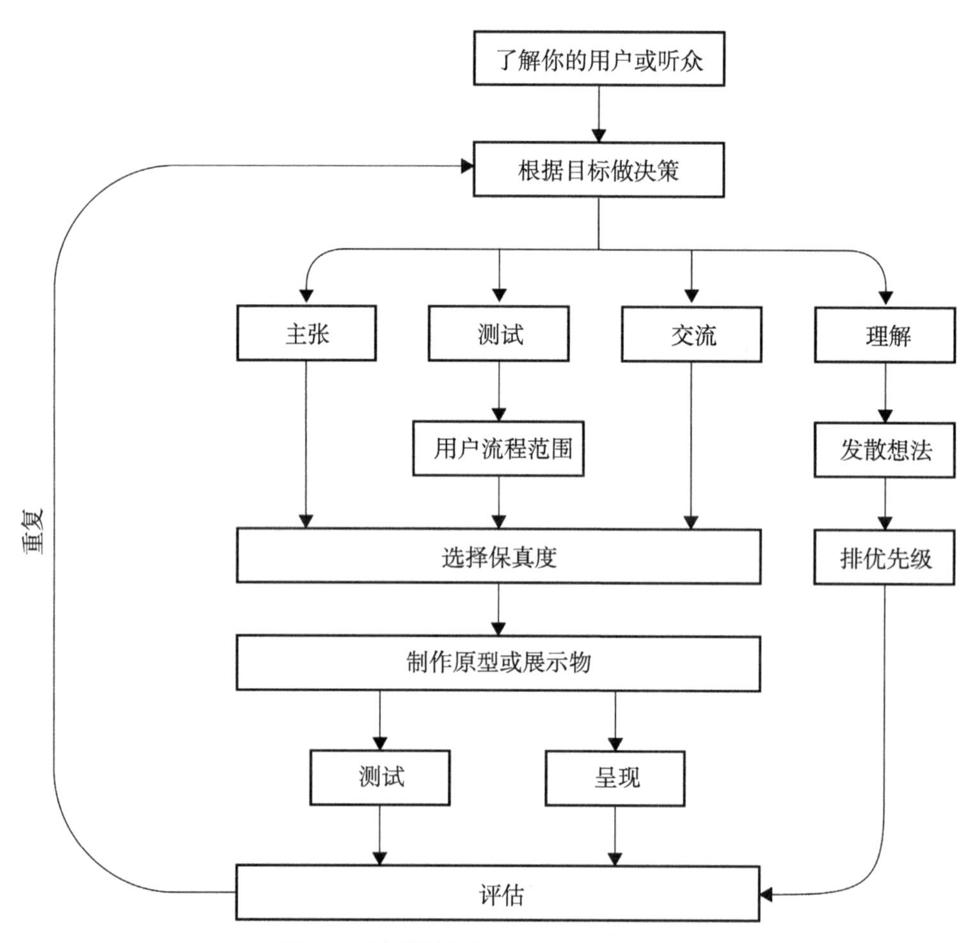

图2-1　原型设计过程（McElroy，2016）

以设计一个新的社交媒体应用程序为例，可以用以下思考过程来逐步弄清需要通过原型设计解决的问题（同时也是该产品设计过程需要解决的问题）。

1）确定用户并识别他们的问题

社交媒体应用程序的目标用户可能是年轻人或社交媒体爱好者。通过市场调研和用户访谈，可以了解到他们的问题，例如难以找到真实的和有趣的内容、社交媒体上存在的负面评论和网络欺凌等。

2）写出解决问题的用户流程

设计解决方案可以从创建一个用户使用流程图开始，将用户的关键行为和交互步骤可视化。以用户在社交媒体应用上难以找到真实的和有趣的内容的需求为例，用户流程图可能包括注册账号、设置偏好、探索和发现内容、发布和评论帖子等操作。

3）让原型来优化用户流程

使用纸和笔等快速原型设计工具，将用户流程图转化为交互原型。可以从简陋的用户界面开始，在初步的页面框架基础上添加按钮、链接和动画效果，让用户可以模拟交互过程。

4）测试、存档、迭代

将原型提供给用户或利益相关者进行测试，观察他们的行为和反馈，收集他们对使用流程和功能的意见和建议，并基于这些意见改进流程，例如简化注册流程、提供更好的内容推荐和过滤系统等。重复这个过程，直到原型达到预期的效果。同时，还需注意保存原型的不同版本，以备将来用作参考和进行分支迭代测试。

同时，在考虑制作何种规模和数量的原型时，可以参考以下策略。

①快速原型：制作一个最小可用原型，快速验证概念和解决方案的可行性，通过这个最小可用原型，可以快速了解问题，并尝试不同的解决方案。

②探索型原型：在原型设计流程中聚焦于探索，制作多个原型来发散不同的解决方案，这种策略能够更好地发现新的创意和可能性。

③参与式设计原型：在制作原型时关注特定的用户群体，明确目标受众的需求和期望，并将原型作为对受众用户进行访谈的基础，以启发用户更具体的思考，并提出更具建设性的意见。

④假设驱动型原型：在设计制作原型前将问题和假设明确化，排除干扰因素的原型，并通过原型来测试和验证问题和假设。

在考虑适合的原型制作形式时，可以根据实际情况和项目需求综合考虑上述准则，并根据目标和聚焦点来制定具体的原型制作范围和流程。这样能够使原型制作更加有针对性并落地，同时也能够提高制作原型的效率。

2.1.1 快速原型设计

快速原型设计的目标是在较短的时间内迅速开发可用的原型，以便进行评估、迭代和优化。通过缩短评估周期，设计团队可以评估更多的备选方案，快速评估不同方案的优缺点，提高找到成功满足用户需求的解决方案的可能性。此外，快速原型设计还可以帮助设计师将原型设计融入日常工作思维，特别是项目启动时不确定从何处开始或时间有限，可先尝试制作原型，启发灵感。通过缩短原型评估周期，设计团队可以评估更多的备选方案，并多次迭代设计，提高找到成功满足用户需求的解决方案的可能性。

快速原型的主要策略是使用尽可能简单的材料来制作。快速原型通常被认为是思考设计问题的工具，当它们不再被需要时就会被扔掉。

2.1.1.1 纸和笔

使用纸、透明胶片和便条等简单工具来表示原型设计的各个方面是一种快速而有效的方法。这种方法被称为纸质原型或低保真原型，如图2-2所示。

图2-2　纸质原型（来源：https://cloud.tencent.com/developer/article/1063854）

设计者可以使用纸张来绘制应用程序的界面布局，使用透明胶片来表示各种交互元素，如按钮、链接和弹出窗口。通过移动和重叠透明胶片，设计者可以模拟用户与系统的交互过程。使用便条可以表示系统的不同状态和反馈信息。例如，设计者可以使用便条来表示提示信息、错误消息或成功提示，以模拟系统对用户操作的反馈。通过扮演用户和系统的角色，设计者可以在很短的时间内快速演示原型设计的交互流程。

这里以设计一个在线购物应用程序的原型为例说明这类原型的制作过程。

首先制作界面布局，可以使用纸张来绘制应用程序的不同页面的布局，画出主页、产品列表页和购物车页面的大致结构和位置。

其次是交互元素，使用透明胶片来表示应用程序的各种交互元素，可以剪下小方块来代表按钮，并在透明胶片上写下按钮上的文字，以便模拟用户点击按钮的操作。

最后是设计系统状态和反馈，可以使用便条来表示系统的不同状态和反馈信息。例如，预先制作便条表示成功添加商品到购物车，并将其放在购物车图标上方，模拟用户添加商品后的反馈。

分别扮演用户和系统的角色，可以进行快速的演示和交互。再将纸质原型展示给其他团队成员或利益相关者，让他们参与其中并提供反馈。在演示过程中，可以移动和重叠透明胶片，以模拟用户与系统的交互流程，并使用便条来表示不同的系统状态和反馈信息。这种方法可以快速验证和迭代设计想法，发现潜在问题，并减少设计和开发过程中的错误和风险。收集到反馈和意见后，可以修改纸质原型并进行下一轮演示和讨论。

纸质原型的优势在于其简单性和易用性。它不需要任何复杂的工具或技术，可以在很短的时间内创建和修改。同时，纸质原型也可以作为与利益相关者或用户沟通的工具，帮助他们更好地理解和参与到原型设计中。

2.1.1.2 草模原型

草模原型是一种物理原型，通常由纸板、泡沫塑料芯或其他现成的材料制成。它们被用来模拟新系统的外观和交互方式。

制作草模原型的目的是提供一个更具体、更实际的体验，以便更深入地理解交互在现实世界中的工作方式。举一个手持式设备的模仿品原型的例子，比如使用纸板和泡沫塑料芯来构建一个模拟设备的外观，可以在纸板上绘制设备的屏幕和按钮，使用泡沫塑料芯来模拟设备的厚度和重量。手持式模型有助于更好地理解设备在用户手中的感觉和使用体验，还可以模拟用户与设备的交互，例如按下按钮、滑动屏幕等，以进一步了解交互在现实世界中的工作方式。

与传统的屏幕图像相比，实体交互原型提供了更具体、更实际的体验。它可以帮助设计者和利益相关者更好地理解和评估新系统的用户体验和交互流程。此外，实体交互原型还可以用于展示和演示新系统的功能和特性，以吸引投资者或用户的兴趣。需要注意的是，实体交互原型通常是一个初步的原型，它可能并不具备实际系统的所有功能和细节。它的目的是提供一个初步的理解和验证，以便在后续的设计和开发过程中进行迭代和改进，如图2-3所示是一个为煮茶器加入风冷功能的实体交互原型。

。

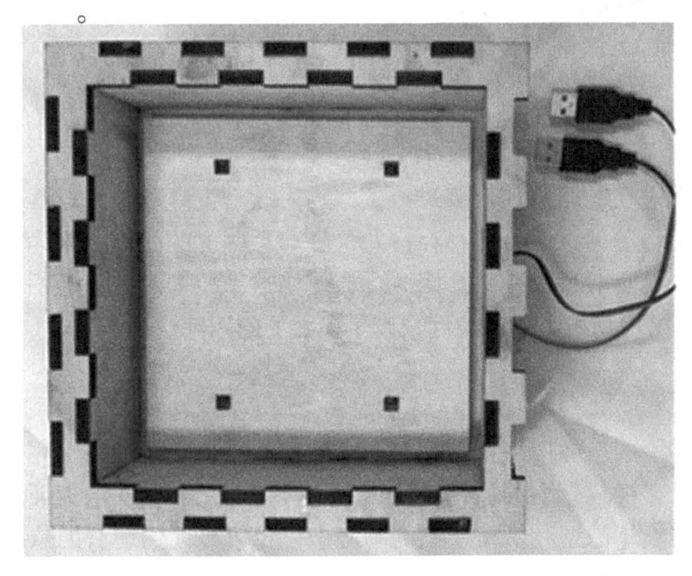

图2-3　煮茶器实体交互原型（广州美术学院工业设计学院学生作品）

2.1.1.3 “绿野仙踪”法（Wizard of Oz）

“绿野仙踪”技术，也被称为“假人”技术或“人肉操作”，是一种模拟系统的交互方式，以给用户一种与真实系统合作的印象，即使该系统尚未真正存在。这种技术最初由 Don Norman 在其著作《设计心理学》中提出，并在 Kelley（1983）的研究中得到进一步发展。它基于 1939 年的同名电影《绿野仙踪》中的场景，其中主角们在奥兹国与看似真实的人物互动，而实际上那些人物是由隐藏在幕后的人操作的。

在软件版的“绿野仙踪”中，用户坐在终端上与一个程序进行互动，而隐藏在幕后的软件设计者则观察用户的行为，并通过不同的方式做出反应，创造出一个工作的软件程序的假象。这种技术有时可以使用户误以为他们正在与一个真实的系统交互，而不是一个模拟系统。这种技术在一些情况下非常有用，特别是在用户的快速反应并不重要的情况下。例如，在早期的用户研究和测试中，设计者可以使用“绿野仙踪”技术来模拟系统的交互，以观察和评估用户的行为和反应（如图 2-4 所示）。

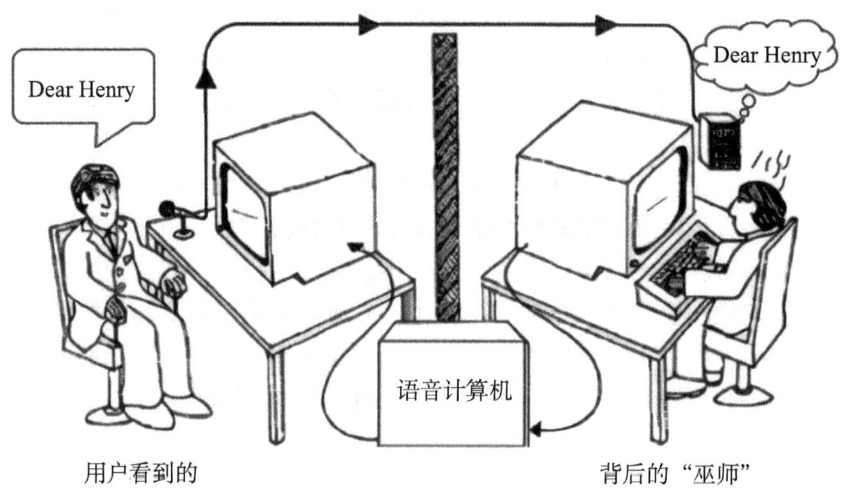

图 2-4　1984 年的 IBM 语音打字机的原型测试使用的“绿野仙踪”法

（来源：https://blog.cds.co.uk/what-is-wizard-of-oz-testing-and-how-can-it-be-used）

这种方法可以帮助设计者发现潜在的问题和待改进点，并在后续的设计和开发过程中进行相应的调整。需要注意的是，这种技术可能存在一些伦理和透明度的问题，因为用户可能会误以为他们正在与一个真实的系统交互。因此，在使用这种技术时，应该明确告知用户，并确保在合适的时机揭示真相，以免使用户产生不必要的困惑或误导。

2.1.1.4 视频原型设计

视频原型是一种使用视频来展示用户如何与新系统进行交互的方法。它可以用于完善设计方案，而不是产生新的创意，视频原型的目标是通过展示具体的交互过程来验证和改进设计。视频原型可以建立在纸笔原型和纸板模型的基础上，也可以使用现有的软件和真实世界环境的图像。它通过演示用户与系统的交互过程，以动态的方式展示设计方案的功能和用户体验（图 2-5）。

故事板是视频原型制作的重要工具。它可以帮助设计者完善其想法，并为不同情境下的故事情节产生“如果”的场景。故事板可以是非正式的草图，只包含部分信息，也可以遵循预先定义的格式，用于指导视频原型的制作和编辑。通过故事板和视频原型，设计者可以更好地理解用户的需求和期望，以及设计方案的优劣之处。同时，视频原型还可以用于与其他参与制作的人进行沟通和讨论，以便在团队中达成共识和理解。

需要注意的是，视频原型的制作可能需要专业的工具和技术，如视频编辑软件和摄影设备。因此，设计团队可能需要配备相应的资源和技能才能有效地创建和使用视频原型。

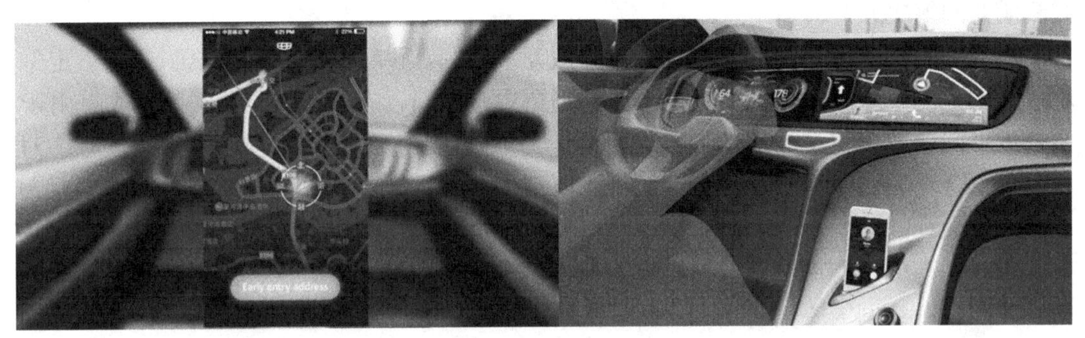

图2-5　制作视频原型来演示交互流程（广州美术学院工业设计学院横向课题设计方案）

2.1.1.5　数字原型

数字原型的目标是创造出比实体模型所能达到的更高精度的原型。这样的原型被证明是有用的，可以更好地与客户、经理、开发者和最终用户交流想法。它们也有助于设计团队对布局或交互的细节进行微调。它们会显示出设计中的问题，而这些问题在不太精确的原型中并不明显。最后，它们可以在设计过程的早期被用来制作难以离线创建的低精度原型，比如在需要非常动态的交互或可视化的时候。

非交互式模拟是一种计算机生成的动画，它代表了如果一个人在用户的肩膀上观看，他或她会看到什么系统。非交互式模拟通常是在离线原型（包括视频）不能捕捉到交互的某一方面时创建的，而且有一个快速的原型来评估这个想法很重要。通常最好先创建一个故事板来描述动画，特别是当原型的开发者不是设计团队的成员时。设计师还可以使用诸如原型软件、Adobe Photoshop 等工具来创建“绿野仙踪”模拟效果。例如，用鼠标拖动图标的效果可以通过把文件的图标放在一个图层中，把光标的图标放在另一个图层中，并移动其中一个或两个图层来获得。图层的可见性以及其他属性也可以产生更复杂的效果。

2.1.2　探索设计空间

设计不同于自然科学，它的目标不是描述和理解现有现象，而是创造新的东西。设计者可以从科学研究中获益，但设计需要特定的技术来产生新的想法和平衡复杂的权衡，以帮助开发和完善设计理念。

来自建筑和平面设计等领域的设计师引入了“设计空间”的概念，它在某些方面限制了设计的可能性，而在其他方面则为创造性探索留出了空间。设计空间的创意有很多来源，包括现有系统、其他设计、其他设计师、外部灵感以及激发新创意的意外事件。设计师需要针对特定的设计问题创建一个设计空间，然后在不断扩大和收缩的过程中探索这个空间。设计是一个迭代的过程，设计师从一个设计问题开始，产生一系列想法，然后选择一个特定的设计方向。这将封闭设计空间的一部分，同时打开新的维度进行探索。设计师会沿着这些维度产生更多的想法，探索扩大设计空间，然后做出新的设计选择。设计原则是在探索和选择阶段提供指导来帮助这一过程。这一过程持续进行，直到找到满意的解决方案。

设计师的工作会受到各种限制，包括预算、资源和设计限制。这些限制并不一定是坏事，因为一个人不可能在所有方面都有创造力。然而，有些限制是不必要的，是由于最初设计问题的框架设计不当造成的。设计者可以通过修改想法或修改约束条件来应对这些限制。与传统工程学将设计问题视为既定事实不同，设计者应该质疑并在必要时改变最初的设计问题。

设计团队的所有成员，包括用户，都可以为设计空间贡献想法，并帮助选择设计方向。扩展设计空间需要创造力和对新想法的开放态度，而收缩设计空间需要批判性评估各种想法。设计是在创造和选择之间来回穿梭的过程。

原型在设计空间工作的两个方面为设计师提供帮助：生成新创意的具体表现和明确具体的设计方向。设计师可以利用原型在创造与选择之间进行探索。接下来的两节将介绍在原型设计工作中被证明最有用的技术，包括用于研究和产品开发的技术。

2.1.2.1　拓展设计空间：产生创意

奥斯本在 1957 年提出的头脑风暴法是最著名的创意生成技术之一。其目标是在小组成员中创造协同效应，即一个人的想法可以激发其他人的想法。然而，随后的研究对小组头脑风暴法的有效性提出了质疑。Collaros 和 Anderson（1969）以及 Diehl 和 Stroebe（1987）的研究发现，个人集合产生的创意数量与小组相同，这对小组协同作用的好处提出了质疑。他们发现，一些效应，如生产受阻、搭便车和评估忧虑，足以抵消头脑风暴小组的协同作用。这意味着小组的创意数量并不一定比个人更多。因此，随着时间的推移，研究人员开始探索解决这些局限性的不同策略。他们关注的不仅仅是想法的数量，还包括小组成员之间的关系和想法的阐述。De Vreede 等（2000）指出，除了创意数量之外，还应该考虑想法的阐述。在头脑风暴过程中，小组成员会对彼此的想法做出反应，这可以促进更深入的讨论和思考。因此，想法的阐述和交流在小组创意生成过程中也起着重要的作用。

除了头脑风暴法，还有其他一些创意生成技术被广泛使用。例如，迭代设计是一种通过不断重复和改进来生成创意的方法。设计师通过不断尝试和调整原型来探索不同的设计方向，并逐步完善和改进设计。另一个常用的创意生成技术是思维导图。思维导图通过将想法和概念以图形化的方式呈现，帮助设计师更好地组织和展示思维过程。设计师可以通过思维导图来展示想法之间的关系，并进一步发展和拓展这些想法。还有一些其他的创意生成技术，例如故事板、角色扮演和反转思维等，它们都可以帮助设计师从不同的角度思考和生成创意。

头脑风暴是一种常用的小组产生创意方法，不同的头脑风暴形式和变体都是以创造尽可能多的新想法为目标，要根据具体的设计需求和团队特点进行选择和应用。

- 最简单的头脑风暴形式是由一小群人进行。目的是就预先指定的主题提出尽可能多的想法，重要的是数量而不是质量。头脑风暴会议分为两个阶段：第一阶段用于产生想法，第二阶段用于反思。第一阶段不应超过一个小时。会议应由一人主持，掌握时间，确保每个人都参与，并防止大家相互批评。讨论应仅限于澄清某个想法的含义。另一个人记录每一个想法，通常记录在挂图上或投影仪上的透明图上。短暂休息后，要求参与者重读所有想法，每个人标出自己最喜欢的三个想法（图2-6）。

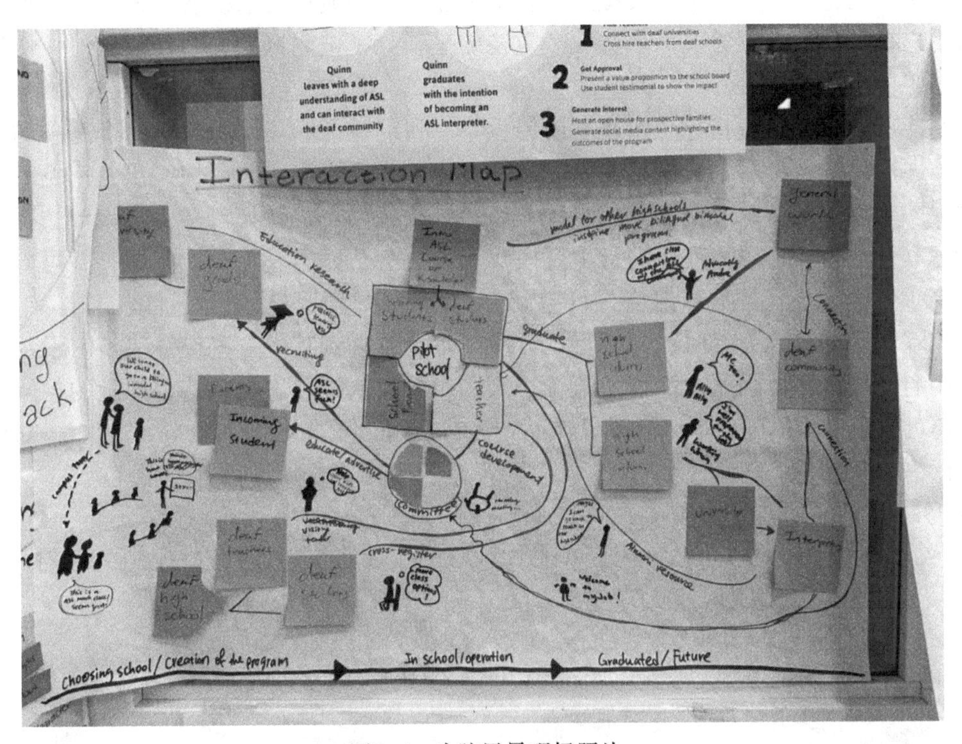

图2-6　头脑风暴现场照片

- 有一种变式是为了确保每个人都能献计献策，而不仅仅是那些口头表达能力强的人。参与者在预先规定的时间内，将自己的想法写在个人卡片或便利贴上。然后，主持人朗读每个想法。鼓励作者阐述（但不说明理由）自己的想法，然后将其张贴在白板或挂图上。小组成员可以从听到的其他想法中得到启发，继续提出新想法。

- 视频头脑风暴（Mackay，2000）是一种涉及原型的头脑风暴变体：参与者不仅要写出或画出自己的想法，还要在摄像机前表演出来。其目的与其他头脑风暴练习相同，即创造出尽可能多的新想法，而不对其进行批判。视频与纸质或纸板模型相结合，鼓励参与者积极体验交互细节，并从用户的角度理解每个创意。每个视频头脑风暴创意的生成和捕捉都需要 2～5 分钟，让参与者能够快速模拟各种创意。生成的视频片段为每个想法提供图解，这样比手写笔记更容易理解和记忆。

2.1.2.2　收缩设计空间：选择替代方案

在通过创造新想法来拓展设计空间之后，设计师必须停下来思考他们可以做出的选择。在探索了设计空间之后，设计师必须对他们的选择进行评估，并做出具体的设计决定：选择一些想法，明确地拒绝其他想法，并将设计的其他方面留给进一步的想法生成活动。拒绝好的、可能有效的想法是困难的，但却是取得进展所必需的。

原型往往更容易从用户的角度来评估设计想法。原型提供了可以比较的具体表现。本书介绍的许多评估技术都可以应用于原型，以帮助聚焦设计空间。最简单的情况是设计者必须在几个离散、独立的选项中做出选择。利用心理学中的技术进行一个简单的实验，可以让设计者比较用户对每个备选方案的反应。设计者先要建立一个原型，其中包含每个选项的完全实施版本或模拟版本。下一步是构建典型的系统使用任务或活动，并要求用户在受控条件下尝试每个选项。重要的是，除了被测试的选项外，其他一切都要保持不变。

设计者应根据定量指标（如速度或错误率）和定性指标（如用户对每个选项的主观印象）进行评估。当然，最理想的情况是，有一种设计方案明显更快，出错率更低，并受到大多数用户的青睐。更常见的情况是，结果模棱两可，设计者在做出设计选择时必须考虑其他因素（有趣的是，进行小规模实验往往会凸显出其他设计问题，并可能帮助设计者重新制定设计问题或改变设计空间）。更常见的情况是，当设计者面对一组复杂的、相互作用的设计方案时，每一个设计决策都会影响到其他一些设计决策。设计师可以使用启发式评估技术，这种技术依赖于人们对人类认知、记忆和感官知觉的理解。设计师还可以根据人体工程学标准或设计原则（Beaudouin-Lafon 和 Mackay，2000）对设计进行评估（图 2–7）。

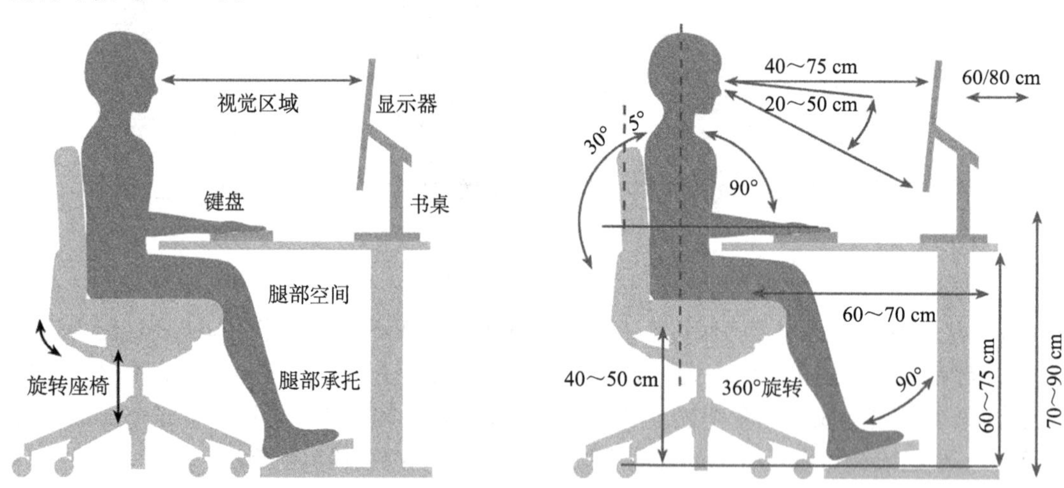

图2–7　人体工程学测量案例

（来源：https://www.smow.com/topics/office-furnishing/ergonomics-questions-answers.html）

另一种策略是创建一个或多个情景，说明在现实环境中如何使用组合功能。场景必须确定参与人员、活动地点以及用户在特定时间段内的操作。好的情景不只是一连串独立的任务；它们应包含真实世界的活动，包括常见或重复的任务、成功的活动、失败和错误，以及典型和不寻常的事件。然后，设计者会创建一个原型，模拟或实现系统的各个方面，以说明每套设计方案。这种原型可以通过让用户多次“走过”相同的场景来进行测试，每种设计方案测试一次。与实验和可用性研究一样，设计师可以根据所测试原型的水平，记录定量和定性数据。

前文介绍了名为“视频头脑风暴”的创意生产方法，它可以让设计人员就如何与未来系统进行交互产生各种想法。我们将聚焦于设计的相应技术称为视频原型。视频原型可以结合任何快速原型制作技术（离线或在线），其制作速度快，迫使设计者考虑用户在使用环境中对设计的反应细节，并提供一种比较复杂的设计决策的廉价方法，以及更多关于如何开发场景、制作故事板并进行录像的信息。

对于外行人来说，视频头脑风暴和视频原型技术看起来非常相似：都是由小型设计小组合作，创建快速原型，并在摄像机前进行互动。两者都能通过视频插图将抽象的想法具体化，并帮助团队成员相互交流。二者的关键区别在于，视频头脑风暴通过创建大量互不关联的个人创意集合来扩展设计空间，而视频原型则通过展示特定的设计选择集合如何协同工作来收缩设计空间。

2.1.3 参与式设计与基于假设的原型设计

2.1.3.1 参与式设计

人机交互领域的以用户为中心的设计方法强调将用户需求和期望置于首位。这意味着从最初的设计阶段开始，设计师需要与用户密切合作，深入了解他们的需求、偏好和使用场景。通过与用户的互动，设计团队才能够创建更符合用户期望的系统，从而提升用户满意度和系统的实用性，参与式设计应运而生。

参与式设计（participative design），也被称为合作式设计，是一种以用户为中心的设计方法，它将用户积极纳入设计过程的各个阶段。在这种设计策略指导下，设计师不仅在设计的初期对用户进行调研，或者在设计完成后邀请用户评估系统，而且要把用户视为设计过程的合作伙伴，从始至终都让用户参与其中。参与式设计强调用户的经验和见解，有助于消除设计中的假设和猜测，通过在设计概念早期甚至全程都与用户合作，设计者能够更好地理解他们的需求、偏好和可能存在的挑战，确保设计不会偏离正确的方向，从而更好地塑造最终的设计方案。特别地，设计师在概念构思阶段也应邀请用户以及利益相关者参与到概念原型的修改和调整中，也就是说用户不仅是设计概念的评价者，更是共同创作者。此外，与用户的密切合作还有助于设计者更好地理解用户在实际环境中使用系统的方式，在设计方案的细节上融入更实际的元素（图2-8）。

参与式设计并不意味着设计师可以放弃他们的责任，而是鼓励设计师与用户合作，共同推动设计的发展。也不是将设计决策完全交给用户，而是要借助用户的见解来调整设计的方向，确保设计更加符合实际需求。

在这个过程中，设计师和用户的角色是互补的。用户了解他们的需求、场景和问题，而设计师则在创造性的想法和解决问题的多种可能性方面具有专业知识。设计师需要平

图2-8　设计师邀请小学生一起设计游戏（广州美术学院工业设计学院课程）

衡用户的反馈和自己的专业判断，以便在设计中考虑多个因素，包括用户的实际需求、技术可行性和创新性。因此，以设计概念原型作为设计师与用户的共创基础显得尤为重要。与纯粹的概念、抽象模型或其他表现形式不同，原型能够在实际情况下帮助设计师理解真实系统在实际环境中的使用情况。

原型是具体且详细的，设计者可以在真实世界场景中探索不同情况，用户可以根据当前需求对其进行评估。原型能够直接与其他现有系统进行比较，设计者可以了解使用环境和用户的实际操作，并帮助设计者在设计过程中重新分析用户需求。作为一种交流媒介，原型是实际的、可视化的表现形式，可以帮助用户更清楚地理解设计的概念和细节，减少误解和沟通问题，从而帮助设计者和用户之间进行更有针对性的交流。用户通过与实际的界面互动，可以更准确地判断设计是否满足了他们的期望，以及是否可以顺利地完成他们的任务。同时，用户对于设计方案的反馈可以直接反映在原型中，使得设计可以迅速适应用户的期望和需求。这种实际的互动可以揭示出设计中的潜在问题，使得设计团队能够及早地发现和解决这些问题，从而提升设计的质量。

原型在设计团队内部的交流、用户的参与以及对设计的反思和评估等方面都有着关键作用。它们不仅可以帮助团队成员更好地理解设计概念，还可以为用户提供更直观的界面体验，从而促进设计的协同发展，确保设计最终满足用户需求并提供出色的用户体验。不同角色的团队成员，如设计师、开发人员和用户体验研究员，可以更有效地合作，从而促进设计的协同发展。

2.1.3.2　基于假设的原型设计

以假设为中心的原型是在具有明确优化目标前提下进行测试的原型。这种方法在产品开发过程中扮演着关键角色。在这个方法中，选择合适的保真度级别是初步的关键决策，可以是一个简单的草图、低保真度原型，或者更高保真度的交互式原型。在早期阶段，可以使用低保真度原型来迅速验证概念和假设，随着设计逐渐明确，可以逐步增加保真度，以更接近最终产品的外观和功能。与原型制作息息相关的还有确定如何进行测试与概念验证。测试方式取决于想要验证的假设以及原型的保真度级别，低保真度原型可能更适合基本的用户反应测试，如卡片分类或点击次数。高保真度原型可以用于更详细的交互测试，如A/B测试或基于任务的测试，以评估用户在实际任务中如何与原型交互。一旦确定了保真度级别和测试类型，就可以根据研究计划，以及假设和任务的要求，制作原型。要注意确保原型的范围与测试假设相匹配，避免不必要的复杂性和范围扩大。

测试假设意味着邀请用户参与测试原型，看看他们的行为是否与前期的假设一致。在测试原型之前，需要确保所有准备工作就绪，这包括聚集必要的人员和工具，确保有一位协助者在测试中记录用户的反应。在开始之前，务必获得用户的许可，并考虑使用相机或屏幕录制来记录他们与原型的交互，以便之后进行回放或分享给利益相关者。

设计师在测试过程中应尽量保持中立，不要过多引导用户，即使用户偏离了预期的“成功路径”，也不要立即纠正，因为他们的行为可以提供宝贵的信息。要避免给予口头确认或引导，让用户在交互中自由表达。通过向用户提一些开放性问题，如“你预期会发生什么？”或“你对这种体验的喜欢和不喜欢之处有哪些？”来引导他们全面表述他们的体验。最好测试至少4～8位不同的用户，以获取更广泛的反馈。测试人数的确立以可以区分不同模式为基础，但如果出现不同的反应或模式不明显，可以继续添加测试人数以确认结果。

测试结束后，整理所有记录，并按类似的关注点或共同的问题进行分组。审阅每个类别，寻找各种信息，思考如何解决出现的问题，讨论不同的解决方法。这些洞察和解决方案将有助于制作新的原型，并在新的研究计划中验证新的假设。这个过程可以多次重复，以逐步完善设计并解决问题，确保最终的产品更符合用户的需求和期望。

以假设为中心的原型强调了快速迭代和持续反馈的重要性。在设计的早期阶段就测试假设，可以避免在后期发生大的修改，从而节省时间和资源。这种方法还鼓励团队保持灵活性，根据实际测试结果做出调整。在这个过程中，假设是一个重要的导向，帮助团队集中精力解决最关键的问题。

2.2 数字产品的原型设计

在数字产品的领域，原型开发具有极为重要的作用，这是因为数字产品的独特性要求设计和开发团队能够灵活地应对多变的需求和市场变化。数字产品通常具有复杂的交互性和多样化的功能，因此通过原型开发，团队可以在设计初期就以实际可视化的形式探索各种交互和界面设计，从而找到最佳的用户体验方案。这种敏捷的方法使得团队能够快速迭代和优化设计，以适应快速发展的市场趋势。由于不同用户群体的需求差异，原型开发使团队能够针对不同用户群体的需求创建定制化的界面和功能，从而提供更好的个性化体验。此外，数字产品通常要在多平台上运行，如手机、平板和桌面电脑，原型开发可以帮助团队快速进行适配和测试，确保在各种设备上都能提供一致的用户体验。

与传统的瀑布式开发不同，原型开发强调持续的更新和灵活性。数字产品市场快速变化，新技术和新趋势层出不穷，而原型开发可以使团队随时调整设计和功能以适应这些变化，从而保持产品的竞争力。另外，通过早期的用户测试和数据分析，原型开发可以帮助团队更好地理解用户需求和行为，从而作出基于数据的决策，确保产品的成功。

2.2.1 数字产品的特性

数字产品的交互设计有其自身的特点，主要基于屏幕交互以及当前设备的不同尺寸和输入逻辑（图 2-9）。从交互设计的角度来看，软件与硬件之间的差异显而易见。针对那些使用屏幕进行输入或输出的智能对象（如智能恒温器或智能手表）的设计，理解屏幕设计的细微差别变得越来越重要。设计师首先需要考虑的是屏幕的尺寸和分辨率。不同的设备有不同的屏幕尺寸，如手机、平板和桌面电脑。设计师需要确保界面在所有这些设备上都能提供一致和优质的用户体验。其次，设计师需要确保界面的颜色和对比度在各种光线条件下都能清晰可见。此外，还需要考虑用户在不同环境下的使用习惯，如户外、室内或在移动中。交互是用户体验设计的核心。设计师需要考虑用户如何与屏幕互动，如点击、滑动和缩放。每种交互都需要清晰的视觉反馈，以告知用户他们的操作已被系统识别和处理。最后，内容是用户体验设计的关键。设计师需要确保内容在屏幕上的布局和排版都是合理的，易于阅读和理解。同时，还需要考虑内容的更新和扩展，确保用户始终可以获得最新的、相关度最高的信息。此外，软件提供了更加丰富和多维度的反馈，可以是视觉的（如界面颜色的变化）、听觉的（如提示音）或触觉的（如手机震动）。

图 2-9　适配多种用户端屏幕的界面设计

（来源：https://cdc.tencent.com/2021/10/28/腾讯问卷/image-4-2/）

在为基于屏幕的交互设计制作原型时，为了确保设计与实际应用场景相匹配，最好模拟真实的屏幕形状、大小和介质。数字产品的终端呈现形式通常是在浏览器或桌面应用中的代码。因此，在设计过程中，为了验证设计思路的可行性，设计师应该在真实的媒介环境中进行测试。但在进行详细编码之前，可以使用如纸张等简单的工具来模拟屏幕，以快速验证和迭代设计想法。

2.2.1.1 适应不同屏幕的响应式设计

响应式设计是近年来数字产品设计领域的一个核心概念，旨在确保数字内容在各种设备和屏幕尺寸上都能提供一致和高质量的用户体验。随着移动设备的普及和多样化，响应式设计已经成为设计师必备的技能之一。响应式设计的核心思想是“动态适应性”。这意味着设计不再是固定的、静态的，而是能够根据用户的设备和屏幕尺寸进行自适应调整。这种设计方法考虑到了用户可能使用的各种设备，从大屏幕的台式机和笔记本电脑到平板电脑，再到各种尺寸的智能手机。响应式设计的目标是确保无论用户使用哪种设备，都能获得最佳的浏览和交互体验。

在响应式设计中，断点是一个关键概念。断点定义了设计是否需要改变以适应不同屏幕尺寸的具体点。这些断点通常基于常见的设备尺寸，但最好是基于内容和设计的实际需求来确定。选择合适的断点并为每个断点构建和测试原型是至关重要的。这确保了在各种屏幕尺寸和设备上，设计都能提供一致的用户体验。响应式设计不仅仅是关于屏幕尺寸和布局的调整，还涉及如何根据不同的设备和屏幕尺寸调整内容的优先级。例如，对于移动设备，可能需要隐藏或重新排列某些内容，以确保用户能够快速访问最关键的信息。设计师需要考虑如何在不同的屏幕尺寸上呈现内容，以确保用户在任何设备上都能获得最佳的体验。

响应式设计需要一套特定的技术和工具来实现。这包括灵活的网格系统、可伸缩的图像和媒体查询等。这些技术允许设计师创建能够自动调整的布局，以适应不同的屏幕尺寸和设备。此外，还有许多工具和框架，如Bootstrap和Foundation，可以帮助设计师快速创建响应式设计。随着技术的发展和用户需求的变化，响应式设计也在不断进化。例如，随着可穿戴设备和物联网设备的兴起，设计师现在需要考虑更多的屏幕尺寸和形状。此外，随着虚拟现实和增强现实技术的发展，响应式设计可能还需要考虑3D空间和新的交互模式。

2.2.1.2 交互控件与交互模式

在数字原型设计中，交互控件和交互模式是两个至关重要的元素，它们为用户提供了与产品互动的方式，为设计师提供了创建高质量用户体验的框架。

交互控件是用户与数字产品互动的界面元素。这些控件包括按钮、滑块、下拉菜单、输入框等。它们为用户提供了一个直观的方式来执行特定的操作，如提交表单、导航到另一个页面或调整设置。在原型设计中，选择合适的交互控件并正确地使用它们是至关重要的，因为它们直接影响到用户的体验和满意度。交互模式是描述用户如何与数字产品互动的一组规则或指导原则。这些模式可以是简单的，如点击按钮来提交表单，也可以是复杂的，如使用手势来导航或操作3D对象。交互模式为设计师提供了一个框架，帮助他们创建一致、直观和高效的用户体验。虽然交互控件和交互模式是两个不同的概念，但它们在设计中是紧密相关的。交互控件为用户提供了与产品互动的具体方式，而交互模式则定义了这些互动应该如何进行。例如，一个滑块控件可以用于调整音量，而其背后的交互模式可能是：当用户向右滑动滑块时，音量增加；向左滑动滑块时，音量减小。

在原型设计中，选择和使用合适的交互控件是至关重要的（图2-10）。设计师应该首先考虑用户的需求和期望，然后选择能够满足这些需求的控件。此外，设计师还应该考虑控件的可用性和可访问性，确保所有用户（包括有残疾的用户）都能轻松地使用它们。定义交互模式是一个迭代的过程。设计师应该首先研究用户的行为和需求，然后创建一个初步的模式，接着通过用户的测试和反馈不断地优化和调整这个模式，直到达到最佳的用户体验。在应用交互模式时，设计师应该确保它们在整个产品中是一致的，这样就可以帮助用户更快地学习和适应新的界面。

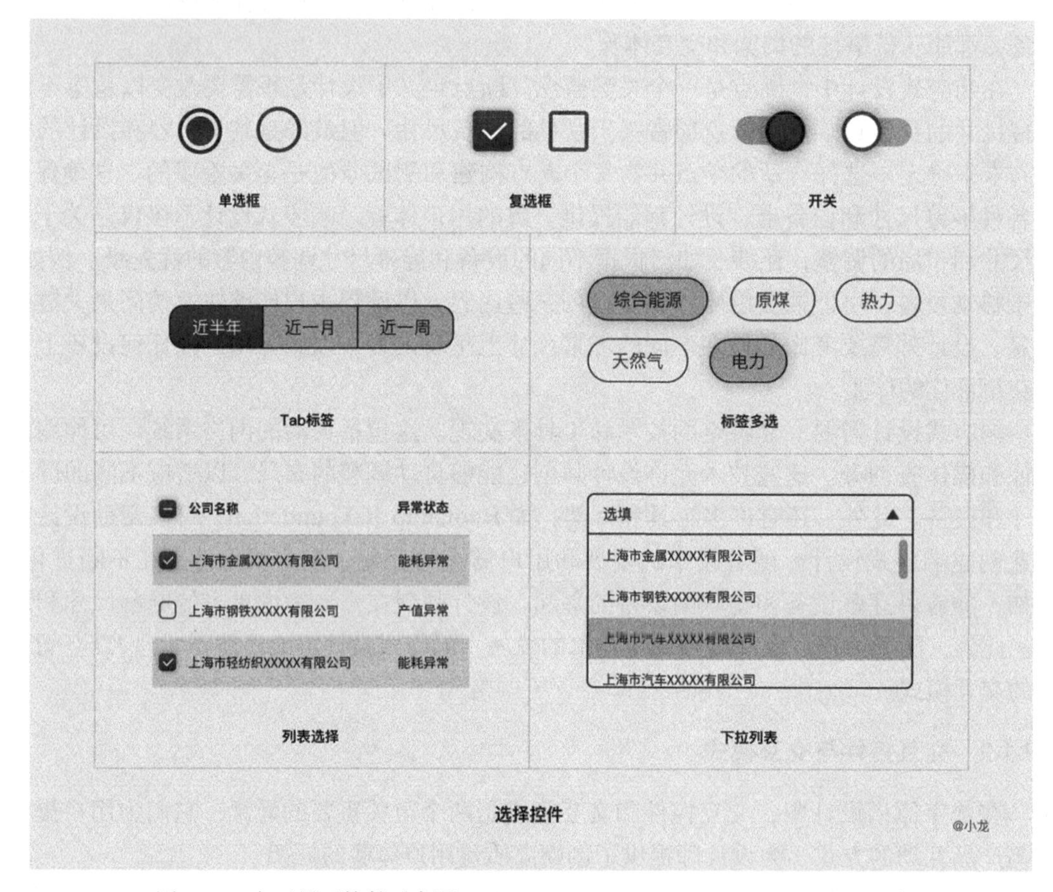

图2-10　交互界面控件（来源：https://www.woshipm.com/pd/4198279.html）

2.2.1.3　数字屏幕的人机工学

人机工学，也称人类工程学或人因工程，是研究人与机器之间的关系的学科，特别是如何设计机器和工作环境以适应人的生理和心理特性。在屏幕设备的设计中，人机工学有关键的指导作用，能确保设备不仅功能强大，而且易于使用，不会对用户造成身体或心理上的不适。随着技术的发展，我们越来越依赖屏幕设备，如智能手机、平板电脑和台式电脑，这些设备已经成为我们日常生活和工作的重要组成部分。因此，数字产品的交互设计重点是确保这些设备的交互设计满足人的生理和心理需求。

一个好的人机工学设计不仅可以提高用户的工作效率和满意度，还可以减少由于长时间使用设备而导致的健康问题。就数字屏幕而言，越来越多的屏幕设备采用触摸界面，触摸界面为用户提供了一个更直观、更灵活的操作方式，但也带来了一些人机工学上的挑战。例如，长时间使用触摸屏可能会导致手指和手腕的疲劳（图2-11）。此外，触摸屏的操作需要更高的精确度，这可能会增加用户的心理压力。因此，设计师需要在触摸界面和物理按钮之间找到一个平衡，确保用户能够轻松、舒适地使用设备。屏幕尺寸和分辨率是其中的两个关键因素。一个合适的屏幕尺寸可以确保用户能够轻松地查看和操作内容，而不需要过多地进行放大或缩小的操作。同时，一个高分辨率的屏幕可以提供更清晰、更细致的图像，提高用户的视觉体验。然而，设计师也需要考虑到过大的屏幕尺寸或过高的分辨率可能会导致用户的视觉疲劳或其他健康问题。除了设备本身的设计，环境因素也对用户的体验产生重要影响。例如，屏幕的亮度和对比度需要根据周围环境的光线条件进行调整，以确保用户能够清晰地查看内容。此外，设备的声音和振动反馈也需要根据使用环境进行调整，以避免干扰其他人。

屏幕设备的人机工学设计是一个复杂而重要的过程，设计师需要深入了解用户的生理和心理需求，以及他们在不同环境和情境下的使用习惯，为他们提供一个既功能强大又易于使用的设备。

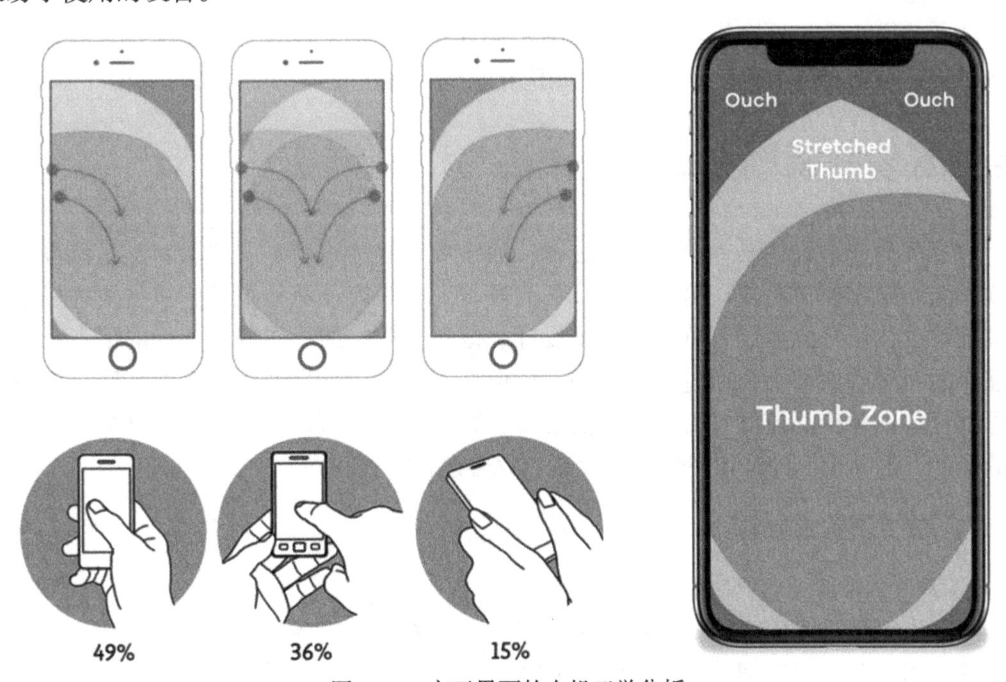

图2-11　交互界面的人机工学分析

（来源：https://alistapart.com/article/how-we-hold-our-gadgets/）

2.2.1.4　动画效果

动画效果在数字产品设计中扮演着重要的角色。它不仅增强了用户的视觉体验，还为用户提供了更直观、更有趣的交互方式。正确使用动画效果可以提高用户的参与度、满意度和留存率。动画效果可以引导用户的注意力，帮助他们理解界面的结构和流程。例如，当用户完成一个操作时，一个平滑的过渡动画可以告诉他们操作已经成功。此外，动画还可以增强用户的情感连接，为他们提供一个更加愉悦和有趣的体验。

设计动画效果需要遵循几个关键的原则。首先，动画效果应该是有目的的，而不是随意的。每一个动画效果都应该有一个明确的功能和目的，如指导用户的注意力、提供反馈或增强情感连接。其次，动画效果应该是简洁的，而不是复杂的。过于复杂或夸张的动画可能会分散用户的注意力，甚至导致他们感到困惑或不悦。最后，动画效果应该是平滑的，而不是生硬的。一个平滑、自然的动画可以提供更加愉悦的用户体验，而一个生硬、不自然的动画可能会打破用户的沉浸感。现在有许多工具和框架可以帮助设计师创建高质量的动画效果。例如，CSS3 提供了一套强大的动画和过渡功能，可以帮助设计师创建平滑、自然的动画效果。此外，还有许多专门的动画库和框架，如 GreenSock、Three.js 和 Pixi.js，可以帮助设计师创建更复杂、更有趣的动画效果。选择合适的工具和技术是创建高质量动画效果的关键。

随着技术的发展和用户需求的变化，动画效果也在不断进化。例如，随着虚拟现实和增强现实技术的发展，动画效果可能需要考虑 3D 空间和新的交互模式。此外，随着人工智能和机器学习的发展，动画效果可能会变得更加智能和个性化，将为用户提供一个更加个性化的体验。

动画效果在数字原型设计中扮演着越来越重要的角色。设计师需要深入了解动画效果的目的、原则和技术，以及如何测试和优化它们，提供更加愉悦和有趣的用户体验。

2.2.2 数字产品原型制作流程

数字产品原型设计是一个迭代的过程，通常可以分为两个主要阶段：交互流程设计阶段和交互原型测试阶段。这两个阶段各有其目的，在交互流程设计阶段主要通过原型工具辅助设计用户流程图、草图和初步设计、信息架构、线框图等框架性的信息；而在交互原型测试阶段则主要通过纸面原型、低保真原型、中保真原型和高保真原型从设计概念到逐步细化交互流程和交互界面的细节，并形成一个可以与用户一起交流、共同设计的平台，帮助设计师从用户角度出发逐步完善设计方案。

2.2.2.1 交互流程设计阶段

1）用户流程图

用户流程是描述用户如何通过应用或网站来完成特定任务的图形表示。它是设计师在设计过程中的关键工具，因为它帮助团队理解用户的行为、预期和可能遇到的障碍。在数字产品的设计中，了解用户如何与应用或网站互动至关重要。用户流程不仅帮助设计师理解用户的需求和期望，还为他们提供一个框架，以确保设计满足这些需求。一个清晰、直观的用户流程可以大大提高用户的满意度和留存率，确保用户可以轻松地完成他们的任务。

用户流程描述了用户如何在产品或服务中完成特定任务的整个过程。一般可通过如下步骤建立有效的交互流程。

①明确目标：在开始任何设计工作之前，设计师必须清楚地知道用户希望通过产品或服务实现什么目标。这可能是购买商品、获取信息、与他人互动或其他任何活动。有了明确的目标，设计师就可以更有针对性地进行设计。

②研究用户：对目标用户进行定义，并与目标用户进行交谈，通过访谈、问卷调查、用户测试等方法了解他们的需求、期望和痛点。用户研究的目的是深入了解用户的行为、习惯和偏好，以确保设计的用户流程能够满足他们的实际需求。

③定义关键路径：确定用户从开始到完成任务的最直接和最简单的路径。这通常是最常见的使用情况，应该是最容易理解和执行的。设计师需要确保这条路径是无障碍的，用户可以轻松地沿着它前进。

④考虑异常和错误：仅仅考虑主要路径是不够的，设计师还需要考虑可能的异常和错误情况。例如，如果用户输入了错误的信息，或者网络连接中断，应该如何处理？为这些情况设计合适的用户流程同样重要，以确保用户在遇到问题时不会感到困惑或沮丧。

用户流程是数字产品设计中的关键组成部分（图2-12）。一个清晰、直观的用户流程不仅可以提高用户的满意度，还可以确保他们能够轻松、有效地完成任务。在设计时遵循上述最佳的实践和步骤，设计师可以创建出满足用户需求的强大用户流程。

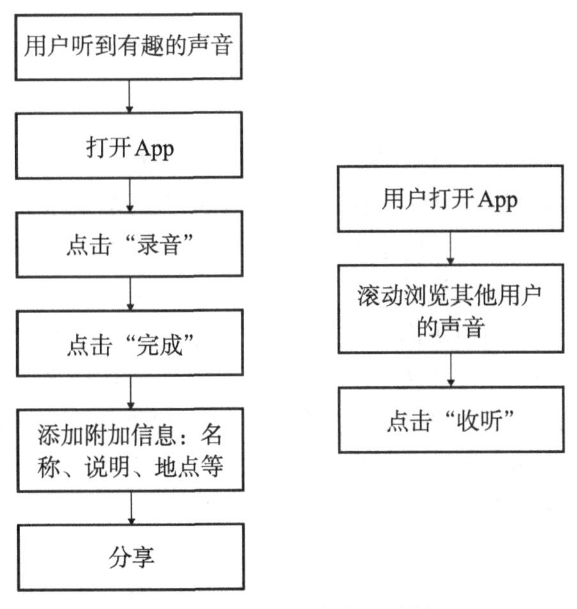

图2-12　用户流程示例

2）草图和初步设计

一旦对应用的流程有了深入的了解，就可以开始绘制用户界面了。浏览用户流程的每个步骤，思考用户在每个阶段需要什么样的界面元素。例如，如果用户需要输入信息，设计师可以设计一个表单；如果他们需要选择一个选项，可以设计一个下拉菜单或按钮组。在草图中，不仅要表示界面的元素，还要考虑这些元素如何组织在一起。这可能涉及布局、对齐、间距等设计原则。例如，可能会考虑将相关的元素组合在一起，或者使用不同的颜色和字体来强调重要的信息。设计很少是一次性完成的，在绘制了第一个草图后，还可以尝试是否有其他方法来解决同一个设计问题。因此，可以尝试绘制多个草图变体，探索不同的设计方向（图 2-13）。这不仅有助于找到最佳解决方案，还可以确保所有可能的用户需求和场景都被考虑在内。

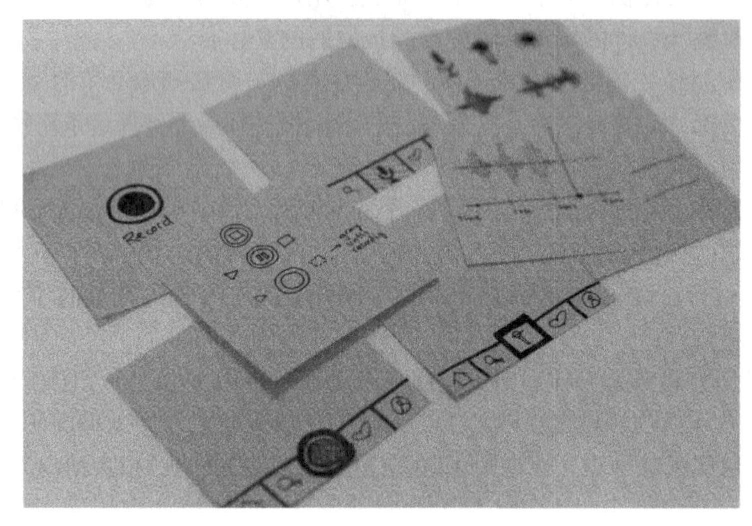

图2-13　交互界面草图

3）信息架构

信息架构描述了如何组织、标记和分类应用程序或网站的内容，以确保用户能够轻松地找到和访问他们需要的信息，可以通过简单的层次结构图或 sitemap 来表示（图 2-14）。几乎每一个数字产品，无论是简单的移动应用还是复杂的企业级软件，都涉及导航、内容和术语的设计。作为设计师有责任确保这些元素的组织方式是直观和用户友好的，信息架构不仅关乎如何组织内容，还涉及如何为这些内容命名，以及如何为用户提供一个清晰的路径，帮助他们完成任务。关于设计信息架构的步骤如下。

①明确待设计的产品将包含哪些数据和信息。这可能涉及对现有内容的审查，或者基于设计师对产品的理解和预期，并创建新的内容。一旦有了一个清晰的内容列表，就可以开始考虑如何组织这些内容。这可能涉及创建网站地图、定义导航菜单，或者设计应用程序的界面布局。

②始终从用户的角度出发设计信息架构。不同的用户群可能会使用不同的术语来描述相同的内容，因此，了解目标用户如何思考和说话是至关重要的。为了获得这些信息，可以进行用户访谈，或者使用卡片分类等方法来了解用户如何自然地组织和分类内容。

③卡片分类是一种用于了解用户如何看待和组织信息的常用方法。在这种方法中，设计师会为每一个内容或功能创建一张卡片，然后请用户将这些卡片按照他们认为合适的方式进行分类。这不仅可以帮助设计师了解用户的思维模式，还可以为设计导航菜单或应用程序的界面布局提供有价值的指导。

信息架构是确保数字产品易于使用和理解的关键。通过深入了解用户的需求和期望，以及通过测试和迭代来不断优化，可以为用户提供一个高效、直观和满足他们需求的浏览体验。

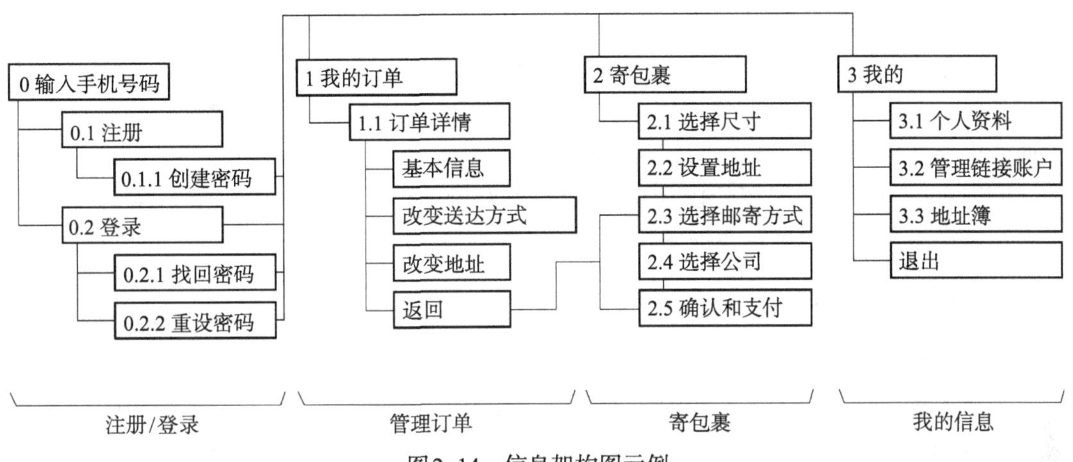

图2-14　信息架构图示例

4）线框图

有了一个明确的信息架构和初步的草图，就可以开始制作线框图了。线框图是表示页面结构的静态视觉指南，它们通常不包括任何视觉设计元素，而是专注于布局、内容和功能（图2-15）。线框图是数字产品设计中的一个关键节点，它为产品的视觉和功能布局提供了基础框架，为辅助思考和规划屏幕上各个元素的位置提供了良好的平台。线框图在初期通常是低保真度的，这样做的目的是确保在设计的早期阶段，注意力集中在功能和用户流程上，而不是视觉细节上。

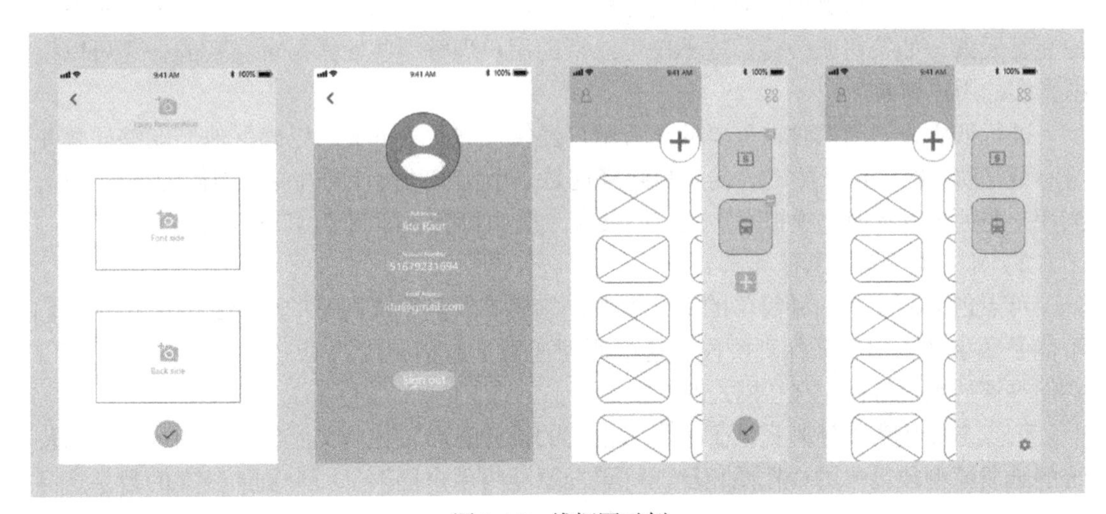

图2-15　线框图示例

在制作线框图时，通常使用灰度和占位符来表示内容和功能元素。这些元素可以帮助设计师确定它们在最终设计中的位置和大小。此外，线框图也为设计师提供了一个平台，让他们可以思考和规划用户与产品的所有交互。此外，考虑到不同的屏幕尺寸和设备是至关重要的，这意味着需要为小屏幕（如手机）和中等屏幕（如平板电脑）分别创建线框图。如项目的设计策略是移动优先，那么应该首先考虑小屏幕尺寸。

在线框图设计阶段，选择一个合适的网格系统是非常重要的。网格有助于确保设计的一致性，从而提供更好的用户体验。还要与内容策略师和开发人员紧密合作，这有助于所选网格与他们的需求和限制相匹配。

同时，与开发人员紧密合作是确保线框图成功转化为实际产品的关键。设计师和开发人员并肩工作，共同确定线框图和设计的最终细节。

2.2.2.2 交互原型测试阶段

1）纸面原型

纸质原型是一种物理的、可交互的低保真原型。它们通常由纸和其他简单的材料制成，允许用户通过模拟交互来测试设计。纸质原型是一种经济有效的方式，可以快速地评估和迭代设计思想。

纸质原型是最基础的原型形式，它不需要高技术、不需要特定的工具，只需要纸和笔。这种原型的主要优势是它的简单性和快捷性，允许设计师迅速地从一个想法转移到另一个想法，而不会浪费太多时间在技术细节上。如果已经有了线框图，只需将线框图打印出来就可将它们作为原型的基础。制作纸质原型的第一步是确定想要测试的特定部分或功能。根据用户流程和目标，选择最关键的部分进行原型设计。使用纸张或便利贴绘制每个屏幕，并为每个交互设计额外的纸片。这种方法允许设计师模拟真实的用户交互，例如点击按钮或导航到另一个屏幕。

为了使纸质原型更加生动并且交互性强，可以使用不同颜色的纸或标签来表示不同的交互元素，如按钮或链接。这不仅可以帮助用户理解哪些元素是可交互的，还可以模拟真实的用户体验。

进行纸质原型测试时，重要的是为用户提供足够的上下文，以确保他们能够理解并与原型互动。在测试开始时，向用户解释这是一个初步的设计，并寻求他们的直接反馈。当用户与原型互动时，模拟真实的应用反应，例如切换屏幕或显示新的信息。

2）可点击原型（低保真原型）

可点击的原型是一种简单的交互模型，它模拟了应用或网站的主要交互。尽管它们可能是数字的，但在低保真阶段，这些原型通常不包括高度的视觉设计或复杂的交互。它们是评估用户流程和交互模式的理想工具。

可点击原型为设计师提供了一个将他们的设计思路转化为交互式体验的方式。与传统的纸质原型或简单的线框图相比，可点击原型为用户提供了一个更加真实的数字产品体验。在线框图或纸质原型基础上，制作可点击原型就变得相对简单。只需将设计导入到特定的原型工具中，然后为每个交互元素添加热点或链接。市场上有许多工具可以帮助设计师创建可点击原型，如 Prototyping on Paper (PoP)、InVision、Marvel、Proto.io、

Axure 和 UXPin。每个工具都有其独特的功能和优势，对于初学者，建议从 PoP 或 InVision 开始，因为它们相对容易上手。

3）中保真数字原型

中保真原型允许设计师在一个相对真实的环境中测试和验证他们的设计思路。与低保真原型相比，它提供了更多的交互和上下文，但不需要像高保真原型那样完全完成设计。这使得设计师可以在早期阶段进行更多的迭代和测试，而不必等到设计完全完成。

在可点击原型的基础上可以进一步开发中保真原型，一般来说需要数字工具来实现更丰富的交互。市场上有许多工具可以帮助设计师制作中保真原型。对于初学者，建议从简单的工具开始，如 Sketch 或 Illustrator，然后逐渐探索更复杂的工具。在中保真原型中可以嵌入多个页面和交互元素组件，每个交互组件的设置应有其特定的功能和目的，设计师需要确保每个元素都与用户的任务和目标紧密相关。与其他类型的原型一样，设计师需要与真实用户合作，观察他们如何与原型互动，收集他们的反馈，并据此进行迭代。一旦中保真原型经过了充分的测试和验证，设计师就可以开始制作高保真原型。这通常涉及添加更多的视觉细节和功能，以创建一个完全真实的产品表示。

4）高保真数字原型

与低保真原型和中保真原型相比，高保真原型提供了更多的细节和交互。它允许设计师模拟和测试产品的所有方面，从界面设计到用户交互，从动画到数据集成。这种原型的目的是模拟最终产品的真实体验，从而为用户提供一个真实、无缝和引人入胜的体验。

高保真原型的制作需要更多的时间和技巧。设计师需要使用高级的原型设计工具，如 Illustrator、Sketch、InVision、Flinto 和 Axure 等，来创建一个真实和交互式的产品表示。而且设计师需要进一步与开发人员加强合作和沟通，包括共享设计思路、交互模式和数据集成的细节。

高保真原型的主要目的是进行详细和深入的用户测试。设计师需要将原型提交给更多真实用户，记录他们如何在实际场景中与原型互动，并进一步根据用户行为和用户反馈等研究数据来验证设计概念的有效性。由于高保真原型的制作需要耗费较为大量的人力和时间成本，不太符合敏捷开发的理念。在一些需要快速迭代的互联网产品开发过程中，可能会采取直接公布测试版的方式来获得真实用户的使用反馈。

2.2.3 数字产品原型的未来趋势

2.2.3.1 虚拟现实原型设计

虚拟现实（VR）是近年来技术领域的热点。VR 为用户提供了一种全新的、沉浸式的交互体验，使人们能够进入一个虚拟的世界或在真实世界中看到虚拟的信息和对象。VR 是一种允许用户沉浸在计算机生成的环境中的技术。与传统的用户界面不同，VR 将用户置于一种体验之中，使他们能够与 3D 世界进行交互。这使得 VR 原型设计成为一个独特的挑战，因为设计人员需要考虑空间交互和用户移动。

虚拟现实是一种模拟体验，可以与现实世界相似，也可以完全不同。它通常需要用户佩戴 VR 眼镜来跟踪他们的头部运动并在他们眼前显示计算机生成的 3D 环境。一些 VR 系统还包括允许用户与环境交互的手持控制器或手套。VR 系统有多种类型可供选择，从 Apple vision pro（图 2-16）、Oculus Rift 和 HTC Vive 等高端设置到 Samsung Gear VR 和 Google Cardboard 等更实惠的选择，每个系统都有自己的优点和局限性，因此为某一项目选择合适的系统至关重要。而在进行 VR 设计时，考虑用户的视角以及他们如何与环境交互至关重要。与传统的 2D 界面不同，VR 本质上是空间性的，这意味着用户可以在 3D 空间中移动并与对象交互。这给设计过程增加了一层复杂性，因为设计师需要考虑尺度、距离和深度等因素。考虑用户的舒适度也很重要，因为虚拟现实可能会让某些用户迷失方向，甚至感到恶心。为了避免这种情况，确保动作流畅自然并使用户始终有清晰的方向感至关重要。

图 2-16　Apple vision pro 的交互操作

（来源：https://medium.com/@techiverse2023/employee-recognition-in-spatial-computing-games-on-2c052f32820b）

有多种工具可用于制作 VR 体验原型，从专业软件到更易于访问的选项。一些流行的工具包括：

● Unity：强大的游戏开发平台，支持 VR。它提供了广泛的功能，并被许多专业 VR 开发人员使用。

● Unreal Engine：另一个支持 VR 的专业游戏开发平台。它以其高质量的图形和逼真的物理效果而闻名。

● A-Frame：用于构建 VR 体验的开源 Web 框架。它易于使用，不需要任何编程知识。

● Sketchbox：一款 VR 设计和原型制作工具，允许设计人员直接在 VR 中创建和测试 VR 体验。

● VRTK：Unity 有用的脚本和预制件的集合，可以更轻松地创建 VR 交互。

VR 原型设计是一项独特的挑战，需要采用与传统用户界面设计不同的方法。设计师需要考虑如何在三维空间中设计交互，如何结合物理和虚拟，如何确保用户的舒适度和安全性，以及如何克服硬件和技术的限制。然而，正是这些挑战为设计师提供了创新和创造出色用户体验的机会。通过了解 VR 的基础知识、使用正确的工具并遵循最佳实践，设计人员可以创建有效且用户友好的 VR 体验。随着 VR 技术的不断发展，设计师必须及时了解最新趋势和技术，以确保他们的原型处于前沿。随着技术的不断进步，我们可以期待未来的VR和AR设计将更加智能、人性化和有影响力。

2.2.3.2 增强现实

增强现实（AR）是一种将计算机生成的图像叠加在用户的现实世界视图上，从而提供合成视图的技术（图2-17）。这可以通过各种设备来实现，包括智能手机、平板电脑、智能眼镜和耳机。AR 可用于各种应用，从游戏和娱乐到教育和培训。AR 最著名的例子之一是手机游戏 Pokémon Go，玩家可以使用智能手机捕捉现实世界中的虚拟 Pokémon。另一个例子是 IKEA Place 应用程序，它允许用户在购买之前直观地看到家具在家里的样子。

转弯

过马路

直行

图2-17　百度AR地图

在设计 AR 时，必须考虑用户的视点以及他们如何与数字信息交互。AR 的一个主要特点是它将虚拟的信息和对象叠加到真实世界中。这意味着设计师需要考虑如何使虚拟的内容与真实的环境和对象无缝地结合在一起。例如，一个 AR 导航应用可能需要设计师考虑如何在真实的街道和建筑物上显示方向箭头和目的地标志，以及如何根据用户的位置和视角动态调整这些内容。此外，与传统的 2D 界面不同，AR 本质上是空间性的，这意味着用户可以在数字世界和物理世界中移动并与对象交互。这给设计过程增加了复杂性，因为设计师需要考虑尺度、距离和深度等因素。

有多种工具可用于原型化 AR 体验，从专业软件到更易于访问的选项。一些最流行的工具包括：

- ARKit：Apple 开发的一个框架，用于为 iOS 设备创建 AR 体验。它提供了广泛的功能，并被许多专业 AR 开发人员使用。
- ARCore：由 Google 开发的平台，用于为 Android 设备构建 AR 应用程序。与

ARKit 一样，它提供了各种用于创建 AR 体验的工具和功能。

● Vuforia：流行的 AR 开发平台，支持 iOS 和 Android。它提供了广泛的功能，包括图像识别、3D 对象跟踪等。

● Spark AR：Facebook 开发的一款工具，用于为 Facebook 和 Instagram 平台创建 AR 体验。它易于使用，并提供多种用于创建交互式 AR 内容的功能。

AR 原型设计是一项独特的挑战，需要采用与传统用户界面设计不同的方法。然而，通过了解 AR 的基础知识、使用正确的工具并遵循最佳实践，设计人员可以创建有效且用户友好的 AR 体验。随着 AR 技术的不断发展，设计师必须及时了解最新趋势和技术，以确保他们的原型处于前沿。

VR 和 AR 都是新媒体，许多设计惯例仍在建立中。此外，虽然 VR 和 AR 技术已经取得了很大的进步，但它们仍然受到一些硬件和技术的限制，如分辨率、延迟和跟踪精度等。设计师需要考虑如何在这些限制下为用户提供满意的体验，如何优化内容和交互，以及如何利用现有技术的优势。因此及早与真实用户一起测试 VR 和 AR 原型以获得反馈并迭代至关重要。在进行 VR 和 AR 原型设计时，有一些基本原则可以确保其交互设计具有有效且用户友好的状态。

①用户的舒适度和安全性：由于 VR 和 AR 提供了一种沉浸式的体验，用户可能会忘记他们所处的真实环境。这可能导致用户产生一些安全和健康问题，如眩晕、头痛和与真实物体的碰撞。设计师需要考虑如何为用户提供足够的提示和警告，以及如何设计界面和交互，使用户能够在保持舒适和安全的同时享受体验。

②空间交互设计：与传统的二维屏幕设计不同，VR 和 AR 需要在三维空间中设计交互。这意味着设计师需要考虑如何在空间中放置和排列对象，如何使用户能够自然地与这些对象互动，以及如何为用户提供导航和方向感。例如，一款 VR 游戏可能需要设计师考虑如何在虚拟环境中放置敌人、障碍物和奖励，以及如何为玩家提供足够的线索和反馈，使他们能够成功地完成任务。

③保持简单：VR 情境有时可能会让人不知所措，因此保持设计简单直观很重要，要避免不必要的物体或信息使环境变得混乱。

④提供清晰的反馈：确保用户始终知道发生了什么以及下一步应该做什么，需要使用视觉和听觉提示来引导他们完成体验。

2.2.3.3 语音交互

随着 Amazon Echo 和 Google Home 等智能音箱的兴起，语音用户界面（VUI）变得越来越流行。与依赖视觉提示和触摸交互的传统用户界面不同，VUI 使用语音命令和音频反馈。这使得 VUI 原型设计成为一项独特的挑战，因为设计人员需要考虑人类语音的细微差别以及用户如何使用语音与系统交互。

语音用户界面允许用户使用语音与系统交互。这可以通过各种设备来实现，包括智能扬声器、智能手机甚至汽车。VUI 对于免提情况特别有用，例如驾驶或烹饪时，用户可能无法用手与设备交互。VUI 设计的主要挑战之一是分辨并理解人类语音的细微差别。与用户可以依赖视觉提示和触摸交互的传统用户界面不同，VUI 要求用户记住特定的语音命令并提供清晰简洁的指令。

在设计 VUI 时，必须考虑用户的观点以及他们如何使用语音与系统交互。这包括了解他们可能使用的命令类型、他们如何表达这些命令以及系统应如何响应。考虑使用 VUI 的环境也很重要。例如，为汽车设计的 VUI 应优先考虑安全性并提供清晰简洁的反馈，而为家庭智能扬声器设计的 VUI 可能会优先考虑娱乐并提供更详细的反馈。

有多种工具可用于制作 VUI 原型，从专业软件到更易于访问的选项。一些最流行的工具包括：

● Amazon Alexa Skills Kit：由 Amazon 开发的工具包，用于为 Amazon Echo 和其他支持 Alexa 的设备创建语音体验。它提供了广泛的功能，并被许多专业 VUI 开发人员使用。

● Google Actions： Google 开发的平台，用于为 Google Assistant 构建语音体验。与 Alexa Skills Kit 一样，它提供了用于创建 VUI 的各种工具和功能。

● Voiceflow：专门针对 VUI 的设计和原型制作工具。它提供拖放界面，并支持 Alexa 和 Google Assistant。

● Botsociety：用于创建语音和聊天机器人体验的设计工具。它支持多个平台，包括 Alexa、Google Assistant 和 Facebook Messenger。

人类语言通常是模棱两可的，并且个体之间的差异很大。技术上首先需要明确 VUI 可以处理哪种语音命令并提供清晰简洁的反馈。其次，考虑使用 VUI 的上下文并优先考虑最重要的任务。例如，汽车的 VUI 应优先考虑安全性，而智能扬声器的 VUI 可能会优先考虑娱乐性。自此，需要提供清晰的反馈确保用户始终知道发生了什么以及下一步应该做什么，可以使用音频提示和反馈来引导用户完成体验。

VUI 原型设计是一项独特的挑战，需要采用与传统用户界面设计不同的方法。

2.2.3.4 人工智能

随着人工智能（AI）技术的迅速发展和广泛应用，为 AI 驱动的体验进行用户体验（UX）原型设计已经成为一个热门话题。然而，与传统的软件原型设计相比，AI 原型设计在为用户创造出色的体验时面临着一系列独特的挑战。与传统软件设计相比，AI 设计需要考虑更多的交互场景、预测的不确定性、数据依赖性、伦理和偏见问题，以及用户的期望和接受度。例如，当设计一个智能家居语音助手时，设计师不仅要考虑如何使其回应各种用户输入，还要确保其回应不带有任何偏见或歧视，同时还要满足用户对智能助手的期望。此外，由于 AI 技术的复杂性，设计师还需要与数据科学家和工程师紧密合作，确保设计的可行性。这些挑战虽然增加了设计的难度，但也为设计师提供了创造更加智能、人性化和有影响力的用户体验的机会。

例如，考虑设计一个酒店服务机器人，这个机器人的目标是为酒店客人提供各种服务，如送餐、打扫房间和提供旅游信息。在设计这样一个系统时，设计师需要考虑如何收集和处理大量的酒店数据，如客人的入住记录、餐饮偏好和反馈。然后，他们需要考虑如何使 AI 系统准确地预测客人的需求，同时避免任何可能的偏见，如基于客人的国籍或文化背景做出不恰当或不公平的服务。此外，设计师还需要考虑如何与酒店的其他部门，如餐饮、客房和前台合作，确保机器人的服务与酒店的标准一致。最后，他们还需要考虑如何在设计中明确地传达机器人的能力和限制，以避免客人的误解或失望。

2.3 实体产品的原型设计

实体产品的原型设计正日益成为设计领域进行设计探索的重要手段。随着电子技术的普及以及电子组件价格的下降，设计和创建带有嵌入式传感器的产品变得更加容易，设计师们现在有了前所未有的机会来创造和测试新的产品概念。这些产品通常涉及与家庭或办公室中的其他物联网(IoT)对象轻松连接，通常既带有物理结构，也有控制或与设备功能交互的软件应用。目前市场上也出现了许多工具和资源可供设计师使用，以帮助他们创建实体产品的原型。从构建自定义电路和系统的littleBits、Adafruit和SparkFun等套件，到可快速实现交互逻辑的Arduino和Raspberry Pi嵌入式开发工具，再到CAD软件和3D打印技术，设计师现在有了更多的工具来实现他们的创意（图2-18）。

随着技术的进步，实体产品的原型设计将继续发展和变革。实体产品的原型设计是一个复杂但令人兴奋的领域，为设计师提供了无限的可能性。通过结合创意、技术和用户中心的方法，设计师可以创造出真正创新和有影响力的产品。

图2-18　用Arduino制作的非接触式温度计原型

2.3.1 实体产品原型的独特性

与数字产品相比，实体产品的原型设计不仅要考虑造型、材料或触感，还须考虑其功能中涉及的电子和编码。在许多现代工业产品的应用中，往往与数字技术相结合，如智能家居设备、可穿戴技术或IoT产品，这意味着设计师不仅需要考虑产品的物理属性，还需要考虑其与用户的数字交互方式。因此，智能产品设计师需要考虑材料、生产成本、耐用性、用户体验等多个方面，此外，与电子元件的集成也带来了额外的复杂性，如电池寿命、连接性和传感器的准确性等。这些同时也是实体产品的原型设计所面临的挑战。原型设计的主要目的是将概念转化为可以触摸和互动的实体，使设计师、工程师和利益相关者能够更好地理解产品的功能和潜在价值。特别是涉及综合体验因素的智能产品，更需要通过实际的原型来进行更有效的测试，收集反馈，并迅速进行迭代。以下列出了设计数字产品与设计实体产品的主要差异。

1）电子及技术与物理结构的结合

实体产品的原型设计不仅仅关注形态和功能，还涉及与电子技术的融合。这种融合为产品带来了新的交互方式，如传感器、微控制器和其他电子元件。这意味着设计师不仅要考虑产品的外观和手感，还要考虑其内部的工作机制和与其他设备的互动方式。

2）触感与材料的选择

与数字产品不同，实体产品的用户体验在很大程度上取决于其材料和触感。不同的材料会为用户带来不同的触觉体验，这对于如何与产品互动起到了关键作用。例如，一个由硅胶制成的可穿戴设备可能会比一个由金属制成的设备更加舒适。

3）电子组件的挑战

设计智能产品时，设计师需要深入了解电子组件的工作原理。这包括了解如何集成和编程微控制器，如何选择和使用传感器，以及如何确保所有组件能够协同工作。这需要设计师具备一定的电子知识，或与电子工程师紧密合作。

4）多维度的交互

实体产品的交互不仅仅是触摸或点击，它可以包括旋转、摇动、挤压等多种动作。这为设计师提供了更多的创意空间，但也带来了更多的挑战，因为他们需要确保每种交互都是直观的，并能为用户带来满意的体验。

5）环境与使用场景

实体产品的设计还需要考虑其使用环境。例如，设计一个用于户外使用的产品需要考虑具有防水和防尘的功能，而一个用于家庭使用的产品则需要考虑其与家居环境的和谐性。

6）持续的迭代与测试

由于实体产品的复杂性，设计师需要进行持续的迭代和测试。这不仅仅是为了优化设计，还是为了确保产品的安全性和可靠性。每一个组件、每一个交互都需要经过反复的测试，以确保它们能够满足用户的需求。

设计智能产品需要设计师深入了解电子技术、材料科学和用户体验设计，并愿意进行持续的学习和创新。只有这样，才能创造出真正独特、有价值的实体产品。

2.3.2 实体产品的原型设计流程

实体产品的原型设计是一个复杂而细致的过程，涉及从初步的概念到最终的实体产品的多个阶段。

1）准备工作

在开始原型制作之前，需要为初步想法和原型计划做准备。这包括确定原型的范围、所需的功能以及购买所需的组件。例如，需要设计一个每次收到新邮件时都会更改 LED

颜色的电子邮件通知器，需要构思两个功能电路配合工作，一个电路会设置LED并更改颜色，另一个电路会从计算机获取电子邮件数量并将其传输到Arduino，并提前通过面包板搭建测试电路以验证功能有效性。

2）熟悉电子元件

对于涉及电子技术的实体产品，设计师需要熟悉相关的电子元件和工具。这可能包括微控制器、传感器、电池和其他电子元件（图2-19）。设计师可以购买和使用电子套件来快速入门，这些套件通常包含了初学者需要的所有基本组件和教程。一般包含微控制器、面包板、连接器以及各种传感器和输出元器件，这些套件是开始构建简单电路的好方法。此外，设计师还需要了解如何将这些组件集成到他们的原型中，以及如何与它们进行交互。在实体产品的原型设计中，电子设备的选择和使用是一个关键环节。设计师需要选择合适的电子元件，以确保它们能够满足产品的功能需求。此外，设计师还需要考虑这些设备的尺寸、重量、功耗和成本，以确保它们适合于最终的产品。

图2-19　在亚马逊出售的Arduino感应器电子元件

3）Arduino编程

除了构建实际电路外，还需要为微控制器编写代码，以控制传感器、执行任务和与用户进行交互。Arduino 是一个很好的起点，因为费用低廉且学习曲线低。直接购买 Arduino 入门套件是获取入门所需的所有材料的好方法，入门套件一般带有电机、Wifi 和蓝牙连接、传感器（例如热、运动、触摸等）和灯光（包括可以改变颜色的 RGB LED 或彩虹色所有色调的 LED）等特定主题套件。同时，它还有多个强大的主题社区，网上可以找到许多带有代码的项目示例，以便可以基于它们构建所需电路，而不必从头开始。最新版的 Arduino 微控制器可以通过包括 C++ 或 Python 在内的代码编写，又或者使用像米思齐（mixly）这样的积木式编程的方式实现交互逻辑（图 2-20）。互联网上有大量的开源代码和教程项目，可以通过搜索引擎找到所需的代码，或者查看一些提供了 Arduino 编程教程的视频社区，如哔哩哔哩视频社区。

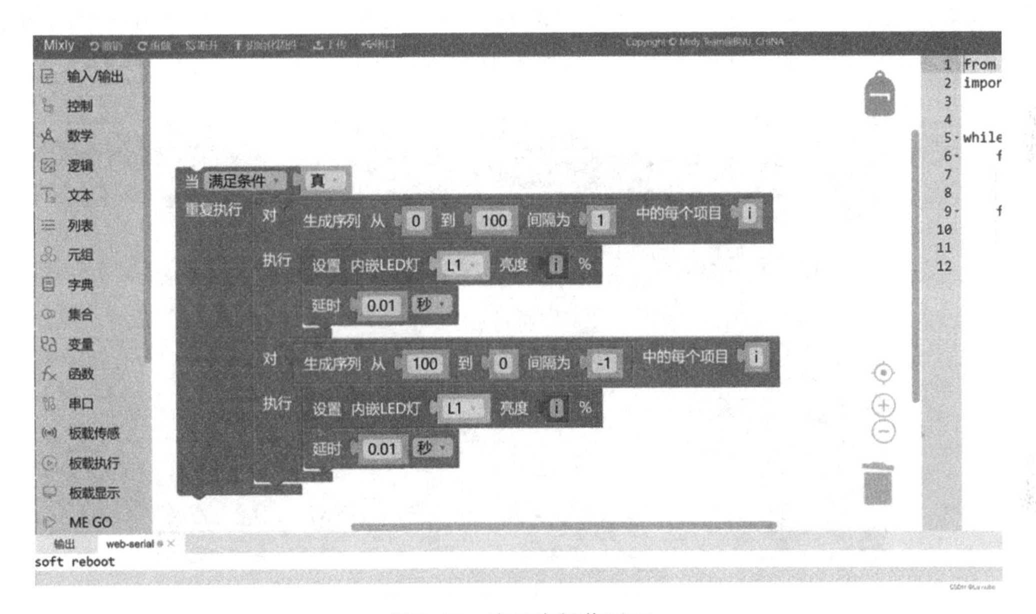

图2-20 米思齐操作界面

4）故障调试

实体交互原型实际上是一个涉及各种电子电路、编程和工程结构的“复杂”系统，在动作执行过程中，任何一个环节出现问题都会导致功能失效。当原型出现故障或工作不正常时，设计师需要设法解决问题，此过程一般被称为故障调试（Debug）。如果无法弄清楚原型出了什么问题，可按如下两个步骤进行检查。首先检查与特定功能相关的电子回路是否能正常工作，例如常见的错误包括：面包板上杜邦线没有插入足够深、电线之间的焊接不牢固、不正确的电源电压、任何组件过热等。其次检查并调试代码，例如：代码是否有拼写错误？是否使用冒号而不是分号？所有必要的库是否在代码的开头被调用？又或者是算法设计错误导致的，算法错误通常可以通过连续输出关键变量的值来检查相关运算在哪个环节上出错。在构建好局部电路和编写基本代码后，应该在将它们组合在一起之前，逐一测试主要组件，这样做可以更好地排除故障，还可以更快地推进原型开发。此外，实体交互原型一般来说稳定性不佳，由于碰撞、意外掉落等原因都有可能导致失效，可以同时制作2～3个原型以备在用户测试时用。

5）材料触感和形态研究

基本功能原型完成后，下一步就要开始制作高保真原型。在这种情况下，需要确保原型不仅功能齐全，而且外观上也要足够吸引人。材料选择对于实体产品的原型至关重要。表面和饰面材料是用户与之互动的材料，例如塑料、木饰面或织物，又或者考虑例如注塑塑料或 CNC 铣削铝件这种用于制造产品的构建材料。设计师设计好产品形态后，在经验丰富的工业设计师或 3D 建模师的协助下创建打印文件，可以使用 CNC 铣削或 3D 打印技术为电子组件制作外壳，以更好地反映产品的最终形态（图 2-21）。此外，实体产品的材料选择对于用户体验至关重要，不同的材料会为用户提供不同的触觉和视觉体验，这可能会影响到他们对产品的接受度和满意度。设计师需要考虑材料的耐用性、重量、成本和加工性，以及它们与电子组件的兼容性。此外，设计师还需要考虑产品的触感，如其表面的光滑度、硬度和温度，以确保它能为用户提供舒适和愉悦的体验。

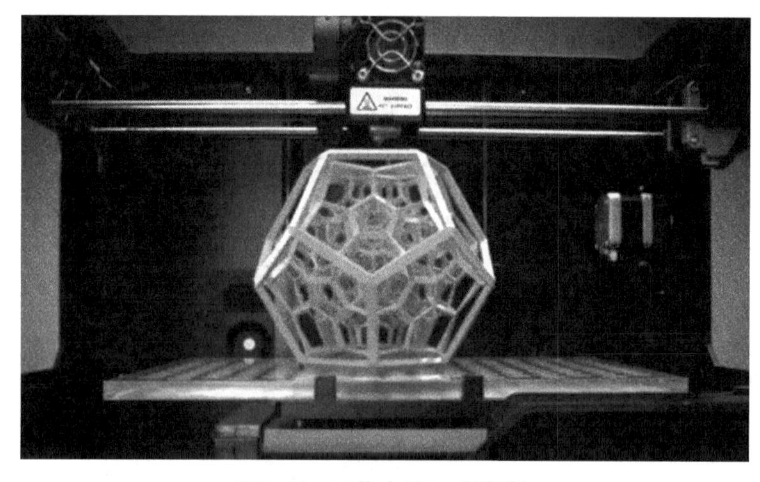

图2-21　工作中的3D打印机

（来源：https://www.scribd.com/document/261009053/Seminar-Report-on-3D-printing）

6）原型展示

高保真原型和材料研究是向业务利益相关者和投资者展示产品想法的绝佳方式。这种更精细的工作将增强设计师对自己想法的信心，并展示其已经考虑了产品的功能、外观和用户行为。投资者不仅仅对项目的收入和净收益感兴趣，他们还在寻找那些与众不同、有所区别且有明确目的的产品。在展示中，设置一个清晰解释用户独特价值的场景，从用户的角度讲解原型的功能，以及他们如何与之互动。这些展示将帮助支持设计师的想法并赢得客户或利益相关者的支持。

总的来说，实体产品的原型设计是一个多阶段、跨学科的过程，涉及从市场研究到电子技术、编码和材料选择的多个领域。设计师需要具备广泛的知识和技能，以确保他们能够创造出功能完善、用户友好的产品。通过充分的准备、正确的工具和方法，以及对用户需求的深入了解，设计师可以确保他们的原型设计能够成功地从概念转化为现实。

2.3.3 集成物联网技术的实体产品原型

物联网（Internet of Things，IoT）是指通过网络连接的各种物理设备，从家用电器到工业机器，都可以收集和分享数据。随着技术的进步，物联网设备已经渗透到人们的日常生活和工作中。然而，为物联网设备进行原型设计给设计师带来了一系列独特的挑战和机会。

物联网概念为智能产品设计师提供全新视野，为创新产品功能和交互方式提供新的机会。首先，在产品设计中利用传感器、网络连接和数据分析等技术，可以为用户带来更多的功能和服务。例如智能门锁，传统的门锁只能通过钥匙来开锁，而智能门锁则可以通过面部识别、指纹或手机应用来解锁，为用户提供了更多的便利性。其次，通过智能化和物联网技术，可以使产品更加智能化、便捷化，从而为用户提供更好的体验。例如智能恒温杯，通过物联网技术，用户可以通过手机应用远程控制杯子的温度，确保饮料始终保持在用户喜欢的温度，这种设计直接提升了用户的饮用体验。最后，基于物联网的智能产品设计有助于提高产品和服务的智能化水平，可以为人们提供更加便捷、舒适和安全的生活体验。如智能健康监测设备——智能手环，可以实时监测用户的心率、血压和睡眠质量，并通过手机应用为用户提供健康建议。

然而，物联网产品原型的开发为设计师带来不少挑战。

首先是技术实现难度增大。由于物联网设备的种类繁多，从智能灯泡、恒温器到复杂的生产线。每种设备都有其特定的功能、尺寸和技术规格。设计师需要考虑如何为不同的设备创建统一而又具有区分性的用户界面和体验。与传统的软件设计不同，物联网设备通常受到物理尺寸、电池寿命和环境条件的限制。设计师需要考虑在这些限制下为用户提供满意的体验，并优化设备的性能和耐用性，以适应不同的使用场景。

其次是数据处理带来的挑战。物联网设备通常需要处理大量的实时数据。设计师需要考虑如何有效地展示这些数据，如何为用户提供实时的反馈和提示，以及如何确保数据的准确性和安全性。随着物联网生态系统的发展，越来越多的设备需要与其他设备互相通信和协作。设计师需要考虑如何使不同的设备无缝地连接和交互，如何为用户提供统一的控制界面，以及如何处理可能的冲突和错误。同时，物联网设备通常需要收集和分享用户的个人数据，如位置、健康状况和消费习惯。设计师需要考虑保护用户的隐私和数据安全，为用户提供足够的控制和选择，以及遵守相关的法律和规定。

最后，物联网设备的部署和维护是系统性工程。物联网设备通常需要在特定的位置和环境中部署和运行。设计师需要考虑如何简化设备的安装和设置过程，如何为用户提供清晰的指导和支持，以及如何确保设备的长期稳定和可靠。物联网设备也通常受到物理尺寸、电池寿命和环境条件的限制。设计师需要考虑如何在这些限制下优化设备的性能和耐用性，以及如何适应不同的使用场景。

对物联网设备的原型设计带来了一系列新的挑战和机会。设计师需要考虑如何为不同的设备创建统一的用户体验，如何处理大量的实时数据，如何确保设备间的互操作性，以及如何保护用户的隐私和安全。然而，正是这些挑战为设计师提供了创新和创造出色用户体验的机会。随着技术的不断进步，我们可以期待未来的物联网设计将更加智能、人性化和有影响力。

2.4 原型测试与评估

测试通常是原型设计的核心目标之一，尤其是在用户中心设计的背景下。原型设计的主要目的是为了验证和迭代设计决策，而测试提供了一个机会来评估这些决策是否满足用户的需求和期望。此外，在原型制作过程中进行推理在认识方面的好处是也能积极推进设计构思。例如，当构建具体的原型时，设计师会持续地对设计问题及其解决方案进行推理，带有明确目的的原型可以帮助他们更好地使用原型来思考和交流关于设计的内容。

2.4.1 可用性测试

可用性测试是交互设计师的一项基本技能，其主要目标是为产品开发人员提供指导，以提高产品的易用性。可用性（usability）一词在 20 世纪 80 年代初开始被普遍使用。当时的相关术语有用户友好性（user friendliness）和易用性（ease of use），后来在有关这一主题的专业和技术写作中逐步被可用性（useability）这一术语取代。在此之前，1936 年 3 月 8 日的一则冰箱广告就把可用性作为一个特点。然而可用性的概念一直没有一个被广泛接受并应用于实践的精确定义，可用性的定义之所以如此困难是可用性不是人或物的属性，没有一种仪器或方法可以对产品的可用性进行绝对测量。可用性是一种新型属性，取决于用户、产品、任务和环境之间的相互作用，而不是简单的静态参数。

1）可用性的定义

目前对可用性测试有两种主流观点：一种概念认为，可用性的主要重点应放在与完成总体任务目标有关的测量上，即基于测量进行总结性评估；另一种概念则认为，实践者应把重点放在发现和消除可用性问题上，即诊断性评估。这两种概念也会导致对可用性的相关定义有所差别。

根据国际标准化组织 ISO 9126—1（1998 年）的定义，可用性是指“在特定的使用环境下，特定用户使用产品实现特定目标的有效性、效率和满意度的程度”，ISO 还定义了可用性是有助于提高使用质量的几个软件特性之一，此外还有功能性、可靠性、效率、可维护性和可移植性。此外，使用质量综合测量（QUIM）的方案包括了 10 个因素、26 个子因素和 127 个具体指标。还有学者提出了可用性概念的初步分类法，其中包括传统和非传统要素，并按照可知性、可操作性、效率、稳健性、安全性和主观满意度等主要因素进行组织。这些为可用性提供了更全面定义的尝试，还需要经过统计测试来确认其定义的结构。一项利用人机交互（HCI）的文献中已发表的科学研究对总结性原型可用性指标（有效性、效率和满意度）之间的相关性进行的初步分析发现，不同指标之间的相关性普遍较弱。然而，使用大量工业可用性研究数据进行的重复研究发现，在任务层面的诊断性评估的原型可用性指标之间存在很强的相关性，主成分和因子分析为可用性的基本结构提供了统计证据，其中有明确的基本客观因素（有效性、效率）和主观因素（任务层面的满意度、测试层面的满意度）。

2）可用性测试的方法

在可用性测试中，一个或多个观察者观看一个或多个参与者在特定的测试环境中使用产品完成特定的任务。这是可用性测试与其他以用户为中心的设计（UCD）方法或市场研究的不同之处，在访谈（包括被称为焦点小组的小组访谈）中，参与者并不执行类似工作的任务。可用性检查方法（如专家评估和启发式评估）也不包括观察用户或潜在用户执行类似工作的任务。调查和卡片分类等技术也是如此。实地研究可以包括观察用户在目标环境中执行与工作相关的任务，但并不干预实践者对目标任务和环境的控制。这是实地（人种学）研究与可用性测试之间的一个决定性区别。

可用性测试可以是非正式的（被试用户在自己的工作环境中使用产品，观察者可以较多进行互动和帮助），也可以是非常正式的（测试在实验室内进行，观察者通过单向玻璃或摄像机镜头观看执行指定任务的被测试者的行为）。另外，可用性测试可以是“出声思考（think aloud）”的方式，在这种测试中，观察者会训练参与者在完成任务的每个步骤中谈论他们正在做什么，并在参与者停止谈论时提示他们继续谈论。观察者可以一次观察一个参与者，也可以观察两人一组的参与者。实践者可以将可用性测试应用于对低保真原型、高保真原型、混合保真原型、绿野仙踪（WOZ）原型、开发中产品、前身产品或竞争产品的评估。

3）可用性测试的目标

可用性测试的基本目标是帮助开发人员生产出更适用的产品。可用性测试的两种概念（形成性测试和总结性测试）导致了测试目标的不同，就像它们导致了可用性基本定义（诊断性问题发现和总结性评价）的不同一样。对形成性目标表述如下：可用性测试的总体目标是在计算机和电子设备及其配套辅助材料发布之前，发现并纠正其中存在的可用性缺陷。总结性的目标表述如下：可用性工程的一个关键组成部分就是在设计过程的早期就为产品设定具体的、量化的可用性目标，然后再根据这些目标进行设计。这些目标并没有直接冲突，例如，注重总结性评价通常会导致更多的正式测试（观察者与参与者之间的互动较少），而注重问题发现通常会导致较少的正式测试（观察者与参与者之间的互动较多）。除了诊断性发现问题测试和总结性评价测试之外，还有两种常见的测量测试：与目标的比较和产品的比较。

可用性测试是用户中心设计的核心，用户中心设计（user-centered design，UCD）强调将用户的需求、能力和限制放在设计过程的中心，其目标是创建高度可用和满足用户需求的产品或服务。可用性测试的另一个目的是衡量用户满意度。用户满意度是衡量用户对产品或服务的总体满意程度的指标，高的用户满意度通常与高的用户忠诚度、推荐意愿和正面口碑相关。此外，转化率也是衡量用户完成特定目标（如购买、注册或下载）的频率的重要指标。对于商业网站和应用来说，提高转化率是至关重要的，因为它直接影响到收入和利润。UPA（现在的UXPA）和ACM的SIGCHI都是推动用户体验和可用性研究的主要组织。这些组织为专业人员提供了培训、会议、出版物和其他资源。雅各布·尼尔森和约瑟夫·杜玛斯都是可用性领域的领军人物。他们所著的关于可用性测试的书籍——《可用性工程》和《可用性测试——交互理论与实践》——为那些希望深入了解可用性测试的人提供了宝贵的指导和见解。

2.4.2 测试方法

用户测试的方法和工具是多种多样的，每种方法和工具都有其特定的优势和局限性。选择哪种方法和工具取决于测试的目标、受众、预算和其他实际因素。

1）测试方式

面对面测试：这是最传统的用户测试方法，研究人员和参与者在同一个地点进行。这种方法的优势是可以获得丰富的反馈，研究人员可以直接观察参与者的反应和行为，还可以根据需要提问或调整测试。

远程测试：在这种方法中，参与者和研究人员不在同一个地点。测试通过电话、视频会议或专门的远程测试软件进行。这种方法的优势是可以测试分散在不同地点的参与者，成本较低，而且更加灵活。

2）主持与笔录

主持和记录笔记是一项艰巨的任务。最佳解决方案是让一个人专注于主持，而另一个人远程记录笔记。这使得主持人可以将注意力集中在参与者上，而记录员可以专注于记录笔记。在记录观察结果时，最好是尽可能多地记录，多余的记录可以在分析时过滤掉，但如果记录得不足则可能会错过非常重要的信息。

3）记录工具

屏幕录制、摄像头和音频记录：使用简单摄像机、三脚架以及 Silverback、Morae 等软件，包括屏幕录制、摄像头录制、音频录制、注释和分析工具等，实现原型测试时捕捉参与者的真实反应和行为。这也是确保不会错过任何细节的好方法，如果笔录错过了重要的细节，可以随时回到录音中回顾它，同时也可以通过录音来对照检查笔记记录的临时想法。在进行远程测试时，在线会议软件可以使用多种解决方案，其丰富的工具甚至将它们用于线下测试也非常有帮助。此外，在记录笔记时，通过以下结构化的信息记录可以使分析更容易：观察结果、时间戳和标签。

4）研究报告

进行用户测试后，通常需要编写一份报告来总结发现和建议。报告的格式和内容取决于受众和目的。例如，对于高层管理人员，可能需要一个简短的总结和关键建议；而对于设计和开发团队，可能需要更详细的数据和分析。可用性测试是一个过程，而不是一个事件。可用性测试是一个复杂的过程，涉及多个关键环节，包括计划、招募、测试控制、分析和报告等。安排一个用户坐在产品或服务前，看着他使用并不难。然而，要从测试中获得高质量的结果，那就需要对每个环节进行详细的计划并严格执行，以确保获得有价值和可靠的结果。了解这个过程的每个环节，以及它们之间的关系，才可以帮助团队提高测试的效果和效率。

5）完成完善的测试计划

在计划可用性测试时，了解测试的对象、内容、时间、地点、原因和方法非常重要。首先要问为什么进行可用性测试？可用性测试非常适合在衡量时间、精力和满意度的基础上，找出某些东西的性能如何。另一方面，如果想得到一些不那么客观或不可测量的反馈，比如他们是否更喜欢视觉设计选项 A 而不是视觉设计选项 B，那么可用性测试就不是最好的方法。这可能是在可用性测试结束时要做的事情，但这并不是选择可用性测试作为研究方法的理由。设定一个测试日期，并以此为基础向后推移，从最初的计划到生成报告，可用性测试周期通常是三到四周。典型的时间表可能是这样的：

第 1 周：开发测试场景。

第 2 周：招募参与者，完成测试场景和原型。

第 3 周：测试原型并开始分析。

第 4 周：完成分析并报告结果。

计划中的失误往往会导致测试参与者资质不吻合、原型出现问题，并最终导致研究成果质量低下，需要给予足够的时间进行合理规划。

6）招募合适的被试用户

数据的质量直接影响到研究的结果和结论。在可用性测试中，选择合适的参与者是获得有价值和可靠数据的关键。正确的参与者可以提供真实的反馈和见解，这些反馈和见解反映了真实用户的需求和期望。选择错误的参与者可能会导致误导性的数据，这些数据可能会导致错误的设计决策。例如，在一个研究短视频 App 原型的测试中，如果挑选了基本不使用短视频服务的被试用户，那么他们的反馈和见解可能与真实用户的需求和期望存在很大的差异。

7）正确提出访谈问题

在可用性测试中，正确地构建研究问题是最具挑战性的任务之一。关键在于，设计师想要得到某个问题的答案，但实际上并不能直接提出这个问题，因为直接提问会导致一个预设的结论。例如，对于一个帮助年轻人在周末找到娱乐方式的网站，测试的原型包含了寻找电影、现场音乐、当地活动和餐厅的内容。如果直接让参与者使用该网站为周末计划一次晚餐和电影，可能导致直接且具有引导性的实验结果，但这个结果往往是参与者与朋友一起计划活动的真实方式。因此这样的测试也不能告诉设计师参与测试的用户是如何使用该网站的。如何发现真正合适的提问方法的关键在于对前提调研的理解。延续刚才的例子，可以通过和参与者的初步讨论发现他们会“寻找与朋友一起做的事情”。于是，正确的提问方式应该是问：“你会如何使用这个网站找到与朋友在周末一起做的事情?”而不是直接提问“你会如何使用这个网站与朋友计划晚餐和电影?”应该让问题更加开放，允许用户展示他们如何在现实生活中使用该网站。

8）优秀的测试引导

优秀的可用性测试主持人是可用性测试能否输出有用洞察的关键。主持可用性测试是一种需要学习的技能，甚至可以称之为一种专业性极强的职业，它需要大量的培训、实践和时间。虽然说大多数人都可以按照脚本主持可用性测试，但真正出色的主持人却很少，坦率地说，有些非专业的主持人甚至会导致整个可用性测试的投入打水漂。好的主持人知道如何在做一个沉默的旁观者与适度的对话之间找到平衡。他们知道如何提取适当的细节，而不深陷细节。他们知道何时让参与者探索，何时将他们拉回。他们知道如何在不直接提问的情况下得到想要的答案。主持人常犯的错误是说得太多、为参与者回答问题以及提出直接和引导性的问题。提高主持技能的最佳方法是找一个好的导师，多加练习，听取他们的批评和建议，然后再多加练习。

9）以正确的形式输出研究结果和建议

研究报告的存在除了证明已经完成了一项研究，还应该是团队间进行分享和达成共识的基础材料。此外，每个阶段结束时，在参与者之间进行的快速回顾会议也特别有价值。这些快速回顾会议可以用来讨论每位参与者的关键收获，并在一天的过程中随着模式的演变进行识别。使用PowerPoint或Keynote演示文稿总结报告效果很好。另外，在测试期间突出显示关键有趣时刻的视频剪辑也尤其有价值，通过视频观察用户行为与听到有人讲述参与者在测试期间做了什么，所传达的信息量有着本质区别。

2.4.3 分析方法

产品设计是一个不断迭代优化的过程，概念设计、原型制作、原型测试、分析评估然后改进设计，到这里已经进入到了原型实验的最后一步，但作为设计师要明确设计工作是一个持续不断的循环。

1）整理实验结果

在开始分析实验结果前，应根据测试过程提前提炼一个短列表，列出本次设计关切的重要问题。这些通常是在测试中反复出现的问题或者情况。这个短列表只是一个起点，在原型实验过程中记录了大量的信息，但直到将每个观察结果打印在便利贴上并贴在墙上，才能真正意识到有多少问题。例如实验记录了超过200个问题点，当200个数据点全部展示在墙上，使设计师更容易看到整个数据集，也更容易深入挖掘并识别主题和子主题。这种方式可能需要设计团队花好几天时间处理这些数据，但目前看来没有其他方式可以更有效地同时从深度和广度上分析这些数据。

2）提取有价值的分类

如何从研究数据中发现有价值的主题，以及确定其中的某个主题的重要性，是接下来的重点任务，同时非常具有挑战性。最常见的方法可能是基于发生的频率、严重性（发生错误导致不可补救的损失）和是否被克服（是否会随着持续使用而减少出现问题）来判断。又或者结合对客户的重要性、对业务的价值和解决问题的技术可行性来进行衡量，对于所记录的所有问题，不仅仅需要考虑问题的频率和严重性，还考虑了问题对客户的重要性、对业务的价值和解决问题的技术难度。以上的分类原则都是为了更全面地评估每个发现的重要性，并据此确定哪些问题应该优先解决。客观的方法能够确保研究结果既符合客户的需求，又符合业务的目标。

3）正式性和结构

在可用性评估中，正式性和结构通常被视为确保评估结果一致性和可靠性的关键。但文章中的数据显示，许多专家在实际操作中更倾向于非正式和实用的方法。这种方法的优势在于它为评估员提供了更大的灵活性，允许他们根据特定情境和需求进行调整。但这也带来了一些挑战。没有固定的结构可能导致关键信息遗漏，或者在不同的评估员之间存在不一致性。此外，非正式的方法可能更难以传递和教授给新的评估员。为了解决这些问题，可能需要在完全的正式性和完全的非正式性之间找到一个平衡。

4）尽量客观分析

专家在分析过程中主要依赖于他们的经验和专业背景，这强调了经验在可用性评估中的价值。然而，过度依赖个人经验可能会导致偏见和误解。使用已建立的工具、方法或指南可以提供一个更客观和一致的分析框架。这不仅可以提高分析的质量，还可以使结果更容易被其他团队成员理解和接受。因此，鼓励评估员使用和熟悉各种分析资源是很重要的。常用的分析方法有：

①启发式：特别是Nielsen的启发式。Nielsen的启发式是由Jakob Nielsen提出的一套常用的可用性原则，包括诸如“系统应该始终保持与用户的沟通”“用户应该能够轻松地识别和纠正错误”和“界面应该具有一致性和标准性”等原则，用于评估用户界面的可用性问题。

②标准和最佳实践：标准是行业或组织制定的规则和指导原则，旨在确保产品或服务的质量和一致性。最佳实践则是基于经验和研究得出的推荐做法，旨在提高效率和效果。在可用性评估中，评估员可以使用标准和最佳实践作为参考，来评估用户界面是否符合行业的期望和标准。这可以帮助确保产品或服务的质量和一致性。

③指南：指南是为特定目的或应用提供的意见和建议。它们通常是基于研究和经验得出的，旨在帮助用户或评估员做出明智的决策。这些指南可能是针对某个特定领域或应用提供如何进行可用性评估和分析的具体建议和步骤。

此外，设计师或开发团队还可以邀请被试用户对研究结果进行共同讨论，被试用户可以被视为一种分析资源。这种对话对于优先考虑他们的发现或调查重新设计建议的可行性特别相关。

5）减少评估员偏见和多位研究员合作

研究员带有偏见是可用性评估中的一个常见问题。每个研究员都有自己的背景、经验和观点，这可能会影响他们的判断。多位研究员一起进行研究是减少偏见的有效方法。当多个研究员进行评估，然后合并他们的发现，可能会更加客观和全面。但合作也带来了挑战，比如，如何确保所有评估员都遵循相同的方法和标准，以及如何有效地整合不同评估员的观点和建议。这也意味着需要更多的时间和资源，需要在深度和效率之间找到一个平衡。

6）重新设计建议

问题识别是可用性评估的核心，但仅仅识别问题是不够的，还需要提供重新设计的建议来解决这些问题。这需要研究人员不仅要有发现问题的能力，还要有解决问题的能力。重新设计的建议可以来自多个来源，最常见的来源是评估员的个人经验和专业知识。但其他来源，如用户反馈、设计指南和最佳实践，也可以提供有价值的见解。使用多个来源可以确保重新设计的建议是全面和有效的。同时，这也需要研究员具备广泛的知识和资源，以及评估和整合不同来源信息的能力，如设计、工程和心理学。此外，重新设计的建议应该是实际和可行的，并要考虑到实际的技术和业务限制。

第3章

Python及Processing入门

在第2章我们探讨了产品交互原型设计的流程和方法，从理论层面认识了交互原型的设计流程和相关工具。本章我们将深入实践，介绍如何利用Python编程语言和Processing开发平台来创建产品界面的交互原型。

3.1 程序设计概述

3.1.1 面向过程与面向对象

编程语言的分类方式有很多，如果按编程的核心来分类可以分为两种，一种是面向过程的编程语言（procedure-oriented programming，POP）和面向对象的编程（object-oriented programming，OOP）语言。常见的面向过程的编程语言是C语言，常见的面向对象的编程语言有JavaScript、C++、Python、Java等。

3.1.1.1 面向过程

面向过程的编程强调怎么做（函数），把完成某一个需求的所有步骤从头到尾逐步实现，根据开发需求，将某些功能独立的代码封装成一个又一个函数，最后完成的代码，就是在一个主函数中顺序地调用不同的函数（图3-1）。面向过程的编程语言，注重步骤与过程，不注重职责分工，如果需求复杂，代码会变得很复杂。开发复杂项目，没有固定套路，难度大。在后边的Arduino编程中，主要就是运用面向过程的编程方式。

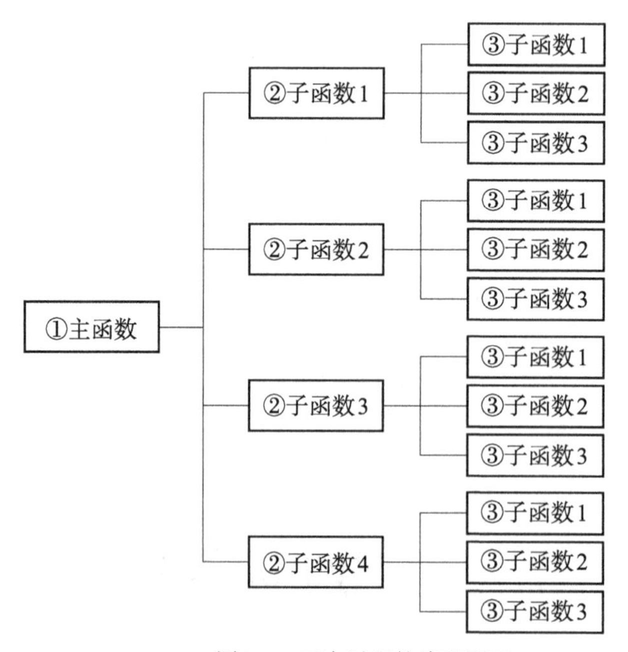

图3-1　面向过程的编程原理

3.1.1.2 面向对象

面向对象的编程强调谁来做（对象），相比面向过程，面向对象是更大的封装，根据职责在对象中封装多个方法。在完成某一个需求前，首先确定职责——要做的事（方法），根据职责确定不同的对象，在对象中封装不同的方法（多个），最后完成的代码就是按顺序让不同的对象调用不同的方法（图3-2）。面向对象的编程语言，不同对象担任不同职责，更加适合复杂项目开发，提供固定思路，需要在面向过程的基础上学习一些面向对象的语法。

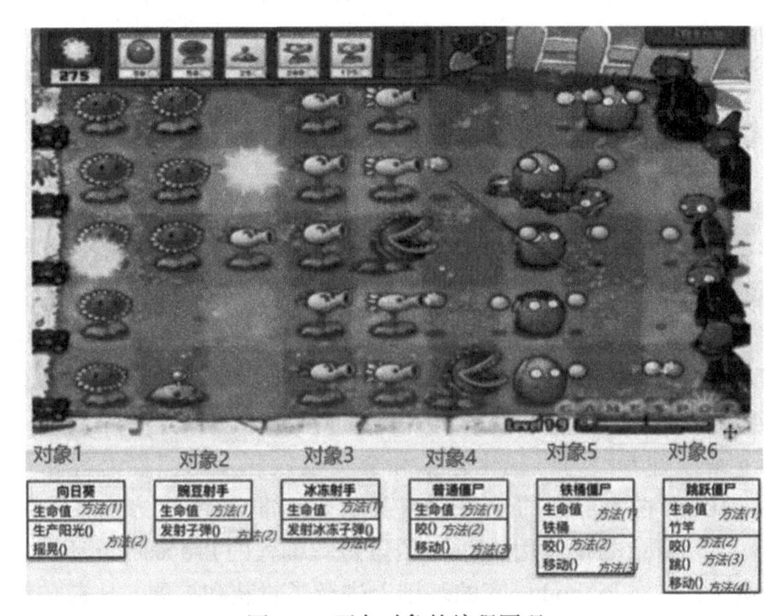

图3-2　面向对象的编程原理

（来源：https://blog.51cto.com/u_15349906/3717174）

3.1.1.3 面向过程与面向对象的区别

不论是面向过程的编程语言还是面向对象的编程语言，在本书中都会介绍并使用到，这里用一个例子说明两者的区别。

洗衣机里面放有脏衣服，怎么洗干净？当我们要解决这个问题时，面向过程与面向对象的解决方法有什么不同？

1）面向过程的解决方法

①执行加洗衣粉方法；

②执行加水方法；

③执行洗衣服方法；

④执行清洗方法；

⑤执行烘干方法。

以上就是将解决这个问题的过程拆成一个个方法（是没有对象去调用的），通过执行一个个方法来解决问题。

2）面向对象的解决方法

①先设定两个对象："洗衣机"对象和"人"对象；

②针对对象"洗衣机"加入一些属性和方法："洗衣服方法""清洗方法""烘干方法"；

③针对对象"人"加入一些属性和方法："加洗衣粉方法""加水方法"；

④然后执行：对象"人"，加洗衣粉；对象"人"，加水；对象"洗衣机"，洗衣服；对象"洗衣机"，清洗；对象"洗衣机"，烘干。

解决同一个问题，面向对象编程就是先抽象出对象，然后用对象执行方法的方式解决问题。

3.1.2 Processing与Python

对于设计师来说，不论是面向过程的编程语言还是面向对象的编程语言，选择并学习一种易于学习和应用的编程语言在未来的设计生涯中是十分重要的，如果选择的语言过于复杂，不仅不利于入门和进阶，而且还容易打击学习的热情与信心。在上述编程语言的分类中，作为面向对象的编程语言，Python是一种强大而灵活的编程语言，因其简洁易读的语法、丰富的库和广泛的应用领域而成为设计师学习的优秀选择。同时也为设计师提供了丰富的工具和资源来实现创新的交互原型。

Processing是一种专门为可视化艺术和交互设计开发的编程语言和开发环境。它提供了简单易学的语法和丰富的绘图和交互功能，非常适合设计师学习和实践。而Python版本的Processing是指使用Python语言进行编程的Processing环境，它基于原始的Processing项目，并在Python语言的基础上进行了封装和扩展。比起传统的基于Java的Processing编程环境，Python有着更简洁、易学的特性，非常适合设计师的计算机水平的入门学习。Python版Processing同样具有强大的可视化能力。它提供了简单易用的绘图函数和操作方式，可以方便地创建各种图形效果、动画和交互界面。Python作为一种流行的编程语言，拥有广泛的第三方库和生态系统。Python版Processing可以充分利用Python的库和资源，如NumPy、pandas、Matplotlib等，扩展其功能，例如进行数据处理、数据可视化等。Python版Processing是跨平台的，可以在不同的操作系统上运行，包括Windows、macOS和Linux等（树莓派也是基于Linux系统）。这使得开发者可以在不同的平台上使用相同的代码和工具，从而提高开发效率。综上所述，Python版Processing将Processing的创造性和可视化能力与Python语言的易学性和丰富性结合起来，为设计师和开发者提供了一个强大的工具来实现交互原型设计和可视化展示。无论是初学者还是有经验的开发者，都可以从中受益，并创造出丰富多样的交互体验。本书的Python编程语言的入门部分也是以Processing作为编程平台进行讲解和教学。

3.1.2.1 Python语言广泛支持设计师工作

Python常常作为脚本语言内置到许多软件中，这里以工业设计常用的Rhino与Blender这两个软件为例，设计师可以通过Python脚本在Rhino和Blender这两个建模软件中进行扩展和自定义功能。

1）Rhino中的Python脚本

Rhino是一款三维建模软件，支持通过Python脚本进行编程和自定义功能。Rhino内置了Rhino script语言，同时也支持Python脚本。设计师可以使用Python脚本来创建和编辑几何体（图3-3）、进行数据处理和分析、编写自定义插件等。Rhino的Python脚本可以使用Rhino common库访问和操作Rhino的对象模型，并利用其丰富的函数和类来实现各种功能。同样，在Rhino中的grasshopper也可以通过Python脚本调用Rhino的库，实现一些特定的需求与功能，以及API的调用。如调用OpenAI公司产品中的chatGPT、Dall-E2的API，因而在grasshopper界面中可以使用chatGPT、Dall-E2的文字生成和图像生成功能。

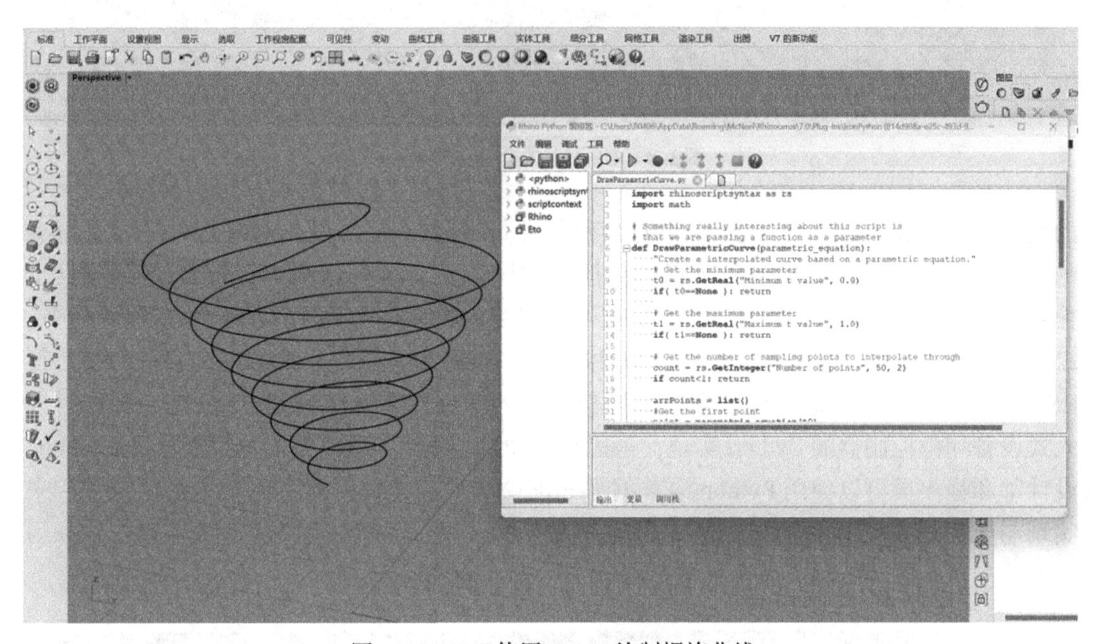

图3-3　Rhino使用Python绘制螺旋曲线

2）Blender中的Python脚本

Blender是一款开源的三维建模、动画和渲染软件，也支持通过Python脚本进行编程。Blender内置了Python解释器，允许用户编写脚本来创建和编辑物体、进行动画和渲染、实现自定义工具等（图3-4）。通过Blender的Python API，可以访问和操作Blender的场景、物体、材质等元素，以及利用内置的功能和库来实现各种自定义任务。在Rhino和Blender中使用Python脚本可以为这些建模软件添加灵活性和自定义性。借助编写脚本，可以根据具体需求扩展软件功能、自动重复任务、实现定制化工具，并与其他库和工具进行集成。无论是在Rhino还是Blender中，Python脚本提供了一种强大的方式来扩展和定制建模软件的功能，使其适应个人或项目的特定需求。

3）使用Python语言编写ESP32固件

Python语言还可以作为ESP32的编程语言。作为一个设计师，常常涉及产品原型

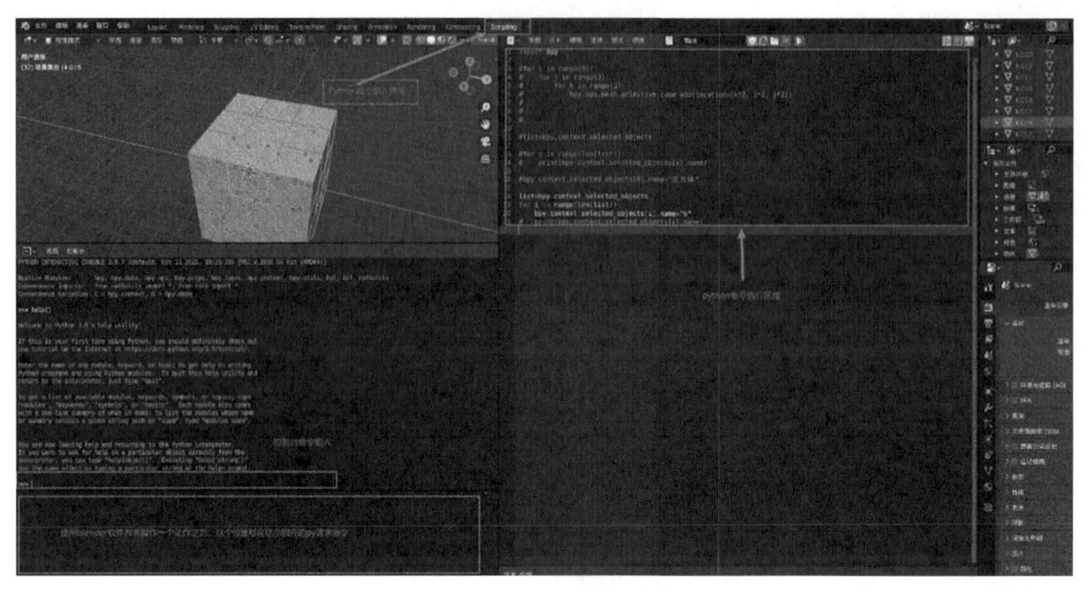

图3-4　Blender的Python界面

的制作和功能的实现，设计师常用的编程硬件是Arduino，Arduino有着十分容易上手的特性，广受设计师和艺术家的喜爱。但是在设计复杂的项目时，Arduino的局限性十分明显，而ESP32具备更强大的计算和处理能力，可以处理更复杂和计算密集的任务。ESP32内置了Wifi和蓝牙功能，可以轻松地与互联网和其他蓝牙设备进行通信。这使得ESP32成为物联网（IoT）应用和无线通信项目的理想选择。MicroPython是一种针对嵌入式设备和微控制器的Python实现，可以在ESP32上运行（图3-5）。通过MicroPython，设计师和程序员可以使用Python语言编写ESP32的功能代码，利用Python的语法和库来实现与ESP32的交互和控制。这为开发者提供了一种更简单和熟悉的编程环境，并利用Python丰富的库和工具生态系统来扩展ESP32的功能和应用。

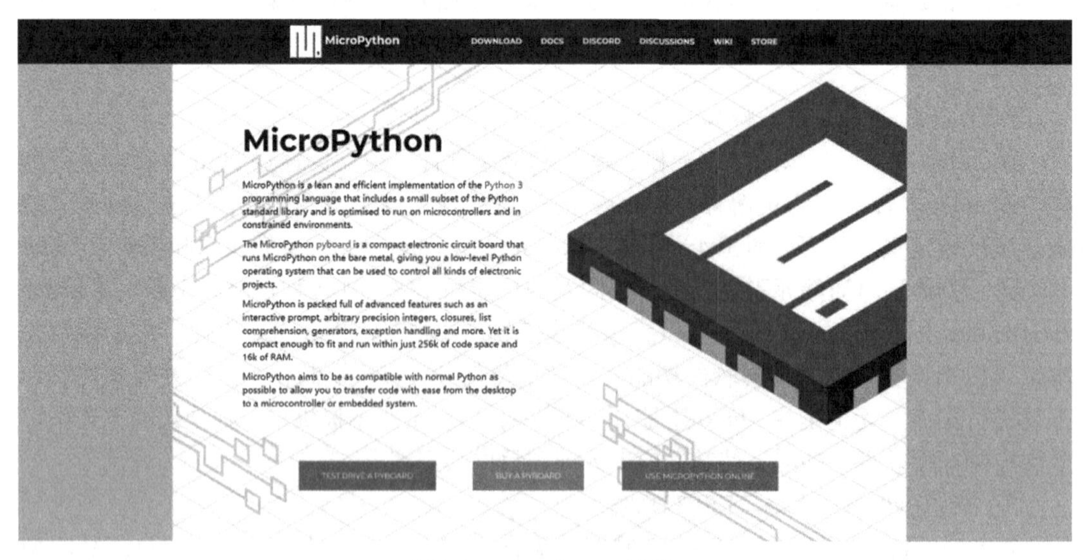

图3-5　MicroPython官网

3.1.2.2 为艺术设计而生的Processing语言

Processing是面向艺术家和设计师的编程开发工具中较早的开源项目之一，它引入了类似西方油画绘画的逻辑来进行数码化图形创作，使用一个简化的编程框架来降低创建交互式图形应用程序的难度。它的出现，使得编程和其他绘画工具一样，例如笔墨或者油彩都可成为艺术家和设计师的艺术创作手段。最初，麻省理工学院的Casey Reas和Ben Fry在John Maeda的指导下于2001年开始这个项目，后来一组开发人员不断更新Processing的内核和工具，并在随后的时间不断推出新的版本，2023年的最新版是4.2。Processing是完全开源和免费的，可以下载、使用甚至修改它。

Processing的核心功能库是围绕如何把图形绘制到屏幕上，它的整个架构设计也是服务于这一点，本书的教学也将围绕图形绘制来展开。值得一提的是，由于Processing的编程语言使用了与其他编程语言（特别是Java）完全相同的原理、结构和概念，所以从Processing开发中所学到的一切都是真正的编程，它具有所有语言都具备的所有基础和核心概念。Processing最初是以基于Java的语法发布的，它的图形基元词典从OpenGL、Postscript、Design by Numbers和其他来源获得了灵感。随着其他编程接口的逐渐增加（包括JavaScript、Python和Ruby），可以越来越清楚地看到，Processing不是一种单一的语言，而是一种面向艺术的学习、教学和用代码实现某种功能的方法。设计师可以用Processing来实现计算机可以提供的各种神奇功能，例如读写网上的数据，处理图像、视频和音频，进行二维和三维绘画，建立人工智能以及模拟物理运动等。当然，设计师需要真正懂得如何编程。学会编程之后，可以继续在学术、专业、生活中使用Processing作为原型或生产工具，也可以利用所获得的知识并将其应用于学习其他语言和创作环境。在阅读和学习本书关于编程的知识之后，有部分读者可能会发现自己很难爱上编程；然而，学习编程的基础知识将帮助设计师掌握信息时代的有效设计手段，即使普通人在日后的生活与工作当中，也很难避免与计算机打交道，或者与程序员合作项目。

Python模式的Processing主要是由Jonathan Feinberg开发的，James Gilles和Ben Alkov也有贡献。Python模式的例子、参考和教程是由James Gilles、Allison Parrish和Miles Peyton移植和（或）创建的。Casey Reas、Ben Fry、Daniel Shiffman和Golan Levin提供了指导和鼓励。

Processing主创人员简介：Casey Reas与Ben Fry是美国麻省理工学院媒体实验室(M.I.T. Media Laboratory)旗下美学与运算小组(Aesthetics & Computation Group)的成员。美学与运算小组由著名的计算机艺术家John Maeda领导，于1996年成立，在短时间内声名大噪，以其高度实验性及概念性的作品，既广且深地在艺术及设计的领域里，探索计算机的运算特质及其所带来源源不绝的创造性。极少数人能完美地集艺术家、设计师和计算机工程师的才华于一身，更重要的是Casey和Ben拥有开放源代码的胸襟。

Casey Reas目前在加州大学洛杉矶分校Media/Arts系任助理教授，同时在意大利艾维里互动设计学院（Interaction Design Institute Ivrea）任助理教授。Casey作品的主要特色是用Processing实现生物体的印象派表现，并将成果呈现为多媒体、传感器艺术、数字雕塑、数字印刷等多种形式。Casey经常参加欧洲、亚洲以及美国各地的演讲和展览。他是奥地利的林兹艺术节 (Ars Electronica in Linz，多媒体艺术界规模最大的年度盛事) 的评审委员之一。

Ben Fry 博士毕业于 MIT 的媒体实验室。他的研究方向是器官（有机体）可视化 (organic information visualization)，并创造出能随着不断更新的数据实时进行形变或质变的电子动态系统。他的博士论文阐述如何用 Processing 语言实现人类基因组工程所揭示的膨大信息量的可视化，Ben 为此定义的专用名词为基因制图学（genomic cartography）。

3.2 Python及Processing集成开发环境

3.2.1 Python集成开发环境

工欲善其事，必先利其器。在开始学习使用 Python 之前，要选择一个合适的集成开发环境（integrated development environment ），也就是 IDE，其有利于读者快速上手 Python，起到事半功倍的效果。

IDE 总体可以分为两类，文本工具类和集成工具类。

①文本工具类 IDE 包括：IDLE、Sublime Text、Notepad++、Vim & Emacs、Atom、Komodo Edit。

②集成工具类 IDE 包括：PyCharm、Anaconda & Spyder、Wing、PyDev & Eclipse、Visual Studio、Canopy。

IDLE 是 Python 自带的、默认的、入门级编程工具（图 3-6），包含交互式和文件式两种编程方式。交互式编程可以编写一行或者多行语句并且立刻看到结果。文件式编程可以像其他文本工具类 IDE 一样编写。

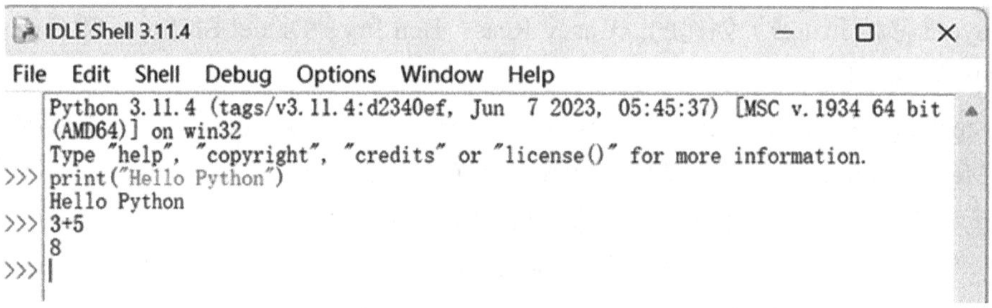

```
IDLE Shell 3.11.4
File  Edit  Shell  Debug  Options  Window  Help
    Python 3.11.4 (tags/v3.11.4:d2340ef, Jun  7 2023, 05:45:37) [MSC v.1934 64 bit
    (AMD64)] on win32
    Type "help", "copyright", "credits" or "license()" for more information.
>>> print("Hello Python")
    Hello Python
>>> 3+5
    8
>>> |
```

图 3-6　Python交互式IDLE

IDLE 适用于 Python 入门，功能简单直接，适合 300+ 行代码以内的程序。安装方法如下。

①访问官方网站：前往 Python 官方网站（https://www.python.org）（图 3-7）。

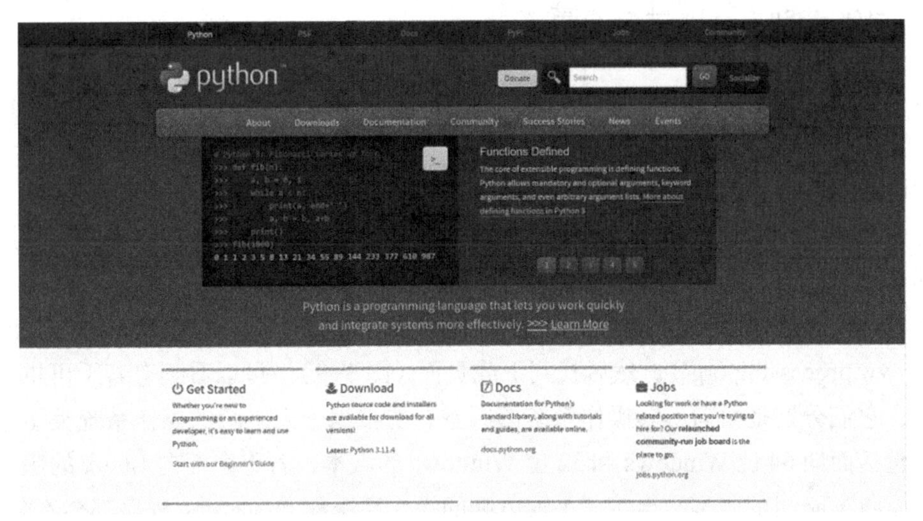

图3-7　Python官网

②选择版本：在网站的首页上，鼠标移动至菜单栏的“Downloads”（下载）。在下载页面上，可以看到各种操作系统的选项（图3-8）。根据自己所使用的操作系统，选择正确的版本。通常情况下，建议选择最新的稳定版本。Python提供了Windows、macOS等不同平台的安装程序。

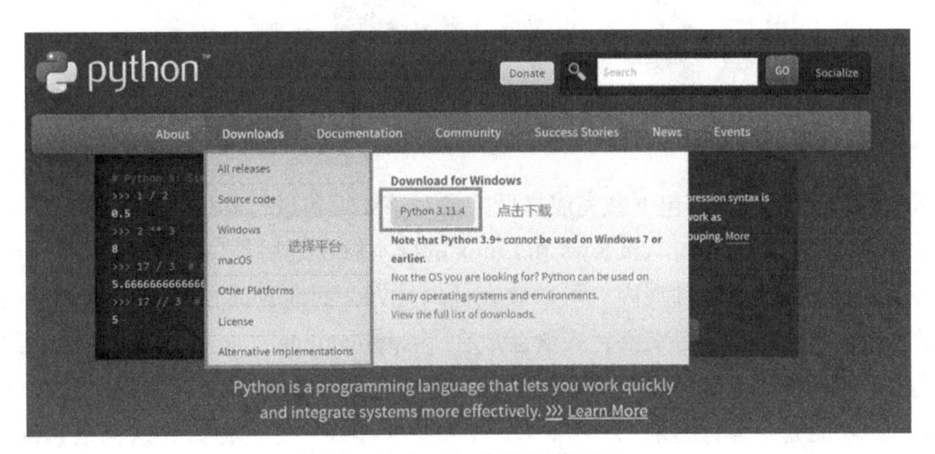

图3-8　Python 官网下载页面

③下载安装程序：点击相应操作系统的链接，下载对应版本的安装程序。

④运行安装程序：下载完成后，双击运行安装程序。根据提示，选择安装选项和安装目录。通常情况下，建议选择默认选项进行安装。

⑤安装完成：等待安装程序完成安装。一旦安装完成，就可以开始使用Python了。

⑥环境变量配置（可选）：在Windows系统中，可以选择将Python的安装目录添加到系统的环境变量中，以便在任何位置都可以直接运行Python命令。这样做可以方便地在命令行或终端中直接运行Python脚本。

3.2.2 Processing集成开发环境

本书假设读者熟悉个人电脑的基本操作，例如，知道如何开关电脑，理解文件系统以及基本操作；懂得如何执行一个应用程序，了解可执行文件和文档的区别；知道如何上网和访问网站等。下面就可以正式开始编程之旅了。

首先在个人电脑上安装 Processing 集成开发环境，它可以免费下载和安装使用。在 2000 年前，开发软件属于专业软件，绝大多数正版软件都需要支付昂贵的费用，但从 2000 年开始，情况有了很大转变。打开任意一款网页浏览器，前往 Processing 的官网（http://www.processing.org/），然后找到下载页面（图 3-9）。可以看到有若干可供下载的超链接，它们分别是面向不同操作系统的版本，要根据个人电脑的操作系统类型来选择下载。包括面向 64 位 Windows 和 32 位 Windows 的版本，若干个面向 Linux 的版本，以及一个面向 Mac 机的版本。当然，个人电脑的操作系统和 Processing 程序都会不断升级，如果上面的描述与所看到的页面对不上也不奇怪，自己判断并选择合适的版本即可。

图3-9　Processing的程序图标多次演变的不同版本

Processing 程序的压缩包下载完成之后，请对该压缩包进行解压，并选择一个好的目录来存储该应用程序。面向 Windows 和 Linux 的版本解压之后是一个文件夹，Processing 的可执行文件就在这个文件夹内，可以放在任何地方；面向 Mac 的版本解压之后是一个应用程序，它本身就是执行文件，一般会放在“Applications”（应用）文件夹内。因为这个软件是“绿色软件”，当这一步完成后就意味着已经安装好了，运行执行文件（通常需要等一会才能完全运行起来），会显示一个带有文本编辑器的窗口，这就是 Processing 集成开发环境。

所谓“集成开发环境”（integrated development environment，IDE）就是一个用于编写计算机代码的软件界面，与软件开发人员使用的开发环境相比，Processing 的界面布局就显得非常简洁了，几乎和普通的文本编辑软件（如文本编辑或记事本）或者媒体播放器的使用一样简单。与我们熟悉的 Photoshop 或 Illustrator 等常用的设计软件的操作界面相比更是显得有点“简陋”了，这使得学习这款软件的操作非常容易，当然，要学会编程则是另一回事了，Processing 理论上可以实现任何软件功能的开发。

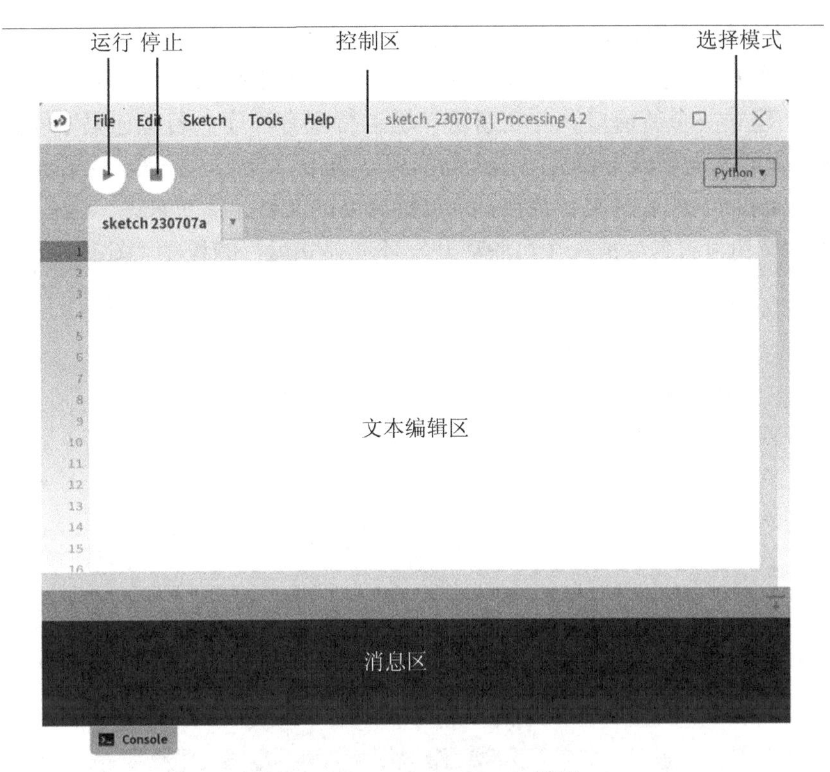

图3-10 Processing IDE 4.2界面

Processing IDE 4.2界面有3个主要区域：控制区（包含菜单栏和工具栏）、文本编辑区（代码编辑器）、消息区，如图3-10所示。

1）控制区

控制区包含菜单栏和工具栏。工具栏有3个按钮（见图3-10），分别是执行程序的"run"(运行)（图3-11）、"stop"(停止)、"Python"（选择模式）。

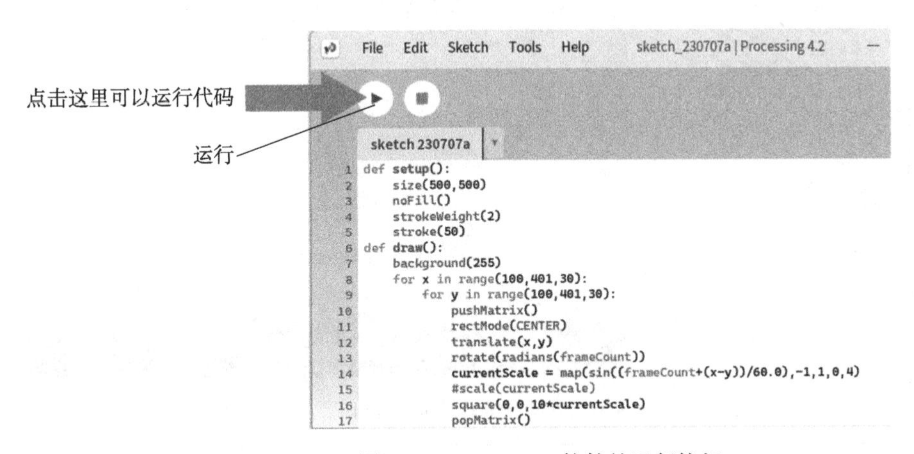

图3-11 Processing软件的运行按钮

2）文本编辑区

在文本编辑区中可以输入程序代码。它支持一般文本编辑器的常用功能，比如用户可以按Ctrl + F（Mac：Command + F）去查找，按Ctrl + Z（Mac：Command + Z）撤销操作。如果在文本编辑器里输入了一些程序代码，想看看它运行的效果时，可以按“运行”按钮。系统会建立一个新窗口，并在新窗口里运行现有程序。若想让程序停止运行，按“停止”按钮即可，也可以直接关闭这个新窗口。单击“导出”按钮，会在该项目目录中创建一个叫“applet”的文件夹，并在其中放置必要的文件，简单来说，当程序开发完成，点击“导出”按钮可打包生成一个可脱离开发环境独立运行的程序（图3-12、图3-13）。

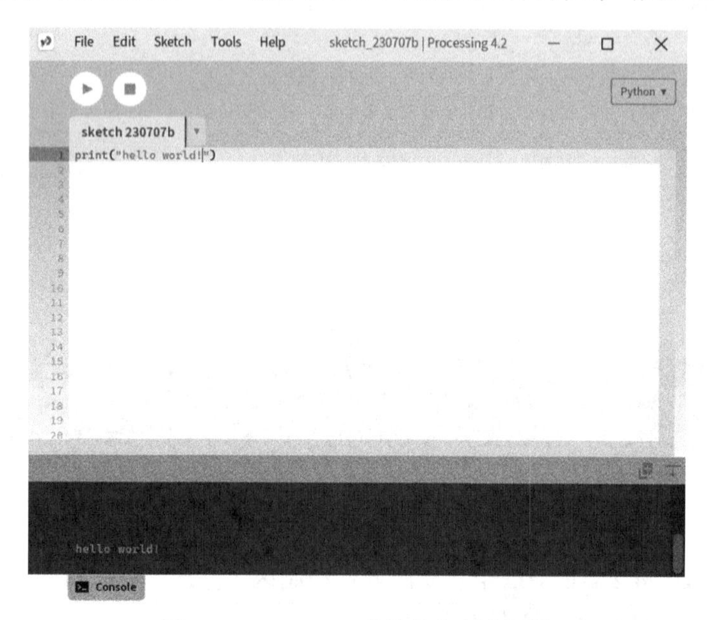

图3-12 Processing软件的文本编辑器

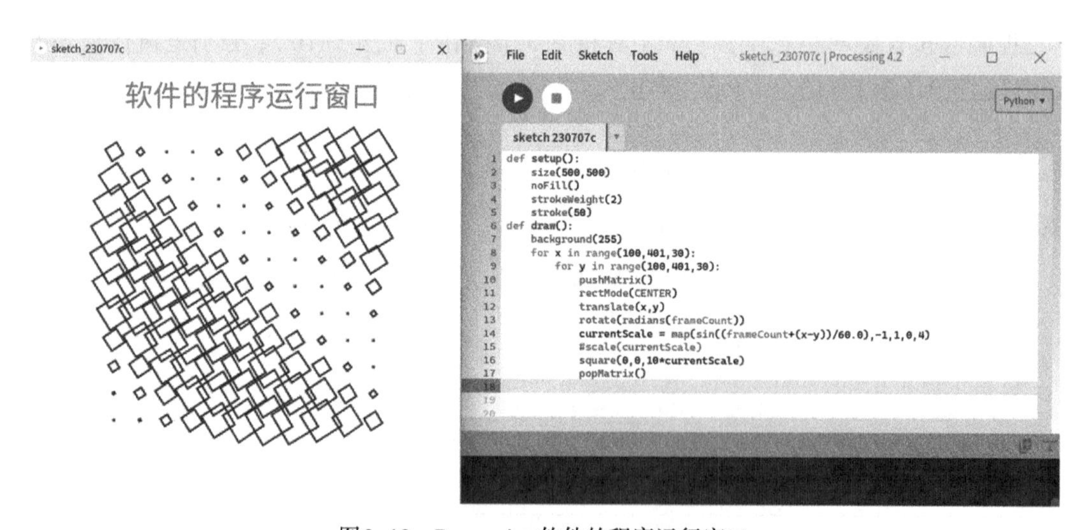

图3-13 Processing软件的程序运行窗口

3）消息区

消息区用来显示一些系统消息，同时在上传的时候显示跟踪语句或程序运行期间发生的错误。

在 Processing 中，每个 Processing project 都被视为是一个素描（sketch）。而我们所使用的 Processing 代码从概念上来说就是画笔，“用代码来作画”这句话是毫不夸张的，这其实正是 Processing 这款开发工具与众不同的地方，也是 Ben Fry 在设计这款开发工具的主导思想。

每个 sketch（也就是每个 Processing project）在电脑中是以一个文件夹存在的，文件夹中存放了 sketch 的所有代码（扩展名为 pde 的文件）及文件资料（另存放在 data 文件夹中），如图 3-14 所示。当录入代码并且保存之后，这个 sketch 就会被生成，对于 Windows 用户，草图一般保存在“我的文档”下面的 Processing 目录下；对于 Mac 用户，草图保存在：User/ 用户名 /Documents/ Processing/；对于 Linux 用户，草图保存在：home/用户名 /Processing/。当然，也可以在“preferences”（偏好设置）中修改草图所在目录，让它保存在其他目录中。

每个草图项目都有一个独立的文件夹。比如建立了一个名叫 image_fun 的草图，保存它的时候，系统会在 Processing 项目目录下自动建立一个名为 image_fun 的文件夹。如果想处理图像、MP3、视频或其他外部数据，就在该项目文件夹下创建一个名叫 data 的文件夹，并把外部数据存放进去即可。当 Processing 运行时，可以按 Ctrl+K 组合键（Mac：Command+K），系统会自动打开当前项目文件夹。

下面用软件自带的范例程序演示用代码来作画的惊艳效果。开启 File（文件）> Examples（范例程序），在弹出框内有大量的代码示例，可以随便挑选一个打开，点击运行之后会看到执行结果。例如 Basics > Transform > Arm 是一个跟随鼠标转动的手臂交互程序，又如 Basics > Image > Pointillism 是把一张照片风格化成点彩派风格的程序。同时，在菜单中选择 Sketch（书写本）> Show Sketch Folder（打开程序目录），可查看对应 sketch 的文件夹，可以看到 Pointillism 这个案例的文件内有 .pde 文件及 [data] 文件夹（内有 sketch 所需的图片）。

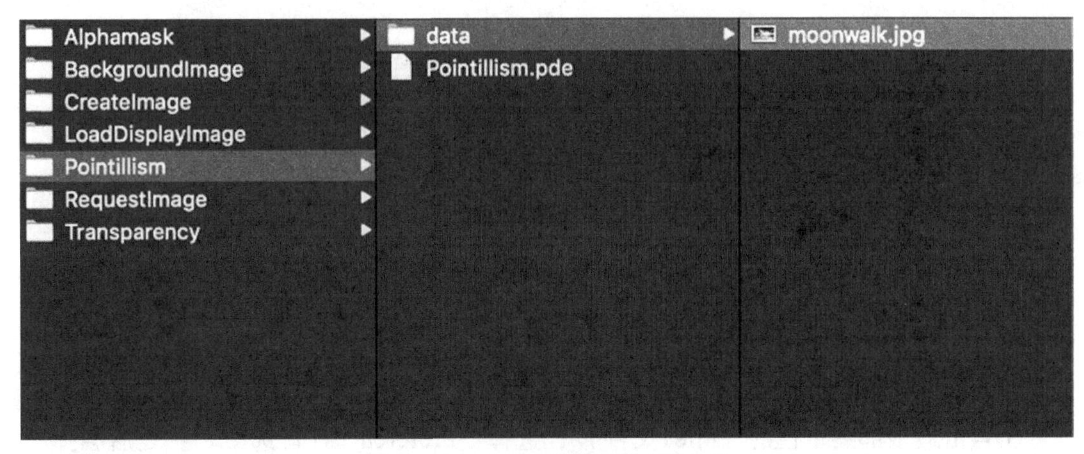

图3-14　Pointillism案例的文件结构

3.2.2.1　Processing的Python模式

Processing 的 Python 模式是使用 Python 语言进行编程的一种方式。如果个人电脑已经安装了Processing的Java模式，就可以按照以下步骤将其切换到Python模式。

①启动Processing：运行Processing应用程序，打开Processing IDE。

②切换到Python模式：在Processing开发环境中，点击右上角中的“Mode”（模式）选项。在下拉菜单中，点击最后面的“Manage Modes”（图3-15）。随后会跳出一个“Contribution Manager”的窗口。

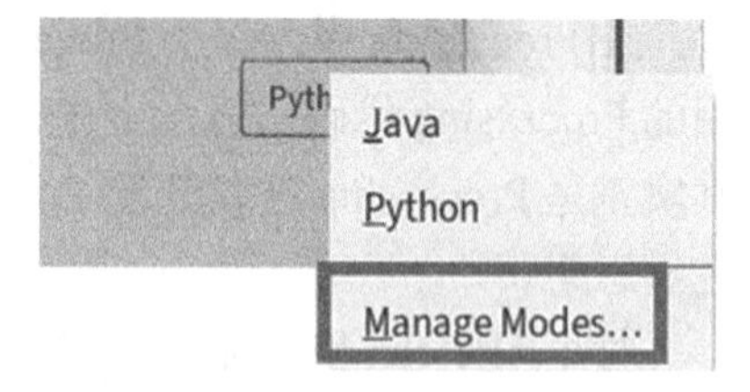

图3-15　Manage Modes

③在Contribution Manager（图3-16）的窗口中，选择“Modes”这一栏目。找到Python Mode for Processing 4这个选项，然后点击右下角的“Install”选项即可安装。

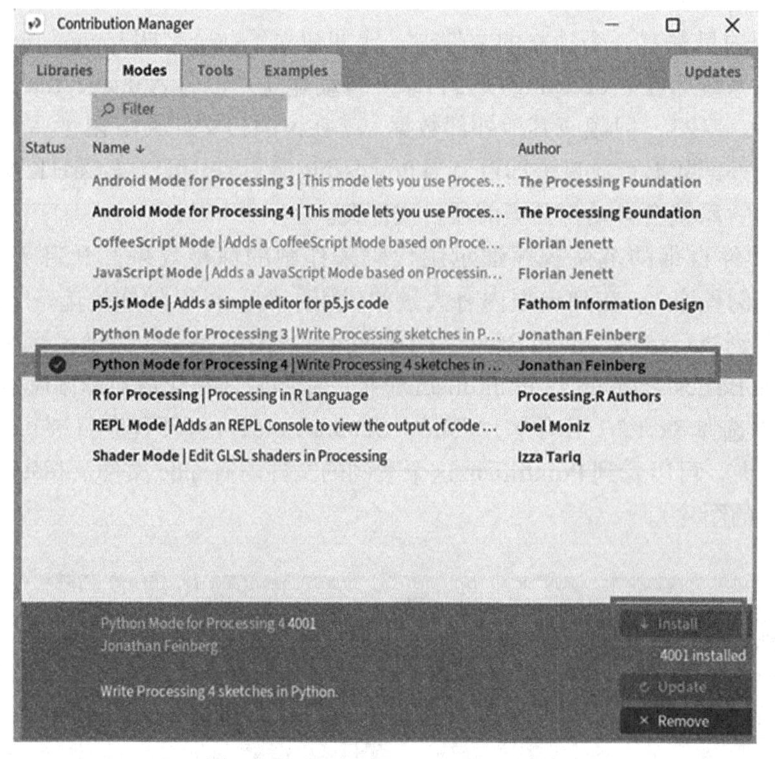

图3-16　Contribution Manager界面

④最后重启Processing，点击右上角将Java的模式切换为Python的模式即可。

3.2.2.2　Processing的中文UI界面与字体大小

在Processing中文UI界面设置字体大小的步骤：

①点击最顶部菜单栏的“File（文件）”，选择“Preferences（首选项）”，之后会弹出一个“Preferences（首选项）”的窗口（图3-17）。

②在“Preferences（偏好设定）”的窗口中，找到“Language”栏目，将“English”切换成“中文（中国）”，同时将右边的“Enable complex text input”勾选，这样可以实现复杂文字的输入。然后点击最下面的“OK”（图3-18）。

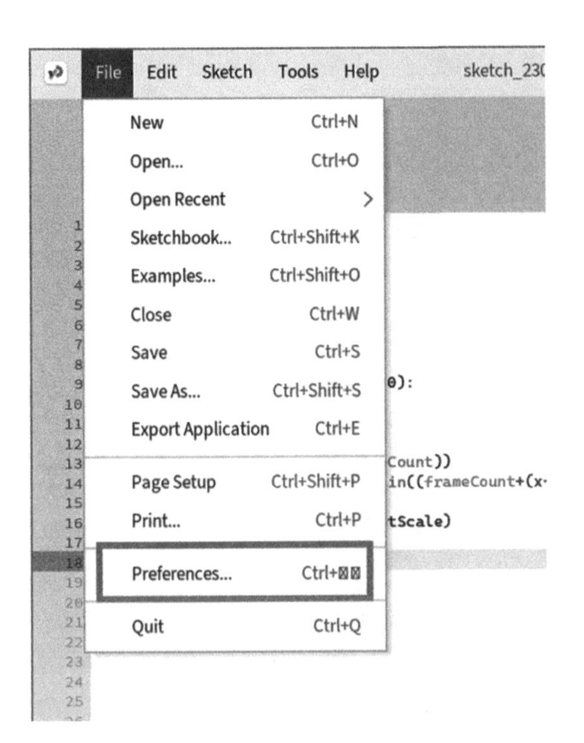

图3-17　首选项的位置

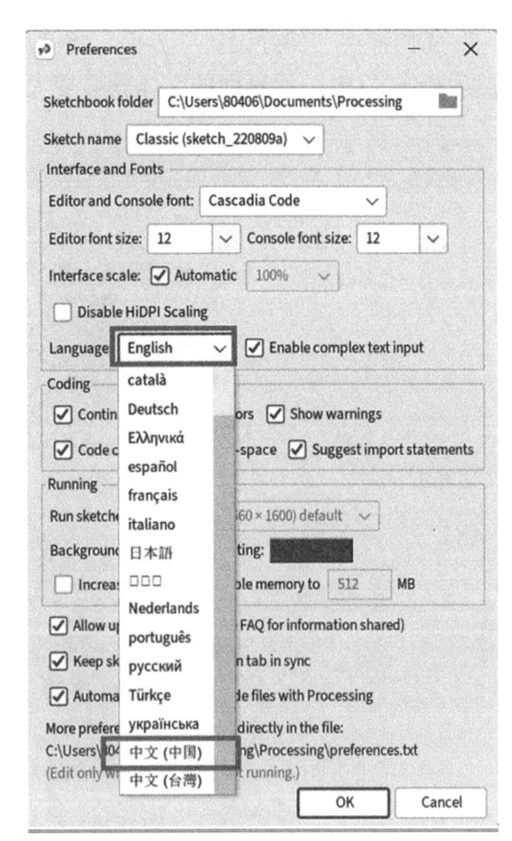

图3-18　Processing Preferences

③最后需要把整个Processing关闭后再重启，就可以得到中文的菜单界面了（图3-19）。

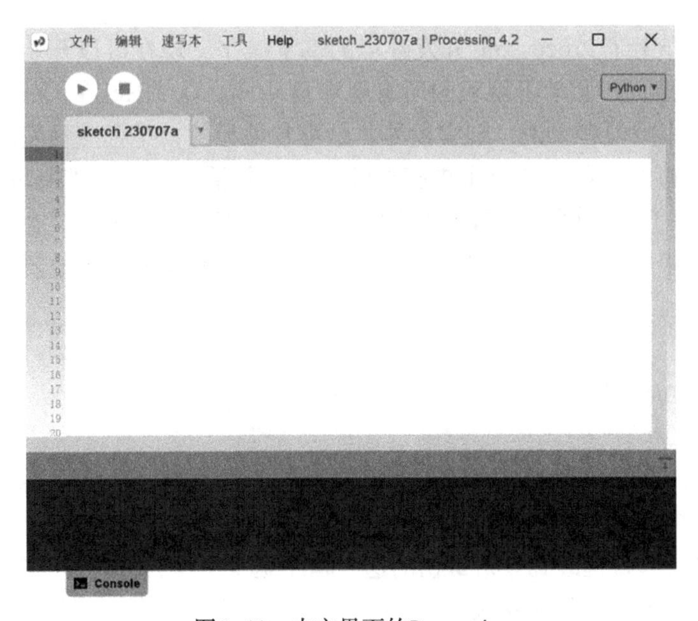

图3-19　中文界面的Processing

④同样在“偏好设置”界面，将“编辑器字体大小”“控制台字体大小”都改为18，然后点击“OK”后界面的字体就会变大，方便阅读（图3-20）。

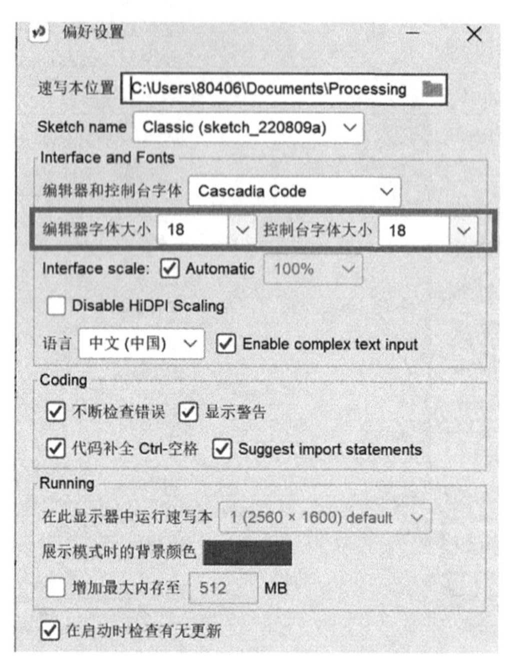

图3-20 在偏好设置中修改字体大小

3.3 新程序员的第一个程序

至此，我们介绍了Processing开发环境的基本操作，现在可以开始讲解真正的编程了。就像这个世界上开始学习编程的所有程序员一样，从“Hello，World”程序开始。据说对于一位程序员极客来说，现实世界才是可有可无的，是程序员发现了另一个充满魅力的世界，他通过编程向那个世界打招呼，第一句话自然是：“Hello，World”。这成为了程序员界的一个典故，所以为了表明一位新程序员的诞生，他来到这个新世界开始他的人生，第一个程序总是“Hello，World”，就是为了表明他要开启新的编程旅途了！

3.3.1 Hello, World

“Hello，World”例程是从Kernighan & Ritchie合著的*The C Programme Language*开始有的，因为它的简洁、实用，并包含了一个程序所应具有的一切，为后来的这类书的作者提供了范例，一直延续到今。最初的这个程序是全小写，有逗号，且逗号后空一格，也就是“hello，world”，但无感叹号。

现在请在编辑器内输入如下内容：

```
1. print("hello,world")
```

检查确认所有字母包括标点符号都正确之后（注意标点符号要使用半角字符），点击三角形“运行”按钮，就会在消息区域输出“hello，world”的字样（图3-21）。

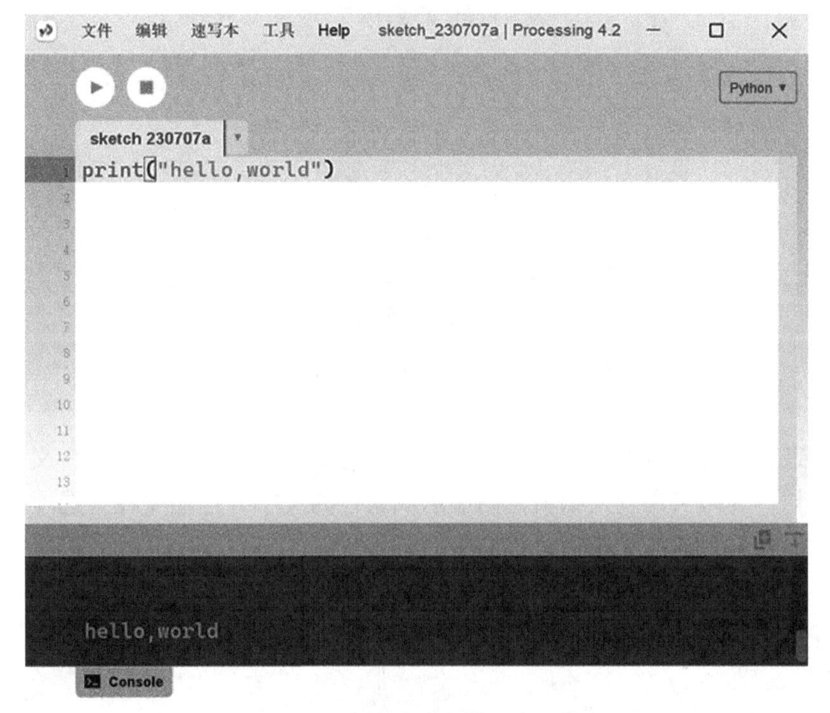

图3-21　新程序员的第一个程序

如果顺利输出了图3-21的内容，那么就代表完成了新程序员的第一个程序。这是一个好的开始，接下来把刚才的代码改为代码3-1。

代码3-1　定义背景和添加文字

```
1. def setup( ):
2.     size(300, 300)
3.     background(237, 159, 176)
4.     text("hello, world", 20, 20)
5.     println("hello, world")
```

点击“运行”按钮，将得到如图3-22所示的新窗口——画布，上面书写了“hello, world”字样。点击“停止”按钮可以关闭这个窗口。

图3-22　在画布上输出“hello，world”

所有代码输入之后如图3-23所示，为了方便读者理解每一个语句的含义，代码内添加了注释语句，具体来说就是编辑器内显示成灰色的文字，这需要在首选项中将编辑器内的字体改为中文字体才可以显示中文内容。

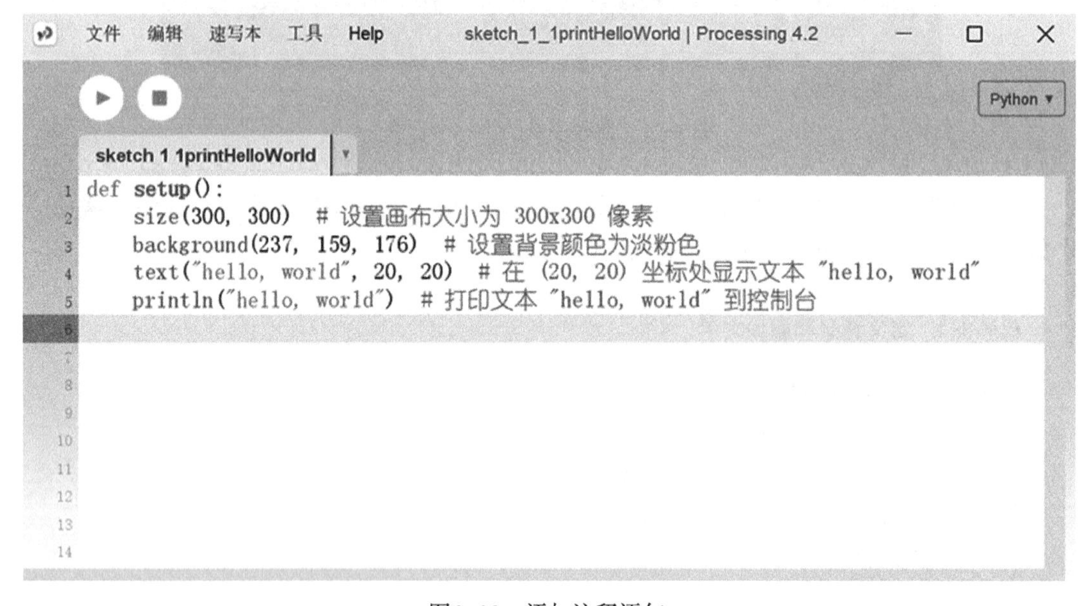

图3-23　添加注释语句

3.3.2 注释

为了便于开发者阅读代码，所有的代码编辑器都会提供注释功能。注释的文字不会被计算机执行，可以写任何内容，一般被用于对上下文算法做说明，以便开发人员能快速理解对应代码的作用。比较通用的注释格式为以“#”开始的一行文字，也可以是首尾三个单引号或三个双引号（'''……'''或"""……"""）包围的一行或多行文字。如代码3-2所示。

代码3-2 注释

```
1.  #我是注释
2.  """
3.      我是注释
4.      我是注释
5.      ……
6.  """
```

我们通常所说的“编程”全称是计算机编程语言，所谓代码就是用编程语言写出来的、需要传达给计算机的具体命令。编程语言有很多种，例如比较常用的有C、C++、Java，还有最近比较流行的Python语言等。这些语言被设计出来的目的是便于人与计算机进行交流，跟我们平时使用的人与人交流的语言有着同样的功能，都由特定的单词和语法组成。我们学习某个计算机语言实际上就是在学习特定的单词和语法，掌握一门新的语言。

然而语言背后代表着一种思维方法，如萨丕尔—沃尔夫假说（Sapir-Whorf Hypothesis）所指出的那样，人类的思维模式受到所用语言的影响。学习编程语言的本质，就是训练自己获得与计算机协同工作的思维模式。

1）代码含义

图3-23所示代码的具体含义：所有起作用的语句都被装在一个名叫setup的函数内，setup以及函数将在后面章节详细讨论，现在先来看每一句语句的作用。

①size(300，300);

定义作画所需的画布尺寸为300像素 ×300像素，第一个参数300是指宽度，第二个参数300是指高度。

②background(237，159，176);

定义画布的颜色（背景）为粉红色，对应的RGB参数分别是237，159，176。

③text(“hello，world”，20，20);

在画布内指定的坐标（20，20）上打印“hello, world”这几个字母，引号内是需要打印的内容，第一个参数20是指横坐标，第二个参数20是指纵坐标。

④println(“hello，world”);

在控制台区域输出相对应的文字内容。

可以看到，计算机就是如此一丝不苟地执行每一行程序命令，现在可以尝试根据自己的理解修改这段代码里面的参数，例如把“hello，world”放在不同的位置，又或者修改背景颜色，甚至是增加几句“text( )”命令来多显示几组文字。

2）代码保存

就如其他设计软件一样，这些代码在完成之后也需要保存起来，以便下次可以打开继续编辑。在Processing开发环境内保存代码与其他软件也非常类似，选择菜单栏的“File（文件）/Save（保存）”即可。

关于Processing工程文件的目录有些特别要求：

①程序文件必须放在文件夹下；

②文件夹名字必须与程序名字一致；

③程序所需文件则可存放于Data目录下。

3.3.3 关于帮助索引

Processing语言包括非常多的“单词”（系统函数），本书无法一一赘述，不过Processing开发环境为用户准备了非常方便的函数定义查询功能。如图3-24所示，如果对于某个“单词”不理解，可右键点击对应函数名，在上下文菜单中选择“在参考文档中搜索”（图3-24），这样就会自动弹出浏览器并显示对函数的使用说明（图3-25）。

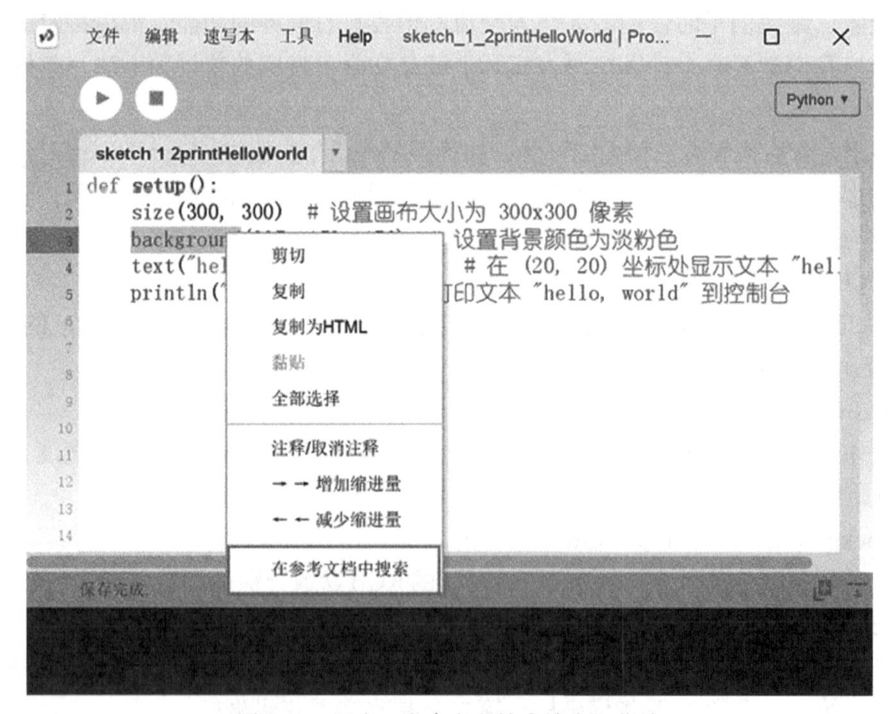

图3-24　调出“在参考文档中搜索”菜单

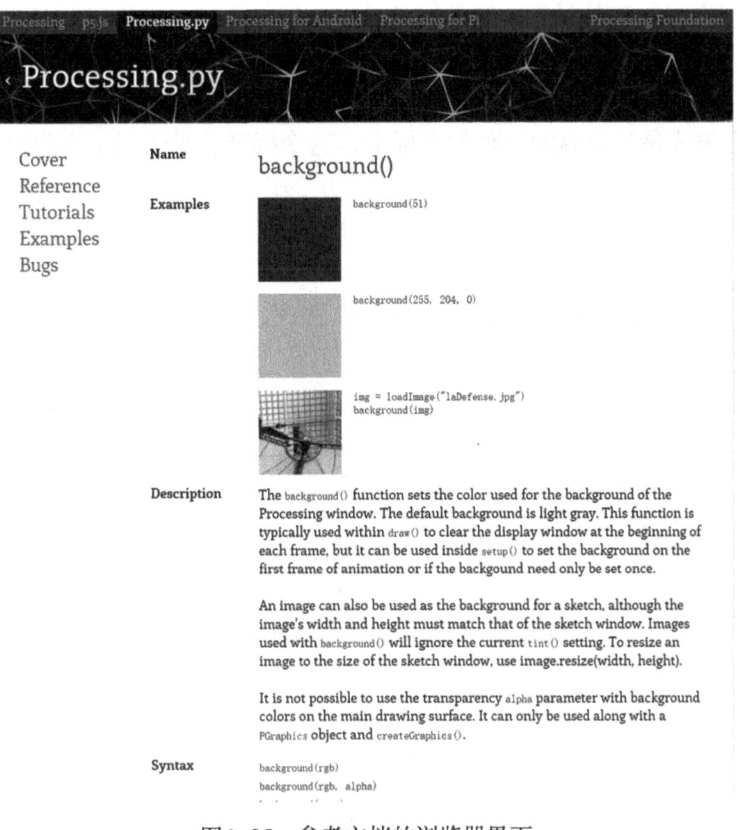

图3-25　参考文档的浏览器界面

3.4　Python及Processing绘图基础

本节正式介绍如何用Processing编程语言进行绘画。在学习Processing语言的绘图相关函数之前，先了解一下计算机图形的基础知识：色彩与图形坐标。

3.4.1　关于数码色彩

在计算机内表达颜色与我们熟知的通过混合三种“原色”来产生任何颜色的原理类似，同时定义三种“原色”的深浅即可表达出所需要的色彩。略有不同的是，数码色彩的三种原色是红色、绿色和蓝色（即“RGB”颜色），三个原色元素被表示为从0（没有颜色）到255（最极限颜色）的范围，并以R、G和B的顺序列出。通过搭配这三个由0到255的数值，可以让计算机提供16 777 216（256的3次方）种颜色，通常也被简称为1600万色或24位色。

例如：

RGB（255,0,0）表示的是红色，其中红色值Red=255；绿色值Green=0；蓝色值Blue=0。

RGB（0,0,0）表示的是黑色：红色值 Red=0；绿色值 Green=0；蓝色值 Blue=0。

RGB（0,255,255）表示的是青色：红色值 Red=0；绿色值 Green=255；蓝色值 Blue=255。

RGB 色彩模式是工业界的一种颜色标准，这个标准几乎包括了人类视力所能感知的所有颜色，是运用最广的颜色系统之一。在常用的设计软件中都采用相同的模式，所以我们可以非常方便地借助 Photoshop 等软件获取我们希望使用的颜色的 RGB 值。但实际上在 Processing 中就自带了颜色选择器这个工具，所以在 Processing 可以方便地拾取到所需要的颜色。Processing 的颜色选择器就在菜单栏的工具选项中，如图 3-26 所示。

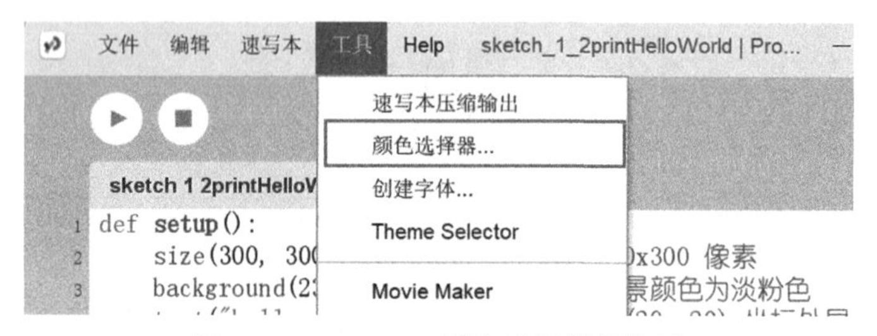

图3-26　Processing颜色选择器的位置

图3-27　Processing颜色选择器的界面

此外，在计算机编程时为了便于应用，也会把颜色的 RGB 色值连接在一起通过 16 进制来表达。例如红色色值的 16 进制表达为“#FF0000”，在图 3-27 中的 Processing 颜色选择器中也会显示。

1）Processing色彩表达模式

基于上述通用的计算机 RGB 色彩模型的表达逻辑，在 Processing 语言当中，对其进行扩充以便于使用，一共有四种表达模式。

①红，绿，蓝，透明度；

②红，绿，蓝；

③灰度，透明度；

④灰度。

2）常用的与使用颜色有关的系统函数

① background：设置画布的背景颜色，相当于使用指定颜色把画布填充一遍。

② fill：设置形状填充颜色或者文字的字体颜色。

③ stroke：设置形状的边线颜色。

其中background函数在上一个案例中就有使用到。读者可以尝试对上一个案例中的background函数的数值做调整（代码3-3），改为使用一个参数直接定义灰度值；或者在放置文字的语句前增加定义颜色的语句，并且调整数值来看看效果，如图3-28所示。

图3-28　修改背景和字体数值后的效果

代码3-3　定义背景和文字的颜色

```
1. def setup( ):
2.     size(300, 300)  # 设置画布大小为 300x300 像素
3.     background(200)  # 设置背景颜色为灰色
4.
5.     fill(0, 250, 250)  # 设置填充颜色为青色
6.     text("hello, world", 20, 20)  # 在 (20, 20) 坐标处显示文本
   "hello, world"
7.
8.     println("hello, world")  # 打印文本 "hello, world" 到控制台
```

3.4.2　关于计算机中的图形与坐标

计算机的世界就是一个数字的世界，这个世界内的所有对象的基础单元就是数字，前面讨论的颜色如此，现在讨论的图形也是如此。任何平面图形的基础的单元都是一个点，这个点在计算机系统内被表达为一个二维坐标，且对应坐标系的（0，0）点习惯上是左上角的那个点。如图3-29所示，相当于计算机显示器屏幕放大之后的情形，每个格子是显示器的最小显示单元，如果需要在特定位置显示一个点，就必须指出该位置对于画布左上角（0，0）的坐标数值。图中的一点对于左上角来说横向是第5个点，纵向是第6个点，所以它的坐标就是（4，5）。

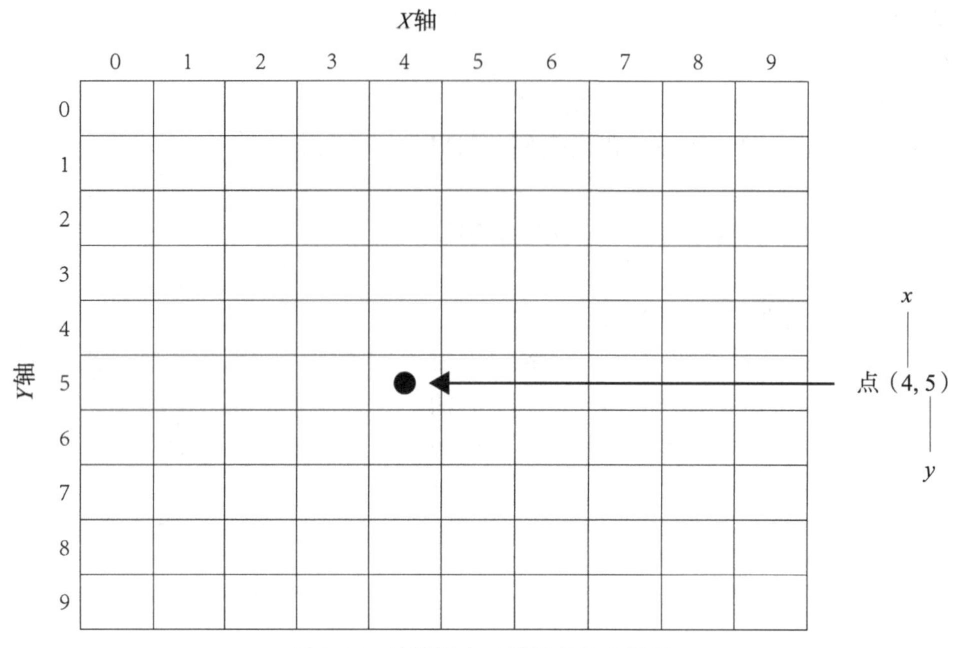

图3-29　计算机内二维图形的坐标系

再进一步，如果需要在计算机屏幕内显示一条直线的话，则需要知道该直线两个端点所在的坐标，如图3-30所示，当指出*A*点坐标为（1，3），*B*点坐标为（8，3）之后，计算机可以画出该直线。如果需要绘画的是一条斜线或圆弧线，则采用就近原则，把斜

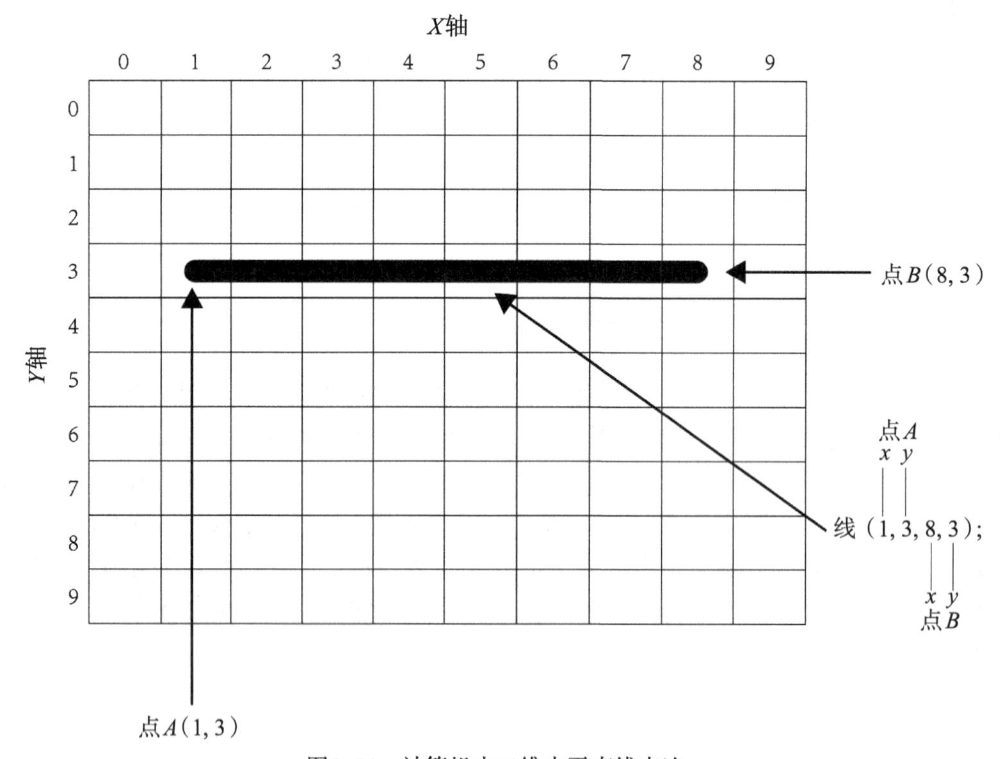

图3-30　计算机内二维水平直线表达

线或圆弧线经过的像素点标记出来（图3-31），当远距离观看或屏幕的像素足够小时，看起来仍然是完美的斜线或圆弧线。

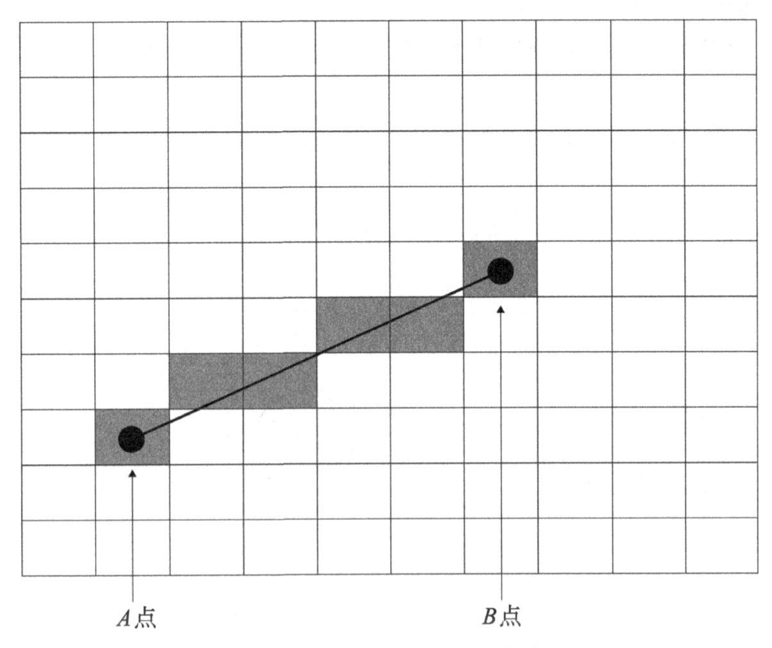

图3-31　计算机内二维斜直线表达

有了关于计算机的形状坐标和色彩的知识，再来理解Processing语言中关于绘画的语句就非常清晰了。现在请输入代码3-4并运行查看结果，其中包含了画线、画三角形、画四边形、画矩形、画圆形和画圆弧的语句，以及相关的填充和边线的颜色定义。

代码3-4　Processing语言中的主要画图语句

```
1.  def setup():
2.      size(480, 220)  # 设置画布大小为 480x220 像素
3.      background(200)  # 设置背景颜色为灰色
4.      stroke(0, 0, 0)  # 定义线段颜色为黑色
5.      line(100, 10, 300, 100)  # 画直线，起始点坐标为 (100, 10)，终点
    坐标为(300, 100)
6.      fill(242, 194, 66)  # 定义填充颜色为橙色
7.      triangle(20, 20, 100, 100, 200, 10)  # 画三角形，顶点坐标为
    (20, 20), (100, 100), (200, 10)
8.      quad(300, 10, 350, 20, 350, 60, 280, 70)  # 画四边形，
9.      #顶点坐标为(300, 10), (350, 20), (350, 60), (280, 70)
10.     rect(200, 50, 60, 60)  # 画矩形，左上角坐标为 (200, 50)，宽度为
    60，高度为60
11.     ellipse(400, 50, 60, 80)  # 画椭圆，中心点坐标为 (400, 50)，宽
```

```
    度为 60，高度为 80
12.     arc(350, 100, 60, 50, radians(0), radians(270))  # 画圆弧，中
    心点坐标为 (350, 100),
13.     #宽度为 60，高度为 50，起始角度为 0 度，结束角度为 270 度（弧度制）
```

每一条画图语句对应的画图结果如图 3-32 所示。

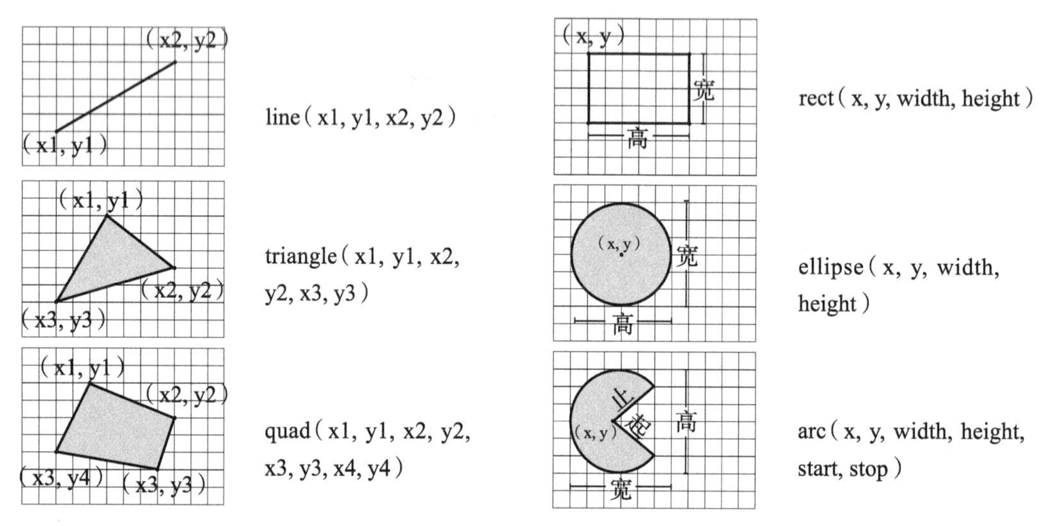

图3-32　画图语句示意（Reas，2015）

尝试把代码 3-4 输入编辑器，并点击“执行”按钮，如果所有字符输入正确的话，将得到如图 3-33 所示的图形。需要强调的是，编程语句的每个字母都是大小写敏感的，包括字母和标点符号在内都要使用半角字符，否则会提示代码出错或没有按照设想的内容输出。

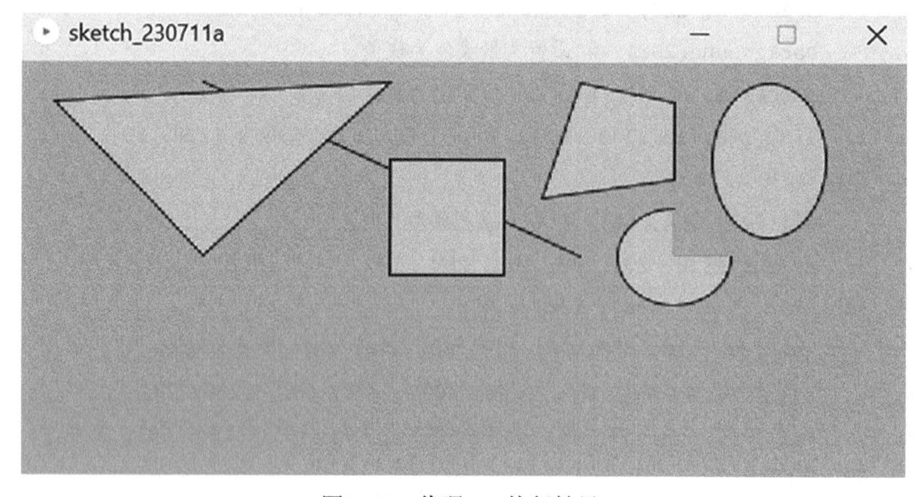

图3-33　代码3-4执行结果

正确录入代码并正确执行后，就会对代码中的语句的作用有大概的了解。现在可以尝试对这些语句进行调整，例如画出更多的三角形或者矩形，或使用更多的 fill(R，G，B）和 stroke(R，G，B）语句来画出不同的颜色的形状以及边框。

注意：如果对应形状不需要颜色填充可使用 noFill( ) 语句，不需要边线可使用 noStroke( ) 语句。具体用法可使用上文提到的帮助索引来检索。

3.4.3 关于编程的顺序执行逻辑

在进行上述代码修改的时候，部分初学者会对 fill(R，G，B）和 stroke(R，G，B）语句如何与形状绘画语句搭配才能画出特定颜色的形状感到困惑。

这里涉及编程的顺序执行逻辑的概念。计算机程序执行的最基本逻辑就是顺序逻辑，也即是对一系列命令集合逐一按顺序执行。例如对于扫地这件事情用计算机程序的逻辑来分解就是：①取扫帚；②打扫每一区域；③将扫帚放回原地。某种程度上顺序逻辑也是人们在现实世界中处理一些简单问题的基本逻辑。

所以在 Processing 语言下要画出特定颜色的形状，也是先写指定颜色的语句，例如“fill(242，194，66);”然后再写画形状的语句，例如“rect(200，50，60，60);”如后续需要用别的颜色来画形状，则需要再次写入指定其他颜色的语句，然后才写画形状的语句。若没有再出现指定颜色的语句，则后续的画形状的语句一直沿用之前定义的颜色。

除了上述形状绘画语句外，Processing 还提供了一组特殊的语句来满足更复杂的形状绘画需要，它们分别是：beginShape( )、vertex(x，y）、curveVertex(x，y）、bezierVertex(x1，y1，x2，y2，x3，y3，x4，y4）、endShape( )。这一组语句需要搭配使用，必须以 beginShape( ) 开始，以 endShape( ) 结束，中间则放入可任意搭配不同数量的 vertex(画点）、curveVertex(画曲线）、bezierVertex(画贝塞尔曲线）语句来绘画复杂的形状。具体的例子可见代码3-5。

其中，vertex 函数按指定 x、y 坐标在对应位置画一个节点，可定义任意多个节点，并用直线连接这些节点形成一个完整多边形图形；curveVertex 的使用方法类似，不过是用曲线来连接节点；bezierVertex 函数则用于绘画贝塞尔曲线，需要定义 4 个控制点（bezierVertex 语句本身定义三个控制点，加上上一个最后定义的控制点共同组成 4 个控制点）的坐标来确定贝塞尔曲线的形状。具体可参考代码3-5及其绘制的图形（图3-34）。

代码3-5 Processing语言的复杂图形绘画语句

```
1.  def setup():
2.      size(480, 220)  # 设置画布大小为 480x220 像素
3.      background(200)  # 设置背景颜色为灰色
4.
5.      beginShape()
6.      vertex(20, 20)  # 定义多边形的顶点坐标
```

```
7.      vertex(40, 20)
8.      vertex(40, 40)
9.      vertex(60, 40)
10.     vertex(60, 60)
11.     vertex(20, 60)
12.     endShape(CLOSE)  # 绘制多边形，CLOSE参数表示闭合形状
13.
14.     beginShape()
15.     vertex(130, 20)  # 定义曲线的顶点坐标
16.     bezierVertex(180, 0, 180, 75, 130, 75)  # 定义贝塞尔曲线的控制
    点和结束点
17.     bezierVertex(150, 80, 160, 25, 130, 20)  # 定义贝塞尔曲线的控
    制点和结束点
18.     endShape()  # 绘制曲线
19.
20.     beginShape()
21.     curveVertex(284, 61)  # 定义曲线的顶点坐标
22.     curveVertex(284, 61)
23.     curveVertex(268, 19)
24.     curveVertex(221, 17)
25.     curveVertex(232, 70)
26.     curveVertex(232, 70)
27.     endShape()  # 绘制曲线
```

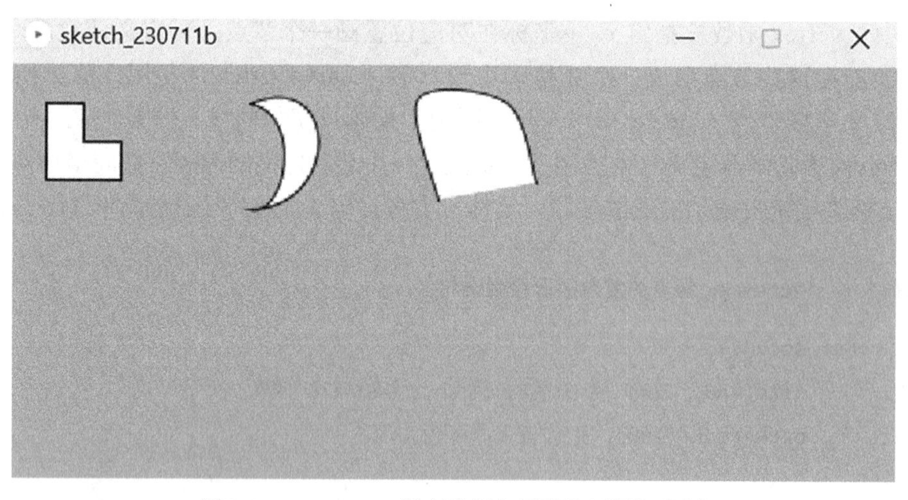

图3-34　Processing语言的复杂图形绘画语句案例

3.4.4 贝塞尔曲线

贝塞尔曲线 (Bézier curve)，又称贝兹曲线或贝济埃曲线，是应用于二维图形应用程序的数学曲线。一般的矢量图形软件用它来精确画出曲线，贝塞尔曲线由线段与节点组成，节点是可拖动的支点，线段像可伸缩的皮筋。

贝塞尔曲线是计算机图形学中相当重要的参数曲线，一些比较成熟的绘图软件都提供贝塞尔曲线工具，如 Adobe PhotoShop、Adobe Illustrator 等，所提供的钢笔工具就是来做这种矢量曲线的。

在 Processing 中绘制贝塞尔曲线的方式是定义四个关键点，具体原理如图 3-35 所示。在 bezier 语句中第一个定义点（x1、y1）和最后一个定义点（x4，y4）分别指定曲线的端点位置，第二个定义点（x2，y2）和第三个定义点（x3，y3）分别定义两个端点的形状控制点的位置。而 bezierVertex 语句和 vertex 是搭配使用的，必须先由一句 vertex 语句定义第一个端点位置，再由 bezierVertex 语句定义其余三个点。如果需要继续连接另一段贝塞尔曲线，则直接再写入一句 bezierVertex 语句即可，前后两条贝塞尔曲线首尾相连。

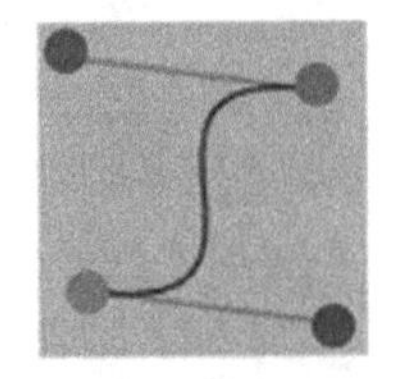

```
bezier(85, 20, 10, 10, 90, 90, 15, 80);
```

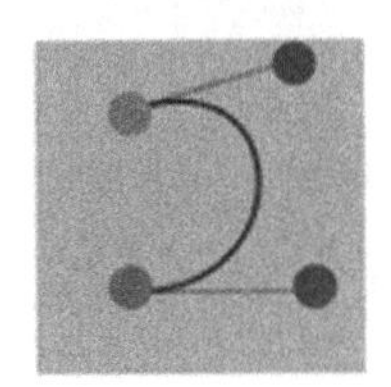

```
bezier(30, 20,  80, 5,  80, 75,  30, 75);
```

图3-35　Processing中绘制贝塞尔曲线原理图解（Reas，2015）

3.4.5 关于开源文化

至此，读者已经掌握了 Processing 语言的最基本使用方法，下一步可以尝试自己写一些代码。如果觉得没把握，那么最好的学习方法是看别人如何写代码，阅读别人的代码可以快速提高自己的编程能力。除了上文提到 Processing 开发环境原本提供的示例代码外，互联网上也有非常多的开源代码，例如发布了比较多优秀案例的网站有 http://www.openprocessing.org/。

互联网上有如此多的开放源代码其实得益于程序员界的开源文化，开放源代码软件是计算机科学领域的一种文化现象，源自程序员对智慧成果共享及自由的追求。每一位编程达人一开始都是从彷徨无措的新手开始成长起来的，所以也特别感激那些为自己提供源代码的前辈，于是就逐渐形成了开放共享的开源文化。

第4章

编程基础

4.1 编程思维概述

在第3章我们具体了解了编程是如何开始的。但对一个新手来说，要独立开始编写一段实现特定功能的代码可能仍然感到有些手足无措。出现这种情况非常正常，因为实际上在第3章中并没有接触到编程思维和编程逻辑的核心知识，这也是本章需要介绍的内容。

在这一章中我们重点关注的概念是程序的执行是随时间推移而“流动”的过程。相信大家都曾经玩过电脑游戏或使用过手机应用软件，可以发现，跟智能设备打交道往往不是静态的，而是一个过程：是一个状态接着一个状态不断连接流转的过程。在人机交互的整个过程里面，计算机在不断地运作，在每一瞬间，电脑或手机都会检查用户用鼠标做了什么、手指点击了哪里，计算游戏角色或者交互界面的所有适当行为，并更新屏幕以呈现所有画面图形。

“经过一系列的判断操作，完成特定的目标。”这就是计算机编程需要实现的事情。与人的思维相比，计算机非常单纯，甚至最简单的单元仅仅是一个高低电位的切换而已，但它的优势在于快速运转，同时它也必须运转起来才有存在的价值。实质上这是在用速度弥补结构上的简单，用时间换取空间，其结果导致编程的核心逻辑是过程的、动态的和交互的。编程的这个核心具体来说又表现为两个方面，第一个是顺序执行，第二个则是不间断执行。

4.1.1 顺序执行的程序

顺序体现在必须是一条语句执行完再执行下一条语句，并且执行效果也是承上启下的，下一条语句必须在上条语句执行完的基础上继续执行。用上一章介绍的填充语句和绘制图形语句来举个例子，请看代码4-1和代码4-2两段代码，运行之后可以看到填充颜色的语句“fill(242,194,66);”放在第5行和放在第6行结果有所不同：定义黄色为填充色语句执行之后，对应的效果才生效，后继的图形语句才以该填充色来画图（图4-1、图4-2）。

代码4-1 代码的顺序逻辑（一）

```
1. def setup():
2.
3.     size(480, 220)
4.     background(200)
5.     fill(242,194,66)
6.     triangle(20,20,100,100,200,10)
7.     rect(200,50,60,60)
```

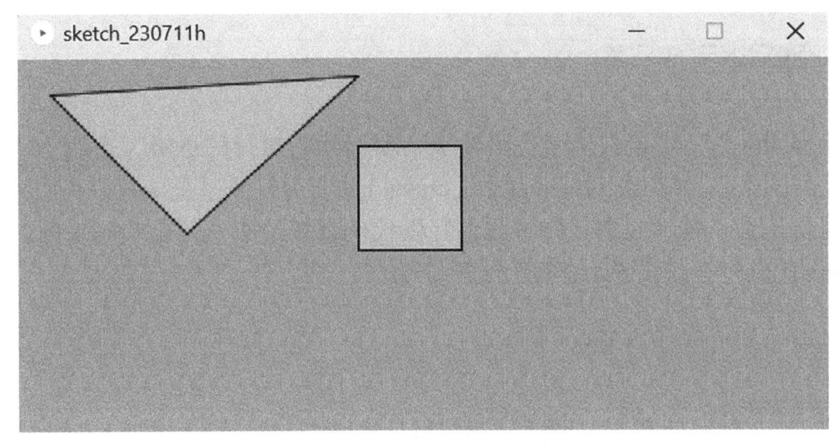

图4-1　代码4-1运行结果

代码4-2　代码的顺序逻辑（二）

```
1. def setup():
2.
3.     size(480, 220)
4.     background(200)
5.     triangle(20,20,100,100,200,10)
6.     fill(242,194,66)
7.     rect(200,50,60,60)
```

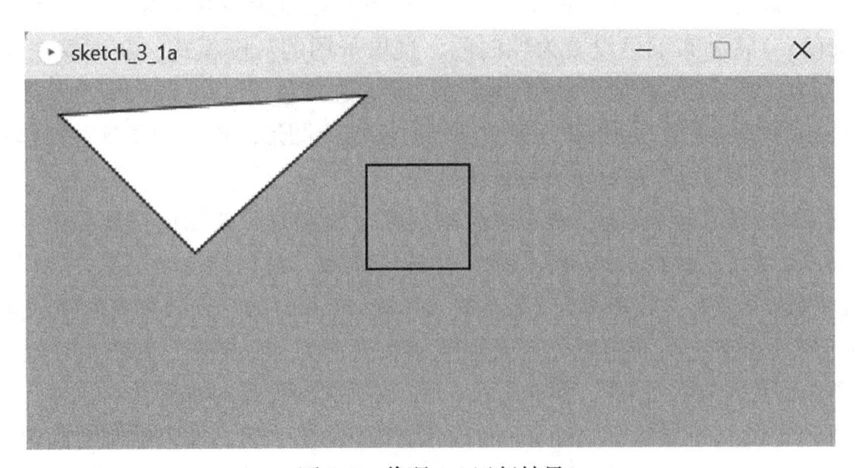

图4-2　代码4-2运行结果

这个案例阐述了顺序逻辑的基本概念，具体到理解用Processing来绘画的逻辑就是：用程序来绘画，最后画面呈现各条语句逐一按顺序执行之后得到的结果。也即顺序是对结果有决定影响的，而不是像大家所熟悉的绘画那样，不用太在意元素出现在画面中的前后顺序，最终画面就是所有元素共同呈现的结果。

4.1.2 不间断执行的程序

在 Processing 中，以定义两个代码块来实现不间断执行的逻辑，这两个代码块分别是 setup( ) 和 draw( )。确切来说 setup( ) 和 draw( ) 其实分别是系统函数，我们将在后面的章节详细讨论函数，现在只需要知道我们写的代码都要放进这两个代码块内。一段标准的 Processing 代码将会以代码 4-3 所示结构呈现。

代码 4-3

```
1.  def setup():
2.  #放在这里的代码仅在启动的时候执行一次，用于实现初始化的工作。
3.  #这里的代码执行完后会接着开始执行draw()代码块内的代码。
4.  def draw():
5.  #放在这里的代码会顺序执行。
6.  #执行完之后又开始从头执行一遍。
7.  #不断循环，直到程序被终止运行。
```

案例 4-1：随机圆圈

这里用一个简单的案例来讲解 setup( ) 和 draw( ) 功能函数的运行机制，这个案例的效果是在画布上随机绘制一些大小不一的圆圈。绘图前先要决定选择什么大小、颜色的画布，因此在 setup( ) 中使用 size(500,500) 来设置画布宽为 500 像素，高也为 500 像素。background(255) 将画布颜色设置为纯白色，这里采用的灰度模式，灰度模式 0 为纯黑、255 为纯白，0～255 之间数值为纯黑到纯白之间的过渡色。其中 smooth( ) 绘图时开启抗锯齿以让线条看起来平滑，noFill( ) 绘制图形时不填充图形内部。由于这些操作只需要在绘图时执行一次，因此放在 setup( ) 系统函数中。

接下来要考虑如何不断地在画布中绘制圆圈。绘制时需要知道在什么位置以及画多大直径的圆圈，我们使用 random( ) 函数来生成随机数，请记住这个函数，在以后的章节中会多次使用这个函数。其中横向 x 轴坐标 random(width) 为 0 到画布宽之间的随机数，y 轴坐标为 0 到画布高之间的随机数。而圆圈宽和高都为 diameter，其值在 0 到 50，使用 ellipse( ) 函数即可绘制一个圆。由于 draw( ) 函数每次帧更新时都会执行一次，因此本示例不断在画布上随机位置绘制大小不一的圆圈并重叠在一起，如果绘制时间够长，整个画布将画满圆圈直至全黑。程序如代码 4-4 所示，运行效果如图 4-3 所示。

代码 4-4　绘制圆圈

```
1.  def setup():
2.      size(500, 500)
3.      background(255)
4.      smooth()
```

```
5.      noFill()
6.
7.  def draw():
8.      x = random(width)
9.      y = random(height)
10.     diameter = random(50)
11.     # 在坐标(x,y)绘制直径大小为diameter圆圈
12.     ellipse(x, y, diameter, diameter)
```

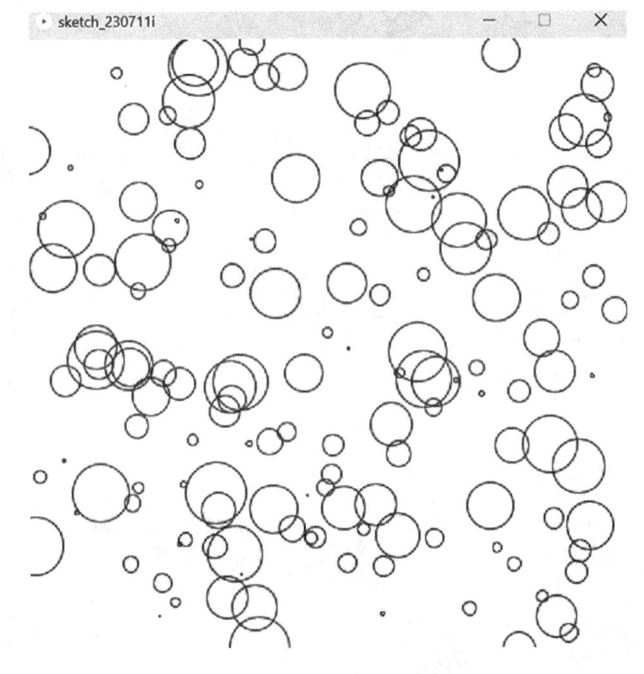

图4-3　代码4-4运行结果

下面给圆圈加点颜色。每次绘制圆圈时可以使用fill( )函数设置填充色，RGB颜色值也是通过随机函数获得的，其中各通道的数值范围在0～255。程序如代码4-5所示，运行效果如图4-4所示。

代码4-5　绘制彩色圆圈

```
1.  def setup():
2.      size(500, 500)
3.      background(255)
4.      smooth()
5.      noFill()
6.
7.  def draw():
```

```
8.      x = random(width)
9.      y = random(height)
10.     diameter = random(50)
11.     fill(random(255), random(255), random(255))
12. #将RGB的颜色设置为随机
13.     ellipse(x, y, diameter, diameter)
```

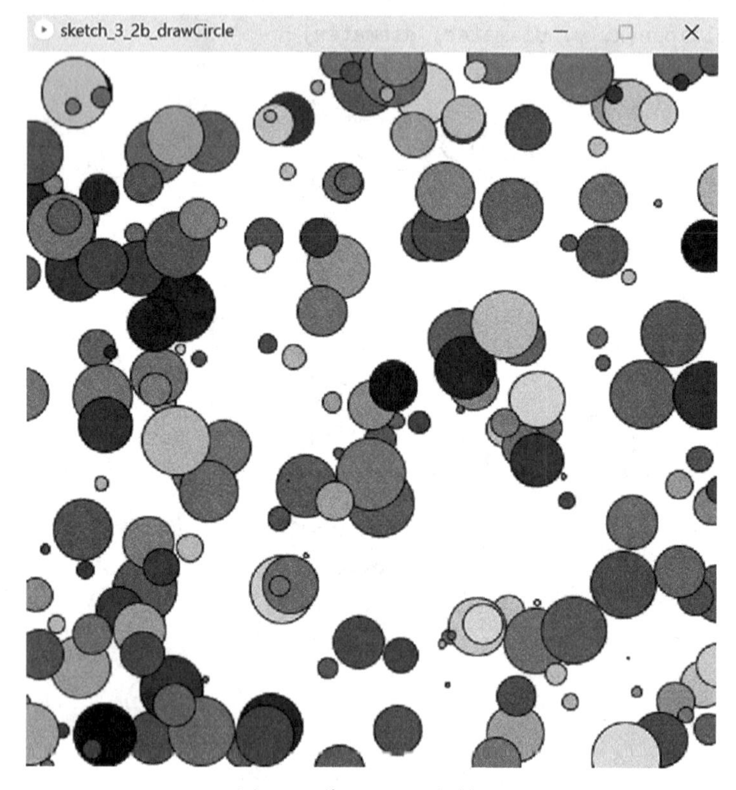

图4-4　代码4-5运行结果

Processing 程序执行完一次 setup( ) 函数后就会不断地执行 draw( ) 函数，像放映电影胶片一样以默认每秒 60 帧 (60fps) 的速率不断绘制显示的图形。draw( ) 每运行一次相当于在窗口中绘制一个新帧，默认保留之前帧绘制的图形，因此要制作动画时，draw( ) 函数是必不可少的。draw( ) 函数可以通过 noLoop( )、loop( ) 和 redraw( ) 函数来控制循环。

4.2　变量与作用域

4.2.1　变量的基本概念

变量用来存储数据，可以多次引用，也可以更改，类似存放物品的盒子，变量即是盒子的标签，在使用变量的时候必须提前声明。例如以下示例中，weight 为变量名称，其类似为浮点型（可以理解为有小数的数据），在声明定义时可以通过运算符“=”给变量赋一个初始值。请记住变量要先声明才能使用。

- float weight = dist(mouseX, mouseY, pmouseX, pmouseY);
- 数据类型：变量名 = 值。

注意变量使用的时候有一些规则：

①同一个作用域内变量名称不能重复定义。

②变量名由字母、数字和下划线组成，并且第一个字符必须是字母或下划线。

③变量名是区分大小写的，不一样的大小写是不同的变量。

④变量名命名时最好具有实际意义，表达存储内容。

1）数据类型

声明变量时，必须指定变量的数据类型，并且其数据类型不可进行修改。数据类型有基础数据类型和复杂数据类型，不同的数据类型就像不同大小的盒子，可以存放不同的数据。计算机中的数据以二进制位存储，一个二进制位是 0 或 1，数据类型不同其占用的二进制位长度也不同，表 4-1 所示是常用的数据类型。

表4-1　常用数据类型

数据类型	说明	占用空间	取值范围
boolean	布尔型	1	true或者false
byte	字节型	8	-128～127
char	字符型	16	0～65 535
int	整型	32	-2 147 483 648～2 147 483 647
long	长整型	64	
float	单精度浮点型	32	-3.40282347E+38～3.40282347E+38
double	双精度浮点型	64	
color	颜色	32	16 777 216种颜色
String	字符串		字符串，占用空间由字符串长度确定

常用数据类型示例：

①boolean 布尔值，例：true/false；

②int 整型，例：3，20，-5，0；

③float 小数，例：1.2301，-0.02 ；

④char 字符，为 unicode 编码，可以是数据或用单引号引起来的单个字符（注意单引号为英文输入法状态输入的单引号），例：65，'F'，'我'；

⑤String 字符串，例：“互动程式设计”。

常用数据类型定义示例：

①boolean 布尔值定义方式：boolean d = true；

②int 整型定义方式：int a=1；

③float 小数定义方式：float b=1.0；

④char 字符定义方式：char b='F'；

⑤String 字符串定义方式：String c = “互动程式设计”。

2）变量命名规则

①只可以使用英文字母、阿拉伯数字以及“_”（下划线）；

②开头第一个字符不能是数字(错误示例：183club, 5566；正确示例：by2)；

③字母区分大小写(SHE, she, She 分别代表不同变量)；

④中间不能有空格(错误示例：B D W；正确示例：BDW)；

⑤不能使用“.”(点)(错误示例：B.A.D)；

⑥变量命名建议以骆驼峰式命名，开头单词第一个字母为小写，从第二个单词开始以后每个单词的首字母都采用大写，看上去像骆驼峰一样起伏（例：xPosition, imageRedValue，howTallAreYou)。

3）系统变量

Processing 中内置了一些系统变量，这些变量可以让编程人员获得系统的一些运行参数，但是不能被用户修改。比如之前程序示例中使用的 width、height 的值是运行时画布的宽和高，利用这些系统变量可以更加方便地设计交互效果。表 4-2 中列出了常用的 Processing 系统变量。

表4-2　常用Processing系统变量

变量名	说　明
width	运行时画布的像素宽度
height	运行时画布的像素高度
mouseX	当前鼠标所在的x坐标值
mouseY	当前鼠标所在的y坐标值
pmouseX	上一帧鼠标所在的x坐标值
pmouseY	上一帧鼠标所在的y坐标值
frameCount	程序启动运行的帧数
frameRate	每秒运行的帧数
screen.width	整个屏幕的像素宽度
screen.height	整个屏幕的像素高度
key	最近一次按下的键值，不包括特殊键
keyCode	按下的键对应的编码，不包括小写字母，包括特殊键

续表

变量名	说　明
keyPressed	键盘是否被按下
mousePressed	鼠标是否被按下
mouseButton	被按下的鼠标键值

案例4-2：随变随用的变量

变量第一个作用：随变随用，当需要使用变量时可以随时声明并定义变量，在后续代码可以随时使用。例如代码4-6中，每次draw( )函数绘制新帧时，定义*x*、*y*两个整型类型变量，其值为当前鼠标在画布*x*轴和*y*轴的坐标位置，并在坐标为（*x*，*y*）的位置绘制一系列图形。当鼠标位置移动时，在新的坐标重新绘制另一个图案（图4-5）。

代码4-6　变量的使用：随变随用

```
1.  def setup():
2.      size(520, 390)
3.
4.  def draw():
5.      noStroke()
6.      x = mouseX #定义整型变量x，其值为当前鼠标x轴坐标
7.      y = mouseY #定义整型变量y，其值为当前鼠标y轴坐标
8.      fill(52, 91, 62)#填充色设置为(52, 91, 62)，RGB色彩模式
9.      rect(x-65, y-65, 130, 130)#以(x, y)为中心绘制一个130*130正方形
10.     #以下绘制5个颜色和直径都不同的圆形，其中心点都为(x,y)
11.     fill(245, 227, 163)
12.     ellipse(x, y, 130, 130)
13.     fill(230, 22, 36)
14.     ellipse(x, y, 100, 100)
15.     fill(59, 35, 33)
16.     ellipse(x, y, 80, 80)
17.     fill(173, 34, 39)
18.     ellipse(x, y, 60, 60)
19.     fill(26, 53, 122)
20.     ellipse(x, y, 30, 30)
```

图4-5　代码4-6运行结果

4.2.2　变量的作用范围

在Processing程序中由{ }括起来的部分，被称为代码段，在代码段内外定义的变量的作用范围是不一样的。

①在{ }内定义的变量，一般称为局部变量，仅在{ }内有效，只能被代码段内部语句使用。

②在{ }外定义的变量，一般称为全部变量，对整个区域有效，可以被变量声明位置后所有语句使用。

案例4-3：累加

本例在代码4-7第1行定义了一个整型全局变量*x*，其初始值设置为0。注意看draw( )函数中一条语句"x=x+1"，在数学上这个算式是有问题的，但是在Processing中这条语句的意义为将*x*加上1的计算结果再赋值给*x*，即*x*本身的值增加1，有个专用的名词表示这种运算——累加。因此draw( )执行过程中*x*不断增加1，而ellipse(x，150，50，50)绘制圆圈时圆圈中心点*x*坐标不断加1，*y*坐标不变，即圆中心点不断往画布右侧移动。在绘制圆圈前增加了一条语句background(255)，这条语句的作用是在绘制前将画布重新设置为白色，相当于将之前绘制的图形全部擦掉了，程序实现的效果为一个圆圈在画布上动态移动，读者可以自己尝试将background(255)这条语句删除，观察两者的区别。代码4-7运行的结果如图4-6所示。

代码4-7　变量的使用：随变随用

```
1. x = 0
2.
3. def setup():
```

```
4.      size(500, 300)
5.
6. def draw():
7.      global x
8.      x = x + 1
9.      background(255)
10.    ellipse(x, 150, 50, 50)
```

图4-6　代码4-7运行结果

在代码4-8第3行中整型变量int x声明在setup( )函数中，其作用范围仅在setup( )函数中可用，而在draw( )函数中使用到的变量x由于没有声明，因此程序由于编译错误无法运行。

代码4-8　变量的作用范围

```
1. def setup():
2.      size(500, 300)
3.      x = 0
4. def draw():
5.      global x
6.      x = x + 1
7.      background(255)
8.      ellipse(x, 150, 50, 50)
```

在代码4-9中，第1行和第8行声明了两个一模一样的整型变量x，这两个变量有什么区别呢？第1行声明的变量x为全局变量，在整个程序中都能使用，第8行声明的变量x为局部变量，仅在draw( )函数中能使用。那么大家可能有疑问，第9行语句“x=x+1”其变量x两处声明到底使用的是哪一个变量x定义呢？程序设计时不会出现语义不明的情况，Processing中局部变量会将全局变量中定义的同名变量隐藏，实际上第9行中x使用的变量为第8行声明的变量x，由于draw( )函数中每次调用时都会重新声明变量x并赋值为0，因此第9行x的值会是1，此时绘制的圆圈都在同一个位置，不会出现动画效果。

代码4-9 变量的作用范围：局部变量与全局变量

```
1.  x = 0
2.
3.  def setup():
4.      size(500, 300)
5.
6.  def draw():
7.      global x
8.      x = 0
9.      x = x + 1  # 使用的是全局变量x
10.     background(255)
11.     ellipse(x, 150, 50, 50)
```

代码4-9中圆圈运行到最右边后就会消失不见，如何让圆圈往返运动呢？可知当圆圈运行到最右边时其x坐标为500，此时x坐标应该不再增加而是减小1，而当圆圈回到最左边时不再减小而是增加1，后续小节中学习完条件判断即可实现。当$x>500$时，step由1变为−1，执行“x=x+step”，其x不断减小，圆圈左向运动；而当$x<0$时，step由−1变为1，其x不断增加，圆圈右向运动。程序修改见代码4-10。

代码4-10 修改

```
1.  x = 0
2.  step = 1
3.
4.  def setup():
5.      size(500, 300)
6.
7.  def draw():
8.      global x, step
9.      x = x + step
10.     if x > 500 or x < 0:
11.      step = -step
12.     background(255)
13.     ellipse(x, 150, 50, 50)
```

4.3 函数

4.3.1 函数的意义与结构定义

函数是用于完成特定任务的程序代码段。为什么要使用函数呢？因为当需要处理的任务越来越复杂时，其程序代码也会越来越庞大，如果这些代码都放在setup( )和draw( )中会使其结构臃肿，导致程序难以理解和维护。因此根据功能的不同可以将大问题划分成小问题，大程序划分成小功能模块。函数则是功能模块的基本单元，可以将复杂问题处理过程简化，利于程序的阅读和修改。另一方面，函数还可以节省代码编写，由于程序中可能多次使用某一特定功能，那么只需要编写一个合适的函数，在任何需要的位置调用此函数即可完成此特定功能。

函数由返回值数据类型、函数名、参数列表、函数体组成。函数命名规则和变量的命名规则一致，同样用于说明函数的功能。参数列表是根据传入参数完成相应的操作。其语法结构如下：

返回值数据类型 函数名（数据类型 变量1, 数据类型 变量2, ……)

……

return（数据）

案例4-4：自己定义一个函数

Processing提供了很多系统函数以实现各种功能，例如之前案例中用到的size( )、ellipse( )、fill( )等函数。接下来以一个简单案例来介绍如何定义函数。在代码4-11中，使用了ellipse( )函数来根据鼠标当前位置绘制三种随机颜色的圆形。每次帧更新时首先获取一个0～3之间的随机数，注意这里使用了语句int(random(3))，该语句会将随机获得的小数丢弃小数位，只保留整数位。当鼠标移动时，根据生成的随机数，使用预先定义的三种颜色值c01、c02、c03中的一种，绘制相应的图形（图4-7）。

代码4-11　函数使用示例

```
1.  c01 = color(0, 22, 59)  # 颜色值c01, RGB(0, 22, 59)
2.  c02 = color(95, 166, 214)  # 颜色值c02, RGB(95, 166, 214)
3.  c03 = color(156, 155, 160)  # 颜色值c03, RGB(156, 155, 160)
4.
5.  def setup():
6.      size(1024, 600)
7.      smooth()
```

```
8.        background(200)
9.        noStroke()
10.
11.def draw():
12. global c01, c02, c03
13. a = int(random(3))  # 生成0-3之间的随机数
14. if a == 0:
15.     fill(c03)  # 当a为0时，设置填充色为c03
16. elif a == 2:
17.     fill(c02)  # 当a为2时，设置填充色为c02
18. else:
19.     fill(c01)  # 当a为其他值时，设置填充色为c01
20.
21. r = random(10) + 10  # 圆形直径为10-20
22.
23. if mouseX != pmouseX:  # 当鼠标当前x坐标与上一帧不一样时
24.     ellipse(mouseX, mouseY, r, r)  # 绘制圆形
```

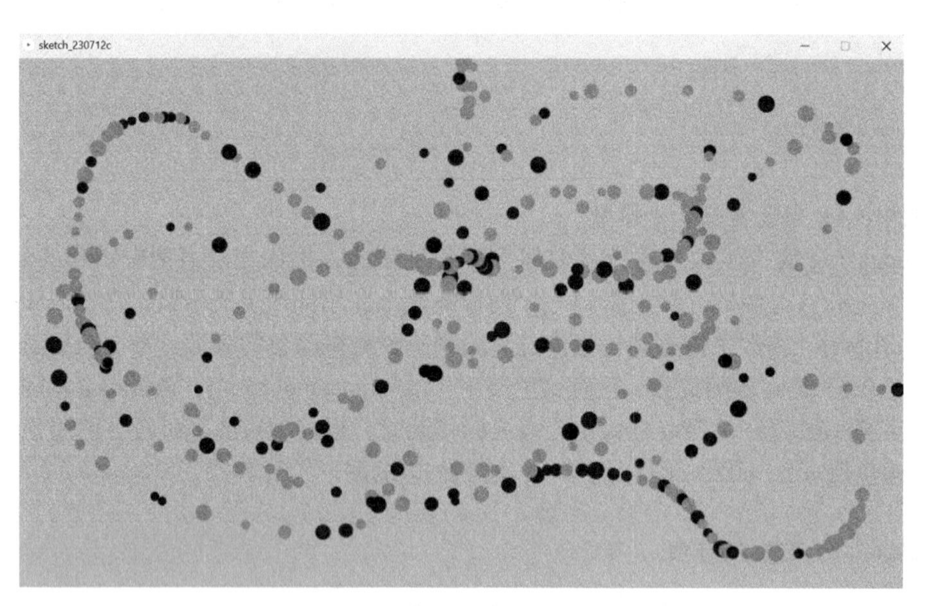

图4-7　代码4-11运行效果

如果希望绘制自己定义的图案，应如何操作呢？要绘制自己定义的图案只需要将ellipse( )函数替换成自己的绘图操作，如果绘图操作语句较多，可以封装成函数方便使用。代码4-12使用myShape( )函数封装绘图操作，自定义函数功能为使用ellipse( )和line( )函数绘制小人（图4-8）。

代码4-12 自定义函数使用示例

```
1. c01 = color(0, 22, 59)
2. c02 = color(95, 166, 214)
3. c03 = color(156, 155, 160)
4.
5. def setup():
6.     size(1024, 600)
7.     smooth()
8.     background(200)
9.     strokeWeight(3)  # 设置轮廓线条宽度为3个像素
10.
11. def draw():
12. global c01, c02, c03
13. a = int(random(3))
14. if a == 0:  # 当a为0时，填充色和轮廓线条颜色都设置为c03
15.     fill(c03)
16.     stroke(c03)
17. elif a == 2:  # 当a为2时，填充色和轮廓线条颜色都设置为c02
18.     fill(c02)
19.     stroke(c02)
20. else:  # 当a为其他值时，填充色和轮廓线条颜色都设置为c01
21.     fill(c01)
22.     stroke(c01)
23.
24. if mouseX != pmouseX:
25.     myShape()  # 使用我们自己定义的绘图函数
26.
27. def myShape():
28. r = random(10) + 10
29. ellipse(mouseX, mouseY, r, r)
30.
31. line(mouseX, mouseY, mouseX, mouseY + 15)
32. line(mouseX - 5, mouseY + 10, mouseX + 5, mouseY + 10)
33. line(mouseX, mouseY + 15, mouseX - 5, mouseY + 20)
34. line(mouseX, mouseY + 15, mouseX + 5, mouseY + 20)
```

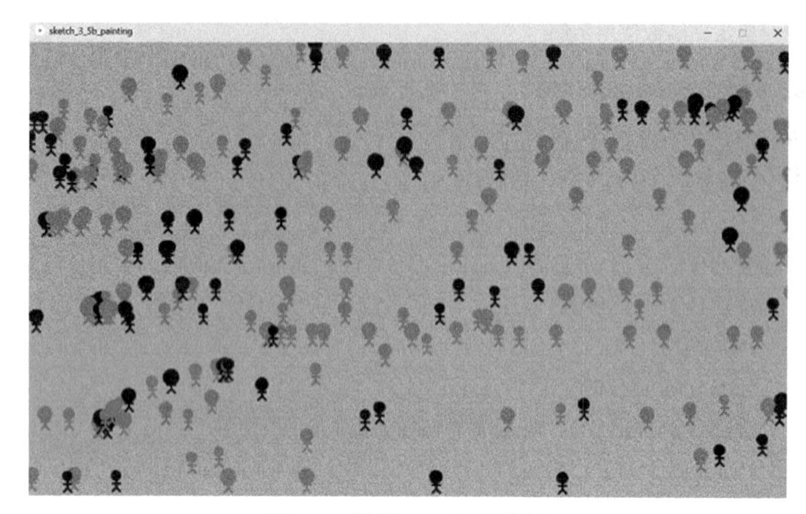
图4-8　代码4-12运行效果

4.3.2　三个函数应用案例

案例4-5：系统函数

Processing交互设计编程中最常用的输入工具是鼠标和键盘。在之前的案例中已介绍过鼠标移动时如何交互，除此之外还可以获取鼠标的运动方向和移动速度、键盘的输入响应等动作，收集和分析这些动作可以让设计作品更加丰富。代码4-13展示了键盘响应事件函数的使用，当发生键盘操作时会自动调用keyPressed( )函数以实现互动功能。本代码可以将键盘输入的字母随机出现在画布上，其中系统变量key保存了按下的字母（图4-9）。

代码4-13　系统函数

```
1.  def setup():
2.      size(400, 400)
3.      background(0)
4.
5.  def draw():
6.      pass
7.
8.  def keyPressed():
9.      if 'a' <= key <= 'z':  # 输入为小写字母时
10.     textSize(32 + random(100))  # 设置文本字体大小
11.     fill(random(255), random(255), random(255))  # 设置字体填
    充色
12.     text(key, random(width), random(height))  # 显示输入的字符
```

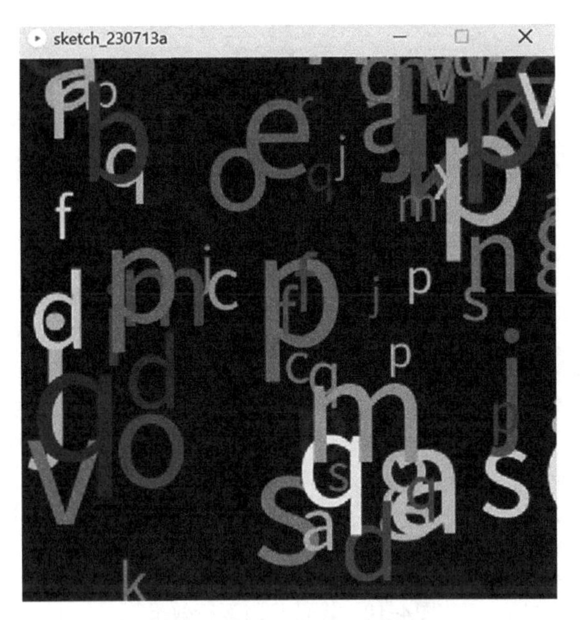

图4-9　代码4-13运行效果

案例4-6：暂停连续作画

本示例使用了一个全局变量flag来控制是否执行画图代码（代码4-14）。当flag为True时，在draw( )函数中执行画图代码；当鼠标被按下时，切换flag的值，从而实现暂停和连续作画的效果（图4-10）。

代码4-14　暂停连续作画

```
1.  flag = True
2.
3.  def setup():
4.      size(400, 400)
5.
6.  def draw():
7.      global flag
8.
9.      if flag:
10.         # 画图代码
11.         ellipse(mouseX,mouseY, 30, 30)
12.
13.     if mousePressed:
14.         flag = not flag
```

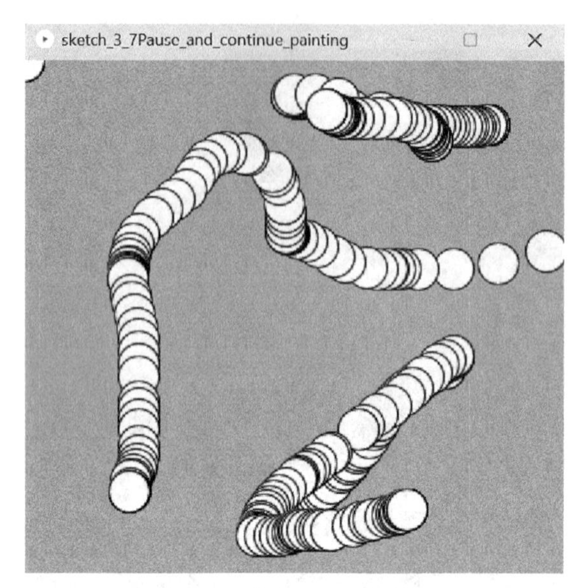

图4-10　代码4-14运行效果

案例4-7：保存当前画面

代码4-15在draw( )函数和keyPressed( )函数中添加了保存图像的代码。当鼠标按下时，切换flag的值并保存当前画面为save.jpg。当键盘有输入时，如果画图处于暂停状态（flag为False），将flag设置为True并保存当前画面为save.jpg。除此之外，还添加了一个名为save_count的计数器变量，并在保存文件时将其值作为文件名的一部分。每次保存画面后，计数器增加1，以便在文件名中体现出不同的保存序号。例如，第一次保存的文件名将为save1.jpg，第二次保存的文件名将为save2.jpg，以此类推（图4-11）。

代码4-15　保存当前画面

```
1.  flag = True
2.  save_count = 1  # 初始保存序号为1
3.
4.  def setup():
5.      size(400, 400)
6.
7.  def draw():
8.      global flag, save_count
9.
10.     if flag:
11.         # 画图代码
12.         ellipse(mouseX, mouseY, 30, 30)
13.
14.     if mousePressed:
```

```
15.         flag = not flag
16.         save("save" + str(save_count) + ".jpg")
17.         save_count += 1
18.
19. def keyPressed():
20.     global flag, save_count
21.
22.     if not flag:
23.         flag = True
24.         save("save" + str(save_count) + ".jpg")
25.         save_count += 1
```

图4-11　代码4-15运行效果

4.4　判断

4.4.1　判断的意义与结构定义

程序代码默认情况下都按顺序一行接一行地往下执行，但是在编程时可能需要根据不同的条件跳转到不同的操作代码，此时需要使用条件判断语句，本小节介绍条件控制语句。在Python中，条件控制语句使用的关键字是if、elif和else。下面是Python的条件判断案例的代码说明。

①if后面直接接判断条件，结果为真（true）或假（false）。当满足某种条件（结果为真）时，执行if后面的语句（Python中使用缩进来表示代码块的范围，所以if语句里面的

语句指的是if语句下面增加了一个缩进的语句），不满足时直接跳过。其中语法格式如下：

if 条件：

语句

例如代码4-16中当成绩s在90以上时输出“成绩优秀”，而不满足这个条件时不输出。

代码4-16

```
1.  s = 60
2.  if s > 89:
3.      print("成绩优秀")
```

②编程时还会出现两者选其一的情况，比如：人们去商店购买商品时，如果超市提供扫码支付方式，那就可以扫码付款；如果不行的话，那只能现金支付。Python模式的Processing中使用else来实现这个二选一的控制流程，其语法格式如下：

if 条件：

语句1

else 条件：

语句2

例如代码4-17中当成绩低于60分时输出“不及格”，高于60分时输出“及格”。

代码4-17

```
1.  s = 60
2.  if s < 60:
3.      print("不及格")
4.  else:
5.      print("及格")
```

③当有多种选择时，可以通过嵌套elif来实现更多的分支情况，注意这种情况程序只会选择执行一个分支，当满足条件进入一个分支语句后将不再判断其他条件。其语法格式如下：

if 条件：

语句1

elif 条件：

语句2

elif 条件：

语句3

elif 条件：

语句4

else 条件：
　语句5

例如代码4-18中假定成绩在0～100分，成绩低于60分时输出“不及格”，60～74分时输出“及格”，75～89分时输出“良好”，90分以上输出“优秀”。

代码4-18

```
1. s = 60
2. if s < 60:
3.     print("不及格")
4. elif s < 75:
5.     print("及格")
6. elif s < 90:
7.     print("良好")
8. else:
9.     print("优秀")
```

4.4.2 编程中的数值判断与逻辑判断

在判断条件时需要使用关系运算符，计算结果为布尔型 boolean 的值。Processing 中提供的关系运算符如表4-3所示。

表4-3 关系运算符

运算符	说明	使用方法
<	小于	$a < b$
>	大于	$a > b$
=	等于	$a = b$
!=	不等于	a != b
<=	小于或等于	a <= b
>=	大于或等于	a >= b

Processing 还提供了三个逻辑运算符，分别是与“&&”、或“||”、非“!”，通过它们实现复合条件判断。

1）与运算

语法结构：表达式1 && 表达式2

如果表达式1和表达式2的值都是真（true），那么整个表达式的值也为真（true）；如果两个表达式中任意一个为假（false），则整个表达式为假（false）。例如 a 在5和10之间的表达式为：

a >= 5 && a <= 10

2）或运算

语法结构：表达式1 || 表达式2

两个表达式中只要有一个为真（true），则整个表达式为真（true）；如果两个表达式都为假（false），其值才为假（false）。例如以下表达式为*a*小于5或大于10：

a < 5 || a > 10

3）非运算

语法结构：!表达式

非运算能把一个布尔值变成相反的值，即真（true）变假（false），假（false）变真（true）。例如*a*小于10可以用以下表达式实现：

!(a >= 10)

案例4-8：让随机色彩变得有序

代码4-19中第12～19行的代码主要是根据条件设置绘制图形的填充色。第12行条件表达式“x > 0 && x < 150”意义为判断*x*是否大于0并且小于150，即圆形中心点*x*坐标在0～150，然后执行fill(0, random(255), random(255))设置填充色，其填充色缺失红色通道；第15行条件表达式“x > 150 && x < 300”意义为判断*x*是否大于150并且小于300，即圆形中心点*x*坐标在150～300，然后执行fill(random(255), 0, random(255))设置填充色，其填充色缺失绿色通道；第18行条件表达式“x > 300 && x < 500”意义为判断*x*是否大于300并且小于500，即圆形中心点*x*坐标在300～500，然后执行fill(random(255), random(255), 0)设置填充色，其填充色缺失蓝色通道。因此程序代码4-19运行后可以看到三列色彩有序的叠加圆形（图4-12）。

代码4-19　让随机色彩变得有序

```
1.  def setup():
2.      size(500, 500)
3.      background(255)
4.      smooth()
5.      noFill()
6.
7.  def draw():
8.      x = random(width)
9.      y = random(height)
10.     d = random(50)
11.
12.     if x > 0 && x < 150:
13.         fill(0, random(255), random(255))
14.
```

```
15.     if x > 150 && x < 300:
16.         fill(random(255), 0, random(255))
17.
18.     if x > 300 && x < 500:
19.         fill(random(255), random(255), 0)
20.
21.     ellipse(x, y, d, d)
```

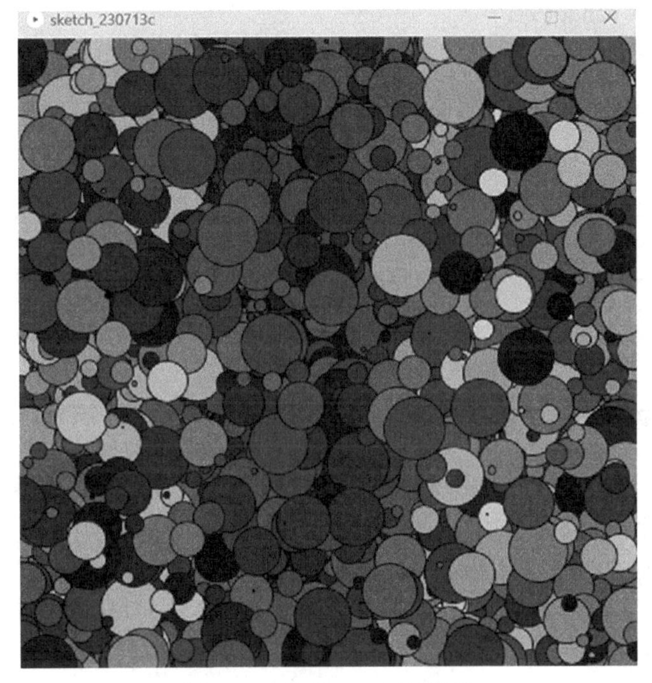

图4-12　代码4-19运行结果

4.5　循环

4.5.1　循环的意义与结构定义

生活中有很多事情是重复发生的，例如太阳每天东升西降，“每天”这个词就是重复的事件。计算机虽然无法思考，但是其运算速度快，可以不厌其烦地做同一件事情，编程中可以使用循环结构来完成这种重复操作。Processing中使用for和while实现循环。

4.5.1.1　range函数

在Python中，可以使用for循环结合range函数来进行迭代。range函数用于生成一个指定范围的整数序列，可以用作for循环的迭代条件。range函数的基本语法如下：

```
1. range(start, stop, step)
```

其中，“start”表示起始值（默认为0），“stop”表示结束值（不包含在序列中），“step”表示步长（默认为1）。代码4-20是一个示例，展示如何使用for循环和range函数来打印从0到4的整数。

代码4-20

```
1. for i in range(5):
2.     print(i)
```

运行结果为：

0

1

2

3

4

4.5.1.2 while循环语句的语法结构

在Python中，while循环用于重复执行一段代码块，直到指定的条件不再满足为止。循环体会在每次迭代之前检查条件，并在条件为真时执行。

while循环的基本语法如下：

```
1. while 条件:
2.     # 代码块
```

其中，“条件”是一个布尔表达式，表示循环的条件。只要条件为真，循环就会一直执行。

代码4-21是一个示例，展示如何使用while循环打印从1到5的整数。

代码4-21

```
1. i = 1
2. while i <= 5:
3.     print(i)
4.     i += 1
```

在循环体内部，可以执行需要重复执行的代码，并且可以在循环体内部改变条件的值，以控制循环的执行。需要注意的是，如果条件始终为真，while循环可能会陷入无限循环，导致程序无法结束。因此，在编写while循环时，要确保条件能够在某个时刻变为假，以避免无限循环的情况发生。可以使用适当的条件和循环控制语句（如“break”语句）来控制循环的结束。

4.5.1.3 for循环与while循环

for循环与while循环这两种循环结构没有本质区别，表达的功能完全等价，都能够完成一样的事情，可以相互转换。for循环将初始化、循环条件判断和循环变量更新放在同一行中，比较清晰直观，一般应用于循环次数已知或数组遍历。而while循环语句表达更加自由灵活，常用于无法事先判断循环次数的循环，并且循环控制变量需要在循环体语句中更新。例如计算从1加到10的总和。

1）for循环结构实现（代码4-22）

代码4-22

```
1. s = 0
2. for i in range(1, 11):
3.     s = s + i
```

2）while循环结构实现（代码4-23）

代码4-23

```
1. s = 0
2. i = 1
3. while i <= 10:
4.     s = s + i
5.     i = i + 1
```

案例4-9：连续的圆形

利用循环来绘制一排连续的直径为40像素的圆形。如果圆形中心点y坐标都是画布中心210，x坐标从0开始，那么第二个x坐标为40，第三个x坐标为80，……，一直画到画布最右边即圆形中心点x不超过画布宽度width(480)。如果使用for循环结构，初始化表达式即x为0，循环判断条件“x<=width”，每次新绘制圆形时中心点x坐标增加40个像素，其实现程序如代码4-24所示，运行效果见图4-13。

代码4-24　绘制连续的圆形

```
1. def setup():
2.     size(480, 420)
3.
4. def draw():
```

```
5.      background(0) # 背景色为黑色
6.      fill(255) # 填充色为白色
7.      for x in range(0, width+1, 40):
8.          ellipse(x, 210, 40, 40) # 以(x, 210)为圆心绘制直径为40像素
    的圆
```

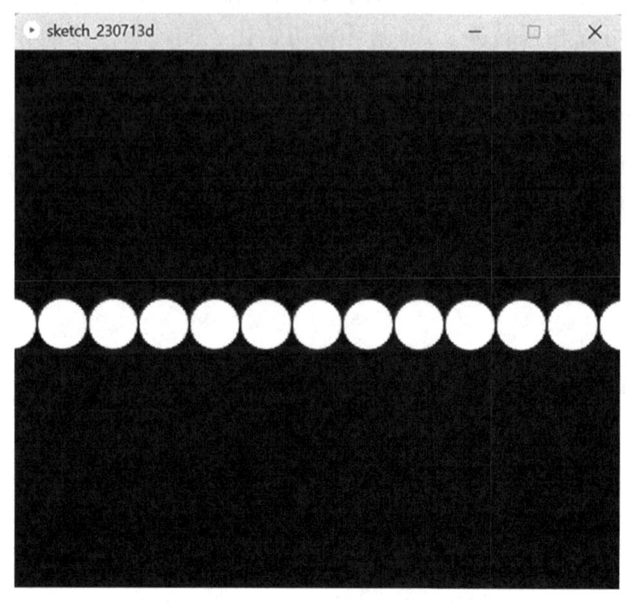

图4-13　代码4-24运行结果

小练习：试一试把刚才的案例改为画直线，注意利用描边属性设置线颜色，效果如图4-14所示。

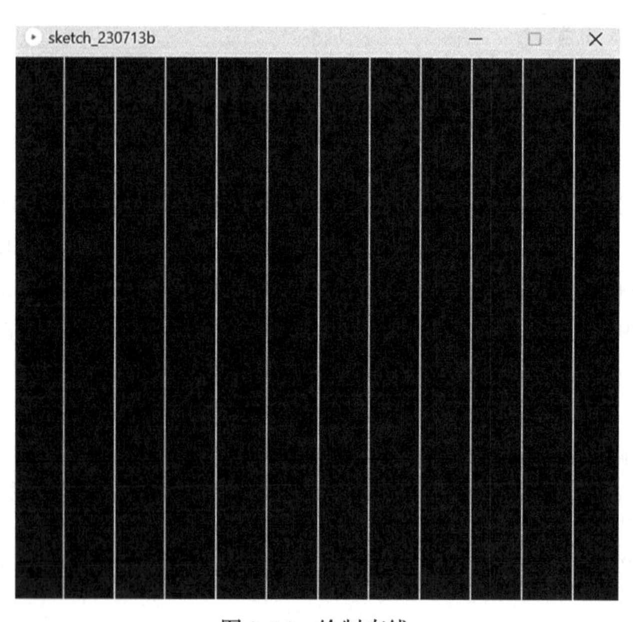

图4-14　绘制直线

4.5.2 循环应用案例

案例4-10：画出圆形矩阵

案例4-9是绘制一排圆形，如何绘制一个圆形矩阵呢？其实只需要一排接一排地绘制即可，这种一排排就是重复操作，因此同样可以利用循环来绘制多排连续的圆形矩阵。本例使用了循环嵌套，即循环结构中的语句还是循环结构，外面这一层的循环称外循环，里面一层称内循环。要实现绘制多排圆形，外循环确定圆形中心点在哪一行，即y坐标，绘制完这一行的圆形才能绘制下一行，同样直径为40像素，因此下一行的y坐标增加40像素直至y不超过画布高度height(420)；内循环确定在哪一列，即x坐标，实现方法与上一案例一样。实现程序如代码4-25所示，运行效果见图4-15。

代码4-25　绘制圆形矩阵

```
1.  def setup():
2.      size(480, 420)
3.
4.  def draw():
5.      background(0)
6.      fill(255)
7.      for y in range(0, height + 1, 40):  # 外循环确定圆心y坐标
8.          for x in range(0, width + 1, 40):  # 内循环确定圆心x坐标
9.              ellipse(x, y, 40, 40)  # 以(x, y)为圆心绘制直径为40像
    素的圆形
```

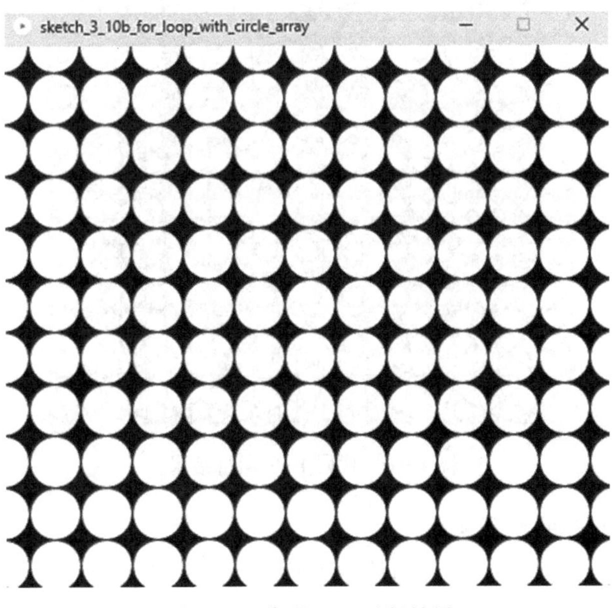

图4-15　代码4-25运行结果

案例4-11：可互动的圆形矩阵

本案例绘制直径为鼠标当前 x 坐标的圆形矩阵，代码结构与代码4-25类似。为了增强线条感将图形线条的宽度设置为2像素，背景色设置为纯白色。绘制圆形时圆心点不变，但直径不再是固定值40像素，而是当前鼠标的 x 坐标值 mouseX，因此移动鼠标时其圆心直径发生变化，产生互动效果。注意代码中语句 y += 40 等价于 y = y + 40，语句 x += 40 亦然（程序员都是善于偷懒的物种）。实现程序如代码4-26所示，运行效果见图4-16。

代码4-26　可互动的圆形矩阵

```
1.  def setup():
2.      size(480, 420)
3.      strokeWeight(2)  # 设置线条宽度为2像素
4.
5.  def draw():
6.      background(255)  # 设置背景色为白色
7.      stroke(0)  # 设置线条颜色为黑色
8.      for y in range(0, height + 1, 40):
9.          for x in range(0, width + 1, 40):
10.             fill(255, 0)  # 填充色为白色，完全透明
11.             ellipse(x, y, mouseX, mouseX)
```

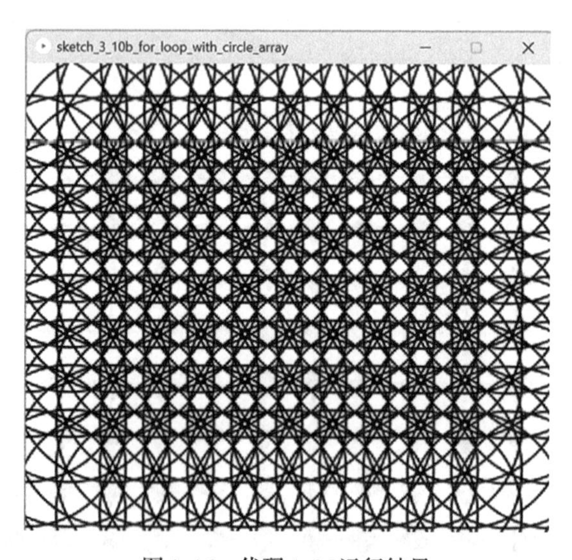

图4-16　代码4-26运行结果

案例4-12：可互动的色彩矩阵

本案例绘制一个可根据鼠标移动位置变换颜色的色彩矩阵。画布大小为512×512，每个小色块大小为2×2的正方形，因此该色彩矩阵水平方向有256个小色块，垂直方向

同样有256个。为了绘制这256×256个色块我们同样采用嵌套循环，外循环为绘制256行语句，内循环绘制每行中的256个小色块。外循环的条件判断语句为y<256，更新语句y++为自增运算，等价于y=y+1，因此y从0～255；内循环同样，x从0～255，因此每个色块的左上角坐标为“(2*x, 2*y)”。其中每个色块的色彩为“(x, y, mouseX // 2)”，当鼠标移动时其填充色也会发生变化。实现程序如代码4-27所示，运行效果见图4-17。

代码4-27　可互动的色彩矩阵

```
1. def setup():
2.     size(512, 512)
3.     noStroke()  # 不绘制轮廓线条，以防色块出现黑色轮廓
4.
5. def draw():
6.     for y in range(256):
7.         for x in range(256):
8.             fill(x, y, mouseX // 2)
9.             rect(x * 2, y * 2, 2, 2)
```

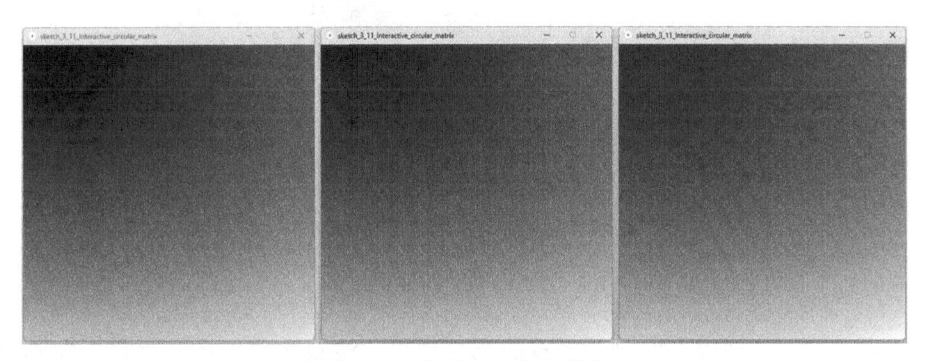

图4-17　代码4-27运行结果

案例4-13：点彩派图形滤镜

本案例是根据图像中的色彩绘制圆形矩阵，每个圆形直径为10像素，这样将产生类似马赛克的点彩派图形滤镜效果。画布大小设置为与图像大小一致，案例中定义了PImage类型变量img，并使用loadImage( )函数导入图像a.jpg，待导入的图像需要放置在工程文件夹中。本案例同样使用嵌套循环获取图像中每隔10像素的像素点颜色信息，其颜色值pix获取方法为img.get( )函数，并在对应位置绘制直径为10的圆形。实现程序如代码4-28所示，运行效果见图4-18。

代码4-28　点彩派图形滤镜

```
1. img = None
2.
3. def setup():
```

```
4.      size(840, 525)  # 设置画布大小为图像大小840*525
5.      global img
6.      img = loadImage("a.jpg")  # 导入图像a.jpg
7.      noStroke()  # 不绘制轮廓线条
8.
9.  def draw():
10.     for y in range(0, height + 1, 10):
11.         for x in range(0, width + 1, 10):
12.             pix = img.get(x, y)  # 获取坐标(x, y)的像素点颜色值
13.             fill(pix)  # 以该像素点颜色值作为填充色
14.             ellipse(x, y, 10, 10)  # 以坐标(x, y)绘制直径为10像素
    的圆形
```

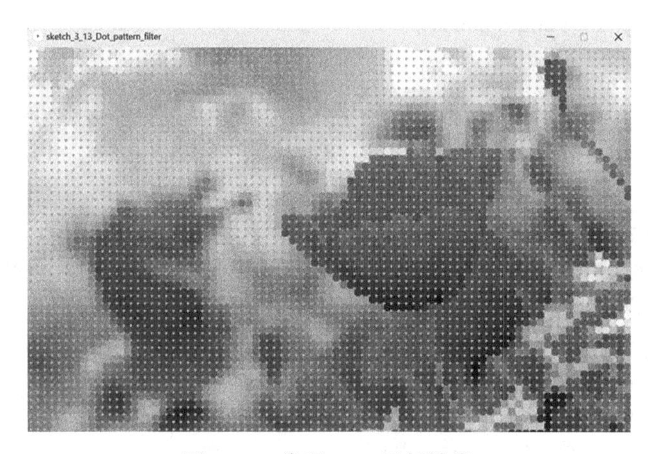

图4-18　代码4-28运行结果

小练习：试一试把以上案例的圆点改为三角形，注意相邻三角形垂直方向不同的情况，效果如图4-19所示。

图4-19　小练习运行效果

4.6 数组

4.6.1 数组的意义与结构定义

数组是具有相同类型数据的有序集合，集合里每一项被称为元素，每一个索引值标记其在数组中的位置，索引值即元素下标从0开始计数（图4-20）。

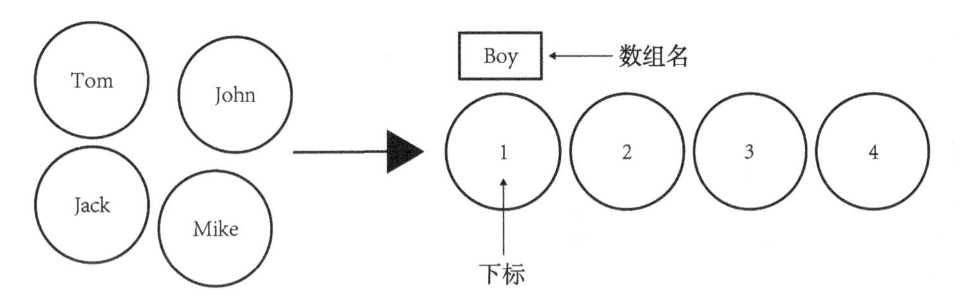

图4-20 数组与下标

在Python中，数组通常指的是列表（list）。列表是一种有序、可变、可重复的数据集合，用于存储多个元素。它可以包含不同类型的数据，包括整数、浮点数、字符串等。列表的定义使用方括号[]，并用逗号分隔各个元素。例如：

```
1.  my_list = [1, 2, 3, 4, 5]
```

这里定义了一个名为“my_list”的列表，其中包含了整数1～5。

列表可以根据需要动态地添加、删除和修改元素。可以使用索引访问列表中的特定元素，索引从0开始计数。例如，要访问列表中的第一个元素，可以使用索引“0”：

```
1.  first_element = my_list[0]
```

可以通过索引修改列表中的元素：

```
1.  my_list[2] = 10  # 将第三个元素修改为10
```

列表还提供了许多内置方法，用于操作和处理列表数据。例如，可以使用“append()”方法在列表末尾添加新元素：

```
1.  my_list.append(6)  # 在列表末尾添加新元素6
```

还可以使用“len()”函数获取列表的长度（即元素的个数）：

```
1.  length = len(my_list)  # 获取列表的长度
```

如果数组个数较多可利用循环结构来赋值，例如代码4-29。

代码4-29

```
1.  # 定义要创建的数组的数量
2.  num_arrays = 5
3.
4.  # 创建一个空列表用于存储多个数组
5.  arrays = []
6.
7.  # 使用循环结构创建多个数组并赋值
8.  for i in range(num_arrays):
9.      # 创建一个空数组
10.     new_array = []
11.
12.     # 使用循环结构给数组赋值
13.     for j in range(5):
14.         value = i * j  # 根据需要的赋值规则生成值
15.         new_array.append(value)  # 将值添加到数组中
16.
17.     # 将新创建的数组添加到列表中
18.     arrays.append(new_array)
19.
20. # 打印所有数组的值
21. for array in arrays:
22.     print(array)
```

在代码4-29中，使用两个嵌套的循环结构来创建多个数组并赋值。外部循环控制数组的数量，内部循环用于为每个数组赋值。在内部循环中，根据需要的赋值规则生成值，并将其添加到对应的数组中。最后，将每个新创建的数组添加到存储所有数组的列表中。最后，使用另一个循环遍历并打印所有数组的值。

这样，就可以通过循环结构来定义并赋值多个数组。根据实际需求，可以调整循环结构和赋值规则来满足具体的要求。

案例4-14：把随机的圆序列的坐标都保存起来

在程序运行过程中有些中间变量需要保存起来以便后续使用，使用数组保存类型相同并且数量较多的变量非常方便。本案例中绘制20个圆形，在第6行到第9行代码中这些圆形中心点的x坐标由随机函数生成并被存储在数组x中；第10行到第14行使用数据

元素 $x[i]$ 和对应的“i*20”为圆心绘制圆形，同时绘制一条穿过圆心的横线。实现程序如代码4-30所示，运行效果见图4-21。

代码4-30　把随机的圆序列的坐标都保存起来

```
1.  x = [0.0] * 20  # 创建一个包含20个元素的列表，并初始化为0.0
2.
3.  def setup():
4.      size(500, 500)
5.
6.      for i in range(len(x)):
7.          x[i] = random(0, width)  # 每个x坐标值为0-width之间的随机数
8.      println(x)  # 将生成的x坐标值显示到控制台
9.
10.  def draw():
11.      background(255)
12.      for i in range(len(x)):
13.          ellipse(x[i], i*20, 40, 40)  # 以(x[i], i*20)为圆心绘制直
    径为40的圆形
14.          line(0, i*20, width, i*20)  # 绘制横线
```

图4-21　代码4-30运行效果

4.6.2 数组应用案例

案例4-15：使随机的圆序列动起来

在变量使用的小节中展示了圆形左右往返运动。本案例实现如何让20个圆形沿着x轴方向往返运动，因此每个圆形都要做相应的移动时需要知道每个圆形当前的圆心点坐标和运动方向，我们使用数组x保存圆心的x坐标（y坐标是已知的），数组step保存圆形的移动方向和速度，并设置每帧移动一个像素。代码第7行至第8行设置圆心x坐标初始值，第9行至第10行将20个圆形的移动方向都设置为往右。帧更新时每个圆形或左或右移动一个像素，重新绘制这20个圆形和横线，如果超过画布范围则调整移动方向。实现程序如代码4-31所示，运行效果见图4-22。

代码4-31　随机的圆动起来

```
1.      x = [0.0] * 20  # 创建一个包含20个元素的列表，并初始化为0.0
2.  step = [0] * 20  # 创建一个包含20个元素的列表，并初始化为0
3.
4.  def setup():
5.      size(500, 500)
6.
7.      for i in range(len(x)):
8.          x[i] = random(0, width)  # 第i个圆心的初始x坐标
9.      for i in range(len(step)):
10.         step[i] = 1  # 所有圆形开始时设置往右移动
11.
12. def draw():
13.     background(255)  # 背景色为白色，清除所有图形
14.     for i in range(len(x)):
15.         x[i] = x[i] + step[i]  # 帧更新时每个圆形圆心都移动step[i]
    像素
16.         if x[i] > width or x[i] < 0:  # 当圆形移动到最右或最左时
17.             step[i] = -step[i]  # 改变移动方向
18.
19.         ellipse(x[i], i*20, 40, 40)  # 重新绘制移动后的圆
20.         line(0, i*20, width, i*20)  # 绘制穿过圆心横线
```

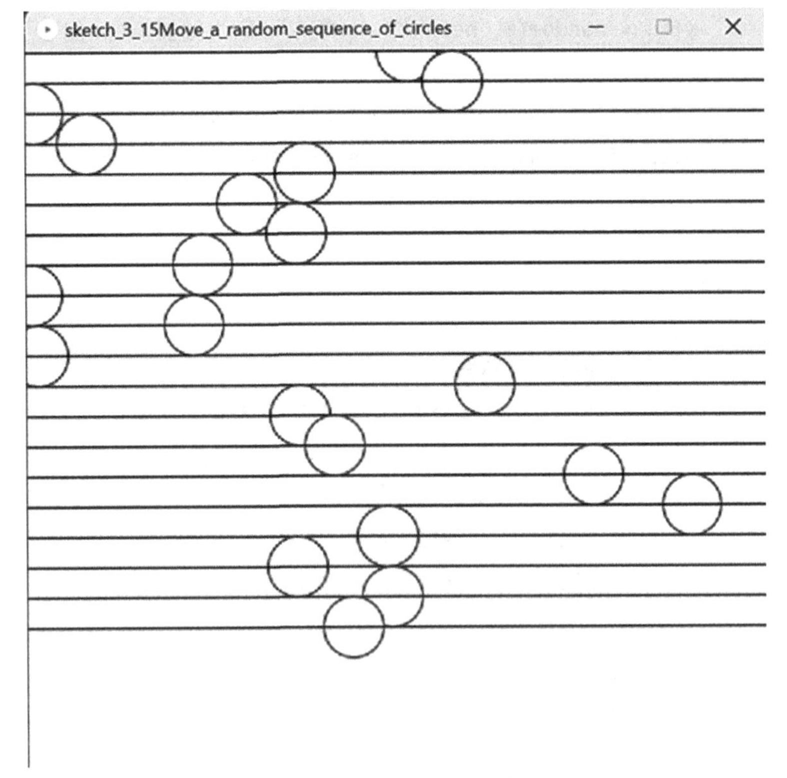

图4-22　代码4-31运行效果

如何让圆形在x轴和y轴方向都运动？代码4-32让100个圆形在x轴和y轴都运动，因此需要保存每个圆的x轴和y轴坐标以及在x轴和y轴的移动方向和速度。我们利用数组x和数组y来保存圆形当前所在的x轴坐标和y轴坐标，数组stepx保存圆在x轴的移动方向和速度，数组stepy保存圆在y轴的移动方向和速度。每次帧更新时根据移动后位置重新绘制圆形，实现程序如代码4-32所示，运行效果见图4-23。

代码4-32　100个圆沿*X*轴和*Y*轴运动

```
1.  num = 100  # 圆形个数为100
2.  x = [0.0] * num  # 保存每个圆心X轴坐标值
3.  y = [0.0] * num  # 保存每个圆心Y轴坐标值
4.  stepx = [0.0] * num  # 保存每个圆心X轴移动方向和速度
5.  stepy = [0.0] * num  # 保存每个圆心Y轴移动方向和速度
6.
7.  def setup():
8.      size(500, 500)
9.
10.     for i in range(num):
11.         x[i] = random(0, width)  # 第i个圆形X轴坐标初始值
```

```
12.         y[i] = random(0, height)  # 第i个圆形Y轴坐标初始值
13.
14.         stepx[i] = random(-2, 2)  # X轴方向移动值在-2到2之间
15.         stepy[i] = random(-2, 2)  # Y轴方向移动值在-2到2之间
16.
17. def draw():
18.     background(0)
19.
20.     for i in range(len(x)):
21.         x[i] = x[i] + stepx[i]  # 圆心在X轴移动stepx[i]
22.         y[i] = y[i] + stepy[i]  # 圆心在Y轴移动stepy[i]
23.
24.         if x[i] > width or x[i] < 0:
25.             stepx[i] = -stepx[i]  # 当x坐标超出画布范围改变移动方向
26.
27.         if y[i] > height or y[i] < 0:
28.             stepy[i] = -stepy[i]  # 当Y坐标超出画布范围改变移动方向
29.
30.         ellipse(x[i], y[i], 40, 40)  # 重新以(x[i], y[i])为圆心绘
    制圆形
```

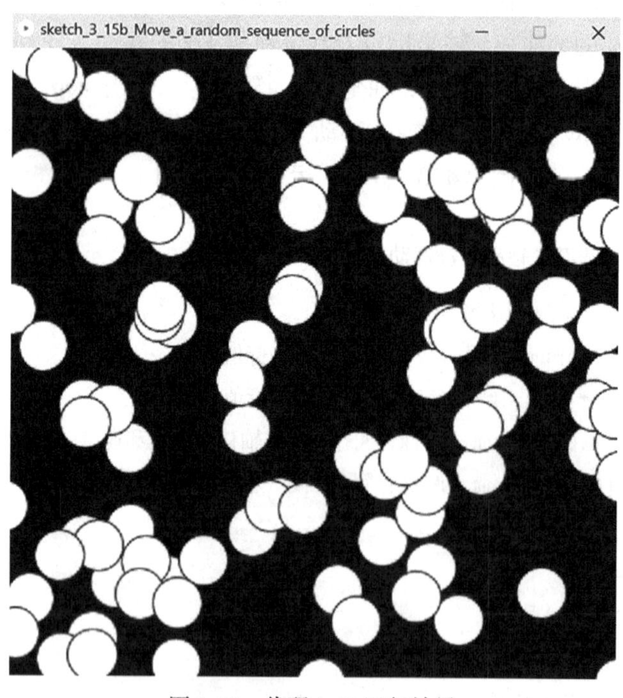

图4-23　代码4-32运行效果

小练习：尝试为每个圆形增加随机颜色。

案例4-16：一个动态图标

本案例绘制由一组动态圆弧组成的图标。这组（11个）圆弧的圆心和运动方式一样，只是大小和结束角度不同。在第2行至第3行设置圆弧的结束角度和运动速度，圆弧结束角度初始值由外往内依次为180、200、220……运动速度为每帧结束角度变化3度。第22行以圆心坐标(250,400)绘制圆弧，由于圆弧直径为“r-inter*i”，因此第1个圆弧（下标为0）的直径为300、第2个直径为270、第3个直径为240，依此类推，圆弧的起始角度都为180度，结束角度为*a*[*i*]。在25行每次重绘一帧都让圆弧的结束角度变化“step[i]”，因此下一帧时圆弧长度会发生变化，形成动态效果。实现程序如代码4-33所示，运行效果见图4-24。

代码4-33　一个动态图标

```
1.  count = 11  # 圆弧数量11个
2.  a = [0] * count  # 圆弧结束角度
3.  step = [0] * count  # 圆弧角度变化值
4.
5.  r = 300  # 圆弧最大直径
6.  inter = 30  # 每条圆弧间距
7.
8.  def setup():
9.      size(500, 500)
10.
11.     for i in range(count):
12.         a[i] = 180 + 20*i  # 每条圆弧结束角度之间相差20度
13.         step[i] = 3  # 圆弧每帧结束角度变化3度
14.
15. def draw():
16.     background(0)  # 背景色为黑色
17.     stroke(255)  # 线条颜色为白色
18.     strokeWeight(10)  # 线条宽度为10
19.     noFill()  # 不填充
20.
21.     for i in range(count):
22.         arc(250, 400, r-inter*i, r-inter*i,
23.             radians(180), radians(a[i]))  # 绘制圆弧
24.
25.         a[i] = a[i] + step[i]  # 圆弧结束角度更新
26.
```

```
27.         if a[i] > 360 or a[i] < 180:  # 当角度小于180度或大于360度时
28.             step[i] = -step[i]  # 改变圆弧运动方向
```

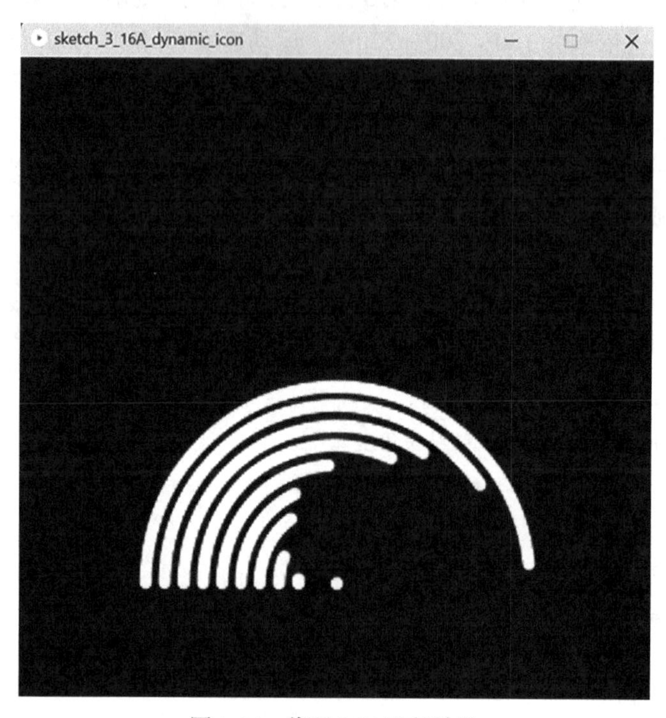

图4-24　代码4-33运行效果

第5章

图形算法基础

5.1 算法与计算生成

5.1.1 算法的概念

我国通识教育的教学大纲中提到，“算法是一个全新的课题，已经成为计算机科学的核心，它在科学技术和社会发展中起着越来越重要的作用。算法的思想和初步知识，也正在成为普通公民的常识”。算法（algorithm）一词源于算术（algorism），粗略地说，算术方法是一个由已知推求未知的运算过程。后来，人们把它推广到一般，把进行某一工作的方法和步骤称为算法。广义地说，菜谱是做菜肴的算法，空调说明书是空调使用的算法，歌谱是一首歌曲的算法。当然，本章讨论的算法是计算机能实现的算法，比如函数求值的算法、作图问题的算法，等等。

套用计算机学科的一句老话：程序 = 数据结构 + 算法。数据结构是数据组织的一种方式，算法可以举个很简单的例子：计算 1 到 100 之间所有数的和，传统的最笨的方法就是逐个累加，即 1+2=3，3+3=6，6+4=10，……，算到 100 就需要计算 99 次；但后来有人发现了规律：1+100=2+99=3+98=……=50+51，也就是 100/2=50 个 101 相加，所以直接等于（1+100）×100/2，是不是省了很多计算量，这在数据量很大时优势就更明显了，后面这种处理方式就是采用了某种算法。

再举个例子，某种药方要求非常严格，患者每天需要同时服用 A、B 两种药片各一粒，不能多也不能少。这种药非常贵，患者不希望有任何一点浪费。一天，患者打开装药片 A 的药瓶，倒出一粒药片放在手心；然后打开另一个药瓶，但不小心倒出了两粒药片。现在，患者手心上有一粒药片 A，两粒药片 B，并且无法区别哪个是 A，哪个是 B。如何才能严格遵循药方服用药片，并且不能有任何浪费？答案是：再取出一粒药片 A，也放在手心上，此时就有两片 A 和两片 B 了。把手上的每一片药都切成两半，分成两堆摆放。现在，每一堆药片都恰好包含两个半片的 A 和两个半片的 B。一天服用其中一堆即可。可见算法的设计不只是能提高运算效率，还能解决一些难题，特别是在计算机高速运算的辅助下解决这些问题。在目前大数据支撑的前提下，这种解决问题的能力就显得特别突出，甚至能为一些原来只能靠“灵感”来决策的系统性问题提供新的解决思路。

算法是一套完成某一任务或解决某一问题的规则或指令。

算法是一系列承上启下的指令，其中每个后续步骤都是由上一步骤的结果来决定的。

下面是计算机查询客户资料的算法描述。

①接收客户代码；

②检查此客户是否存在；

③如果客户存在，则显示此客户的详细信息（客户姓名、性别、地址、电话、邮箱、身份证号码），否则停止。

算法的文字描述方法可以使用自然语言来描述算法的执行步骤和逻辑。以下是一种常用的算法文字描述方法。

①确定输入和输出：明确算法的输入和输出是什么。

②描述算法步骤：使用步骤性的语言描述算法的执行步骤。每一步都应该清晰、具体地说明该步骤要做什么操作。

③使用控制结构和条件语句：根据算法需要，使用条件语句（如if语句）和循环结构（如for循环、while循环）来控制算法的流程和执行条件。

④引入变量和数据结构：如果需要使用变量和数据结构来存储和处理数据，应该明确变量的含义和作用，并描述数据结构的组织方式和操作方法。

⑤异常处理和边界条件：考虑算法执行过程中可能出现的异常情况和边界条件，描述如何处理这些情况。

⑥算法复杂度分析：根据算法的执行步骤和操作数量，分析算法的时间复杂度和空间复杂度。

下面是一个简单的示例算法的文字描述。

输入：一个整数列表。

输出：列表中所有元素的和。

①初始化一个变量sum为0，用于保存累加和。

②遍历整数列表中的每个元素：将当前元素加到sum上。

③返回sum作为输出结果。

这种文字描述方法可以帮助读者理解算法的执行过程和逻辑，但对于复杂的算法，可能需要进一步使用伪代码或具体编程语言进行描述。

对于机器学习算法，准确地说应该称作模型而不能直接称为算法。机器学习的作用相信很多人都有了解，比如大家经常用的淘宝购物可以“猜你喜欢”，网易云音乐推荐用户感兴趣的歌曲，今日头条推送用户感兴趣的新闻，还有人脸识别、语音识别、阿尔法狗与人下棋，等等，其实这些各种各样强大的模型背后都有一个共同点，那就是优化算法。说白了，机器学习模型大部分时候就是定义一个损失函数，将其转化为求解损失函数极小值的问题，采用梯度下降法、牛顿法等各种优化方法，会直接决定模型的优化求解速度和准确度。

计算机图形学（computer graphics，CG）是一种使用数学算法将二维或三维图形转化为计算机显示器的栅格形式的科学。简单地说，计算机图形学的主要研究内容就是利用计算机进行图形的生成、处理和显示的相关原理与算法，产生具有真实感的图像。

案例5-1：二分查找算法

二分查找算法是在有序数组中查找某一特定元素的搜索算法。搜索过程从数组的中间元素开始，如果中间元素正好是要查找的元素，则搜索过程结束；如果某一特定元素大于或者小于中间元素，则在数组大于或小于中间元素的那一半中查找，而且跟开始一样从中间元素开始比较。如果在某一步骤数组为空，则代表找不到。这种搜索算法每一次比较都使搜索范围减少一半，即折半搜索，时间复杂度为O(logn)。

代码5-1

```
1.  def binary_search(arr, target):
2.      left = 0
3.      right = len(arr) - 1
4.
5.      while left <= right:
6.          mid = (left + right) // 2
7.
8.          if arr[mid] == target:  # 目标值等于中间元素
9.              return mid
10.         elif arr[mid] < target:  # 目标值大于中间元素，更新左边界
11.             left = mid + 1
12.         else:  # 目标值小于中间元素，更新右边界
13.             right = mid - 1
14.
15.     return -1  # 目标值未找到
16.
17. # 示例使用
18. arr = [2, 5, 8, 12, 16, 23, 38, 45, 56, 72, 91]
19. target = 23
20.
21. index = binary_search(arr, target)
22.
23. if index != -1:
24.     print(f"目标值 {target} 找到，索引为 {index}")
25. else:
26.     print("目标值不在数组中")
```

在代码5-1中，“binary_search”函数接受一个已排序的数组和目标值作为参数，并返回目标值在数组中的索引（如果找到）或者“-1”（如果未找到）。

首先，在示例中定义一个已排序的整数数组“arr”和目标值“target”。然后，调用“binary_search”函数来执行二分查找算法。最后，根据返回的索引结果，输出相应的提示信息。

在这个示例中，目标值23在数组中存在，所以输出结果为“目标值23找到，索引为5”。如果目标值不在数组中，输出结果为“目标值不在数组中”。

这个示例代码可以更好地帮助读者理解二分查找算法的实现原理，并在自己的代码中应用它来高效地进行查找操作。

5.1.2 算法流程图

对于计算机编程来说，算法常用被称为算法流程图的框图来表达。

人们在生活工作中处处都是流程，比如早上起床、穿衣、洗漱、上班就是流程。将流程通过图片表达就是流程图，一幅好的流程图不仅会让人对流程顺序一目了然，还会给人一种视觉感受。本节从流程图定义、绘制意义、绘制规则、流程图类型、制作方法等多个方面讲述如何绘制一幅好的流程图。

1）流程

流程是指一系列逻辑关系（包含因果关系、时间先后、必要条件、输入输出），用一句话概括，“流程就是在特定的情境下满足用户特定需要的总结”。

2）图

图就是将人们头脑中的逻辑关系以图形化的形式呈现出来，具有图形化、可视化的特点，可以更好地对项目成员进行宣讲。

流程图是流经一个系统的信息流、观点流或部件流的图形代表，直观地描述工作过程的具体步骤，通过使用“是”或“否”的逻辑分支加以判断并进入下一个步骤的运作方式。流程图是揭示和掌握封闭系统运动状况的有效方式。流程图有时也称作输入—输出图，对准确了解事情是如何进行的以及决定应如何改进过程极有帮助，可跟踪和图解整个过程的运作方式。图5–1为一个催单功能的流程图。

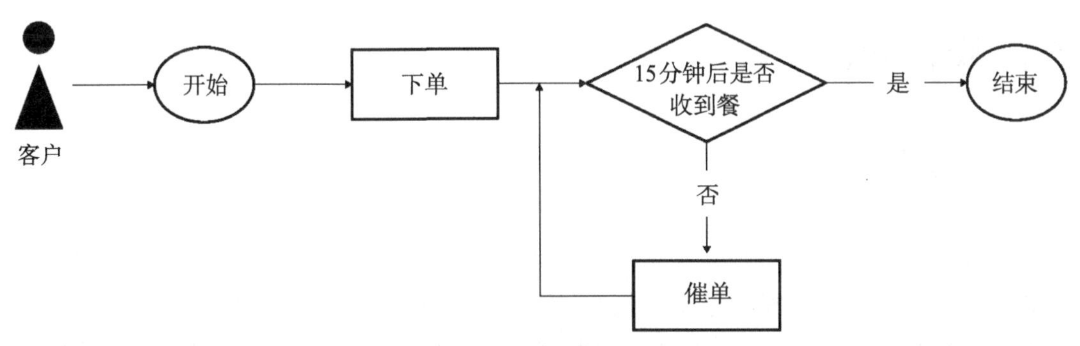

图5–1　催单功能流程图

绘制流程图有专门的辅助工具。例如Axure、Visio、PPT、Excel、亿图图示等。但作为一个流程图绘制者要明白，任何一种软件都可以实现流程图的绘制，工具只是辅助，思维才是流程图的逻辑指导。表5–1为流程图绘图元素举例。

表5–1　流程图绘图元素举例

元素	名称	意义
	任务开始或结束（start & end）	流程图开始或结束

续表

元素	名称	意义
	操作处理（process）	具体的步骤名或操作
	判断决策(decision)	方案名或条件标准
	路径（path）	连接各要素的路径，箭头代表流程方向
	文件（document）	输入或者输出的文件
	已定义流程	重复使用某一界定处理程序
	归档	文件和档案的存储
	备注（comment）	对已有元素的注释说明
	连接（connector）	流程图和流程图之间的接口

5.2 数学与图形

5.2.1 生成艺术

自动生成艺术是指设计一定的规则赋予计算机自主性，让计算机自由发挥，从而得到了无法复制、美丽的结果。最终，这种艺术创作方式被称为“自动生成艺术”(generative art)。按照纽约大学菲利普·加兰特尔（Philip Galanter）在 2003 年发表的论文《什么是“自动生成艺术”?》中的解释，自动生成艺术是“艺术家应用计算机程序，或一系列自然语言规则，或一个机器，或其他发明物，产生出一个具有一定自控性的过程，该过程的直接或间接结果是一个完整的艺术品”。

这一分类下的艺术品，都是集合了人类智慧以及机器劳动的成果。在另外一篇论文里，加兰特尔总结了自动生成艺术的四大特征：

①自动生成艺术涉及使用“随机化”来打造组合；

②自动生成艺术包含利用“遗传系统”来产生形式上的进化；

③自动生成艺术是一种随着时间而变化的不间断变化的艺术；

④自动生成艺术由电脑上运行的代码所创建。

不仅如此，加兰特尔还探寻了复杂理论与该艺术形式之间的联系：一般认为，复杂系统的“复杂”并非人们通常所指的复杂程度，而是指一个由多个简单单元所组成的结构，经过非线性交互作用，产生集体的行为。在加兰特尔看来，自动生成艺术本身就处于复杂理论的语境当中。艺术家们探索了高度有序的自动生成方式，以及完全无序的自动生成方式。这里包括遗传算法、常用于自动分形艺术的 L-System、涌现现象等。

代码 5-2 实现了可交互的分形树算法，并通过鼠标的移动来改变分支的角度（运行效果见图 5-2）。

代码5-2　分形树算法

```
1.  angle = 0
2.
3.  def setup():
4.      size(800, 800)
5.      background(0)
6.      noLoop()
7.
8.  def draw():
9.      global angle
10.     background(0)
11.     translate(width / 2, height)
12.     branch(200)
13.
14. def branch(length):
15.     global angle
16.     if length < 4:
17.         return
18.
19.     stroke(255)
20.     strokeWeight(length / 10)
21.     line(0, 0, 0, -length)
22.
23.     translate(0, -length)
24.     rotate(radians(angle))
25.     branch(length * 0.7)
26.
27.     rotate(radians(-angle * 2))
28.     branch(length * 0.7)
29.
30. def mouseMoved():
```

```
31.     global angle
32.     angle = map(mouseX, 0, width, 0, 90)
33.     redraw()
```

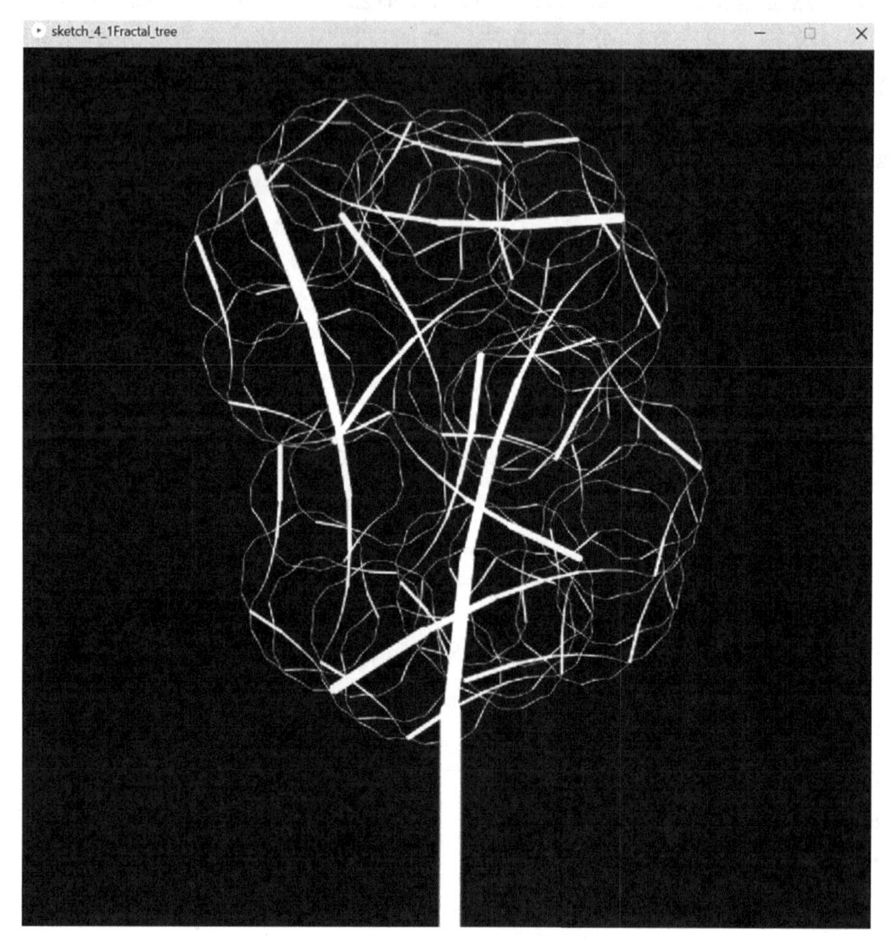

图5-2　代码5-2运行效果

5.2.2　计算生成案例

案例5-2：正弦曲线

在生成艺术的编程过程中，用基本的数学函数转换图形的算法不可或缺，后面几小节将介绍这方面的常用算法。

正弦曲线和余弦曲线是自然界中最简单的周期运动，体现为一个点绕平面上的单位圆做匀速圆周运动，这个点在X轴和Y轴上的投影随角度的变化曲线就是正弦曲线和余弦曲线。如图5-3、图5-4中正弦曲线$y=\sin(x)$可用代码5-3实现。

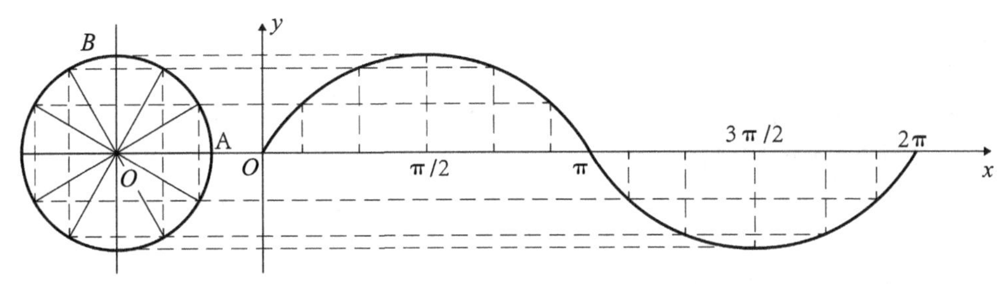

图5-3　正弦曲线$y=\sin(x)$

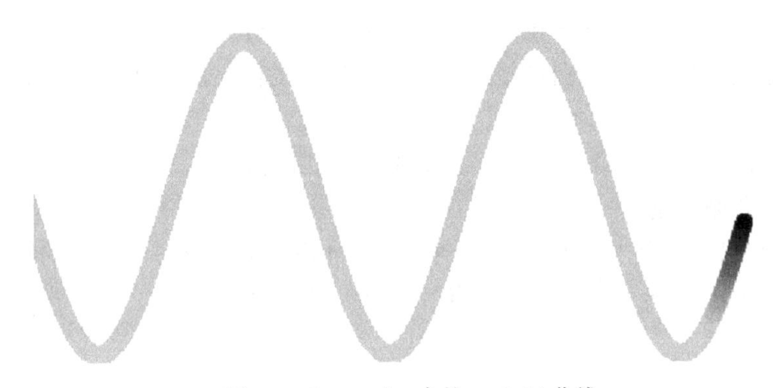

图5-4　Processing中的$y=\sin(x)$曲线

代码5-3　正弦曲线

```
1.  x = 0  # 初始 x 坐标
2.  y = 0  # 初始 y 坐标
3.
4.  def setup():
5.      size(500, 300)  # 设置画布大小为宽 500 像素，高 300 像素
6.      background(255)  # 设置背景色为白色
7.
8.  def draw():
9.      fill(255, 5)  # 设置填充色为白色，透明度为 5
10.     rect(0, 0, width, height)  # 绘制一个和画布大小相同的矩形，用来
    实现渐变效果
11.
12.     fill(0)  # 设置填充色为黑色
13.     global x, y
14.     x += 0.2  # x 坐标每次加 0.2，实现水平移动
15.     if x > width:
```

```
16.         x = 0  # 当 x 坐标超出画布大小时，将其重置为 0
17.
18.     y = height/2 + sin(x/30) * 100  # 计算 y 坐标，使用正弦函数使其
    在垂直方向上做周期性运动
19.     ellipse(x, y, 10, 10)  # 以 (x, y) 为圆心绘制直径为 10 的圆形
```

本案例展示了正弦函数的动态绘制，通过 Processing 内置的 sin( ) 函数计算角度的正弦值，此函数的参数为弧度值（即 0 到 6.28 之间的值），返回的计算结果范围为 -1～1。关键算法的实现为 *y*=height/2+sin(*x*/30)*100，sin(*x*/30)*100 中 *x*/30 调整正弦周期长度，计算结果乘以 100 后幅值变为 -100～100 个像素，为了完整展示正弦图形加上 height/2 将图形的轴心移动到界面中间。通过 fill(255,5) 和 rect(0,0,width,height) 两步操作不断地在绘图画布上覆盖一层透明度为 5 的白色矩形，因此先绘制的圆点颜色不断变淡，从而产生渐变拖影（图 5-4）。

小练习：如何实现多条正弦曲线，多条曲线将更有趣。

案例 5-3：正弦运动

代码 5-4 实现了三个以 *y*=60 为轴（通过 offset 设置）正弦形式运动的圆形，这三个相邻圆形之间弧度值相差 0.4，每次重新绘制图形时圆形角度增加“speed”，因此可修改“speed”调节运动速度（运行效果见图 5-5）。

代码 5-4　正弦运动的圆形

```
1.  angle = 0.0
2.  offset = 60
3.  scalar = 40
4.  speed = 0.05
5.
6.  def setup():
7.      size(240, 120)
8.      smooth()
9.
10. def draw():
11.     background(0)
12.     y1 = offset + sin(angle) * scalar
13.     y2 = offset + sin(angle + 0.4) * scalar
14.     y3 = offset + sin(angle + 0.8) * scalar
15.     ellipse(80, y1, 40, 40)
16.     ellipse(120, y2, 40, 40)
17.     ellipse(160, y3, 40, 40)
```

```
18.     global angle
19.     angle += speed
```

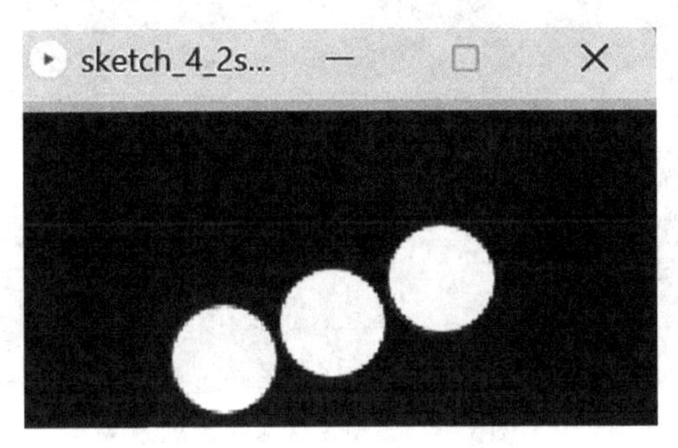

图5-5　代码5-4运行效果

代码5-5扩展为多个圆形运动（运行效果见图5-6）。

代码5-5　扩展为多个圆形运动

```
1.  angle = 0.0
2.  offset = 150
3.  scalar = 40
4.  speed = 0.05
5.
6.  def setup():
7.      size(500, 300)
8.      smooth()
9.
10. def draw():
11.     background(0)
12.
13.     for i in range(20):
14.         y = offset + sin(angle + 0.4 * i) * scalar
15.         ellipse(i * 40, y, 40, 40)
16.
17.     global angle
18.     angle += speed
```

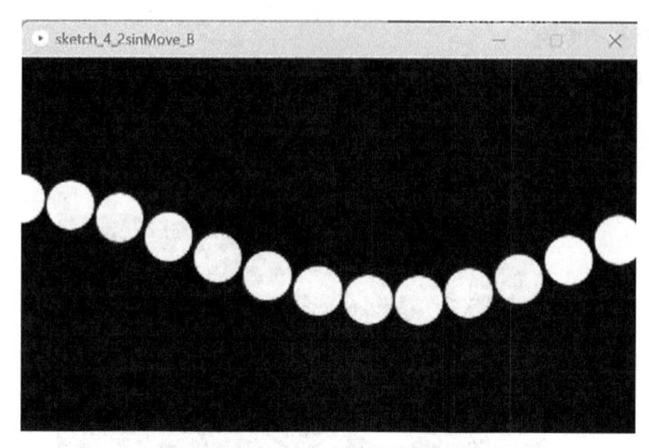

图5-6　案例5-3深化扩展效果

本案例通过循环方式实现了多个圆形以 y=150 为中心轴进行正弦形式运动，同样每个圆相邻之间弧度值相差 0.4，圆直径大小为 40 个像素。案例中实现循环绘制 20 个圆形，由于画面宽度为 500，因此只能显示 12.5 个圆形。

案例 5-4：正弦运动与余弦运动叠加

代码 5-6 绘制了一个圆周运动的圆形，其运动的中心点为 (250,250)，即 offset 值，圆形的位置通过 x 和 y 确定，根据圆的知识，角度值为 angle 时，其 x 的坐标值为 cos(angle)，因为 cos 计算结果为 −1～1 之间，放大 scalar 倍并计算中心点偏移，即为 offset+cos(angle)*scalar，同理 y 的坐标值为 offset+sin(angle)*scalar，角度变化值大小可通过 speed 修改。本案例运行效果及原理参见图 5-7、图 5-8。

代码5-6

```
1.  angle = 0.0
2.  offset = 250
3.  scalar = 200
4.  speed = 0.05
5.
6.  def setup():
7.      size(500, 500)
8.      smooth()
9.      background(255)
10. def draw():
11.
12.
13.     x = offset + cos(angle) * scalar
14.     y = offset + sin(angle) * scalar
15.     ellipse(x, y, 50, 50)
```

```
16.
17.     global angle
18.     angle += speed
```

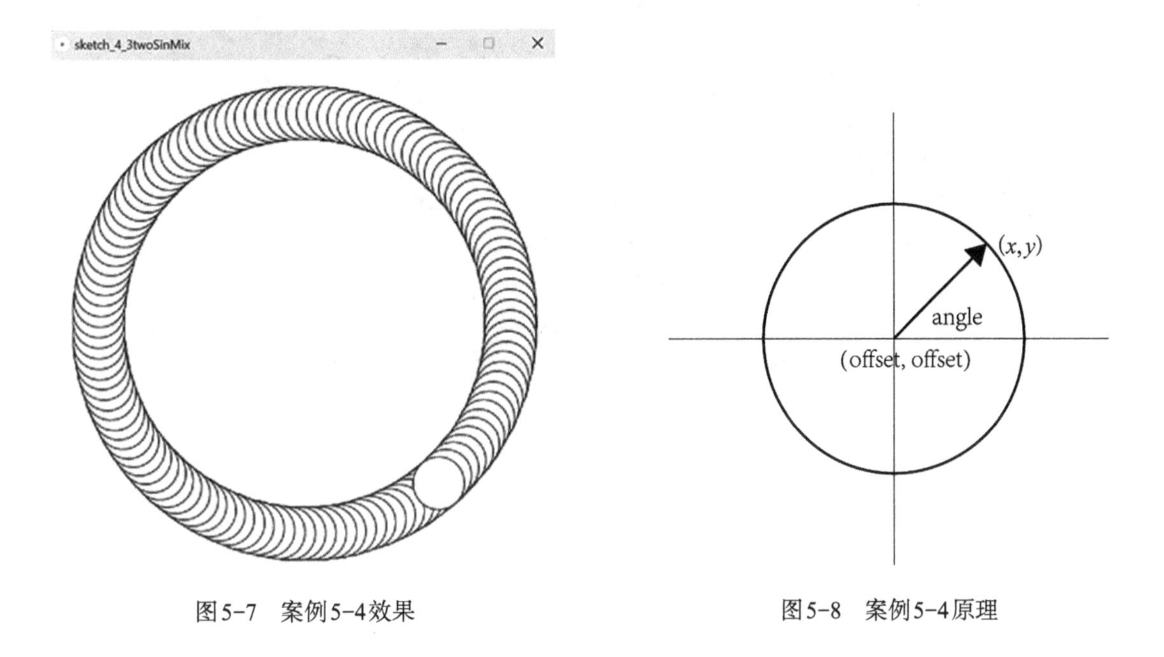

图5-7　案例5-4效果　　　　图5-8　案例5-4原理

5.2.3　图形处理

Processing 支持 jpg、png、gif 和 tga 等图片格式文件，加载图片前需要把图片放到程序目录下的 data 文件夹中（图 5-9）。一般用菜单栏“速写本”的添加图片文件，该操作会自动创建 data 文件夹。准备好图片文件后首先创建一个 PImage 类的实例，再使用 loadImage( ) 函数来加载对应图片，成功加载图片后就可以使用 image( ) 函数来显示。

image( ) 函数需要传入 5 个参数，使用方法如下：

image(imageName, posX, posY, width, height);

上式中，imageName 为图片实例；posX 为图片左上角 x 坐标；posY 为图片左上角 y 坐标；width 为图片显示的宽度；height 为图片显示的高度。

名称	修改日期	类型	大小
image.jpg	2023/7/13 15:23	JPG 文件	1,926 KB
sketch.properties	2023/7/13 10:16	Properties 源文件	1 KB
sketch_4_4_showImage.pyde	2023/7/13 16:11	Processing Python ...	1 KB

图5-9　放置图片

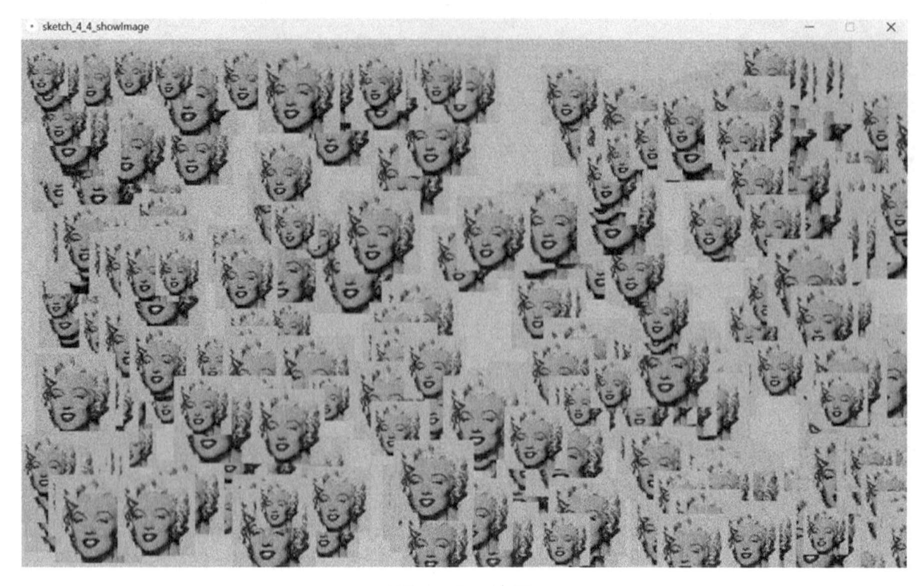

图5-10　效果

代码5-7

```
1.  img = None
2.
3.  def setup():
4.      size(1024, 600)
5.      global img
6.      img = loadImage("image.jpg")  # 加载图片image.jpg
7.
8.  def draw():
9.      r = random(5) * 10 + 50  # 随机生成图片显示大小，范围为50-100
10.     image(img, mouseX, mouseY, r, r)  # 在当前鼠标位置显示图片
```

使用loadImage( )函数加载图片。图片显示的宽度和高度都为r，利用random( )随机函数得到*r*范围为50～100，图片显示的位置为鼠标当前位置mouseX和mouseY（代码5-7、图5-10）。

案例5-5：图形的色彩滤镜

根据三原色显示原理，位图每个像素点由红、绿、蓝3个颜色和透明度组成，本案例新增了tint( )函数，该函数可改变图片颜色或透明度某一通道的比例。使用方法为：

tint(v1, v2, v3, alpha);

上式中，v1为红色通道比例；v2为绿色通道比例；v3为蓝色通道比例；alpha为透明度通道比例，范围为0～255。程序见代码5-8，运行效果如图5-11所示。

代码5-8 色彩滤镜

```
1.  img = None
2.
3.  def setup():
4.      size(1024, 600)
5.      global img
6.      img = loadImage("image.jpg")
7.
8.  def draw():
9.      r = random(5) * 10 + 50
10.     # 随机修改红、绿、蓝、透明度的通道比例值，范围为0-255
11.     tint(random(255), random(255), random(255), random(255))
12.     image(img, mouseX, mouseY, r, r)
```

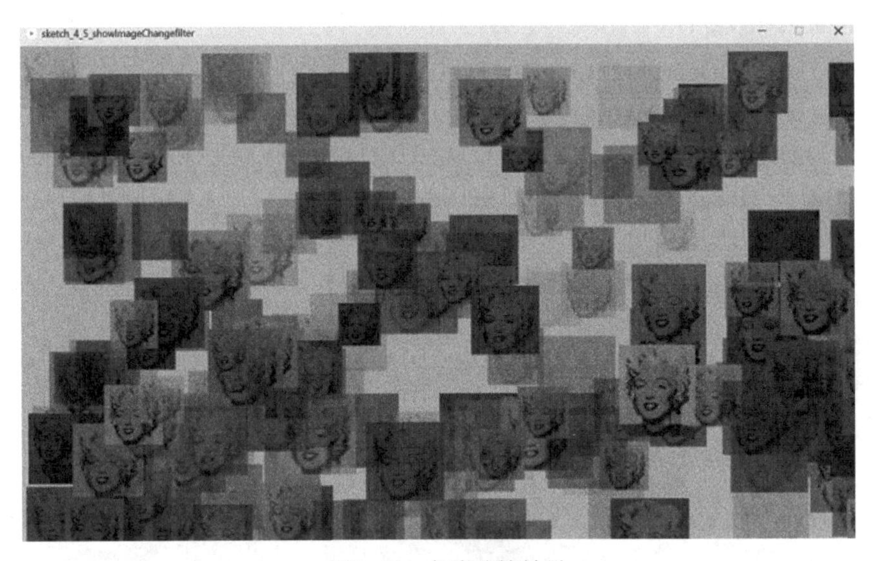

图5-11 色彩滤镜效果

案例5-6：同时加载多张图形

本案例加载了4张图片，当鼠标移动时鼠标上一帧的x坐标pmouseX与当前帧的x坐标不相等时随机显示其中一张，实现原理为通过random( )函数随机获取一个0～5之间的数a，当a小于1时显示图片1，a小于2时显示图片2，a小于3时显示图片3，否则显示图片4(代码5-9、图5-12)。

代码5-9

```
1.  img1 = None
2.  img2 = None
3.  img3 = None
```

```
4.  img4 = None
5.
6.  def setup():
7.      size(1024, 600)
8.      global img1, img2, img3, img4
9.      img1 = loadImage("Monroe01.jpg")
10.     img2 = loadImage("Monroe02.jpg")
11.     img3 = loadImage("Monroe03.jpg")
12.     img4 = loadImage("Monroe04.jpg")
13.
14. def draw():
15.     if mouseX != pmouseX:
16.         myShape()
17.
18. def myShape():
19.     r = random(5) * 10 + 50
20.     a = int(random(5))
21.     if a < 1:
22.         image(img1, mouseX, mouseY, r, r)
23.     elif a < 2:
24.         image(img2, mouseX, mouseY, r, r)
25.     elif a < 3:
26.         image(img3, mouseX, mouseY, r, r)
27.     else:
28.         image(img4, mouseX, mouseY, r, r)
```

图5-12　案例5-6效果

案例5-7：动画图形加载

本案例使用连续循环显示10张图片之法实现动画效果，frameRate(5)函数设定当前程序帧速率为5帧每秒，Processing默认的帧速率为60帧每秒，通过调整帧速率可以控制程序运行的快慢。tint(255, 100)函数不修改颜色通道比例，仅将图片显示的透明度比例设置为100/255。动态图片显示通过变量c控制，每次帧重绘增加1，采用switch-case条件结构显示连贯的图片实现动画效果（代码5-10、图5-13）。

代码5-10

```
1.  img0 = None
2.  img1 = None
3.  img2 = None
4.  img3 = None
5.  img4 = None
6.  img5 = None
7.  img6 = None
8.  img7 = None
9.  img8 = None
10. img9 = None
11. c = 0
12.
13. def setup():
14.     size(550, 380)
15.     global img0, img1, img2, img3, img4, img5, img6, img7, img8,
    img9, c
16.     img0 = loadImage("1.png")
17.     img1 = loadImage("2.png")
18.     img2 = loadImage("3.png")
19.     img3 = loadImage("4.png")
20.     img4 = loadImage("5.png")
21.     img5 = loadImage("6.png")
22.     img6 = loadImage("7.png")
23.     img7 = loadImage("8.png")
24.     img8 = loadImage("9.png")
25.     img9 = loadImage("10.png")
26.
27.     frameRate(5)
28.     tint(255, 100)
29.
```

```
30. def draw():
31.     global c
32.     c = c + 1
33.     if c > 9:
34.         c = 0
35.
36.     image_index = c
37.     if image_index == 0:
38.         image(img0, 0, 0)
39.     elif image_index == 1:
40.         image(img1, 0, 0)
41.     elif image_index == 2:
42.         image(img2, 0, 0)
43.     elif image_index == 3:
44.         image(img3, 0, 0)
45.     elif image_index == 4:
46.         image(img4, 0, 0)
47.     elif image_index == 5:
48.         image(img5, 0, 0)
49.     elif image_index == 6:
50.         image(img6, 0, 0)
51.     elif image_index == 7:
52.         image(img7, 0, 0)
53.     elif image_index == 8:
54.         image(img8, 0, 0)
55.     elif image_index == 9:
56.         image(img9, 0, 0)
```

图5-13　案例5-7效果

5.3 编程算法的逻辑策略

5.3.1 分治法

分治法的设计思想是，将一个难以直接解决的大问题，分割成 k 个规模较小的子问题，这些子问题相互独立，且与原问题相同，然后各个击破，分而治之。分治法常常与递归结合使用：通过反复应用分治，可以使子问题与原问题类型一致而规模不断缩小，最终使子问题缩小到很容易求解，由此自然导致递归算法。根据分治法的分割原则，应把原问题分割成多少个子问题才比较适宜？每个子问题是否规模相同或怎样才为适当？这些问题很难有确定的答案。但人们从大量实践中发现，在使用分治法时，最好均匀划分，且在很多问题中可以取 $k=2$。这种使子问题规模大致相等的做法源自一种平衡子问题的思想，它几乎总是比使子问题规模不等的做法好。

代码5-11

```
1.  import Processing.core.PApplet
2.
3.  class MySketch(Processing.core.PApplet):
4.
5.    def settings(self):
6.      self.size(400, 400)
7.
8.    def setup(self):
9.      self.background(255)
10.
11.   def draw(self):
12.     self.background(255)
13.     self.draw_fractal(200, 200, 200)
14.
15.   def draw_fractal(self, x, y, size):
16.     if size > 4:
17.       self.noStroke()
18.       self.fill(0)
19.       self.rect(x, y, size, size)
20.
21.       half_size = size / 2
22.       self.draw_fractal(x - half_size, y - half_size, half_size)
```

```
23.        self.draw_fractal(x + half_size, y - half_size, half_size)
24.        self.draw_fractal(x - half_size, y + half_size, half_size)
25.        self.draw_fractal(x + half_size, y + half_size, half_size)
26.
27. MySketch().runSketch()
```

图5-14　分治法

代码5-11（效果如图5-14所示）展示了分治法的编程思想。分治法是一种解决问题的方法，它将问题分解为更小的子问题然后递归解决这些子问题。在这个案例中，我们绘制了一个分形图形（类似于Sierpinski三角形），它由一个大正方形和四个更小的正方形组成。

在“draw_fractal”函数中，首先绘制一个边长为“size”的正方形。然后，将问题分解为四个更小的子问题，每个子问题绘制一个边长为“half_size”的正方形。通过递归调用“draw_fractal”函数，我们可以不断地分解问题直到达到基本情况（这里为“size > 4”）。这样，就能够获得一个逐步缩小的分形图形，展示出分治法的思想。

这个案例还演示了如何使用Processing的Python模式来创建图形化输出。我们创建了一个Processing核心对象“MySketch”，并重写了“settings”“setup”和“draw”等函数来定义绘图逻辑。最后，通过调用“runSketch”方法启动绘图窗口并运行画图程序。

5.3.2　动态规划

动态规划法与分治法类似，其基本思想也是将原问题分解成若干个子问题。与分治法不同的是，其分解出的子问题往往不是相互独立的。这种情况下若用分治法会对一些子问题进行多次求解，这显然是不必要的。动态规划法在求解过程中把所有已解决的子问题的答案保存起来，从而避免对子问题重复求解。动态规划常用于解决最优化问题。对一个最优化问题可否应用动态规划法，取决于该问题是否具有如下两个性质。

1）最优子结构性质

当问题的最优解包含其子问题的最优解时，称该问题具有最优子结构性质。要证明原问题具有最优子结构性质，通常采用反证法。假设由问题的最优解导出的子问题的解不是最优的，然后再设法说明在该假设下可构造出比原问题的最优解更好的解，从而导致矛盾。

2）子问题重叠性质

子问题重叠性质是指由原问题分解出的子问题不是相互独立的，存在重叠现象。用动态规划法解题时，应当先找出最优解的结构特征，即原问题的最优解与其子问题的最优解的关联。有如下两种程序设计方法。

①自底向上递归法。利用问题的最优子结构性质，以自底向上的方式递归地从子问题的最优解逐步构造出整个问题的最优解。

②自顶向下递归法（即备忘录法）。利用问题的最优子结构性质，用与直接递归法相同的控制结构自顶向下地进行递归求解。初始时在表格中为每个子问题存入一个标识解。在求解过程中，对每个待求子问题，首先查看表格中相应的记录项。若记录项为初始时的标识值，则表示该子问题是初次遇到，此时应利用问题的最优子结构性质进行递归求解，并将结果存入表格，以备以后查看。否则说明该问题已被求解过，直接返回表格中相应的值即可，不必重新计算。

当一个问题的所有子问题都要求解时，应当用自底向上递归法。当子问题空间中的部分子问题可不必求解时，自底向上递归法会进行多余的计算，此时应采用自顶向下递归法。

5.3.3 贪心法

当一个问题具有最优子结构性质时，可用动态规划法求解。但有时会有比动态规划更简单、更直接、效率更高的算法——贪心法。贪心法总是做出在当前看来最好的选择，也就是说贪心法并不从整体最优考虑，它所做出的选择只是在某种意义上的局部最优选择。虽然贪心法并不能让所有问题都得到整体最优解，但是对许多问题它能产生整体最优解。有些情况下，贪心法虽然不能得到整体最优解，但其最终结果却是最优解的很好的近似。

贪心法常用于解决最优化问题。对一个最优化问题可否应用贪心法，取决于该问题是否具有如下两个性质。

1）贪心选择性质

贪心选择性质是指原问题总有一个整体最优解可通过当前的局部最优选择，即贪心选择来达到。对于一个具体问题，要确定它是否具有贪心选择性质，通常可考察问题的整体最优解，并证明可修改这个最优解，使其从贪心选择开始。由此证明该问题总有一个最优解可通过贪心选择得到，即具有贪心选择性质。

2）最优子结构性质

这一点与动态规划相同。做出贪心选择后，由于最优子结构性质，原问题简化为规模更小的类似子问题。如果将子问题的最优解和之前所做的贪心选择合并，则可得到原问题的一个最优解。贪心问题的整体最优解可通过一系列局部的最优选择，即贪心选择来达到。这也是贪心法与动态规划的主要区别。在动态规划中，每一步所做出的选择往往依赖于相关子问题的解。因而只有在解出相关子问题后，才能做出选择。而在贪心法中，仅做出当前状态下的最好选择，即局部最优选择；然后再去解做出这个选择之后产生的相应的子问题。贪心法所做出的贪心选择可以依赖于以往所做过的选择，但绝不依赖于将来所做的选择，也不依赖于子问题的解。正是由于这种差别，动态规划通常以自顶向上的方式解各子问题，而贪心法通常以自顶向下的方式进行，以迭代的方式做出相继的贪心选择，每做出一次贪心选择就将所求问题简化为规模更小的子问题。

5.3.4 回溯法

回溯法是对问题的解空间树进行深度优先搜索，但是在对每个节点进行深度优先搜索（depth first search，DFS）之前，要先判断该节点是否有可能包含问题的解。如果肯定不包含，则跳过对以该节点为根的子树的搜索，逐层向其祖先节点回溯。如果有可能包含，则进入该子树，进行DFS。

1）回溯法解题步骤

①定义问题的解空间。

②将解空间组织成便于进行DFS的结构，通常采用树或图的形式。

③对解空间进行DFS，并在搜索过程中用剪枝函数避免无效搜索。

用回溯法解题时并不需要显式地存储整个解空间，而是在DFS过程中动态地产生问题的解空间。在任何时刻，算法只保存从根节点到当前节点的路径。如果解空间树的高度为h，则回溯法的空间复杂度通常为$O(h)$。

2）用回溯法解题常见典型的解空间树

①当所给的问题是从n个元素的集合S中找出S满足某种性质的子集时，相应的解空间树称为子集树。

②当所给的问题是找出n个元素满足某种性质的排列时，相应的解空间树称为排列树。

3）回溯法中的剪枝函数

①用约束函数在指定节点处剪去不满足约束的子树。

②用限界函数在指定节点处剪去得不到最优解的子树。

5.3.5 分支限界法

回溯法是对解空间进行深度优先搜索，事实上任何搜索遍整个解空间的算法均可解决问题。所以采用通用图搜索（树可抽象为特殊的图）的任何实现方法作为搜索策略均可解决问题，只要做到穷举即可。除了深度优先搜索之外，我们还可采用广度优先搜索，而分支限界法则是对解空间进行优先级优先搜索。

分支限界法的搜索策略是，在当前节点处，先生成其所有的子节点（分支），并为每个满足约束条件的子节点计算一个函数值（限界），再将满足约束条件的子节点全部加入解空间树的活结点优先队列。然后再从当前的活节点优先队列中选择优先级最大的节点（节点的优先级由其限界函数的值来确定）作为新的当前节点。重复这一过程，直到到达一个叶节点为止，所到达的叶节点就是最优解。

5.3.6 算法应用案例

5.3.6.1 分治法求解汉诺塔

汉诺塔的传说。汉诺塔（又称河内塔）问题是源于印度一个古老传说的益智玩具。传说大梵天创造世界的时候做了三根金刚石柱子A、B、C，在一根柱子上从下往上按照大小顺序摞着64片黄金圆盘。大梵天命令婆罗门把圆盘从下面开始按大小顺序重新摆放在另一根柱子上。并且规定，在小圆盘上不能放大圆盘，在三根柱子之间一次只能移动一个圆盘。假如每秒钟移动一次，共需多长时间呢？移完这些金片需要5845.54亿年以上，太阳系的预期寿命据说也就是数百亿年。真的过了5845.54亿年，地球上的一切生命，连同梵塔、庙宇等，都早已经灰飞烟灭。

汉诺塔游戏的思路分析：

①如果是有一个盘，从柱A→柱C

如果有$n \geqslant 2$情况，总是可以看作是两个盘：①最下边的盘；②上面的盘（这里就体现了分治的思想，无论有多少盘，总是看成两个盘，上面的盘和下面的盘）。

②先把最上面的盘 从柱A→柱B

③把最下边的盘 从柱A→柱C

④把B柱的所有盘 从柱B→柱C

按以上思路编程解决汉诺塔游戏的程序如代码5-12所示。

代码5-12

```
1.  package.atguigu;
2.  public class Hanoitower {
3.    public static void main(String[] args) {
4.      hanoiTower(5, 'A', 'B', 'C');
5.    }
6.    //汉诺塔的移动方法
7.    //使用分治算法
8.    public static void hanoiTower(int num, char a, char b, char c) {
9.      //如果只有一个盘
```

```
10.     if(num == 1) {
11.       System.out.println("第1个盘从 " + a + "->" + c);
12.     } else {
13.       //如果我们有 n >= 2情况，我们总是可以看作是两个盘  1.最下边的一
    个盘 2.上面的所有盘
14.       //1.先把最上面的所有盘 A->B，移动过程会使用到C
15.       hanoiTower(num - 1, a, c, b);
16.       //2.把最下边的盘A->C
17.       System.out.println("第" + num + "个盘从 " + a + "->" + c);
18.       //3.把 B塔的所有盘从  B->C ,移动过程使用到  A塔
19.       hanoiTower(num - 1, b, a, c);
20.     }
21.   }
22. }
```

5.3.6.2 动态规划解决爬梯子问题

动态规划问题的求解：状态转移方程尤为重要，用数学公式描述与阶段相关的状态的演变规律称为状态转移方程，如$p(x, y) = \min\{p(x-1, y)+v(x-1, y), p(x-1, y-1)+h(x, y-1)\}$，$p$代表前一阶段，当然这是需要分析各阶段量之间的关系才能得出。

动态规划的特点及使用：

①待解问题具有无后效性，所谓无后效性是指将待解问题转化为多阶段问题，而每一阶段问题都为原问题的一个子问题，子问题的解决只与当前阶段与以后阶段有关，与以前阶段的各决策无关。

②待解问题能够实施最优策略，无论过去的状态及决策如何，对于当前阶段，以后的决策必须能够构成最优决策子序列。

③保证足够大的内存空间。

爬梯子问题：假设某人正在爬楼梯，需要爬n阶才能到达楼顶。每次可以爬1或2个台阶。有多少种不同的方法可以爬到楼顶呢？注意：给定n是一个正整数。

示例1：

输入：2

输出：2

解释：有两种方法可以爬到楼顶。

①1阶+1阶

②2阶

示例2：

输入：3

输出：3

解释：有三种方法可以爬到楼顶。
①1 阶 + 1 阶 + 1 阶
②1 阶 + 2 阶
③2 阶 + 1 阶

走 1 阶台阶只有一种走法，但是走 2 阶台阶有两种走法（如示例 1），如果 n 是双数，可以凑成 m 个 2 级台阶，每个 m 都有两种走法，如果 n 是单数，那么可以凑成 m 个 2 级台阶加上一个 1 级台阶，这样就类似于一个排列组合题目了，但是内存消耗比较大。

如何将整个问题拆分成一个一个的小问题呢？这个时候使用动态规划就很有用，因为这个问题其实是由一个很简单的小问题组成的。观察这种小问题，简单地可以采用首位或者中间态进行一次分析，比如从最终态进行分析：

走 N 阶台阶，最后一步必定是 1 步或者 2 步到达。那么 N 阶台阶的走法就相当于最后走一步和最后走两步的走法的总和。换一种方式来说，取一个中间态：如果总共有 3 阶台阶，3 阶台阶的走法只会存在两种大的可能：走了 1 阶台阶 + 走两步、走了 2 阶台阶 + 走一步，即 3 级台阶的所有走法就是走了 1 阶台阶的走法加上走了 2 阶台阶的走法，而 1 阶台阶的走法只有一种，2 阶台阶的走法有 2 种，所有 3 阶台阶的走法有 3 种，使用更通用的方式进行表达的话就是所谓的状态转换方程：

$$\text{ways}[n] = \text{ways}[n-1] + \text{ways}[n-2]$$

有了这个公式，就可以使用迭代来完成整个过程，寻求到最终的 ways[n] 的值了，迭代的开始即已知的确定条件：1 阶台阶只有一种走法，即 ways[1]=1；2 阶台阶有两种走法，即 ways[2]=2。如代码 5-13 所示。

代码5-13

```
1.  function climbStairs(n) {
2.    if (n === 1 || n === 2) {
3.      return n;
4.    }
5.
6.    var ways = [];
7.    ways[0] = 1;
8.    ways[1] = 2;
9.
10.   for(var i=2; i<n; i++){
11.     ways[i]=ways[i-1] + ways[i-2];
```

```
12.   }
13.
14.   return ways[n-1];
15. }
```

梳理一下基本流程：

①从一个现实方案中找到状态转换的特有规律；

②从特有规律中提取出状态转换方程；

③找到状态转换方程的迭代初始值（确定值）；

④解决问题。

5.3.6.3 贪心法求最优解

有 n 个商品，第 I 个商品的重量为 WI；价格为 PI。现有一个背包，最多能装重量为 m 的物品，其中 $0 \leq I < n$，$0 < WI < m$。问：怎样装能使包中装入的商品价值最高（对于每个商品可以只装该商品的一部分）。程序如代码 5-14 所示。

代码 5-14

```
1.  #include<stdio.h>
2.
3.  //参数:n表示是背包可以存放物品的种类
4.  //参数:指针p指向的数组是存放物品价值的数组
5.  //参数:指针q指向的数组是存放物品重量的数组
6.  static void sort(int n,float *p,float *q)
7.  {
8.   int i;
9.   int j;
10.  for(i=0;i<n-1;i++)
11.      for(j=i+1;j<n;j++)
12.      if((*(p+i))/(*(q+i))<(*(p+j))/(*(q+j)))
13.      {
14.             float f;
15.             f=*(p+i);
16.             *(p+i)=*(p+j);
17.             *(p+j)=f;
18.
19.             f=*(q+i);
20.             *(q+i)=*(q+j);
21.             *(q+j)=f;
```

```
22.       }
23. }
24.
25. //参数：指针x指向的数组是存放物品的情况
26. //参数:m表示的是背包的容量
27. //参数:n表示的是背包可以存放物品的种类
28. static void knapsack(int n,float m,float *v,float *w,float *x)
29. {
30.  sort(n,v,w);
31.  int i;
32.  for(i=0;i<n;i++)
33.  {
34.   if(*(w+i)>m)
35.    break;
36.   //可以存放该物品时，置1
37.   *(x+i)=1;
38.   //放入后，背包的容量减少
39.   m-=*(w+i);
40.  }
41.  //当出现背包的容量不够存放整个物品的情况时，存放一部分
42.  if(i<n)
43.      *(x+i)=m/(*(w+i));
44. }
45.
46. int main()
47. {
48.  int n=6;//物品种类
49.  int m=100;//背包容量
50.  float w1[6]={15,5,60,25,55,80};//各种物品的重量
51.  float v1[6]={20,30,30,10,55,40};//各种物品的价值
52.  float x1[6];//各种物品的存放情况
53.  float *x;
54.  float *w;
55.  float *v;
56.  w=w1;
57.  v=v1;
58.  x=x1;
59.
60.  int i;
```

```
61.
62.  for(i=0;i<n;i++)
63.      *(x+i)=0;
64.
65.  knapsack(n,m,v1,w1,x);
66.  printf("\n===========输出物品容量数组内容======================\n");
67.  for(i=0;i<n;i++)
68.  printf("%.1f\t",*(w+i));
69.  printf("\n============输出物品价值数组内容=====================\n");
70.  for(i=0;i<n;i++)
71.  printf("%.1f\t",*(v+i));
72.  printf("\n============输出物品存放情况数组=====================\n");
73.  for(i=0;i<n;i++)
74.  printf("%.1f\t",*(x+i));
75.  printf("\n============END=====================\n");
76. return 0;
77. }
```

5.3.6.4 回溯法解决N皇后问题

回溯算法的通用思想：设置一个递归函数，函数的参数会携带一些当前的可能解的信息，根据这些参数得出可能解或者不可能而回溯。程序见代码5-15。

代码5-15

```
1. ALGORITHM try(v1,...,vi)  // 这里的V1,V2,...携带的参数说明"可能解"
2.   // 入口处验证是否是全局解，如果是，直接返回
3.   // 实际编程中也需要查看是否是无效解，如果是，也是直接返回
4.   IF (v1,...,vi) is a solution THEN RETURN (v1,...,vi)
5.   FOR each v DO  // 对于每一个可能的解，进行查看
6.       // 下面的含义是形成一个可能解 进行递归
7.       IF (v1,...,vi,v) is acceptable vector  THEN
8.         sol = try(v1,...,vi,v)
9.         IF sol != () THEN RETURN sol
10.        // 这个地方其实需要增加"回溯"处理，实际编程中通常是函数参数的变化
11.    END
12.  END
13.  RETURN ()
```

N皇后问题：在N*N的国际象棋棋盘上放N个“皇后”，每个皇后不能在同一列、同一行或斜对角（这个就是限制条件constraint satisfaction）。可用回溯算法找出所有的可能解，算法基本步骤和思路见代码5-16。

代码5-16

```
1.  1从第一行开始
2.  2如果所有的皇后已经放置完成，生成解，并且返回true
3.  3尝试当前行的所有列，如果当前行与列是合法的
4.  3.1 修改棋盘让其成为部分解
5.  3.2 然后递归查看（主要是2，3，4）该解是否合法
6.  3.3 Backtrack 棋盘进行回溯
7.  4如果上述所有的组合都为非法，返回false
```

```
1.    // 寻找N皇后问题的可能解，我们用'.' 表示不放置皇后，用'Q'表示放置皇后
2.    // 利用vector<string> 表示一个解决方案，vector<vector<string>> 表示
3.    // 所有的解决方案
4.    // 在递归初，我们可以生成一个待解的棋盘
5.    vector<vector<string>> solveNQueens(int n) {
6.      string tmp (n, '.');
7.      //生成一个N*N待解的棋盘，没有任何皇后
8.      vector<string> broad (n, tmp);
9.      nQueue = n;
10.     vector<vector<string>> ans;
11.     solveNQueensHelper (ans, broad, 0, nQueue );
12.     return ans;
13.   }
14.   // 回溯算法的递归函数
15.   bool solveNQueensHelper (vector<vector<string>>& ans, vector<string>
      &broad, int row, int nQueue)
16.   {
17.      // 如果当前的行数大于或者等于皇后数，说明当前棋盘是一个解
18.      // 直接返回
19.     if(row >= nQueue){
20.       ans.push_back(broad);
21.       return true;
22.     }
23.     // 从当前行的列中选取一个可能解
24.     for (int column = 0; column < nQueue; column++){
```

```
25.       // 查看一下，当前可能解是否有效，只有有效，才可能继续递归
26.       if(isOk (broad, row, column))
27.       {
28.         // 有效，修改可能解的棋盘
29.         broad[row][column] = 'Q';
30.         // 递归调用是否可能解
31.         if (solveNQueensHelper (ans, broad, row + 1, nQueue)){
32.         return true;
33.         }
34.         // 回溯，去生成其他解
35.         broad[row][column] = '.';
36.       }
37.     }
38.
39.     return false;
40.   }
41.   // 查看当前部分解是否有效
42.   bool isOk (const vector<string> &broad, int row, int column){
43.     // 查看
44.     for (int i = 0; i <= row; i++)
45.     {
46.       if(broad [i] [column] == 'Q'){
47.         return false;
48.       }
49.     }
50.
51.     int tmpRow = row;
52.     int tmpColumn = column;
53.     while (tmpRow >= 0 && tmpColumn >= 0)
54.     {
55.       if(broad [tmpRow] [tmpColumn] == 'Q'){
56.         return false;
57.       }
58.       tmpRow--,
59.       tmpColumn--;
60.     }
61.
62.     tmpRow = row;
```

```
63.     tmpColumn = column;
64.     while (tmpRow >= 0 && tmpColumn < nQueue)
65.     {
66.       if(broad [tmpRow] [tmpColumn] == 'Q'){
67.         return false;
68.       }
69.       tmpRow--,
70.       tmpColumn++;
71.     }
72.     return true;
73.   }
74. };
```

5.4 排序

学习排序算法要能够最快地理解算法的核心：时间 / 空间复杂度。不要想着单纯地去使用它，正如买菜不会用到99%的数学知识，但是数学可以成为人们思维方式的一部分。

这些排序算法每个都对应着算法中的一些基本思想：比如归并排序中的分治思想，快排中的递归方法，桶排序中的哈希思想，堆排序蕴含的优先级队列思想，等等。链表和数组的排序算法能够很好地阐释时间和空间中的 trade off：这是工程中非常重要的 sense，实际工程没有完美的解，只有受限条件下的取舍解。这些算法能够很简单地让人学到算法分析中一些本质的东西：比如复杂度分析、数据结构选择、代码细节的常见处理方法等。很多实际问题可能需要定制排序细节：比如边排序边二分，仅仅调用 sort 肯定不能实现。

5.4.1 算法复杂度

在正式开始讲解各种排序算法之前，先请读者思考一个问题。什么样的排序算法才是一个好的算法，各种各样的排序算法的应用场景又有什么不同？希望读者在学完本节之后能够有一个答案。其实，要想真正学好排序算法，我们要做的不仅仅是了解它的算法原理，然后背下代码就完事。更重要的是，要学会分析和评价一个排序算法。那么对于这么多的排序算法，我们应该关注它们的哪些方面呢？

1）排序算法的时间复杂度

分析一个算法的好坏，第一个当然是应该分析该算法的时间复杂度。排序算法需要对一组数据进行排序，在实际的工程中，数据的规模可能是10个、100个，也可能是成千上万个。同时，对于要进行排序处理的数据，可能是接近有序的，也可能是完全无序的。因此，在分析其时间复杂度时，我们不仅要考虑平均情况下的时间复杂度，还要分析它在最好情况以及最坏情况下代码的执行效率有何差异。对于一个常见的排序算法来说，执行过程中往往会涉及两个操作步骤，一个是进行元素的比较，二是对元素进行交换或者移动。所以在分析排序算法的时间复杂度时，也要特别注意算法实现过程中不同的元素比较和交换（或移动）的次数。

2）排序算法的空间复杂度

这里需要引入一个新的概念，原地排序。原地排序就是指在排序过程中不必申请额外的存储空间，只利用原来存储待排数据的存储空间进行比较和排序的排序算法。换句话说，原地排序不会产生多余的内存消耗。

3）排序算法的稳定性

对于一般的算法，一般只需要分析它的时间复杂度和空间复杂度，但是对于排序算法来说，还有一个非常重要的分析指标，那就是排序算法的稳定性。稳定性是指在需要进行排序操作的数据中，如果存在值相等的元素，那么在排序前后，相等元素之间的排列顺序不发生改变。

大家可能会想，反正都是相等的元素，排序后谁在前谁在后有什么不一样呢？对排序算法进行稳定性分析又有什么实际意义呢？其实，在学习数据结构与算法的过程中，解决的问题基本上都是对简单的数字进行排序。这时，我们考虑其是否稳定似乎并没有什么意义。但是在实际应用中，我们面对的数据对象往往都是复杂的，每个对象可能具有多个数字属性且每个数字属性的排序都是有意义的。所以在排列时，我们需要关注每个数字属性的排序是否会对其他属性进行干扰。

举个例子，假如要给大学中的学生进行一个排序。每个学生都有两个数字属性，一个是学生所在年级，另一个是学生的年龄，如果按照学生年龄大小进行排序，而对于年龄相同的同学，按照年级从低到高的顺序排序。那么要满足这样的需求，应该怎么做呢？

一般是先对学生的年龄进行排序，然后再在相同年龄的区间里对年级进行排序。这种办法很直观且似乎没什么问题，但是仔细一想，会发现如果要进行一次完整的排序，需要采用5次排序算法（按年龄排序1次，4个年级分别排序4次）。那么有没有更好的解决办法呢？

如果利用具有稳定性的排序算法，这个问题就能很好地解决。先按照年级对学生进行排序，然后利用稳定的排序算法，按年龄进行排序（表5-2）。这样，只需要两次排序就能达到目的。

表5-2　排序算法

	学生编号	年级	年龄
按年级排序	1	大一	19
	2	大一	18
	3	大二	19
	4	大二	20

续表

	学生编号	年级	年龄
按年级排序	5	大三	20
	6	大三	19
按年龄排序	学生编号	年级	年龄
	2	大一	18
	1	大一	19
	3	大二	19
	6	大三	19
	4	大二	20
	5	大三	20

这是因为，稳定的排序算法能够保证在排序过程中，相同年龄的同学在第一次排序之后的顺序不发生改变。由于第一次排序已经将学生按年级排好了，于是在第二次排序时，运用稳定的排序算法，相同年龄的学生依旧按年级保持原顺序。

5.4.2 插入排序

1）插入排序图解及代码

在讲解插入排序之前，先来回顾一下，在一个有序数组中，我们是如何插入一个新的元素并使数组保持有序呢？我们需要遍历整个数组，直到找到该元素应该插入的位置，然后将后面相应的元素往后移动，最后插入目标元素（图5-15）。

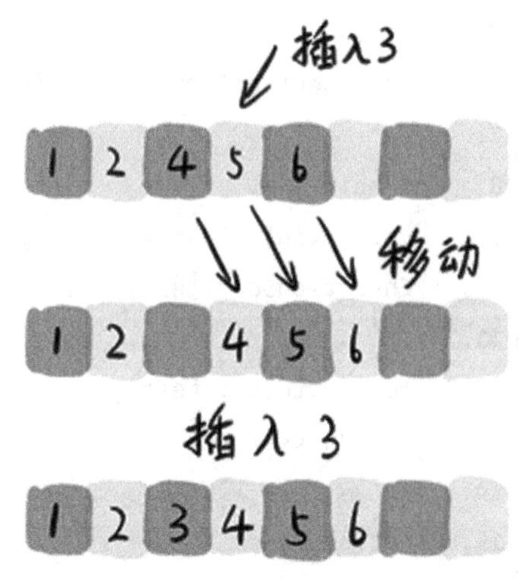

图5-15　插入排序算法过程
（来源：https://blog.csdn.net/tzzt01/article/details/116637676）

插入排序其实就是借助这样的思路，首先将数组中的数据分为两个区间，一个是已排序区间，另一个是未排序区间，同时这两个区间都是动态的。开始时，假设最左侧的元素已被排序，即为已排序区间，每一次将未排序区间的首个数据放入排序好的区间中，直到未排序空间为空。插入排序算法如图5-16。插入排序代码实现见代码5-17。

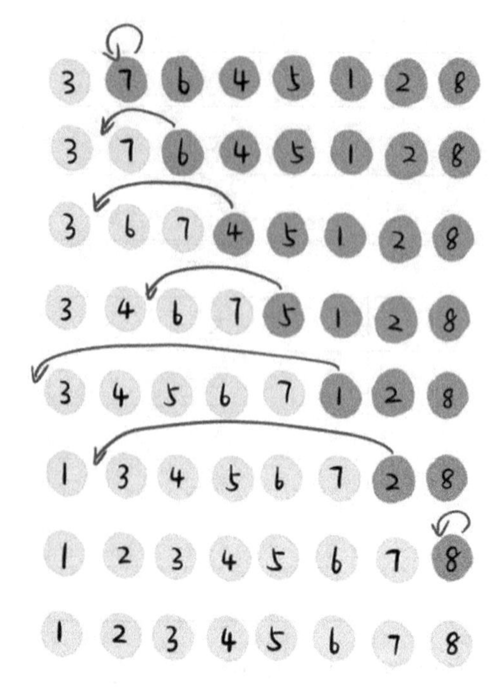

图5-16　插入排序算法图解（来源：https://blog.csdn.net/tzzt01/article/details/116637676）

代码5-17

```
1.  #include<iostream>
2.  #include<vector>
3.
4.  using namespace std;
5.
6.  void InsertionSort(vector<int>&, int);
7.
8.  int main() {
9.    vector<int> test = { 3, 7, 6, 4, 5, 1, 2, 8 };
10.   InsertionSort(test, test.size());
11.
12.   for (auto x : test)
13.     cout << x << " ";
14.
15.   return 0;
16. }
17.
18. void InsertionSort(vector<int>& arr, int len) {
19.   for (int i = 1; i < len; ++i) {   //注意i从1开始
20.     int key = arr[i];  //需要插入的元素
```

```
21.     int j = i - 1;   //已排序区间
22.     while ((j >= 0) && (arr[j] > key)) {
23.       arr[j + 1] = arr[j];  //元素向后移动
24.       j--;
25.     }
26.     arr[j + 1] = key;
27.   }
28. }
```

2）插入排序的时间复杂度

最好情况：即该数据已经有序，不需要移动任何元素。于是需要从头到尾遍历整个数组中的元素 $O(n)$。

最坏情况：即数组中的元素刚好是倒序的，每次插入时都需要和已排序区间中所有元素进行比较并移动元素。因此最坏情况下的时间复杂度是 $O(n^2)$。

平均时间复杂度：类似在一个数组中插入一个元素，该算法的平均时间复杂度为 $O(n^2)$。

从插入排序的原理中可以看出，在排序过程中并不需要额外的内存消耗，也就是说，插入排序是一个原地排序算法。其实，在插入的过程中，如果遇到相同的元素，我们可以选择将其插入到之前元素的前面，也可以选择插入到后面。所以，插入排序可以是稳定的也可能是不稳定的。

5.4.3 选择排序

1）选择排序图解及代码

选择排序和插入排序类似，也是将数组分为已排序和未排序两个区间。但是在选择排序的实现过程中，不会发生元素的移动，而是直接进行元素的交换。选择排序的实现过程：不断在未排序的区间中找到最小的元素，将其放入已排序区间的尾部。选择排序方法如图5-17所示。选择排序实现程序见代码5-18。

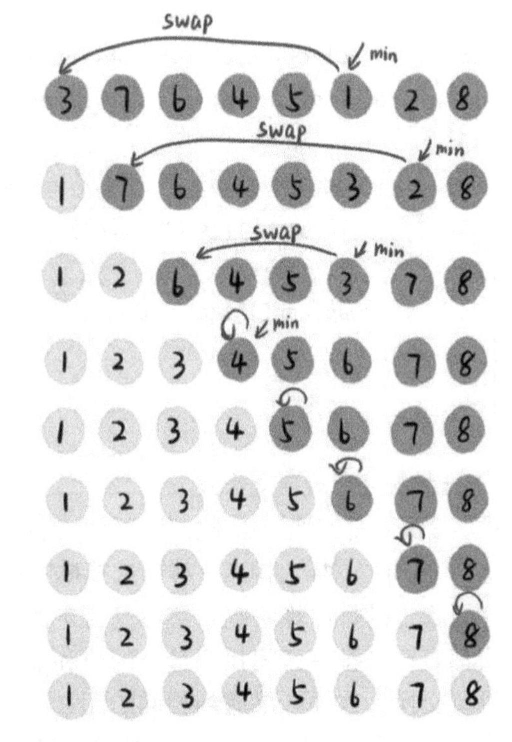

图5-17　选择排序方法图解

（来源：https://blog.csdn.net/tzzt01/article/details/116637676）

代码5-18

```
1.  #include<iostream>
2.  #include<vector>
3.
4.  using namespace std;
5.
6.  void SelectionSort(vector<int>&);
7.
8.  int main() {
9.    vector<int> test = { 3, 7, 6, 4, 5, 1, 2, 8 };
10.   SelectionSort(test);
11.
12.   for (auto x : test)
13.     cout << x << " ";
14.
15.   return 0;
16. }
17.
18. void SelectionSort(vector<int>& arr) {
19.   for (int i = 0; i < arr.size()-1; i++) {
20.     int min = i;
21.     for (int j = i + 1; j < arr.size(); j++)
22.       if (arr[j] < arr[min]) min = j;
23.
24.     swap(arr[i], arr[min]);
25.   }
26. }
```

2）选择排序的时间复杂度

最坏情况：都需要遍历未排序区间，找到最小元素。所以都为 $O(n^2)$。因此，平均复杂度也为 $O(n^2)$。与插入排序一样，选择排序没有额外的内存消耗，为原地排序算法。选择排序是稳定的排序算法吗？答案是否定的，因为每次都要在未排序区间找到最小的值和前面的元素进行交换，这样如果遇到相同的元素，他们的顺序会发生交换。比如图 5-18 的这组数据，使用选择排序算法来排序的话，第一次找到最小元素 1，与第一个 2 交换位置，那前面的 2 和后面的 2 顺序就变了，所以就不稳定了（图 5-18）。

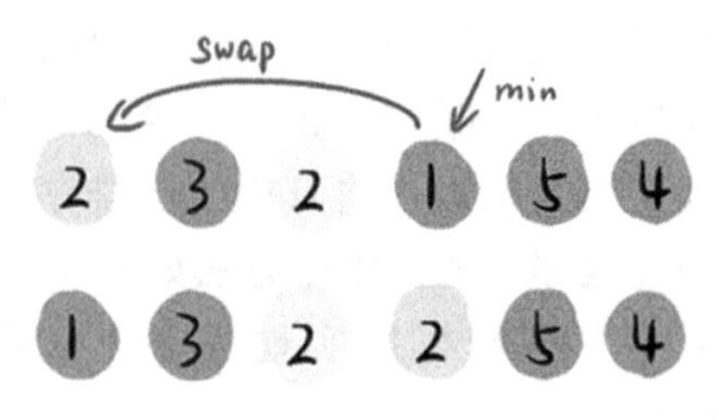

图5-18 排序的时间复杂度案例
（来源：https://blog.csdn.net/tzzt01/article/details/116637676）

5.4.4 冒泡排序(bubble sort)

1）冒泡排序图解及代码

冒泡排序与插入排序和选择排序不太一样。冒泡排序每次只对相邻两个元素进行操作。每次冒泡操作，都会比较相邻两个元素的大小，若不满足排序要求，就将它们互换。每一次冒泡，会将一个元素移动到它相应的位置，该元素就是未排序元素中最大的元素，将数组元素倒置，第一次冒泡图解如图5-19所示。

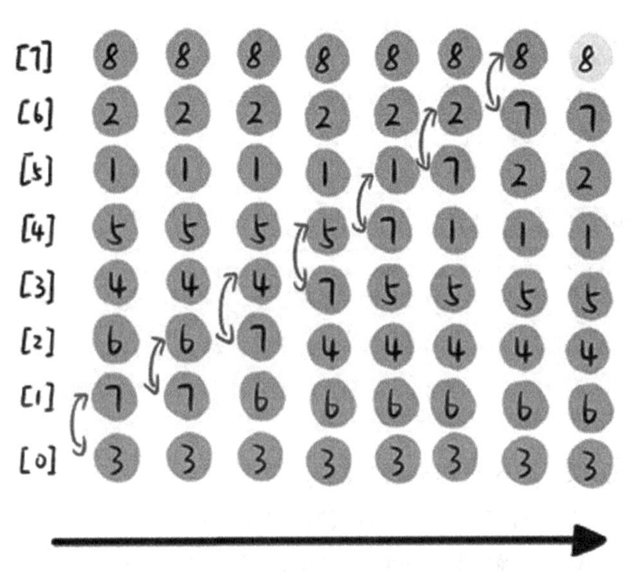

图5-19　第一次冒泡（来源：https://blog.csdn.net/tzzt01/article/details/116637676）

冒泡排序整个过程图解如图5-20所示。冒泡排序实现程序见代码5-19。

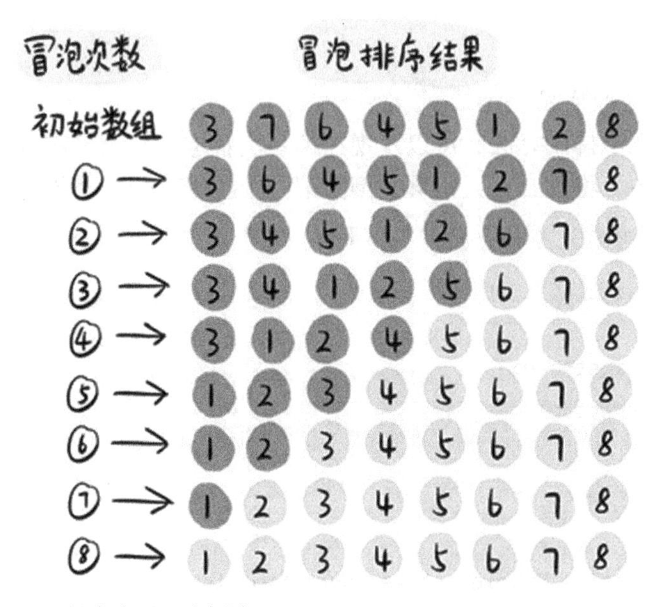

图5-20　冒泡排序全过程（来源：https://blog.csdn.net/tzzt01/article/details/116637676）

代码5-19

```
1.  #include<iostream>
2.  #include<vector>
3.
4.  using namespace std;
5.
6.  void BubbleSort(vector<int>&);
7.
8.  int main() {
9.    vector<int> test = { 3, 7, 6, 4, 5, 1, 2, 8 };
10.   BubbleSort(test);
11.
12.   for (auto x : test)
13.     cout << x << " ";
14.
15.   return 0;
16. }
17.
18. void BubbleSort(vector<int>& arr) {
19.   for (int I = 0; I < arr.size() - 1; i++)
20.     for (int j = 0; j < arr.size() - I - 1; j++)
21.       if (arr[j] > arr[j+1])
22.         swap(arr[j], arr[j+1]);
23. }
```

2）冒泡排序的递归实现

如果仔细观察冒泡排序算法，可以发现在第一次冒泡中，已经将最大的元素移到末尾。在第二次冒泡中，将第二大元素移至倒数第二个位置。依此类推，所以很容易得到利用递归来实现冒泡排序。递归实现程序见代码5-20。

代码5-20

```
1.  #include<iostream>
2.  #include<vector>
3.
4.  using namespace std;
5.
6.  void Recursive_BubbleSort(vector<int>&, int);
```

```
7.
8.  int main() {
9.    vector<int> test = { 3, 7, 6, 4, 5, 1, 2, 8 };
10.   Recursive_BubbleSort(test,test.size());
11.
12.   for (auto x : test)
13.     cout << x << " ";
14.
15.   return 0;
16. }
17.
18. void Recursive_BubbleSort(vector<int>& arr, int n) {
19.   if (n == 1) return;
20.
21.   for (int I = 0; I < arr.size() - 1; i++) {
22.     if (arr[i] > arr[I + 1])
23.       swap(arr[i], arr[i + 1]);
24.   }
25.
26.   Recursive_BubbleSort(arr, n - 1);
27. }
```

3）冒泡排序的时间复杂度

最好情况：只需要进行一次冒泡操作，没有任何元素发生交换，此时就可以结束程序，所以最好情况的时间复杂度是$O(n)$。

最坏情况：要排序的数据是完全倒序排列的，需要进行n次冒泡操作，每次冒泡时间复杂度为$O(n)$，所以最坏情况时间复杂度为$O(n^2)$，平均复杂度为$O(n^2)$。冒泡的过程只涉及相邻数据之间的交换操作而没有额外的内存消耗，故冒泡排序为原地排序算法。在冒泡排序的过程中，只有每一次冒泡操作才会交换两个元素的顺序。所以为了冒泡排序的稳定性，在元素相等的情况下，不予交换，此时冒泡排序即为稳定的排序算法。

5.5 生成艺术实践：分形几何

5.5.1 生成艺术

生成艺术是指全部或部分使用自动系统的辅助进行艺术创作的一种形式，是一种用算法生成新的思想、形式、颜色或图案的过程。生成艺术家使用Processing或者p5.js等软件创建代码，将创意转换成一组规则，指导计算机遵循这些规则来创作达到期望值的作品。与传统艺术家不同的是，生成艺术家使用计算机可以以毫秒为单位生产数千个想法，这种方法极大地减少了艺术和设计的探索时间，并常常带来令人惊讶且复杂的新成果。

生成艺术虽然相较于其他艺术形式较为年轻，但现在已经有越来越多的艺术家进入这一领域，下面例举两位。

5.5.1.1 Benoit Mandelbrot

严格意义上Benoit Mandelbrot并不是一位艺术家，而是一位数学家。但他是最早使用计算机图形来显示分形几何图像的人之一，他能够通过计算机展示如何用简单规则创建视觉复杂性（图5-21、图5-22）。

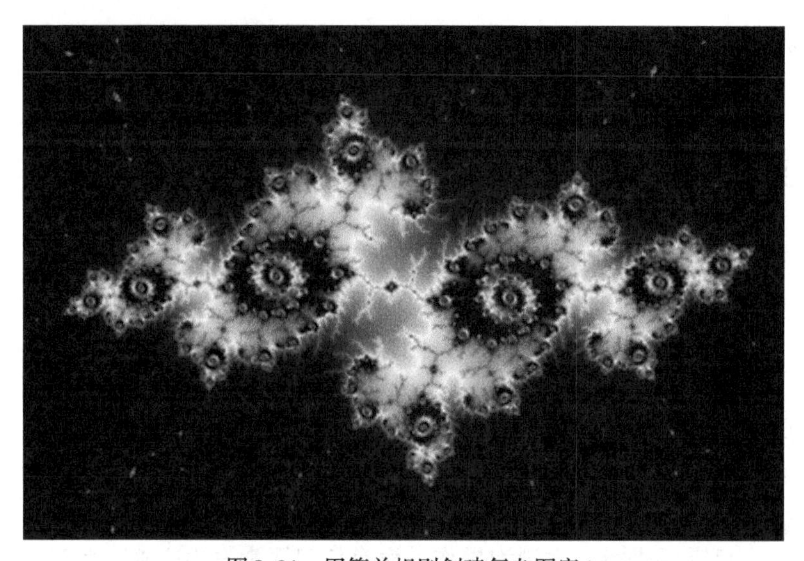

图5-21　用简单规则创建复杂图案1

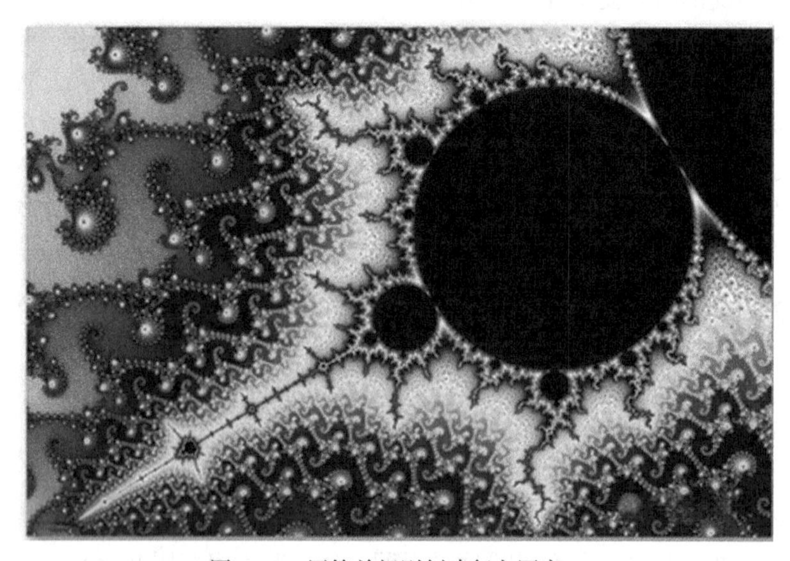

图5-22　用简单规则创建复杂图案2

Mandelbrot集是一种数学公式，可视化时具有令人惊叹的美学特征。它代表各个比例级别上的重复图案，无论放大或缩小的程度，都可以找到相同的、精确的几何图案，一遍又一遍地重复，因此被认为是分形。在被发现并推向社会后不久，分形几何和Mandelbrot集很快成为流行文化和科幻文化中的主要场景。对许多人来说，Mandelbrot集是数学顽强生命力的切实证明（图5-23）。

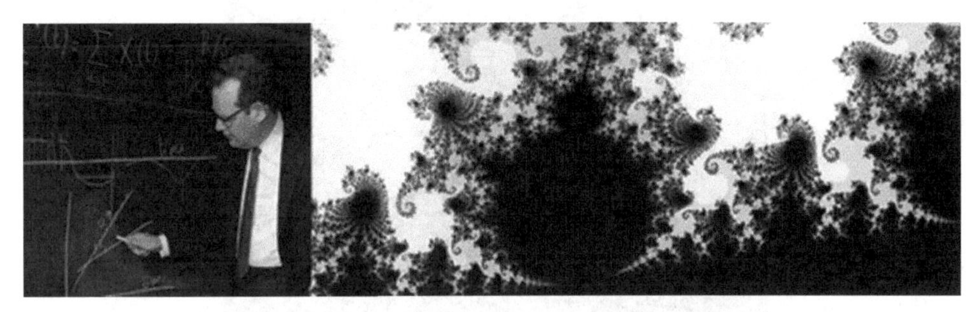

图5-23　Benoit Mandelbrot/Mandelbrot分形（1979）

5.5.1.2　Michael Hansmeyer

Michael Hansmeyer（迈克尔·汉斯迈耶）是一位后现代建筑师，他利用算法架构技术、生成思想和CAD生成复杂的结构。他的作品在包括纽约艺术与设计博物馆、巴黎东京宫博物馆、光州设计双年展等博物馆和场所展出，并有作品被FRAC中心和蓬皮杜艺术中心永久收藏（图5-24）。

图5-24　Michael Hansmeyer使用生成设计为莫扎特歌剧创作石窟背景
（来源：https://www.michael-hansmeyer.com/zauberfloete）

迈克尔·汉斯迈耶认为生成式设计“不是在设计对象，而是在设计生成对象的过程”。

图5-25 Michael Hansmeyer的作品 Muqarnas

Michael Hansmeyer 的作品 Muqarnas ，装饰拱顶，是基于规则的建筑设计的一些最早且最令人印象深刻的作品，使用了计算设计和数字制造方面的先进技术。生成艺术使他能够创作出超广度和深度的物件，无休止的设计变化和丰富的细节，以此再次唤起人们对这些传统建筑奇观的好奇（图5-25）。

设计过程在预期与意外之间、控制与放弃之间取得了平衡。虽然过程是确定性的，但结果是不可预见的。计算机获得了使我们感到惊讶的力量。

The design process strikes a balance between the expected and the unexpected, between control and relinquishment. While the processes are deterministic, the results are not foreseeable. The computer acquires the power to surprise us.

——汉斯迈耶

在“Plateonic实体”中，汉斯迈耶采用最原始的形式，反复使用一个操作将表面细分为较小的面，直到生成最终的样子。

5.5.2 分形理论

欧氏几何、三角学、微积分学使我们能够用直线、圆、抛物线及其他简单曲线来建立现实世界中的形状模型。比如，零维的点、一维的线、二维的面、三维的立体乃至四维的时空等，它们所描述的几何对象是规则和光滑的。而在自然界中存在着大量的复杂事物：变幻莫测的云彩、雄浑壮阔的地貌、回转曲折的海岸线、动物的神经网络、不断分叉的树枝、纵横交流的血管、烧结过程中形成的各种尺寸的聚积团等。面对这些事物和现象，传统科学显得束手无策。因为目前还没有哪一种几何学能更好地描述自然形态，像山、云、火这类的自然形态尚缺少必要的数学模型。近30年来，科学家们朦胧地“感觉”到了另一个几何世界，即关于自然形态的几何学，或者说分形几何学。这种几何学把自然形态看作是具有无限嵌套层次的逻辑结构，并且在不同尺度之下保持某种相似的属性，例如，一块磁铁中的每一部分都像整体一样具有南北两极，不断分割下去，每一部分都具有和整体磁铁相同的磁场。这种自相似的层次结构，适当地放大或缩小几何尺寸，整个结构不变。于是在变换与迭代的过程中得到描述自然形态的有效方法。

分形理论是非线性科学的一个重要分支，主要研究的就是自然界和非线性系统中出现的不光滑和不规则的具有自相似性且没有特征长度的形状和现象。

1967年美籍数学家曼德布罗特 (B.B.Mandelbort) 在美国权威《科学》杂志上发表了题为《英国的海岸线有多长？》的论文。海岸线作为曲线，其特征是极不规则、极不光滑的，呈现极其蜿蜒复杂的变化。我们不能从形状和结构上区分这部分海岸与那部分海岸有什么本质的不同，这种几乎同样程度的不规则性和复杂性，说明海岸线在形貌上是自相似的，也就是局部形态和整体态的相似。在没有建筑物或其他东西作为参照物时，在空中拍摄的100千米长的海岸线与放大了的10千米长海岸线的两张照片，看上去会十分相似。事实上，具有自相似性的形态广泛存在于自然界中，如：连绵的山川、飘浮的云朵、岩石的断裂口、布朗粒子运动的轨迹、树冠、花菜、大脑皮层……曼德布罗特把这些部分与整体以某种方式相似的形体称为分形（fractal）。1975年，他创立了分形几何学（fractal geometry）。在此基础上，形成了研究分形性质及其应用的科学，称为分形理论（fractal theory）。

分形理论的发展大致可分为三个阶段。

第一阶段为1875年至1925年，在此阶段人们已认识到几类典型的分形集，并且力图对这类集合与经典几何的差别进行描述、分类和刻画。1872年，维尔斯特拉斯（Weieratrass）证明了一种连续函数——维尔斯特拉斯函数在任意一点均不具有有限或无限导数。同年，康托尔（Cantor）引入了一类全不连通的紧集，被称为康托尔三分集。1890年，皮亚诺（Peano）构造出填充平面的曲线。皮亚诺曲线以及其他的例子导致了后来拓扑维数的引入。1904年，科切（Koch）通过初等方法构造了处处不可微的连续曲线——科切曲线，并且讨论了该曲线的性质。波瑞（Perrin）在1913年对布朗运动的轨迹图进行了深入的研究，明确指出布朗运动作为运动曲线不具有导数。他的这些论述在1920年促使维纳（Wiener）建立了很多布朗运动的概率模型。为了表明自然混乱的极端形式，维纳采用了“混沌”一词。由于非常“复杂”的几何的引入，长度、面积等概念必须重新认识。为了测量这些集合，闵可夫斯基（Minkowski）于1901年引入了闵可夫斯基容度。豪斯道夫（Hausdorff）于1919年引入了豪斯道夫测度和豪斯道夫维数。这些实际上指出了为了测量一个几何对象，必须依赖于测量方式以及测量所采取的尺度。在这一阶段，人们已经提出了典型的分形对象及其相关问题并为讨论这些问题做了最基本的工作。

第二阶段大致为1926年至1975年，人们在分形集的性质研究和维数理论的研究上都获得了丰富的成果。贝希柯维奇(Besicovitch)及其他学者的研究工作贯穿了第二阶段。他们研究了曲线的维数、分形集的局部性质、分形集的结构、S-集的分析与几何性质，以及在数论、调和分析、几何测度论中的应用。布利干(Bouligand)于1928年引入了布利干维数，庞德泽金(Pontrjagin)与史尼雷尔曼（Schnirelman）于1932年引入了覆盖维数，柯尔莫哥洛夫（Kolmogorov）与季霍米洛夫(V.Tikhomirov)于1959年引入了体维数。由于维数可以从不同角度来刻画集合的复杂性，从而起了重要作用。以塞勒姆(Salem)与柯汉(Kahane)为代表的法国学派从稀薄集的研究出发，对各种类型的康托尔集及稀薄集作了系统的研究，应用了相应的理论方法和技巧，并在调和分析理论中得到了重要的应用。尽管此阶段的分形研究成果颇丰，但绝大部分仍局限于纯数学理论的研究，而未与其他学科发生联系。另一方面，物理、地质、天文学和工程学等学科已产生了大量与分形几何有关的问题，迫切需要新的思想与有利的工具来处理。正是在这种形势下，曼德尔布罗特以其独特的思想，自20世纪60年代以来，系统、深入、创造性地研究了海岸线的结构、具强噪声干扰的电子通信、月球的表面、银河系中星体的分布、地貌生成的几何性质等典型的自然界的分形现象，并取得了一系列令人瞩目的成就。

第三阶段为1975年至今，是分形几何在各个领域的应用取得全面发展，并形成独立学科的阶段。曼德尔布罗特于1977年发表了他的划时代的专著——《分形：形、机遇和维数》。第一次系统地阐述了分形几何的思想、内容、意义和方法。此专著的发表标志着分形几何作为一个独立的学科正式诞生，从而把分形理论推进到一个更为迅猛发展的新阶段。5年后，他又出版了另一部著作《自然界的分形几何学》，至此分形理论初步形成。由于对科学的杰出贡献，曼德尔布罗特荣获了1985年的Barnard奖。

案例5-8：分形几何生成图案（代码5-21、图5-26）

代码5-21

```
1.  def setup():
2.      size(400, 400)
3.      smooth()
4.  
5.  def draw():
6.      background(255)
7.      stroke(0)
8.      noFill()
9.      drawCircle(width/2, height/2, 200)
10. 
11. def drawCircle(x, y, radius):
12.     ellipse(x, y, radius, radius)
13.     if radius > 2:
14.         drawCircle(x + radius/2, y, radius/2)
15.         drawCircle(x - radius/2, y, radius/2)
```

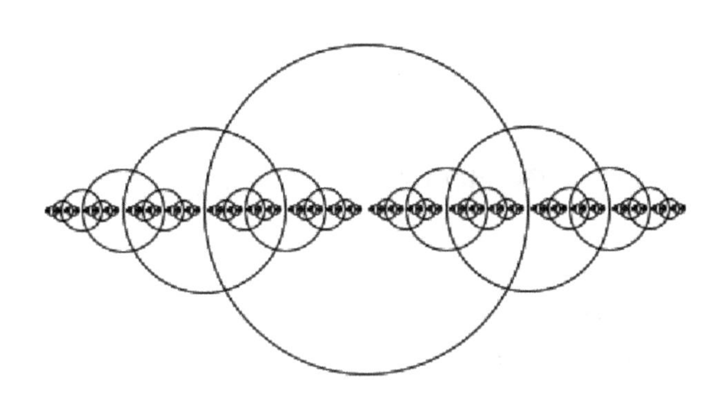

图5-26　分形几何生成图案

5.5.3　三分康托集的实现

1883年，德国数学家康托(G.Cantor)提出了如今广为人知的三分康托集（图5-27）。三分康托集是很容易构造的，然而，它却显示出许多最典型的分形特征。它是从单位区间出发，再由这个区间不断地去掉部分子区间的过程。

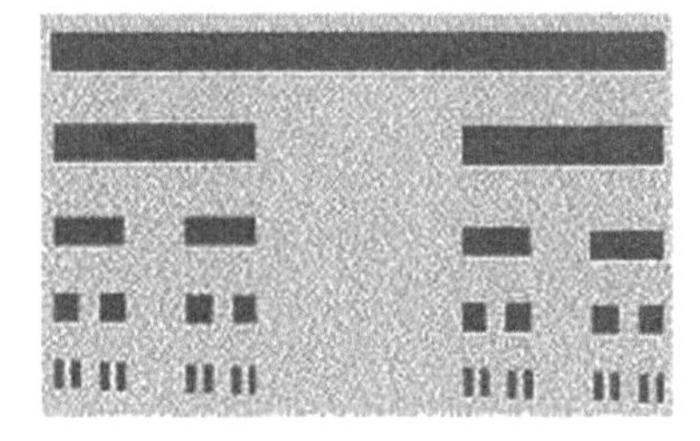

图5-27　三分康托集

构造出来的三分康托集如图5-28所示。其详细构造过程是：

第一步，把闭区间[0，1]平均分为三段，去掉中间的1/3部分段，则只剩下两个闭区间[0，1/3]和[2/3，1]。

第二步，再将剩下的两个闭区间各自平均分为三段，同样去掉中间的区间段，这时剩下四段闭区间：[0，1/9]，[2/9，1/3]，[2/3，7/9]和[8/9，1]。

第三步，重复删除每个小区间中间的1/3段。

如此不断地分割下去，最后剩下的各个小区间段就构成了三分康托集。三分康托集的Hausdorff维数是0.6309。

代码5-22为构造三分康托集的实现程序，运行效果如图5-28所示。

在代码中，“def setup( ):”函数用于设置窗口大小、背景颜色并禁止连续绘制。“def draw( ):”函数用于调用“cantor_set( )”函数绘制三分康托集。“cantor_set( )”函数用于绘制一个矩形，并在上下两个子集的位置递归地调用自身。运行上述代码后，将会在窗口中绘制一个三分康托集，起始位置为(20, 180)，长度为“width－40”。

代码5-22

```
1.  def setup():
2.      size(400, 400)
3.      background(255)
4.      noLoop()
5.
6.  def draw():
7.      cantor_set(20,180,width-40)
8.
9.  def cantor_set(x, y, len):
10.     if len >= 1:
11.         rect(x,y,len,5)
12.
13.         y += 10
14.         cantor_set(x, y, len / 3)
15.         cantor_set(x + len*2/3, y, len / 3)
```

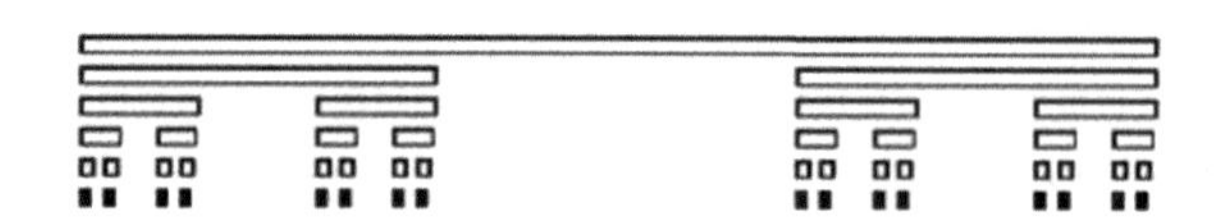

图5-28　三分康托集图像

5.5.4 Koch曲线的实现

1904年，瑞典数学家柯赫构造了“Koch曲线”几何图形。Koch曲线大于一维，具有无限的长度；但是又小于二维，并且生成的图形的面积为零。它和三分康托集一样，是一个典型的分形。根据分形的次数不同，生成的Koch曲线也有很多种，比如三次Koch

曲线、四次 Koch 曲线等。下面以三次 Koch 曲线为例，介绍 Koch 曲线的构造方法，其他的可依此类推（图 5-29）。

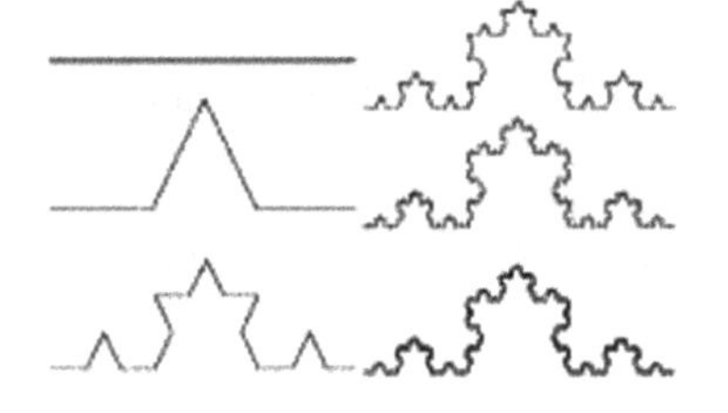

图5-29 Koch 曲线的生成过程

三次 Koch 曲线的构造过程主要分为三大步骤：

第一步，给定一个初始图形——一条线段；

第二步，将这条线段中间的 1/3 处向外折起；

第三步，按照第二步的方法不断地把各段线段中间的 1/3 处向外折起。这样无限地进行下去，最终即可构造出 Koch 曲线。代码 5-23 为实现程序代码，其图例构造过程如图 5-30 所示（迭代了 6 次的图形）。

代码5-23

```
1.  def setup():
2.      size(800, 400)
3.      background(255)
4.      stroke(0)
5.      noLoop()
6.
7.  def koch(start, end, depth):
8.      dx = end.x - start.x
9.      dy = end.y - start.y
10.
11.     v1 = PVector(start.x + dx / 3, start.y + dy / 3)
12.     v2 = PVector(start.x + 2 * dx / 3, start.y + 2 * dy / 3)
13.     v3 = PVector(start.x + dx / 2 + dy * sqrt(3) / 6, start.
    y + dy / 2 - dx * sqrt(3) / 6)
14.
15.     if depth == 0:
16.         line(start.x, start.y, end.x, end.y)
17.     else:
18.         koch(start, v1, depth - 1)
19.         koch(v1, v3, depth - 1)
20.         koch(v3, v2, depth - 1)
21.         koch(v2, end, depth - 1)
22.
23. def draw():
24.     start = PVector(50, height // 2)
25.     end = PVector(width - 50, height // 2)
26.     depth = 4
```

```
27.
28.     koch(start, end, depth)
```

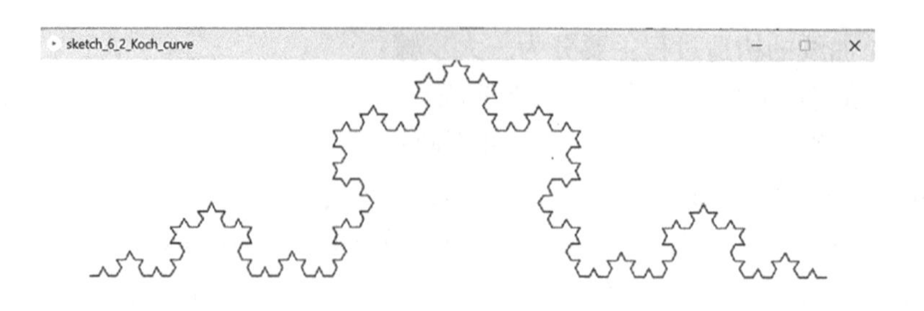

图5-30 Koch曲线

这个示例代码在窗口中绘制了一条Koch曲线。Koch曲线是一种分形曲线，通过递归分割线段来构造。在代码中，“koch”函数使用递归的方式绘制Koch曲线。“start”和“end”参数分别表示线段的起点和终点，“depth”参数表示绘制的递归深度。“draw”函数设置起点、终点和递归深度，并调用“koch”函数进行绘制。整个绘制过程在“setup”函数中进行初始化设置。运行代码后，将在窗口中看到绘制出的Koch曲线。读者可以根据需要调整起点、终点和递归深度来观察不同级别的Koch曲线。

5.5.5 Julia集的实现

Julia 集是由法国数学家 Gaston Julia 和 Pierre Faton 在发展了复变函数迭代的基础理论后获得的。Julia 集也是一个典型的分形，只是在表达上相当复杂，难以用古典的数学方法描述（图5-31）。

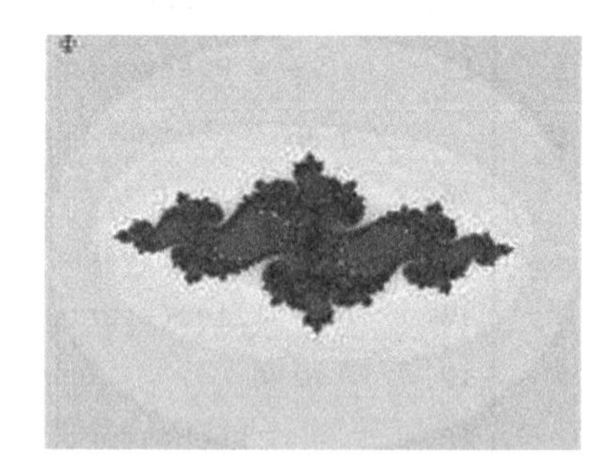

图5-31 Julia集

Julia 集是由一个复变函数$f(z)=z^2+c$（c为常数）生成的复杂的分形图形。

图5-31为Julia集生成的图形，由于函数$f(z)$中c可以是任意值，所以当c取不同的值时，生成的Julia集的图形也不相同，代码5-24为实现代码，图5-32为其运行效果。

代码5-24

```
1.  def setup():
2.      size(800, 800)
3.
```

```
4.  def draw():
5.      loadPixels()
6.      max_iterations = 100
7.
8.      for x in range(width):
9.          for y in range(height):
10.             zx = map(x, 0, width, -1.5, 1.5)
11.             zy = map(y, 0, height, -1.5, 1.5)
12.
13.             c = complex(-0.8, 0.156)
14.             orig_zx = zx
15.             orig_zy = zy
16.
17.             n = 0
18.             while n < max_iterations:
19.                 aa = zx * zx
20.                 bb = zy * zy
21.                 twoab = 2.0 * zx * zy
22.
23.                 zx = aa - bb + c.real
24.                 zy = twoab + c.imag
25.
26.                 if (aa + bb > 4.0):
27.                     break
28.
29.                 n += 1
30.
31.             # 将迭代次数映射到颜色值
32.             bright = map(n, 0, max_iterations, 0, 255)
33.             if n == max_iterations:
34.                 bright = 0
35.
36.             # 在窗口中的相应位置绘制像素点
37.             index = x + y * width
38.             pixels[index] = color(bright)
39.
40.     updatePixels()
```

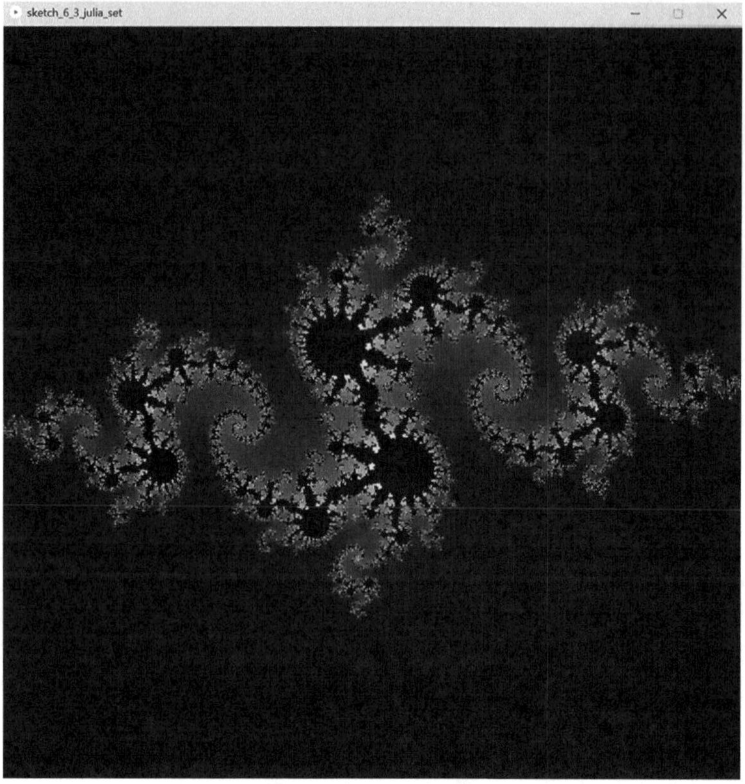

图5-32　Julia集图形

第6章 Python及Processing编程进阶

6.1 面向对象编程

6.1.1 面向对象编程的基本概念

在4.6节中，使用列表实现多个粒子的运动，但是程序的可读性比较差。针对这个问题，这里引入一种面向对象的编程方法，首先要定义一种“类”的数据类型，代码6-1所示的数据类型就叫作“类”，class是“类”的英文单词，Particle是类的名字，冒号下面写的是类的成员变量。

代码6-1

```
1.  class Particle:
2.      x = 300
3.      y = 300
4.      c = color(250,0,0)
5.      w = 30
```

定义了一个名叫Particle的类后，就可以用Particle来定义一个对象了，比如代码6-2。

代码6-2

```
1.  pt = Particle()
2.  #Pt可以理解为Particle类型的变量，可以通过以下形式来访问pt中成员的变量
3.  print(pt.x)
4.  pt.y = 100
```

代码6-1与代码6-2合并后为代码6-3，运行效果如图6-1所示。

300
100

图6-1

代码6-3

```
1.  class Particle:
2.      x = 300
3.      y = 300
4.      c = color(250,0,0)
5.      w = 30
6.
7.  pt = Particle()
8.  print(pt.x)
```

```
9.  pt.y = 100
10. print(pt.y)
```

案例6-1：用class的方法来画一个粒子（见代码6-4、图6-2）

代码6-4

```
1.  class Particle:
2.      x = 300
3.      y = 300
4.      c = color(250,0,0)
5.      w = 30
6.
7.  pt = Particle()#定义粒子对象
8.  def setup():
9.      size(600,600)
10. def draw():
11.     background(30)
12.     strokeWeight(pt.w)
13.     stroke(pt.c)
14. point(pt.x,pt.y)
```

图6-2　class方法画出的粒子

进一步定义对象列表，实现多个粒子的绘制（代码6-5、图6-3）。

代码6-5

```
1.  class Particle:
2.      x = 300
3.      y = 300
4.      c = color(250,0,0)
5.      w = 30
6.
7.  points = []
8.  def setup():
9.      size(600,600)
10.     for i in range(200):
11.         pt = Particle()
12.         pt.x = random(1,width)
13.         pt.y = random(1,height)
14.         pt.c = color(random(150,255),random(150,255),random(150,255))
15.         pt.w = random(10,20)
16.         points.append(pt)# 把pt添加进列表中
17. def draw():
18.     background(30)
19.     for pt in points:
20.         strokeWeight(pt.w)
21.         stroke(pt.c)
22.         point(pt.x,pt.y)
23.
24. //7.4两串代码比较
25. particles = []
26. def setup():
27.     size(600,600)
28.     for i in range(200):
29.         x = random(1,width)
30.         y = random(1,height)
31.         particle = [x,y]
32.         particles.append(particle)
33. #def draw():
34.     background(30)
35.     for particle in particles:
36.         strokeWeight(random(10,20))
37.         stroke(color(random(150,255),\
38. random(150,255),random(150,255)))
39.         point(particle[0],particle[1])
```

```
40.
41.
42. class Particle:
43.     x = 300
44.     y = 300
45.     c = color(250,0,0)
46.     w = 30
47.
48. points = []
49. def setup():
50.     size(600,600)
51.     for i in range(200):
52.         pt = Particle()
53.         pt.x = random(1,width)
54.         pt.y = random(1,height)
55.         pt.c = color(random(150,255),\
56. random(150,255),random(150,255))
57.         pt.w = random(10,20)
58.         points.append(pt)# 把pt添加进列表中
59. def draw():
60.     background(30)
61.     for pt in points:
62.         strokeWeight(pt.w)
63.         stroke(pt.c)
64.         point(pt.x,pt.y)
```

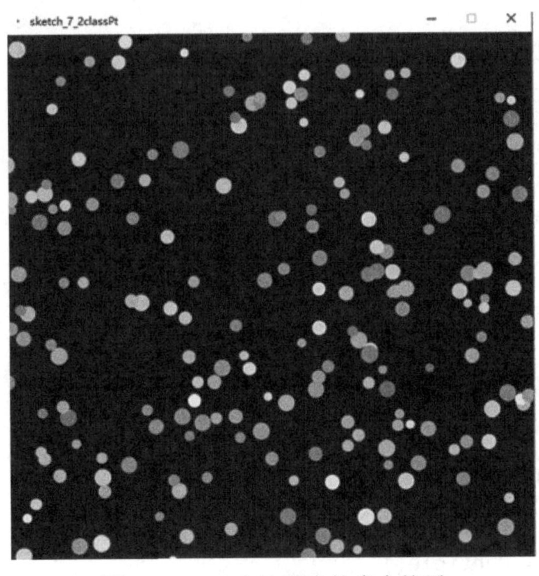

图6-3　class方法画出的多个粒子

6.1.2 类的成员函数

在类（class）中除了可以存放成员的变量，还可以定义各种函数，比如代码 6-6 定义了一个 display( ) 的成员函数，用来绘制小球。

代码6-6

```
1.  class Particle:
2.      def display(self):
3.          strokeWeight(self.w)
4.          stroke(self.c)
5.          point(self.x,self.y)
```

self 为默认函数，是自身的意思，成员函数内部可以通过 self.x 的形式来访问成员的变量。定义了对象后，调用对象成员函数的格式与访问成员变量类似：

```
1.  pt.display()
```

通过类将粒子密切相关的数据（变量）、方法（函数）都封装在 class 中，程序的可读性更好，更符合人们认知事物的习惯。改进后的代码 6-7 运行效果如图 6-4 所示。

代码6-7

```
1.  class Particle:
2.      x = 300
3.      y = 300
4.      c = color(250,0,0)
5.      w = 30
6.
7.      def display(self):
8.          strokeWeight(self.w)
9.          stroke(self.c)
10.         point(self.x,self.y)
11.
12. points = []
13. def setup():
14.     size(600,600)
15.     for i in range(200):
16.         pt = Particle()
```

```
17.         pt.x = random(1,width)
18.         pt.y = random(1,height)
19.         pt.c = color(random(150,255),random(150,255),random(150,255))
20.         pt.w = random(10,20)
21.         points.append(pt)# 把pt添加进列表中
22. def draw():
23.     background(30)
24.     for pt in points:
25.         pt.display()
```

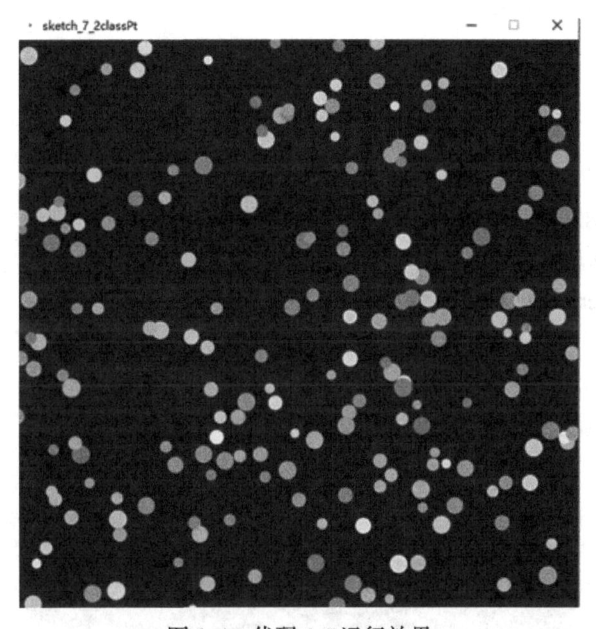

图6-4　代码6-7运行效果

6.1.3　类的构造函数

类里面有一个特殊的成员函数，叫作构造函数，在创建对象 pt = Particle( ) 时自动调用，使用__init( )__作为名称（开头和末尾都是两条下划线），代码6-8运行结果如图6-5所示。

代码6-8

```
class Particle:
  x = 300
  y = 300
  c = color(250,0,0)
  w = 30
```

```
    def __init__(self):
      self.x = random(1,width)
      self.y = random(1,height)
      self.c = color(random(150,255),random(150,255),random(150,255))
      self.w = random(10,20)

    def display(self):
      strokeWeight(self.w)
      stroke(self.c)
      point(self.x,self.y)

points = []
def setup( ):
    size(600,600)
    for i in range(200):
      pt = Particle( )
      points.append(pt)# 把pt添加进列表中
def draw( ):
    background(30)
    for pt in points:
      pt.display( )
```

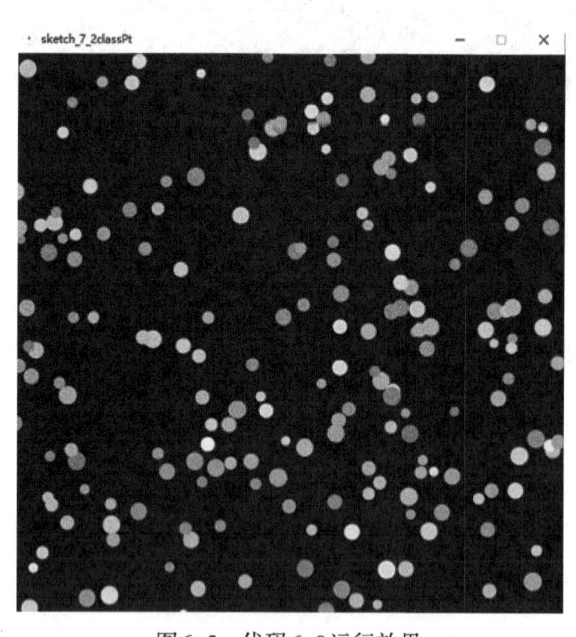

图6-5　代码6-8运行效果

6.2 面向对象生成图形编程案例

案例6-2：创建一个可移动的小球

在Processing Python模式下，可以使用面向对象编程的方法来创建一个可移动的小球，并确保它在碰到边界时能够反弹。下面代码6-9是一个简单的示例（运行结果如图6-6所示）。

代码6-9

```
1.  class Ball:
2.      def __init__(self, x, y, radius, speedx, speedy):
3.          self.x = x
4.          self.y = y
5.          self.radius = radius
6.          self.speedx = speedx
7.          self.speedy = speedy
8.
9.      def move(self):
10.         self.x += self.speedx
11.         self.y += self.speedy
12.
13.     def display(self):
14.         ellipse(self.x, self.y, self.radius*2, self.radius*2)
15.
16.     def check_boundary_collision(self):
17.         if self.x + self.radius > width or self.x - self.radius < 0:
18.             self.speedx *= -1
19.         if self.y + self.radius > height or self.y - self.radius < 0:
20.             self.speedy *= -1
21. # 设置窗口大小
22. width = 800
23. height = 600
24.
25. # 创建小球对象
26. ball = Ball(width/2, height/2, 25, 3, 3)
27.
28. def setup():
29.     size(width, height)
```

```
30.
31. def draw():
32.     #background(255)
33.
34.     ball.move()
35.     ball.check_boundary_collision()
36.     ball.display()
```

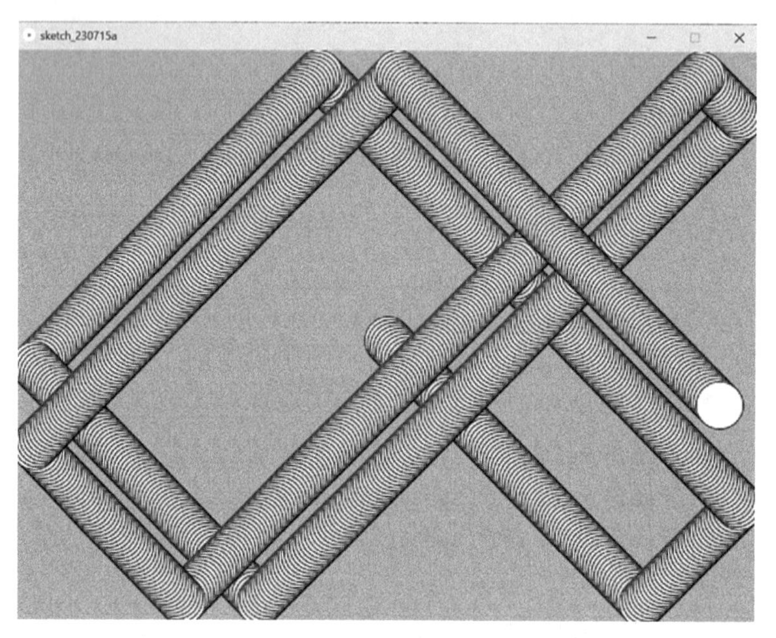

图6-6　可移动小球

在上述示例中，我们定义了一个“Ball”类，通过“__init__”方法定义了小球的初始位置、半径和速度。“move”方法用于根据速度更新小球的位置，“display”方法用于绘制小球。“check_boundary_collision”方法用于检查小球是否碰到边界，并在碰到边界时改变速度方向。

在“draw”函数中，我们在每一帧中调用小球的“move”“check_boundary_collision”和“display”方法来更新和绘制小球。“setup”函数用于设置画布的大小。读者通过运行这个代码可以看到一个可移动的小球，并且当它碰到边界时会反弹。可以根据自己的需求修改初始位置、半径和速度等参数。

案例6-3：创建一个用键盘控制移动的小球

在这个例子中，我们可以创建一个Ball类来表示一个小球对象。该类具有“x”和“y”属性表示小球的位置，以及“r”属性表示小球的半径。“display”方法用于绘制小球，“move”方法用于移动小球的位置。

然后，创建一个继承自“PApplet”类的“InteractiveApp”类，并在其中实例化了一个小球对象。在“draw”方法中，将背景设置为白色，并绘制小球。在“keyPressed”方法中，用键盘按键来控制小球的移动。按下w键时，小球向上移动；按下s键时，小球向下移动；按下a键时，小球向左移动；按下d键时，小球向右移动。

最后，创建一个“InteractiveApp”类的实例，并通过“runSketch”方法将其运行起来。实现代码见代码6-10。运行后就可以在画布上看到一个可以通过键盘控制移动的小球。

代码6-10

```
1.  # 创建一个Ball类
2.  class Ball:
3.      def __init__(self, x, y, r):
4.          self.x = x # 小球的x坐标
5.          self.y = y # 小球的y坐标
6.          self.r = r # 小球的半径
7.
8.      def display(self):
9.          ellipse(self.x, self.y, self.r, self.r) # 在指定位置绘制小球
10.
11.     def move(self, dx, dy):
12.         self.x += dx # 移动小球的x坐标
13.         self.y += dy # 移动小球的y坐标
14.
15.
16. ball = Ball(200, 200, 50) # 创建一个小球对象
17. def setup():
18.
19.     size(400, 400)
20.
21. def draw():
22.     background(255) # 设置背景颜色为白色
23.     ball.display() # 绘制小球
24.
25. def keyPressed():
26.     if key == 'w': # 如果按下w键
27.         ball.move(0, -5) # 小球向上移动
28.     elif key == 's': # 如果按下s键
29.         ball.move(0, 5) # 小球向下移动
30.     elif key == 'a': # 如果按下a键
31.         ball.move(-5, 0) # 小球向左移动
32.     elif key == 'd': # 如果按下d键
33.         ball.move(5, 0) # 小球向右移动
```

第7章

硬件开发环境

在智能产品设计中，除了外观设计之外，还必须掌握可交互原型的设计与制作。想要制作产品的可交互原型，进而进行功能的实现以及可用性的检验，除了需要学习软件以及编程技能之外，硬件上的学习也必不可少。产品的交互原型设计对于设计师来说需要涉及多方面能力，包括但不限于：人机工程学、电路设计、硬件设计、程序设计、结构设计、机械设计、材料与工艺等方面的知识。对于交互技术的深入学习，很多初学者的门槛其实并不在于Arduino平台的使用本身，而是对电子电路知识的缺乏，无法很好地把程序与电路相结合。因此在学习如何使用Arduino平台时，融入电子工程的相关知识显得尤为重要，且有意外的互相促进的效果。本章的实验内容是通过以Mixly为主的图形化编程来进行讲解，一方面让读者的思维从纯代码的编程解放出来，转向对嵌入式开发的理解，另一方面通过生动的物理反馈实验也能进一步巩固对编程思维的理解。读者在完成本章内容的学习之后，应能透彻理解智能产品或交互装置的实现原理，进而独立完成简单的智能产品或交互装置开发。

关于市面上常见的主流的用于制作交互设计原型的单片机主要是以下这几类。

1）Arduino系列

对于设计专业而言，Arduino开发板是广受设计师欢迎的单片机主板，在国外十分流行。许多设计专业背景的人都会以Arduino作为入门学习的单片机。Arduino的品类有很多，不同型号的Arduino在价格、体积和功能上都有所区别，表7-1是不同Arduino之间的参数对比。

表7-1　不同Arduino之间的参数对比

Arduino版型	Arduino UNO	Arduino DUE	Arduino Leonardo	Arduino Mega	Arduino ADK	Arduino Micro	Arduino Yun
微控制器	ATmega 328	AT91SAM 3X8E	ATmega 32u4	ATmega 2560	ATmega 2560	ATmega 32u4	ATmega 32u4
电压（工作电压/耐受范围）	5 V/7～12 V	3.3 V/7～12 V	5 V/7～12 V	5 V/7～12 V	5 V/7～12 V	5 V/7～12 V	5V
CPU频率	16MHz	84MHz	16MHz	16MHz	16MHz	16MHz	16MHz
模拟口（输入/输出）	6/0	12/2	12/0	16/0	16/0	12/0	12/0
数字口（IO/PWM）	14/6	54/12	20/7	54/15	54/15	20/7	20/7
EEPROM [KB]	1	—	1	4	4	1	1
SRAM [KB]	2	96	2.5	8	8	2.5	2.5

续表

Arduino版型	Arduino UNO	Arduino DUE	Arduino Leonardo	Arduino Mega	Arduino ADK	Arduino Micro	Arduino Yun
Flash [KB]	32	512	32	256	256	32	32
USB接口	A–B	Micro	Micro	A–B	A–B	Micro	Micro
UART	1	4	2	4	4	2	2
尺寸/mm	75 × 55	108 × 54	75 × 55	108 × 54	108 × 54	45 × 20	75 × 55
参考价格	￥158	￥373	￥152	￥320	￥420	￥178	￥478
特点	Arduino UNO是Arduino主控器系列中的经典款。Arduino之后几款都是以UNO作为参照原型。 适用于Arduino初学者	Arduino Due是第一块基于32位ARM的Arduino主控器。基于Atmel SAM3X8ECPU的微控制器。 注意：DUE不像其他Arduino主控器，它的工作电压是3.3V。因此它不兼容5V设计的Shield和外设	Arduino leonardo是款低成本主控器数字口与模拟口均比UNO多。同时还具有两个串口。 适用于低成本需求的Arduino爱好者	Arduino Mega拥有54个数字口，16个模拟口。是一款具有超多I/O口的Arduino主控器	Mega ADK是一款基于Atmega2560的主板	Arduino Micro是基于Atmega32U4的迷你主控板。适用于对尺寸有特殊要求的设计师	Arduino Yun是一块基于ATmega32u4和Atheros AR9331的主控器。Atheros支持基于Linux分支OpenWRT平台下Linino系统。适用于想基于Arduino的物联网开发者

2）ESP系列

同样作为单片机，以ESP32为代表的系列单片机在性能上比起Arduino的单片机要强不少，由于自身集成了Wifi和蓝牙的模块，所以它广泛用于与物联网有关的产品设计、交互设计原型开发中。比起Arduino的官方开发板，ESP系列的成本十分便宜，性价比高。ESP系列的开发板除了单片机外，安信可又推出了基于该芯片的Wifi模组（图7–1），使得基于Wifi的物联网又进了一大步。

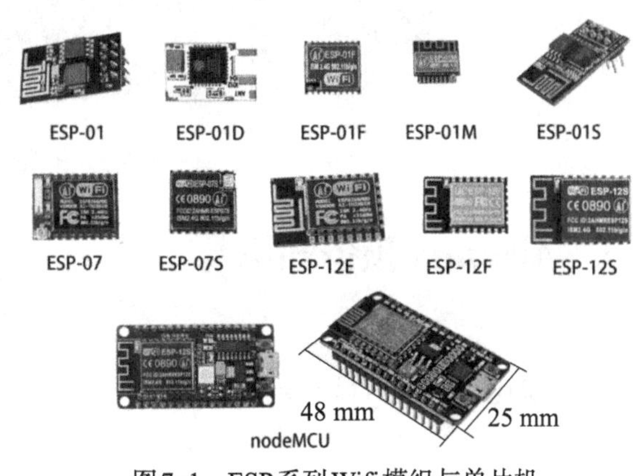

图7–1　ESP系列Wifi模组与单片机

3）STM32系列

STM32（图 7-2）是一种基于 ARM 框架的 32 位微控制器，在电气行业里面被广泛学习和使用，它有着通信接口十分丰富、GPIO 数量非常多、定时器数量很多、中断系统十分完善等特点，能实现非常复杂的逻辑。STM32 还有着多路 ADC 和 DAC 功能，可以读取大量传感器，它可以连接 SD 卡、LCD 屏幕，有摄像头接口，可读取 USB 等功能。但是 STM32 比起有着成熟的图形化编程平台的 Arduino 来说，上手难度会大很多，需要长时间学习和使用。

图 7-2　STM32F 最小系统开发板

4）树莓派

树莓派（图 7-3）是一种微型电脑，主要运行 Linux 操作系统，连上屏幕、鼠标和键盘就是一个电脑了，可以进行复杂计算，例如图像处理等。有操作系统就意味着可以直接在系统上进行编程，而单片机需要在电脑上编译烧录。一般可以作为 3D 打印机的驱动板、需要使用到屏幕的原型设计的主板。缺点就是相较于单片机价格很贵；工业控制上，进行大量计算时性能有所不足，直接在电脑上计算可能更好，更适合小型智能化设备。

图 7-3　树莓派 3B+

7.1 Arduino 预备知识

7.1.1 Arduino简介与特点

Arduino 是一个简单易用的开源电子平台。Arduino 开发板（图 7-4）简称 Arduino 板，有时也直接称 Arduino，可读取开关或传感器的数据，并控制电机、LED 灯等执行器。Arduino 通过对板上控制器进行软件编程，可控制 Arduino 实现所需要的功能。软件开发环境是基于 Processing IDE 的 Arduino IDE（图 7-5）。多年来，从常见的控制对象到复杂的科学仪器，Arduino 已经成为许多工程或项目的控制中心。世界各地的爱好者们，包括读者、艺术家、发烧友、程序员和专家等，贡献了数不胜数的知识，供新手和进阶者学习和应用。

图 7-4　Arduino UNO开发板

图 7-5　Arduino IDE

Arduino 诞生于意大利米兰交互设计学院，源于没有电子和编程背景的读者迫切需要一个简单的样机制造工具。Arduino 被广泛使用后，不断发展以适应新的需要和挑战，从简单的 8 位处理器板到 IoT 应用、可穿戴产品、3D 打印机和嵌入式系统。所有 Arduino 板是完全开源的，准许用户独立地使用它们，以满足客户的特殊需要。因为对初学者来说，Arduino 软件简单易学，对有经验的用户来说又足够灵活，Arduino 已经被应用在成千上万的工程和应用系统中，比如 Mac OS、Windows 和 Linux 操作系统。教师和读者使用Arduino设计低成本的科学仪器，证明化学和物理原理，或开始学习编程和机器人技术；设计者和建筑师使用Arduino设计交互原型；音乐家和艺术家使用它进行创作；制造者利用它制造许多在相关博览会上展示的工程或项目。Arduino是学习新事物的重要工具，孩子、爱好者、艺术家、程序员等任何人都可按照说明一步一步地学习Arduino，或者和其他人分享设计思想。Arduino简化了微控制器的工作过程，它为教师、读者和业余爱好者提供了许多便利。Arduino具有以下特点：

1）跨平台

Arduino IDE可以在Windows、Macintosh OS X、Linux三大主流操作系统上运行，而其他的大多数控制器只能在Windows上开发。

2）简单清晰

Arduino IDE基于Processing IDE开发。对于初学者来说，极易掌握，同时有着足够的灵活性。

3）开放性

Arduino的硬件原理图、电路图、IDE软件及核心库文件都是开源的，在开源协议范围内可以任意修改原始设计及相应代码。

4）发展迅速

Arduino不仅仅是全球最流行的开源硬件，也是一个优秀的硬件开发平台，更是硬件开发的趋势。Arduino简单的开发方式使得开发者更关注创意与实现，更快地完成自己的项目开发，大大节约了学习成本，缩短了开发周期。

因为Arduino的种种优势，越来越多的专业硬件开发者已经或开始使用Arduino来开发他们的项目、产品；越来越多的软件开发者使用Arduino进入硬件、物联网等开发领域。

Arduino中文社区（网址：http://www.arduino.cn/）是国内Arduino爱好者自发组织的非官方、非营利性社区，也是国内专业的Arduino讨论社区，读者可以在这里找到各种Arduino相关的教程、项目、辅助软件以及设计参考等。

7.1.2 电子电路设计基础

电子系统是指由电子元件和电子单元电路相互连接、相互作用而形成的电路整体，能按特定的控制信号执行所设想的功能。而Arduino电子系统离不开各种电子元件，下面先介绍有关电子元件和电路的一些基本知识。

图7-6是一个简单的LED灯驱动电路实物图和示意图。以2节1.5V电池为电源，用导线将LED灯和电阻器串联起来，这样就形成了从电源正极到负极的电路。

用电路元件符号表示电路连接的图，叫电路图。电路图是人们为研究、工程规划的需要，用物理电学标准化的符号绘制的一种表示各元器件组成及器件关系的原理布局图。由电路图可以得知组件间的工作原理，为分析性能、安装电子、电器产品提供规划方案。在设计电路时，工程师可从容地在纸上或电脑上进行设计修改，确认完善后再进行实际安装，然后调试改进、修复错误，直至成功。采用电路仿真软件进行电路辅助设计、虚拟的电路实验，可提高工程师工作效率、节约学习时间，使实物图更直观。

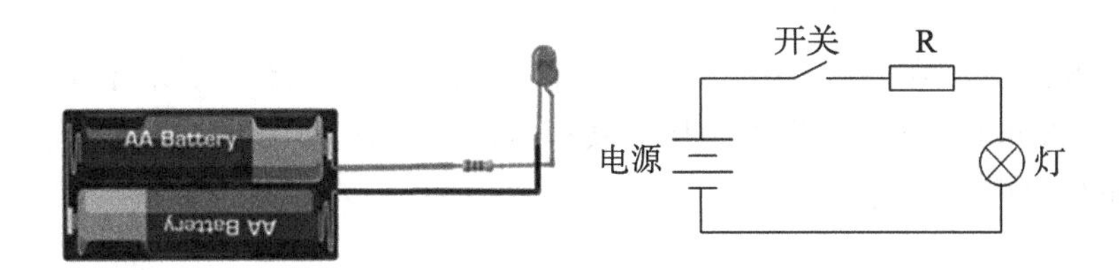

图7-6　LED灯驱动电路实物图和示意图

7.1.2.1　电源和USB数据线

电源是向电子设备提供能源的装置。电源的大小用电压（voltage）表示，电压的国际单位制为伏特（V，简称伏），常用的单位还有毫伏（mV）、微伏（μV）和千伏（kV）等。

电源分直流电（DC）和交流电（AC）。小型用电设备一般由直流电源供电。电池是一种具有稳定电压和电流，长时间稳定供电的直流电源。电池种类有很多，电池电压有1.5V、3.7V、5V、9V和12V等。VCC（volt current condenser）代表电路的供电电压，即电源的正极，也可以直接标注其电压值，如5V。GND（地，ground）代表地线或电源负极，就是公共地的意思。但这个地和我们日常生活中高压电中的地线不同，并不是真正意义上的大地，是相对的表示负极的地。

一般地，Arduino的常用供电方式有四种：USB口供电；Vin引脚供电；5V引脚供电；电源接口供电。

1）使用USB口供电（图7-7）

Arduino板最简单的供电方式是通过一根USB数据线进行供电，供电的同时还负责程序下载和数据通信。

图7-7　Arduino的USB口位置

使用这种方法供电时，电源电压需要稳定的+5V直流电压。如果将Arduino开发板通过USB数据线连接在电脑USB端口上开发Arduino程序，电脑的USB端口可以为Arduino开发板提供电源。当然，也可以用Arduino的USB数据线连接手机充电器或者充电宝为Arduino供电。

2）使用Vin引脚供电（图7-8）

Vin引脚可用于为Arduino开发板供电使用。但使用Vin引脚为Arduino开发板供电时，直流电源电压必须为7～12V。使用低于7V的电源电压可能导致Arduino工作不稳定，使用高于12V的电源电压则可能毁坏Arduino开发板。

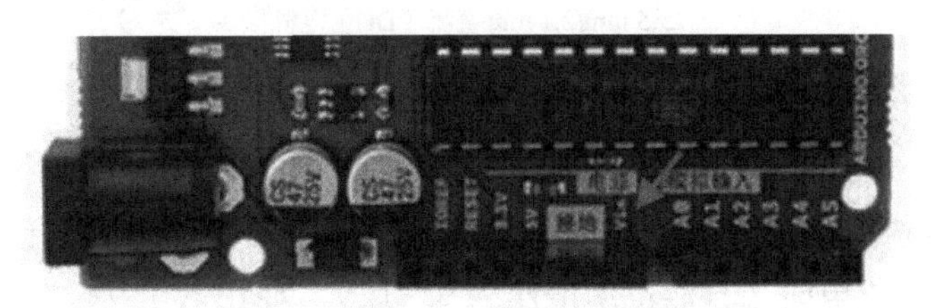

图7-8　Vin引脚位置

3）使用5V引脚供电（图7-9）

Arduino 开发板电源引脚中的 5V 引脚不仅可以用于为外部电子元件提供 +5V 电源，也可以用于为 Arduino 开发板供电使用。我们可以将常见家用直流电源适配器进行改装作为 Arduino 供电电源使用。

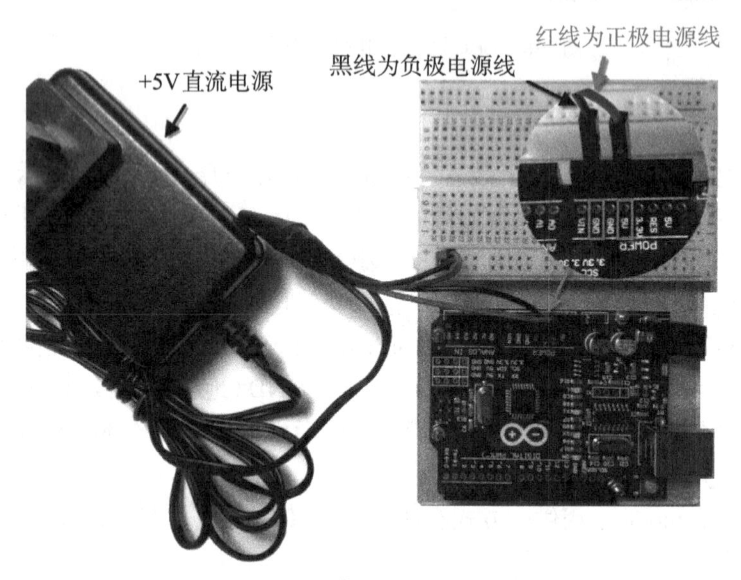

图7-9　Arduino 使用5V电源适配器供电

特别注意的是，在使用 5V 引脚为 Arduino 开发板供电时，一定要确保电源电压为稳定的直流电源，且电源电压为 +5V。这一点十分重要，否则可能损坏 Arduino 开发板。

4）使用电源接口供电（图7-10）

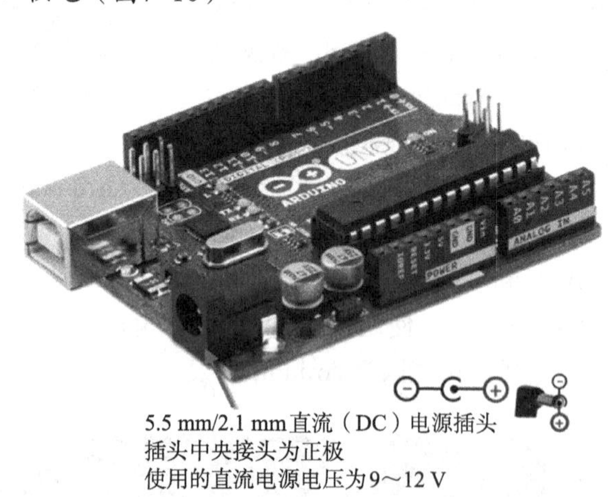

图7-10　Arduino使用电源接口供电

可以使用直流电源通过 Arduino 开发板的电源接口为 Arduino 供电。通过此方法为 Arduino 开发板供电时，直流电源电压为 9～12V。使用低于 9V 的电源电压可能导致 Arduino 工作不稳定，使用高于 12V 的电源电压则存在毁坏 Arduino 开发板的风险。

这里要注意，如果考虑整体供电，或者其他需要独立供电的模块，比如电机驱动模块等，外部模块需要与 Arduino 板共地，也就是 Arduino 板的电源地与外部模块的电源地需连接在一起，共用同一个参考地。

7.1.2.2 电路中信号的分类

电路中的电信号可以分为模拟信号和数字信号两大类。在数值和时间上都是连续变化的信号，称为模拟信号。例如随温度、压力、湿度、流量等物理量连续变化的电压或电流。在数值和时间上不连续变化的信号，称为数字信号，例如只有高、低电平跳变的矩形脉冲信号。模拟信号和数字信号如图 7-11 所示。

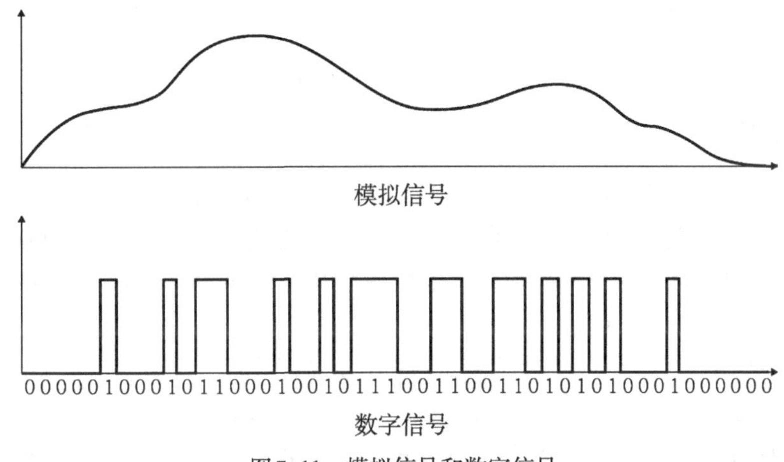

图 7-11 模拟信号和数字信号

除了模拟信号和数字信号外，还有一种利用数字信号输出对模拟电路进行控制的方法，称为脉冲宽度调制（pulse width modulation，PWM）技术。把每一脉冲宽度均相等的脉冲列作为 PWM 波形，通过改变脉冲列的周期可以调频，改变脉冲的宽度或占空比可以调压，采用适当控制方法即可使电压与频率协调变化。可以通过调整 PWM 的周期、PWM 的占空比而达到控制的目的。PWM 被用到许多地方，如调光灯具、电机调速、声音的制作等。

值得注意的是，PWM 信号仍然是数字的，因为任意给定时刻，直流电压要么是 5V（ON），要么是 0V（OFF）。电压或电流源是以通（ON）或者断（OFF）的重复序列被加到模拟负载上去的。通的时候即是直流供电被加到负载上，断的时候即是供电被断开的时候。理论上只要带宽足够，任何模拟值都可以使用 PWM 进行编码。输出的电压值是通过接通和断开的时间（即占空比）计算的。

$$占空比=\frac{接通时间}{脉冲时间}\times 100\%$$

$$输出电压=占空比\times 最大电压$$

图 7-12 给出了占空比为 75% 和 50% 情形下的输出波形图。

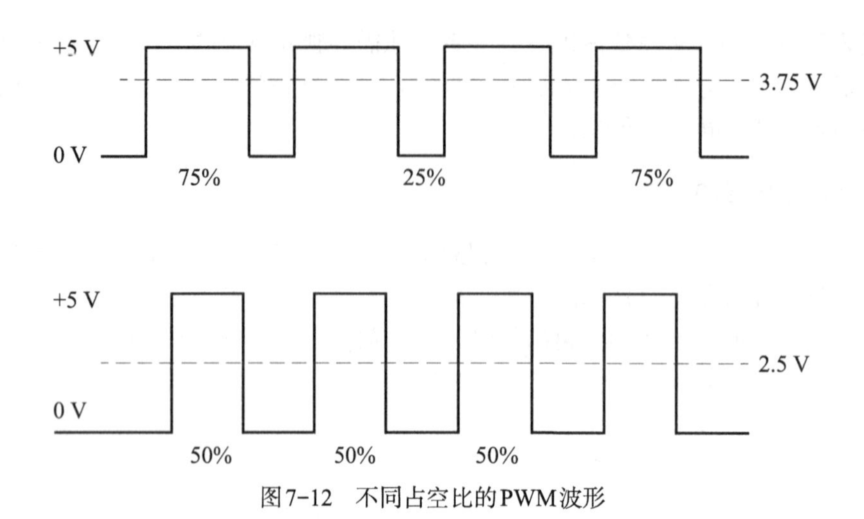

图7-12 不同占空比的PWM波形

7.1.2.3 电阻器

电阻器（resistor，简称电阻）是一个限流元件，在电路中常用字母R来表示。每一个电阻都有一定的阻值，它代表电阻对电流流动阻挡力的大小，单位为欧姆Ω（简称欧），常用的还有千欧kΩ、兆欧MΩ。电阻器与其他元件一起构成功能电路，如限流、分压电路等，如图7-13所示。

电阻器有很多种类，阻值不能改变的称为固定电阻器，阻值可变的称为电位器或可变电阻器。理想的电阻器是线性的，即通过电阻器的瞬时电流与外加瞬时电压成正比。选用电阻的时候还必须考虑该电阻所需承受的功率（单位为W），当电阻超过其所能承受的功率时会造成电阻烧毁，并严重影响整个电路。常用的固定电阻如图7-14所示。

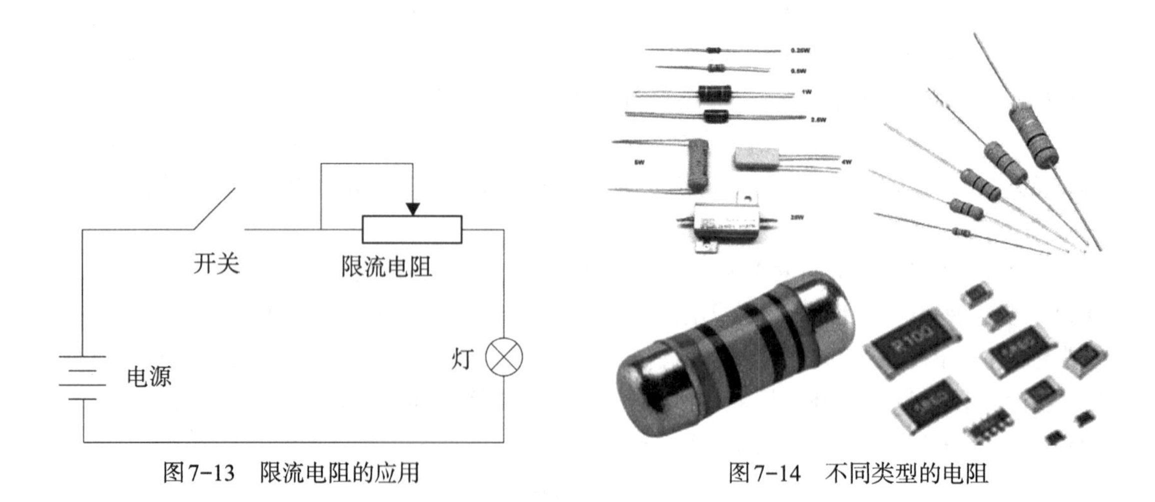

图7-13 限流电阻的应用

图7-14 不同类型的电阻

对于体积很小的固定电阻常用色环来标注其阻值。市面上常见的有四环电阻和五环电阻，其色环电阻读取方法如图7-15所示，比如四色环电阻前三环为“红红棕”表示其阻值为220欧，五色环电阻前四环为“棕黑黑棕”表示阻值为1kΩ。

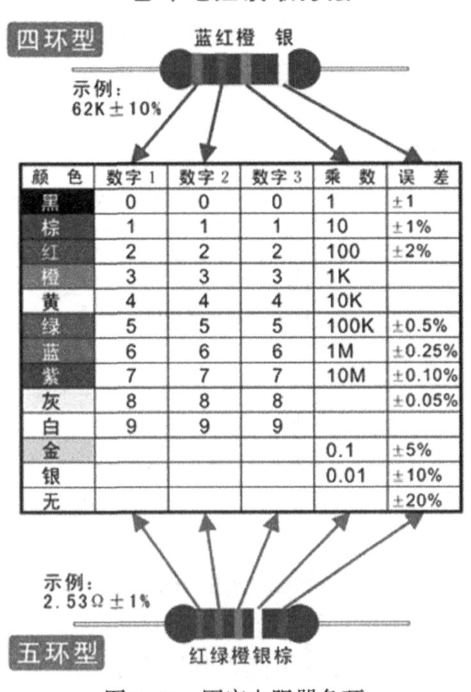

颜色	数字1	数字2	数字3	乘数	误差
黑	0	0	0	1	±1
棕	1	1	1	10	±1%
红	2	2	2	100	±2%
橙	3	3	3	1K	
黄	4	4	4	10K	
绿	5	5	5	100K	±0.5%
蓝	6	6	6	1M	±0.25%
紫	7	7	7	10M	±0.10%
灰	8	8	8		±0.05%
白	9	9	9		
金				0.1	±5%
银				0.01	±10%
无					±20%

图7-15　固定电阻器色环

还有一些特殊电阻器，如热敏电阻器、压敏电阻器和敏感元件，其电压与电流的关系是非线性的。很多传感器都可以通过测量其电阻值体现其物理量值，如测量光强的光敏电阻器，其特点是电阻值与光照强度变化程度呈比例关系。

7.1.2.4　电容器

电容器（capacitor，简称电容）在电路中常用字母C来表示。顾名思义，电容就是“装电的容器”，是一种容纳电荷的器件。电容器所带电荷量Q与电容器两极间的电压U的比值，称为电容器的电容。在国际单位制里，电容的单位是法拉（F，简称法）。由于法拉这个单位太大，所以常用的电容单位有毫法（mF）、微法（μF）、纳法（nF）和皮法（pF）等，以千进位换算。图7-16所示的是电容器符号及实物。电容器是储能元件，它具有充放电特性和阻止直流电流通过、允许交流电流通过的性能。在实际电路中电容器有很多用途，例如，用在滤波电路中的电容器称为滤波电容器，滤波电容器将一定频段内的信号过滤掉；用在积分电路中的电容器称为积分电容器；用在微分电路中的电容器称为微分电容器。

C

图7-16　电容符号与实物

电容的应用例子之一是滤波，一般用于对电源电压做进一步处理。经过整流之后的电源电压虽然没有交流变化成分，但其脉动较大，一般不能满足实际需要，需要经过滤波电路消除其脉动交流成分，得到平滑的直流电压。图 7-17 是电容滤波的应用例子。v_2 是带有脉动交流成分的输入电压，v_L 是得到的较为平滑的输出电压。

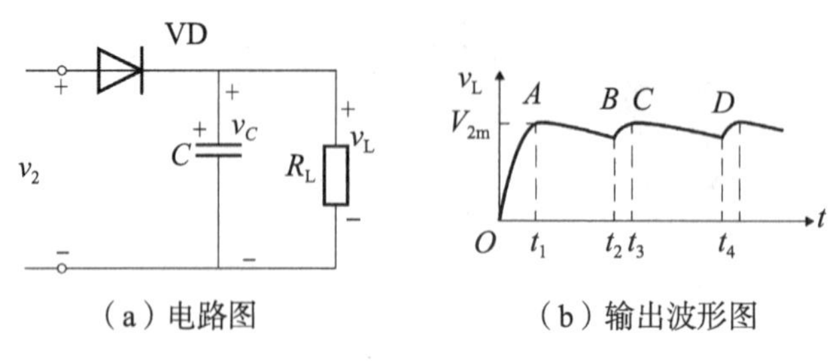

图7-17　电容滤波应用

7.1.2.5　电感器

电感器（inductor）是能够把电能转化为磁能并存储起来的元件。电感器是由导线绕制而成的线圈，具有一定的自感系数，称为电感，电感的单位是亨利（H，简称亨），标记为 L。电感也常用毫亨（mH）或微亨（μH）为单位，以千进位换算。图 7-18 是电感器符号及实物图。电感器对交变电流有阻碍作用，在电路中主要起到滤波、振荡、延迟等作用，常用于筛选信号、过滤噪声、稳定电流及抑制电磁波干扰。

图7-18　电感符号与实物

7.1.2.6　LED灯

二极管（diode）是最常用的电子元件之一。它由两个电极组成，一个称为阳极，另一个称为阴极。二极管的特点是正向导通，即当阳极接电源正极，阴极接电源负极时，施加在其上的电压称为正向电压，二极管导通；反之二极管则处于截止状态。

LED 灯（发光二极管）是半导体二极管的一种，可以把电能转化成光能。常用作信号指示灯、文字或数字显示等。LED 灯具有单向导电性，当给 LED 灯加上正向电压后，产生自发辐射的荧光。LED 灯用的材料不同，发光颜色也不同。LED 灯实物如图 7-19 所示。LED 灯的两个管脚中较长的是阳极，短的是阴极。

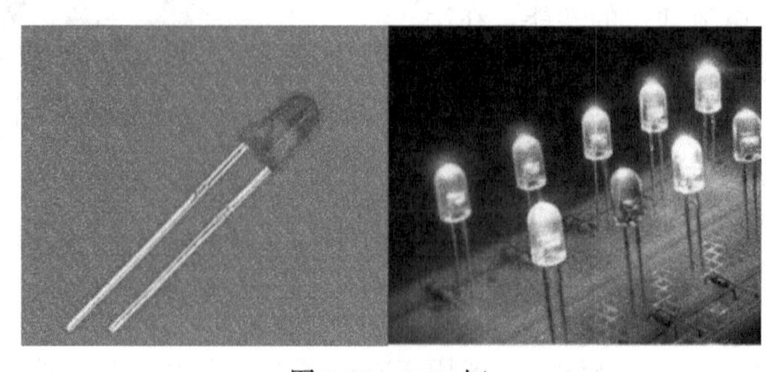

图7-19　LED灯

LED灯导通电压一般在1V左右，导通电流一般为10mA。如果施加的正向电压超过导通电压，LED灯电流会急剧上升直到损坏。在应用中需要在LED灯电路中串联一个限流电阻来保证其正常工作。电阻器阻值根据施加电压和LED灯导通电压计算，计算公式如下：

$$R=(E-U_E)/I_F$$

式中，E是施加的电压，U_E是导通电压，I_F是导通电流。如果施加的电压是5V，U_E取1V，I_F取10mA，R的计算值则是400Ω，实际采用1kΩ也能满足发光要求。

7.1.2.7 杜邦线

杜邦线是一种连接导线，可用于实验板的引脚扩展、增加实验项目等。通过杜邦线，可以快速把各种模块与Arduino引脚连接在一起，无须焊接就可进行电路试验。

杜邦线接头有两种形式：插针和插孔。

根据不同用途接头有3种组合形式：两头都是插孔（称母母杜邦线），两头都是插针（称公公杜邦线），一头插针一头插孔（称公母杜邦线）。

杜邦线有很多种颜色，连线时可用来区分不同信号。Arduino引脚是标准的0.1英寸（1英寸≈2.54厘米）间距，各种模块引脚也基本是标准间距，市场上供应的标准排线为杜邦线，有多种长度可供选择，如图7-20所示。杜邦线可以重复使用，完成实验后把杜邦线拆卸下来可供下次使用。

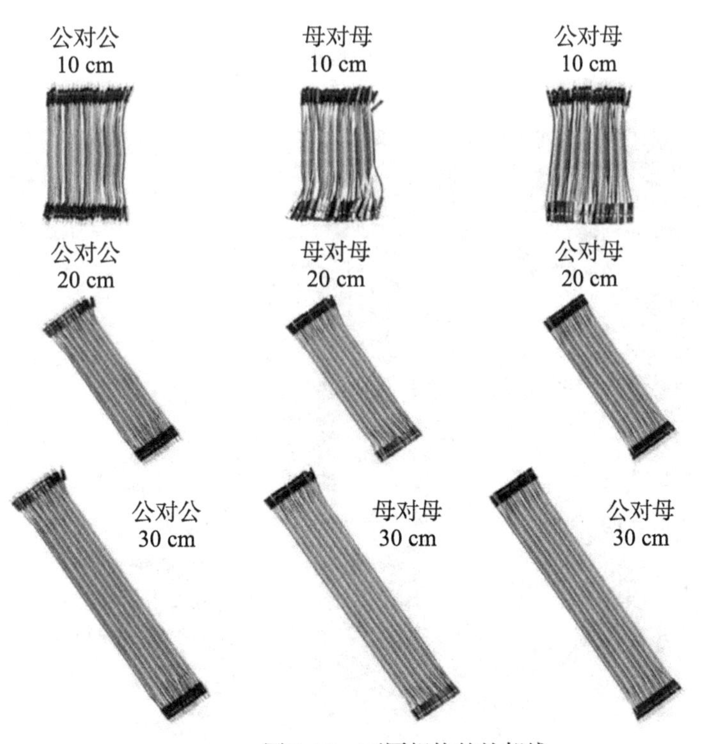

图7-20　不同规格的杜邦线

7.1.2.8 面包板

面包板是用于搭建电路的基础元件之一。板子上有很多小插孔，是专为电子电路的无焊接实验设计制造的。由于各种电子元器件可根据需要随意插入或拔出，免去了焊接，而且元件可以重复使用，所以非常适合电路的调试和训练。

如图 7-21 所示的面包板以中间的长凹槽为界分成上、下两部分，每一部分的每一列有 5 个插孔，5 个竖列插孔被一条金属簧片连接，但竖列与竖列方孔之间是绝缘的。元件插入孔中时能够与金属条接触，从而达到导电目的。横排上的器件要连通的话，需要用杜邦线连接。板子上下两侧有两排插孔，也是 5 个一组。这两组插孔一般用来给板子上的元件提供电源。面包板实验实例如图 7-22 所示。

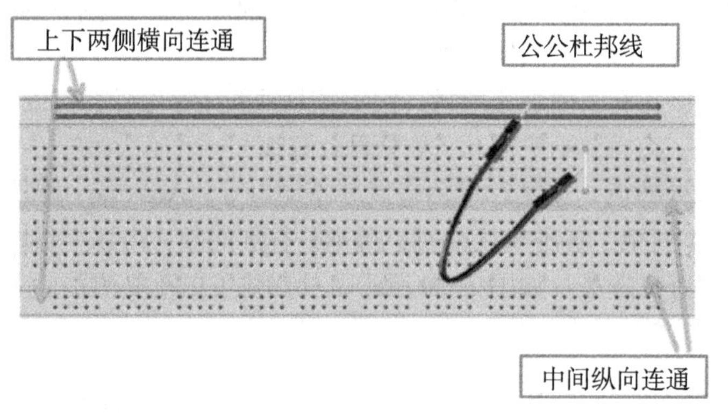

图7-21　面包板实物图

图7-22　面包板实验实例

7.1.2.9 Arduino扩展板

Arduino扩展板也被称为传感器扩展板，可以堆叠接插到Arduino板上，进而实现特定项能的扩展。在面包板上接插元件固然方便，但需要有一定的电子知识来搭建各种电路。而用传感器扩展板可以一定程度地简化电路搭建过程，更快速地搭建出自己的项目。使用传感器扩展板，只需要通过连接线把各种模块接插到Arduino板上即可，例如使用网络扩展板可以使Arduino具有网络通信功能。

传感器扩展板是最常用的Arduino外围硬件之一，其种类很多，我们可以按需要购买或自行设计，其扩展原理基本相同。传感器扩展板并不会增加I/O口的数量，但有插入传感器的接口，方便连接多个传感器。每个传感器模块都需要电源供电，Arduino板上电源插孔少，不能满足多个模块电源引脚的连接，而传感器扩展板可给每个I/O接口都配上电源。图7-23是传感器扩展板和温湿度传感器接入传感器扩展板的实物图。

图7-23 Arduino扩展板

7.1.2.10 Arduino开发板

Arduino开发板分入门级、高级类、物联网类、教育类和可穿戴类等五大类。

入门级开发板：UNO、Leonardo、Micro、Nano、Mini等。

高级类开发板：Mega 2560、Zero、Due等。

物联网类开发板：Yún、Ethernet、TIAN等。

教育类开发板：CTC101、Engineering KIT等。

可穿戴类开发板：Gemma、LilyPad、LilyPad USB等。

建议Arduino初学者选用入门级产品。如果要完成复杂功能，则选用性能较高、速度较快的高级类开发板。采用物联网类开发板便于设备互联。教育类开发板可以使教师利用必需的软硬件工具，充分激发读者的兴趣和热情，引导读者进行编程和电子设计创新实践。可穿戴类开发板可以使开发者感受将电子产品穿戴在身上的神奇体验。

7.1.2.11 Arduino UNO简介

Arduino UNO是一个基于Atmega328P微控制器（又称单片机）的开发板，它有14路数字输入/输出口（其中6路可作为PWM输出）、6路模拟输入、一个16MHz晶体振荡器、一个USB接口、一个电源插孔、一个ICSP插座和一个复位按钮。Arduino UNO开发板采用一根USB线与计算机连接，USB线同时具有供电和通信的功能，Arduino UNO开发板也可以通过AC-to-DCx变换器或电池供电。Arduino UNO开发板实物如图7-24所示。

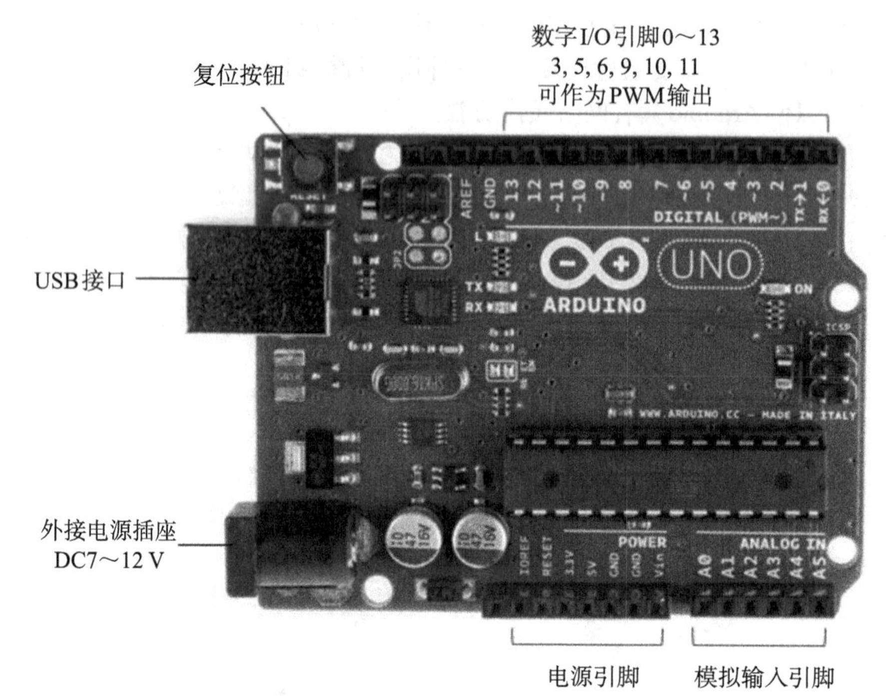

图7-24　Arduino UNO 开发板实物图

1）性能指标

Arduino UNO 开发板的性能指标如表7-2所示。

表7-2　Arduino UNO 开发板的性能指标

名称	性能指标
处理器	ATmega 328P
工作电压	5V
输入电压（推荐范围）	7～12V
输入电压（极限范围）	6～20V
数字I/O引脚	14 路数字输入/输出口 其中 6 路可作为PWM 输出
模拟输入引脚	6 路模拟输入
I/O引脚的直流电流	40mA
3.3V引脚的直流电流	50mA
Flash Memory	32 KB

续表

名称	性能指标
SRAM	2 KB
EEPROM	1 KB
工作时钟	16 MHz
内置LED指示灯	连接数字口13

2）引脚说明

① VIN：当使用外部电源供电时，VIN是Arduino/Genuino开发板的输入电压引脚，或者当通过电源插座供电时，可从这个引脚得到5V电压。

② 5V：该引脚输出5V电压。若通过5V或3.3V引脚供电可能损坏旁路线性稳压器，故不推荐使用5V或3.3V引脚供电。

③ 3.3V：该引脚输出3.3V电压，其最大电流是50mA。

④ GND：该引脚是接地引脚。

⑤ IOREF：扩展板可读取IOREF引脚的电压并选择合适的电源，或者提供3.3V或5V的电平转换。

⑥ A0～A5：6路模拟输入，每一路具有10位的分辨率（即输入有1024个不同值），默认输入信号范围为0～5V，可以通过AREF调整输入上限。

⑦ 14路数字输入/输出口：工作电压为5V，每一路能输出和接入的最大电流为40mA。

⑧串口信号RX（0号）、TX（1号）：用于接收（RX）和发送（TX）TTL串行数据。外部中断（2号和3号）：触发中断引脚，可设成上升沿、下降沿或同时触发。

⑨脉冲宽度调制PWM（3、5、6、9、10、11）：提供6路8位PWM输出（即PWM输出有256个不同值）。

⑩ SPI：10（ss），11（MOSI），12（MISO）和13（SCK）。这些引脚支持SPI通信。

⑪LED灯：Arduino开发板上有一个与13脚连接的LED灯。当13脚为HIGH（高电平）时，LED灯亮；当13脚为LOW（低电平）时，LED灯灭。

⑫AREF：模拟输入信号的参考电压。

⑬RESET：该引脚为低电平，将复位微控制器。

案例7-1：LED灯驱动电路

Arduino UNO开发板上的电源引脚，可以向各种元件供电，其中“5V”引脚输出5V电压。下面，用此“5V”引脚作为电源正极，“GND”接地引脚作为电源负极，构建一个LED灯驱动电路。

电路连接如图7-25所示。先把LED灯和电阻器串联插入面包板，然后用杜邦线将电阻和LED灯的一端接到电源正极（5V），另一端则连接到负极（GND），构成回路。注意这里需要选择220Ω～1kΩ电阻进行限流，以防烧坏LED灯。还要注意工作电压与正负极，任何电气元件都需要正负极正确供电才能工作，电压不正确会导致无法工作或烧毁元器件。注意LED灯的长脚是正极。

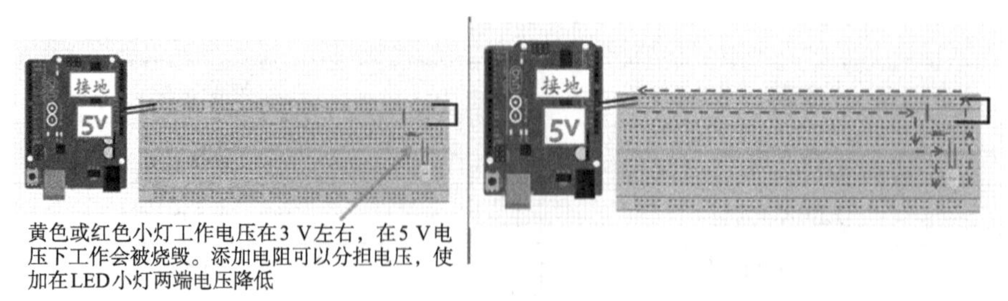

图7-25　LED灯驱动电路连接

电路连接好后，给 Arduino UNO 开发板供电，LED 灯即可点亮。供电方式可选择通过 USB 口连接移动电源或计算机；或者选择外部电源供电，即用 9V 电池通过外接电源插孔供电，如图 7-26 所示。

图7-26　Arduino UNO开发板供电连接

案例 7-2：使用按键开关

一个可运行、可靠和可控的电路必须遵循的基本原则：有电源、开关和电器负载（灯泡），用导线串联起来，形成从电源正极到负极的电路。现在我们在上例所做的 LED 灯驱动电路上加个按键开关。

按键是一种常用的控制电器元件，常用来接通或断开电路，从而控制电机或者其他设备运行的启停。按键的外观多种多样，本次实验使用的微型按键如图 7-27 所示。按键没按下时 1、2 号脚相连，3、4 号脚相连；按键按下去时，1、2、3、4 号脚就全部接通。

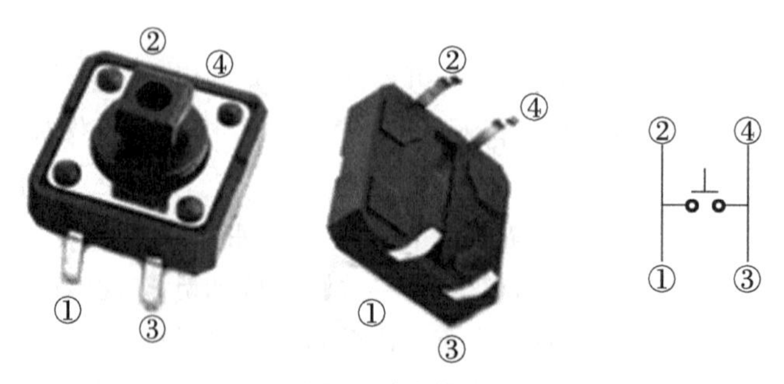

图7-27　按键开关实物图和示意图

电路连接如图7-28所示。使用按键的1、3引脚或者2、4引脚串联接入电路。当按键按下时LED灯亮，当松开按键时LED灯灭。

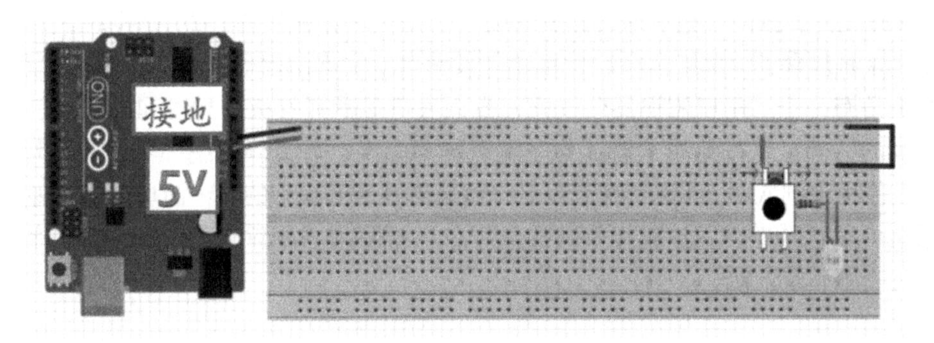

图7-28　带按键开关的LED驱动电路

7.2　Arduino集成开发环境

7.2.1　Arduino IDE简介

Arduino集成开发环境（integrated development environment，IDE）是一个在计算机里运行的软件，可以上传不同的程序，而Arduino的编程语言也是由Processing语言改编而来的。

Arduino IDE是Arduino的开放源代码的集成开发环境，其界面友好，语法简单，并能方便地下载程序，使得Arduino的程序开发变得非常便捷。作为一款开放源代码的软件，Arduino IDE也是由Java、Processing、avr-gcc等开放源码的软件写成。Arduino IDE的另一个最大特点是跨平台的兼容性，其适用于Windows、MaxOsX及Linux。从官方网站（https://www.arduino.cc/en/software）下载页面可下载最新版本的Arduino IDE，如图7-29所示。

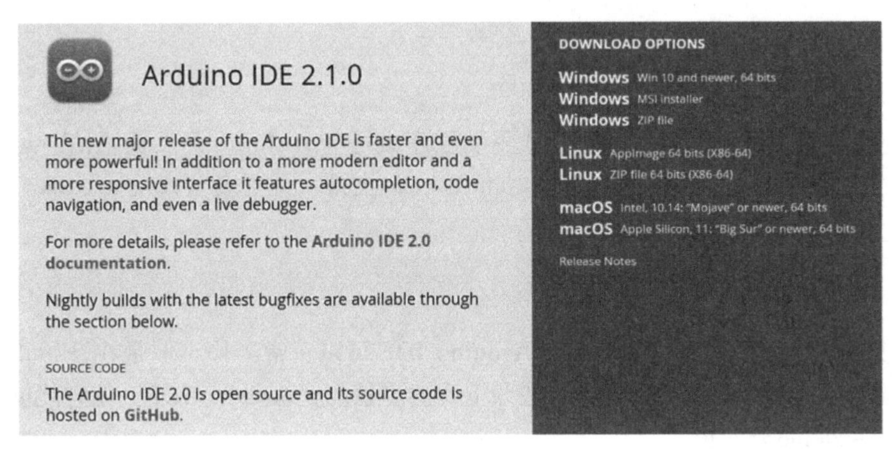

图7-29　Arduino IDE

这里仅介绍在Windows下Arduino IDE的安装和驱动。访问Arduino官网（https://www.arduino.cc/en/software）下载Windows zip安装压缩文件。双击运行压缩文件中的arduino.exe文件，按向导指示即可完成安装。启动后其界面如图7-30所示。

IDE界面包含了菜单工具栏、常用功能按钮区、文本编辑器、消息区和文本控制台，界面右上角有一个“串口监视器”按钮，界面底部显示开发板的类型和串口号。常用功能按钮区的“验证”按钮用于验证程序是否编写无误，若无误则编译项目；“上传”按钮用于上传程序到Arduino控制器上。串口监视器是IDE自带的一个简单的串口监视器程序，用它可以查看串口发送或接收到的数据，在排除程序故障或者Arduino程序进行简单通信时使用非常方便。

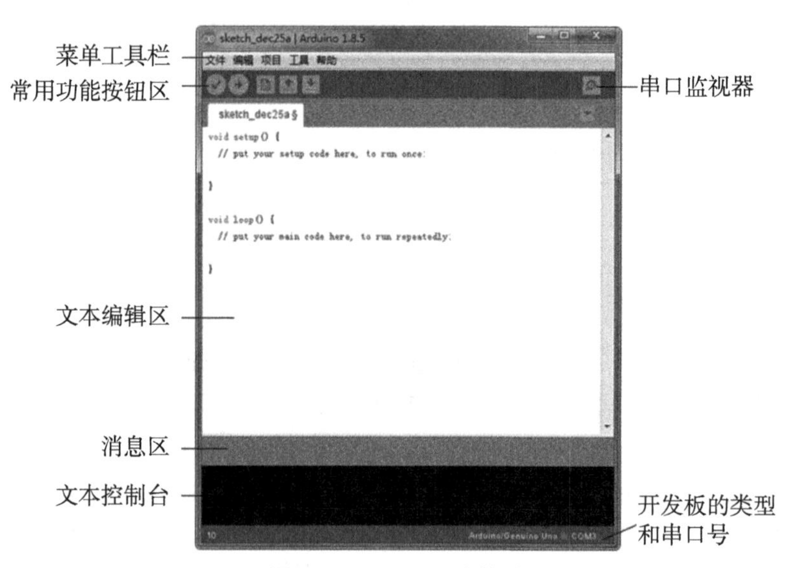

图7-30　IDE界面功能说明

7.2.2　安装Arduino IDE的步骤

7.2.2.1　安装USB驱动程序

安装好IDE后，还需要安装USB驱动程序方可与Arduino开发板通信。运行配套资料压缩文件drivers文件夹下的dpinst-amd64.exe文件，即可安装开发板USB口的驱动程序。

7.2.2.2　配置Arduino IDE

安装好驱动程序后，一般情况下Arduino IDE可以正常工作。但是在开始正式工作前，还需要检查两个主要的配置项。按照下面的步骤配置Arduino IDE，使它能够适配实际使用的Arduino开发板。

1）查找Arduino端口号

用USB数据线把开发板接上电脑。USB数据线兼有供电和数据通信的功能，连接后板上的电源指示灯（绿色）点亮。如果驱动程序安装成功，开发板接上电脑后，可以在电脑的设备管理器页面查看到分配给Arduino的COM端口号，如图7-31所示。

然后在Arduino IDE界面，打开菜单栏“工具/端口”，查看端口号是否与设备管理器中的一致，如果不一致需重新选择。

2）选择板的类型

在Arduino IDE界面，打开菜单栏“工具/开发板”，选择开发板型号为“Arduino/Genuino Uno”，如图7-32所示。最后点击“工具/取得开发板信息”，出现“开发板信息”对话框则表示配置成功，如图7-33所示。

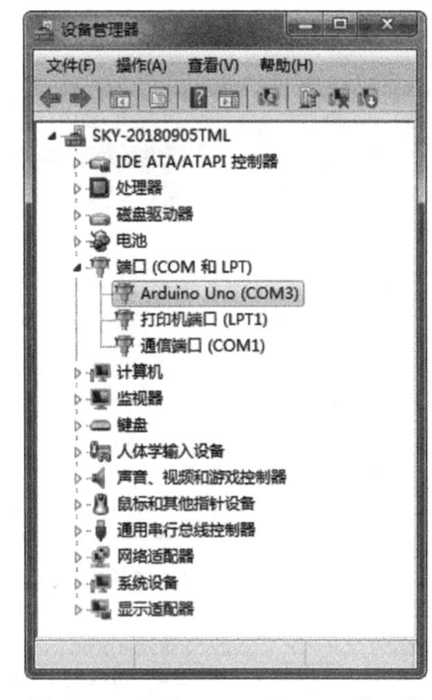

图7-31　查看Arduino的COM端口号

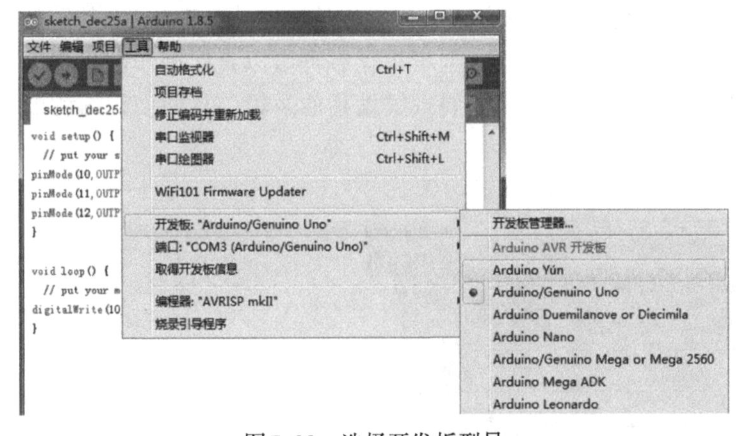

图7-32　选择开发板型号

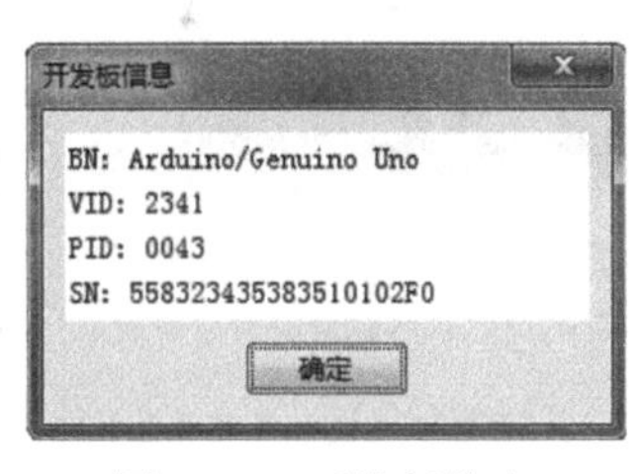

图7-33　开发板信息

7.2.2.3　试用Arduino开发环境

在Arduino IDE中带有很多种示例，包括基本的、数字的、模拟的、控制的、通信的、传感器的、字符串的、存储卡的、音频的、网络的等。下面介绍一个最简单、最具有代表性的例子Blink，以便读者快速熟悉Arduino IDE，从而开发出新的产品。

在菜单栏点击“文件/示例/01.Basics/Blink”，如图7-34、图7-35所示，打开Blink范例程序。该程序的功能是控制Arduino板上的LED灯的亮灭。

在Arduino IDE界面点击“上传”按钮，将示例程序写入Arduino。等待几秒后，可以看到Arduino开发板上的RX和TX指示灯在闪烁。若上传成功，则在界面底部显示“上传成功”的提示。上传完成后，程序开始运行，Arduino板上标有L的LED灯在闪烁。这说明开发环境测试成功，接下来可以开始使用Arduino软件开发了。

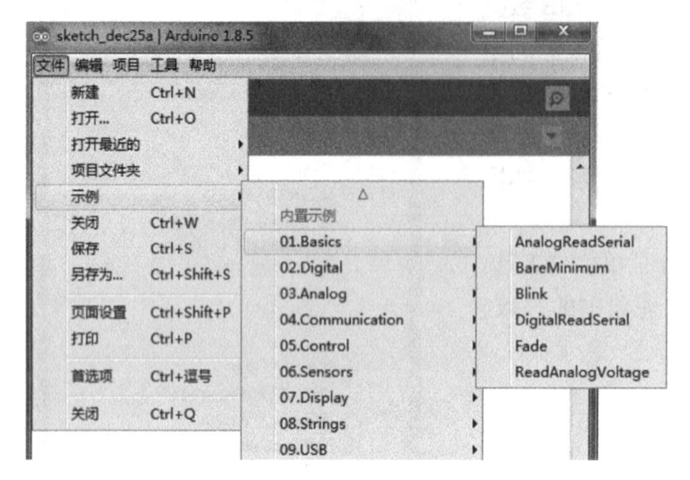

图7-34　打开Blink示例程序

图7-35　Blink示例程序

7.2.3　可视化编程与Mixly平台

可视化编程是一种用图形界面、拖拽组件等方式进行编程的方法（图7-36）。传统的文本编程需要用户掌握语言语法和命令行输入等，但可视化编程可以直接操作图形界面上的元素，不需要用户掌握编程语言和语法，只需要理解编程的逻辑，从而使得编程变得更加易学易用。

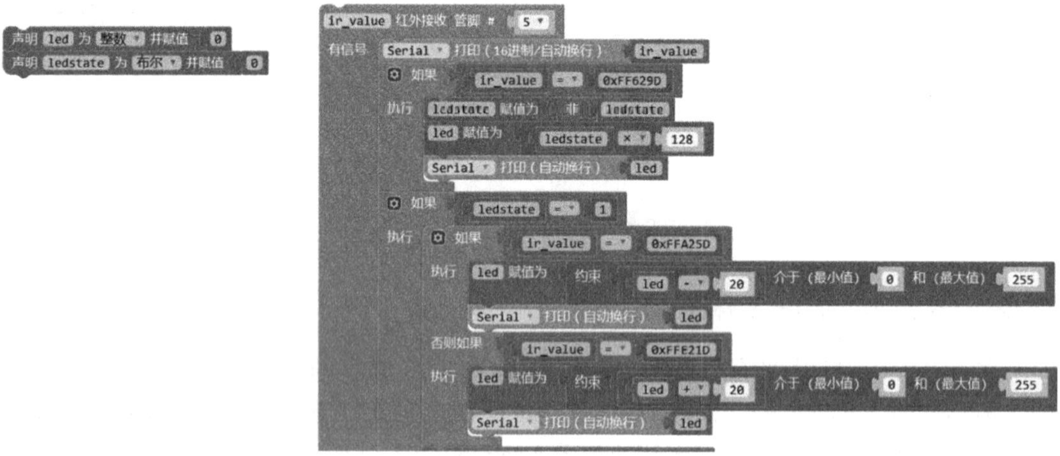

图7-36　可视化编程

可视化编程的基本原理是将复杂的程序逻辑分解成多个独立的组件，然后将这些组件通过连线的方式进行组合。用户可以通过拖动组件、设置属性、连接组件等方式来完成程序的设计和实现。可视化编程的思想与著名的编程范式——面向对象编程（OOP）相似，都是将程序抽象为多个独立的对象，并通过对象之间的交互来实现程序功能。

可视化编程工具通常会提供可视化的编辑器、库和组件等，用户只需要通过鼠标点击和拖拽等方式，就可以轻松地创建一个程序。与传统的文本编程相比，可视化编程最大的优势在于其直观性和易用性。可视化编程工具可以帮助用户快速搭建一个程序的框架，减少错误和冗余代码的产生，并且可以更加高效地完成一些繁琐的编程任务。

前面通过Processing学习Python的时候使用的编程语言都是文本式的，这种编程方式需要记忆比较多的语法规则，稍微不注意代码就可能报错。那么，在刚刚介绍的可视化编程中有没有什么软件可以比较好地帮助我们以可视化编程的方式用Arduino进行编程的呢？下面我们介绍一款可视化编程软件Mixly。

图7-37　Mixly的图标

Mixly（米思齐）（图7-37）是一款将图形编程方式和代码编程方式融合在一起的为硬件编程的软件开发环境，是北京师范大学教育学部创客教育实验室傅骞教授团队基于Blockly和Java 8开发完成的。与Arduino的可视化编程插件Mixly相比，编程软件Mixly脱离了Arduino IDE界面可独立运行，是更友好、更便捷的Arduino编程软件。官网网址为：https://www.mixly.org/。

Mixly高度还原Arduino代码，具有可实现编写较复杂程序的能力。与代码编程相比，首先米思齐可视化编程的模式具有易于理解、编程模式直观、不易忘记、开发快速等优点。其次，米思齐可视化编程具有较好的通用性和可扩展性，大部分厂家开发的Arduino配套元件都提供米思齐插件支持。本节对实战案例进行讲解，将实现编程思维、电路基础、嵌入式开发以及感应器和反馈元件使用方法的融会贯通，让读者全面掌握实施交互装置或产品原型开发的能力。

7.2.3.1　下载与安装Mixly

①访问网址：https://www.mixly.org/进行下载，在网站的主界面中找到软件平台栏目，选择Mixly2.0 RC3发布，点击进去后可以转跳到下载页面，点击下方的网盘链接即可下载。对于不同的系统以及不同的需求可以下载不同的版本，对于Windows操作系统，通常会选择“mixly2.0-win32-x64一键更新版.7z”这个文件，后面也以这个文件的安装方式为案例进行讲解，也可以选择一键更新完整版，它们的区别在于，一个是下载完之后需要安装的，一个是下载完之后直接可以用的。对于Mac操作系统来说，需要下载“mixly2.0-mac-rc3一键更新版.7z”以及“MAC安装Mixly2.0.txt”，安装教程比较繁琐，需要按着安装教程一步一步执行，同时还需要下载ruby。具体可以参考链接“https://blog.csdn.net/m0_65381017/article/details/126743958”中的说明。

②解压下载的压缩包之后打开文件夹，找到“一键更新”这个文件（图7-38），并打开它。这个过程需要联网。它会直接链接到Mixly官方的服务器下载最新的Mixly软件。

名称	修改日期	类型	大小
.git_mixly	2022/8/10 15:53	文件夹	
.git_win_avr	2022/8/10 15:53	文件夹	
.git_win_esp32	2022/8/10 15:53	文件夹	
.git_win_esp8266	2022/8/10 15:53	文件夹	
Git	2022/8/10 15:49	文件夹	
一键更新	2022/9/5 12:23	Windows 批处理文件	11 KB

图7-38　一键更新

③打开“一键更新”这个bat文件后会出现一个黑色的窗口（图7-39），在这里可以选择所要安装的开发板与联网安装。对于Arduino系列开发板来说，是默认安装的，所以没有提供这个选择，对于ESP8266和ESP32开发板，可以根据大家的学习需求按需选择，在本书的学习中用不到，所以都输入“n”选择不安装。根据图7-40的选择进行操作，最终等待下载完成。

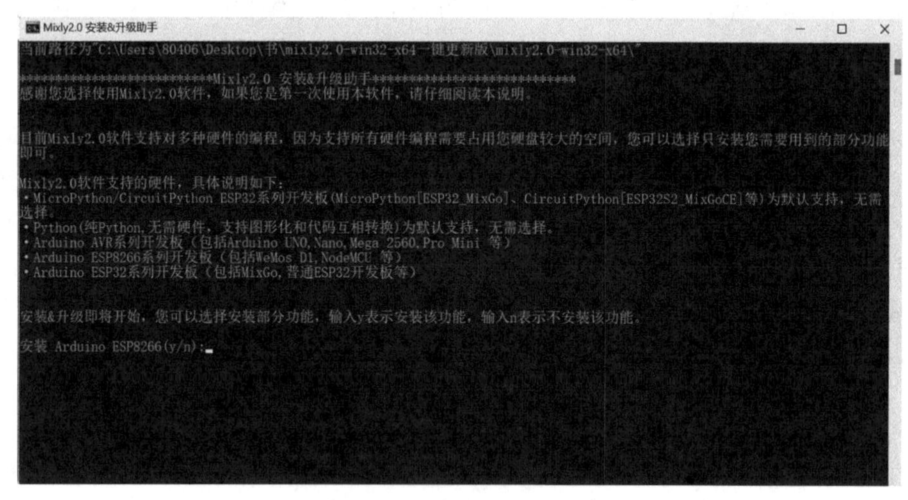

图7-39　一键更新操作界面

```
安装 Arduino ESP8266(y/n):n
No

安装 Arduino ESP32(y/n):n
No

更新结束后启动 Mixly2.0(y/n):y
Yes

C:\Users\80406\Desktop\书\mixly2.0-win32-x64一键更新版\mixly2.0-
Mixly2.0 正在升级中，请等待...
remote: Enumerating objects: 24341, done.
remote: Counting objects: 100% (24341/24341), done.
remote: Compressing objects: 100% (19580/19580), done.
Receiving objects:   1% (378/24341), 2.57 MiB | 246.00 KiB/s
```

图7-40　一键更新操作

④下载完成之后会自动打开Mixly软件，看到如图7-41所示的Mixly主界面，在这个界面里可以选择很多不同类型的开发板，也可以直接用图形编写Python代码，因为这一节所学的是Arduino，所以点击界面里的Arduino AVR卡片，进入编程的操作界面。

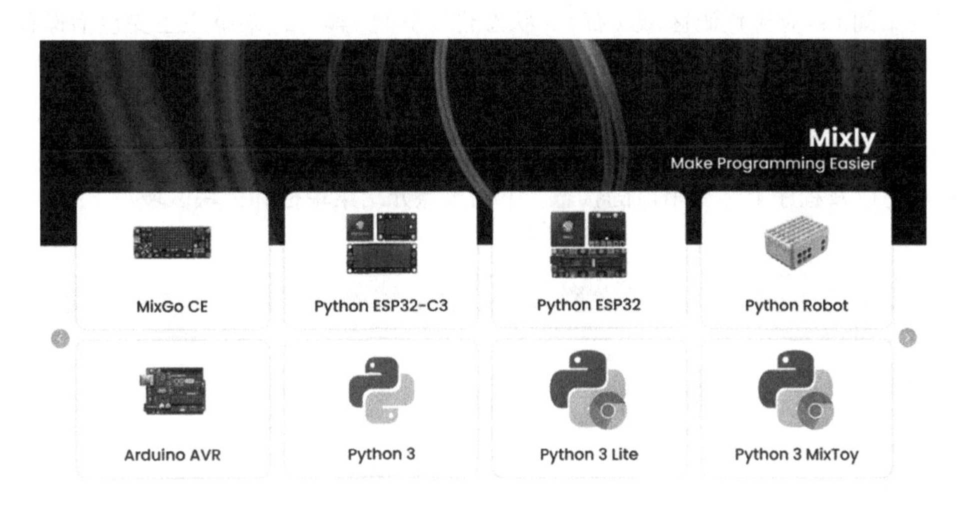

图7-41　Mixly主界面

⑤进入Arduino AVR图形化编程的这个操作界面（如图7-42）之后，就可以直接开始编写程序了。

图7-42　Mixly Arduino AVR界面

7.2.3.2　Mixly使用简介

Mixly的界面（如图7-43）主要分为五大部分：菜单栏（顶部）、模块区域（左）、编程区域（中间）、对应代码区域（右）、状态栏（下）。其中，菜单栏主要包括保存、打开、编译、上传、串口等功能；模块区域提供了各种各样的逻辑功能与传感器执行器；编程区域就是平时可视化编程用得最多的部分，可以把代码块直接拖到编程区域进行搭建代码编写程序；对应的代码区域会与模块区域一一对应；最后的状态栏可以看到程序上传的状态以及程序上传后串口的状态。下面重点介绍菜单栏和模块区域。

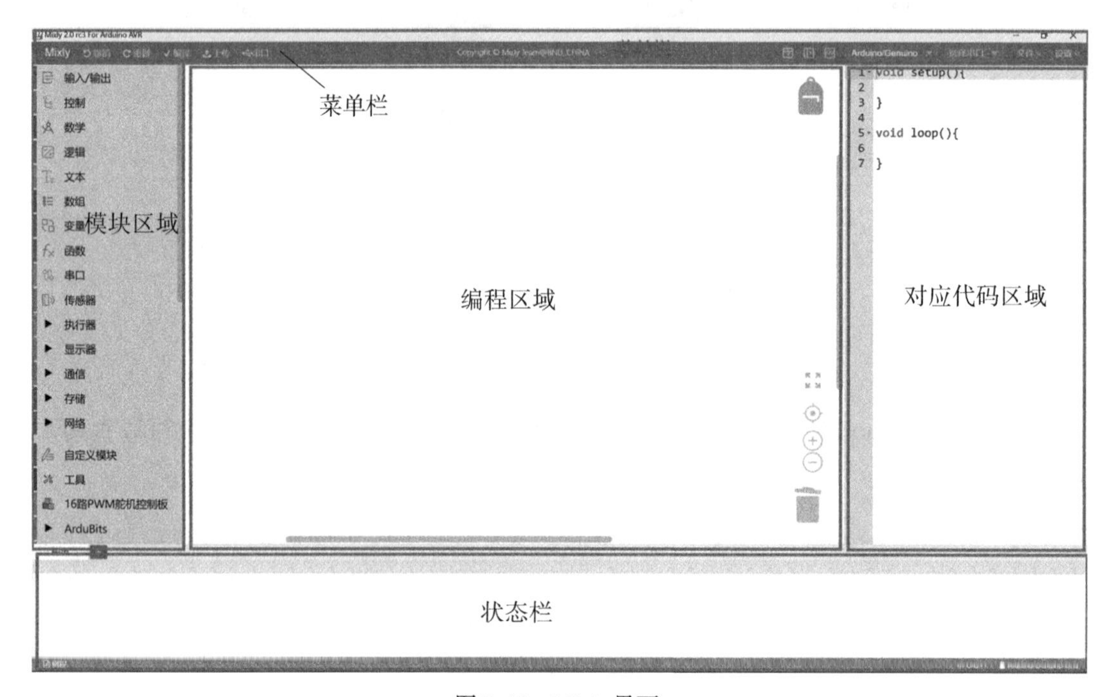

图7-43　Mixly界面

1）菜单栏

菜单栏的左边包括Mixly的Icon、撤销、重做、编译、上传、串口等按钮，最左上角的Mixly的Icon点击后可以返回到选择板子和模式的主界面。撤销和重做的快捷键分别是crtl+z和ctrl+y，可以返回到上一步或者重做撤销的步骤。编译是把代码进行代码检验和打包，把代码编译成单片机能够识别的机器语言。编译的过程可以不用连接Arduino板子就可以执行。上传就是把编译好的代码上传到Arduino板上，点击上传按钮其实包括了编译的过程，使用Mixly第一次上传会比较花时间，之后上传会稍快一点。左边最后就是串口按钮，串口可以理解为电脑与硬件通信的USB端口，具体通信的数据可以通过串口打印的方式在串口里面显示出来。

菜单栏的右边包括打开/关闭状态栏、打开/关闭代码窗口、切换图形化模式/代码模式、选择Arduino板子型号、选择串口、文件和设置。打开/关闭状态栏、打开/关闭代码窗口、切换图形化模式/代码模式这三个按钮顾名思义是用来打开关闭或者切换一些界面窗口的，根据实际需求可以选择性地开关一些窗口，使得工作流程更加舒适。选择Arduino板子型号这个位置可以调出一个列表，选择自己Arduino板子所对应的型号。一般默认型号是Arduino Uno（图7-44）。串口这个位置可以选择Arduino连接的电脑的端口，一般只有一个Arduino连接电脑的时候就只有一个串口可用，显示为COM X（X是一个数字）（图7-44）。当电脑同时连着多个Arduino的时候，就需要选择正确的串口了，不然会导致程序上传出错。在文件的按钮中可以打开和保存文件（图7-45）。在设置按钮中可以下载一些Mixly的库文件（图7-45）。

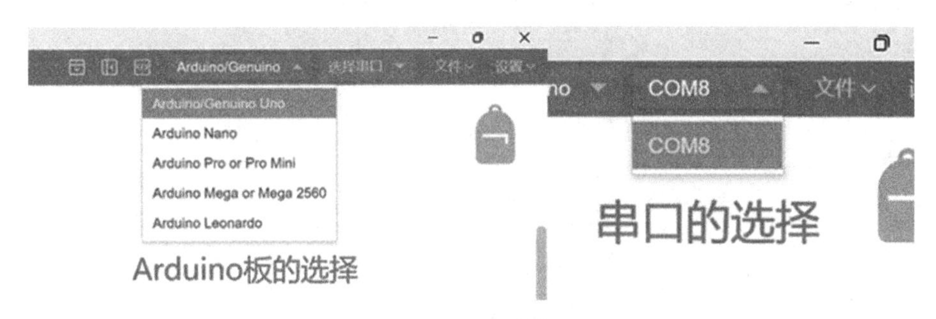

图7-44　菜单栏1

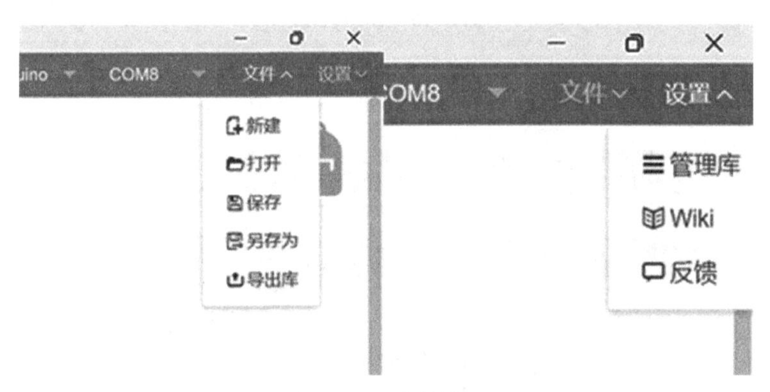

图7-45　菜单栏2

2）模块区域

功能模块选择区。包括编程常用的基本类别，如输入/输出、控制、串口、逻辑运算符、数学运算、数组、文本、串口、变量/常量、传感器、执行器等（图7-46）。

①输入/输出。输入/输出（图7-47）里面的模块是针对Arduino板的引脚（也称针脚）所设计的，主要是数字针脚和模拟针脚。对于输入模块来说，无论是数字输入还是模拟输入都需要选择引脚。对于输出模块来说，数字输出和模拟输出除了选择作为输出的引脚之外，还需要选择输出的状态/数值。

②控制。控制中的各个模块都是一些最基本的编程语句，包括初始化；条件语句、循环语句；延时语句，中断语句等。其中初始化表示Arduino IDE里的setup函数，在初始化里面放的模块都只会执行一次。在初始化外面放的模块则会在loop函数中，重复

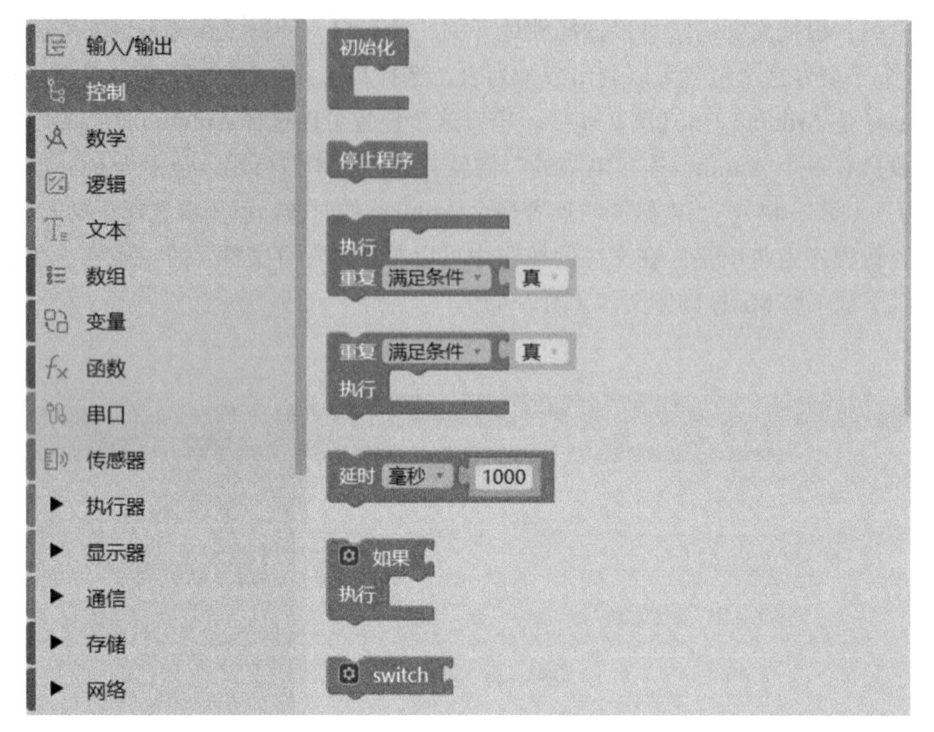

图7-46　模块区域

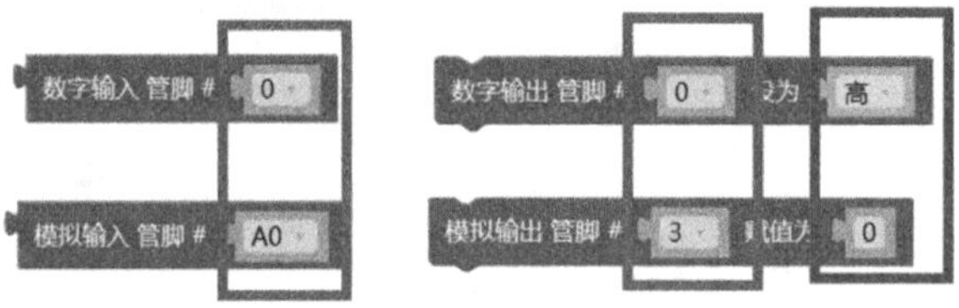

输入/输出引脚

输出数值

图7-47 输入/输出

执行。

③数学。数学运算主要是Arduino中常用的基本运算，包括四则运算、三角函数、函数映射、随机数、绝对值、四舍五入等。

④逻辑。逻辑运算符主要包括常见的“且”“或者”“非”，还包括比较运算符，如数字值、模拟值和字符的各种比较。

⑤文本。文本中的模块可以对字符、字符串进行编辑与操作，还在字符、字符串、整数、浮点数之间进行数据类型的转换。

⑥数组。数组中的模块可以建立一维数组和二维数组，数组是一种存储多个数据的列表，利用好数组的功能可以充分发挥计算机使用大数据的优势。

⑦变量。变量/常量主要包括数字变量、模拟变量、字符变量、字符串变量以及它们对应的各种常量。当声明了一个变量之后，变量这个栏目里面也会同步增加新增对应变量的模块，包括赋值给对应变量的模块与使用变量的值的模块。

⑧串口。串口是Arduino通过USB线和电脑软件进行通信的端口，该栏目里面的模块可以设置串口的波特率，在状态栏或串口监视器里面打印出串口的数值。

⑨传感器/执行器。这两个栏目（图7-48）里面都和Arduino外部连接的设备息息相关，传感器栏目里面提供了各种各样的传感器模块，如超声波传感器、温度传感器、重力传感器等。执行器里面又可以按声、光、力等三个物理现象分为声音、光线、电机三个部分，里面的模块可以用来控制声音、光线、电机这三种执行器的执行。

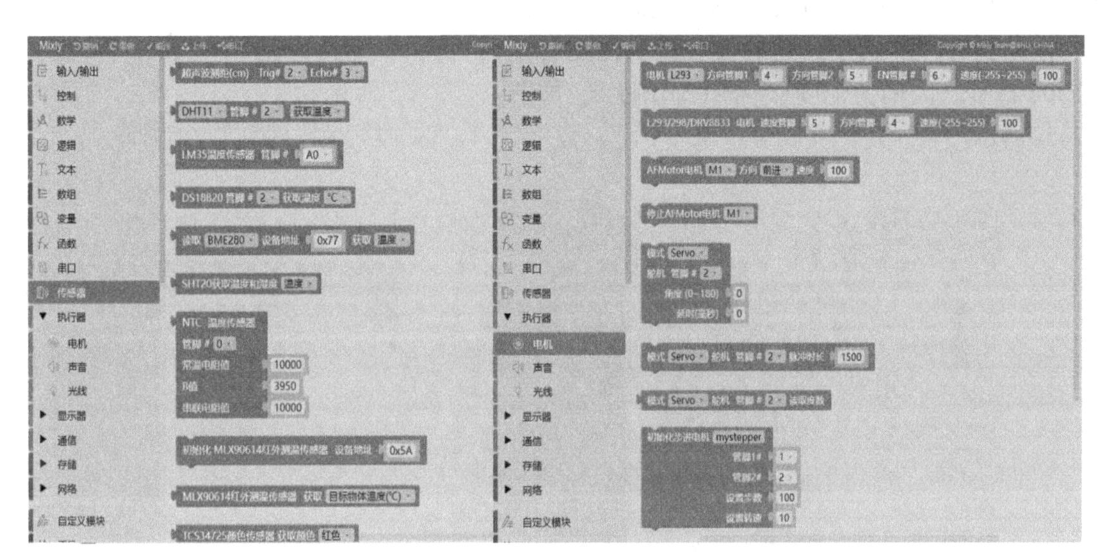

图7-48　传感器/执行器

⑩显示器。显示器里的模块常用于控制各种显示屏，如数码管、液晶屏、LCD显示屏、OLED显示屏和点整屏等。

7.2.3.3　可视化编程实践案例

Mixly可视化编程工具安装好后，接下来尝试用可视化编程方法实现Arduino示例中的“Blink”程序。读者可先学习“Blink”程序及其电路连接，如图7-49所示。

```
//setup函数每次reset之后执行一次
void setup() {
  //把13端口初始化为输出
  pinMode(13, OUTPUT);
}

//loop函数会不断执行
void loop() {
  digitalWrite(13, HIGH);  //把13端口设置成高电压
  delay(1000);             // 等1秒
  digitalWrite(13, LOW);   // 把13端口设置成底电压
  delay(1000);             //等1秒
}
```

图7-49　“Blink”程序

图7-50　“Blink”电路连接

进行可视化程序设计的步骤：

①打开Mixly，在输入/输出这一栏目里把数字输出模块拖到中间的编程区域中。

②将编程界面中的“管脚#”后边的数字改为“13”，将“设为”后面的改为“高”（图7-51）。

③点击左边的控制栏目，找到延时模块，把它拖动到编程界面中，延时模块默认的延时是1000毫秒，时间为1000毫秒（即1秒），如图7-52所示。

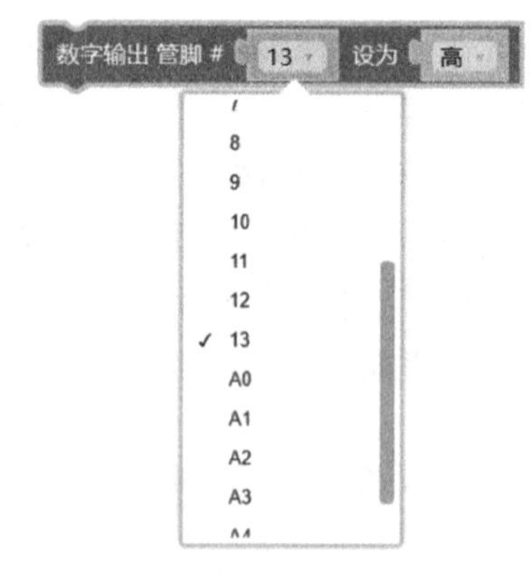

图7-51　设定数字针脚值

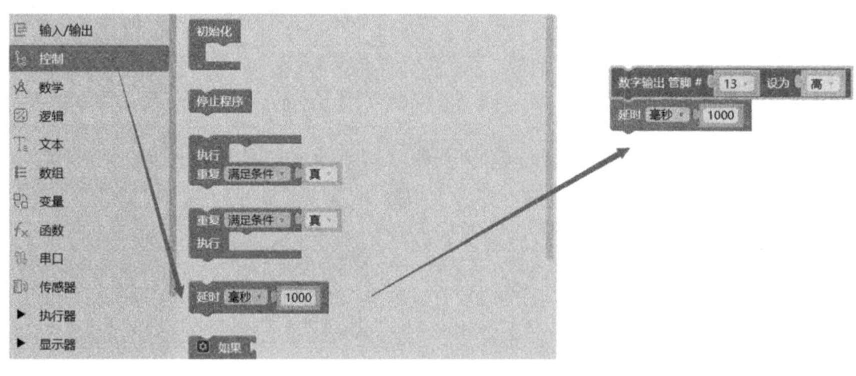

图7-52　设定数字针脚值

④右键点击刚刚设置好的数字输出模块和延时模块进行复制（如图7-53），再增加一个“设定数字针脚值”模块和一个“延迟”模块。并将其中的参数修改为如图7-53所示的值。将数字13口设置为“低”，表示输出低电平，并且再次延迟1秒。

⑤最后点击最上方的“上传”按钮，就可以自动生成Arduino编程代码了。

Tips：可视化编程的时候，如果想要删除某个模块，只需要将该模块拖动到左侧功能模块区任意位置即可，也可以拖动到右下方的垃圾桶图标。右键点击该模块除了可以复制模块之外，还可以对模块进行添加注释、折叠等操作。

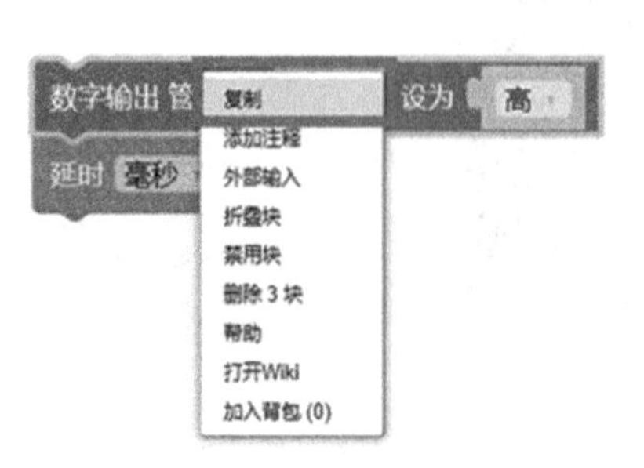

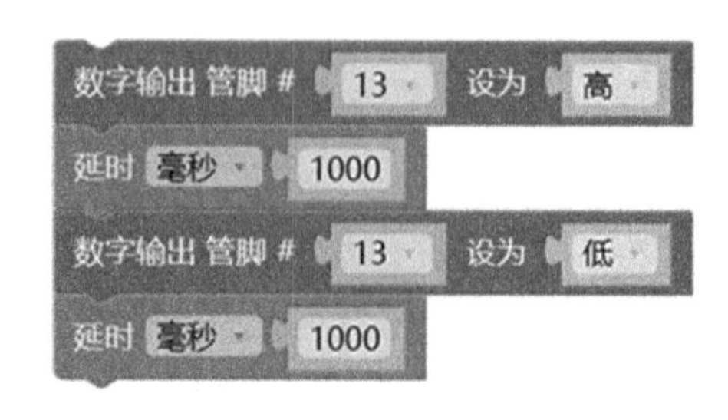

图7-53　设定数字针脚值

7.3 Arduino语言简介

7.3.1 Arduino的代码编写逻辑

Arduino 编程语言是建立在 C/C++ 基础上的，其实就是 Arduino 编程语言把与 C/C++ 相关的一些参数设置都函数化了，让不了解微控制器的人不用去了解底层硬件，也能轻松上手。

代码 7-1 是一个典型的 Arduino 程序，前面几行是注释行，介绍程序的作用及相关声明等，然后是变量的定义，最后是 Arduino 程序必须拥有的两个过程——void setup( ) 和 void loop( )。setup( ) 先执行且仅执行一次，通常设置引脚和初始化，setup( ) 执行后，loop( ) 不断地循环执行该函数体内的语句。由于在一般的 Arduino 开放板上，第 13 脚上都有一个 LED 灯（即 Arduino 板上标有 L 的 LED 灯），所以定义整型变量 led=13。另外，程序中用了一些函数，如 pinMode( )、digitalWrite( ) 和 delay( ) 等。

代码7-1

```
1.  /*闪烁：点亮1s，然后熄灭1s，重复。*/
2.  //Pin 13在大多数Arduino电路板上都有一个LED灯连接
3.
4.  //给了一个不同的名字
5.  int led=13;
6.
7.  void setup(){
8.    pinMode(led, OUTPUT);           //将数字管脚初始化为输出信号
9.  }
10.
11.   //循环程序会不断地重复运行
12.   void loop(){
13.     digitalWrite(led, HIGH);      //点亮LED灯（HIGH代表高电平）
14.     delay(1000);                  //等待1s
15.     digitalWrite(led, LOW);       //熄灭LED灯（LOW代表低电平）
16.     delay(1000);                  //等待1s
17. }
```

Arduino 编程语言与 C 语言一样，对于大小写字符敏感，所以在编写时要注意大小写字符的区分。

前几章我们学习了 Processing 编程语言，现在学习 Arduino 语言就简单多了。与 Processing 类似，Arduino 的程序可以划分为三个主要部分：结构、变量（变量与常量）、

函数。Processing 的基本结构是 setup( ) 和 draw( ) 函数，Arduino 对应的是 setup( ) 和 loop( ) 函数。下面我们简要介绍 Arduino 程序三个部分的语句。

7.3.2 Arduino程序结构

7.3.2.1 基本结构

Arduino 程序的基本结构包含两个函数：

1）setup( )

当程序开始运行时，setup( ) 函数被调用。setup( ) 也称初始化函数，可用于变量初始化、设置引脚模式、启动库等。上电后或 Arduino 板复位后，setup( ) 函数只运行一次。

2）loop( )

执行完 setup( ) 函数后（初始化和给变量赋初值），运行函数 loop( )，loop( ) 里的程序始终按顺序循环执行，实现对 Arduino 板的控制。函数中的内容也称循环体。

setup( ) 和 loop( ) 函数是 Arduino 程序的基本组成，即使不需要其中的功能，也必须保留。需要强调的是，一个 Arduino 程序中只能有一个 setup( ) 和一个 loop( ) 函数。

7.3.2.2 控制结构

1）if语句

使用 if 语句检测条件，如果条件为真，执行后面的语句。

语法格式：

```
if (condition)
{
//语句
}
```

2）if...else语句

if…else 语句允许多个条件测试，比 if 语句对代码流的控制能力强。

语法格式：

```
if (condition1){
   //语句 A
}
else if (condition2){
   //语句 B
}
else {
   //语句 C
}
```

3）do...while语句

do…while 语句先进入循环，循环的最后测试条件是否为真，循环至少执行一次。

语法格式：

```
do
{        //语句
}  while (condition);        //注意分号不能丢
```

4）while语句

while语句循环执行后面大括号里面的语句直到括号里面的条件为假（false）。若被测试的条件不变，循环将一直持续下去。

语法格式：

```
while(condition)
{
        //语句
  }
```

5）for语句

for语句用于重复执行大括号里面的语句块。增量计数器常用来增加控制变量的值并结束循环。for语句对任何重复操作都适用，常和数组一起使用。

语法格式：

```
for (initialization; condition; increment)
 {
          //语句
    }
```

6）switch...case语句

switch语句可实现多分支的选择结构。Switch语句将变量与case语句中定义的值做比较，若二者相同则执行case后面的语句。

break语句退出switch语句，常用在case语句的最后。没有break语句，switch语句将继续执行后面的case语句，判断变量的值是否等于表达式的值，直到遇到break语句或switch语句执行完毕。

语法格式：

```
switch (var) {
    case label1:    // statements   break;
    case label2:    // statements   break;
    default:        // statements
}
```

7）break语句

break语句通常用在for、while 或 do…while 循环语句中，功能是退出循环。用于switch语句，可使程序跳出switch语句，执行switch后面的语句。

8）continue语句

continue语句跳过循环体(for、while或 do…while)里面其后面的语句，强制执行下一次循环。

9）return语句

return语句的作用是：如果需要的话，结束函数的执行，返回一个值到调用函数。

语法格式：

return;

7.3.2.3 扩展语句

1）#define语句

#define语句给常量定义一个名字。在Arduino中被定义的常量不占用存储空间。编译器编译时用常量替代被定义的这些名字。

语法格式：

#define constantName value

2）#include语句

#include语句用于包含库文件名，方便程序员对大量标准C库和Arduino库的访问。

注意：类似于#define，#include语句后面不能有分号。

语法格式：

#include <avr/pgmspace.h>

3）/* */语句

块注释是对程序进行功能或内容的说明，编译器会忽略它，处理器也不执行它，故它们不占据任何存储空间。注释的唯一目的是帮助记忆，提高程序的可读性。

/* 是块注释的起始符，*/ 是结束符。编译器发现 /* 后，会忽略后面的内容，直到遇到 */ 为止。

4）//（单行注释）

单行注释用//（两个双斜杠）开始，到一行的最后结束。编译器将忽略//开始的整行。

5）；（分号）

语句的结束符。

6）{}（大括号）

大括号是C编程语言中的重要部分，常被用于不同的结构中。但有时也会给初学者造成困惑。

开始的“{”必须和结束的“}”成对出现。Arduino IDE有一个检查大括号是否成对出现的方法。点击一个，另一个会高亮显示。

大括号没有成对出现会导致编译器报错，且有时错误信息很难理解，尤其是这种错误出现在大型程序中的时候。

7.3.2.4 运算符

运算符包含算数运算符、比较运算符、逻辑运算符、指针运算符、位运算符和复合运算符等，如表7-3所示。

表7-3　运算符

<table>
<tr><th></th><th colspan="2">语句</th></tr>
<tr><td>算数运算符</td><td>=(赋值)
+(加)
-(减)</td><td>*(乘)
/(除)
%(模)</td></tr>
<tr><td>比较运算符</td><td>==(等于)
!=(不等于)
<(小于)</td><td>>(大于)
<=(小于等于)
>=(大于等于)</td></tr>
<tr><td>逻辑运算符</td><td>&&(与)
||(或)</td><td>!(非)</td></tr>
<tr><td>指针运算符</td><td>* 取消引用运算符</td><td>& 引用运算符</td></tr>
<tr><td>位运算符</td><td>&(按位与)
|(按位或)
^(按位异或)</td><td>～(按位取反)
<<(左移)
>>(右移)</td></tr>
<tr><td>复合运算符</td><td>++(自加)
+=(加法赋值)
*=(乘法赋值)</td><td>--(自减)
-=(减法赋值)</td></tr>
</table>

7.3.3　变量和常量

7.3.3.1　常量

除了浮点常量、整数常量，Arduino还有以下常量。

1）HIGH | LOW

定义引脚级：HIGH（高电平）和 LOW（低电平）

HIGH：HIGH的含义对输入引脚和输出引脚是不同的，当用pinMode( )配置引脚为输入，用digitalRead( )读引脚时，若引脚上的电压大于3.0V，返回HIGH。若用pinMode( )配置引脚为输出，且用digitalWrite( )设置引脚为HIGH，则该引脚为5V。在这种状态下，它能提供源电流，可以点亮一个通过串联电阻接地的LED灯。

LOW：LOW的含义对输入引脚和输出引脚是不同的，当用pinMode( )配置引脚为输入，用digitalRead( )读引脚时，若引脚上的电压小于1.5V，返回LOW。若用pinMode( )配置引脚为输出，且用digitalWrite( )设置为LOW，则该引脚为0V。在这种状态下，它能提供灌电流，可以点亮一个通过串联电阻连接5V的LED灯。

2）INPUT、INPUT_PULLUP和OUTPUT

数字引脚可定义为INPUT、INPUT_PULLUP或OUTPUT。用pinMode( )改变引脚即

改变了引脚的电压。

INPUT：用 pinMode( ) 配置 Arduino 引脚为输入模式，对外是一种高阻状态。如果配置引脚为输入，读取一个开关的数值，当开关处于开路状态，输入引脚将是悬空状态，将导致不可预知的结果。这种模式外部接开关要加上拉电阻或下拉电阻，以保证开关断开时有固定的电平。

INPUT_PULLUP：在 Arduino 板上的微控制器内部有上拉电阻（连接到内部电源的电阻）。当开关处于开路状态，开关断开时，输入引脚将为 HIGH；开关闭合时，输入引脚将为 LOW。

OUTPUT：用 pinMode( ) 配置 Arduino 引脚为输出是一种低阻状态。这意味着它可以给其他电路提供足够大的电流。引脚可提供给其他设备或电路最大 40mA 的电流，用于点亮 LED 灯或类似情况。若负载需要的驱动电流大于 40 mA（例如电机）时，需要用晶体管或其他接口电路进行驱动。

3）LED_BUILTIN

大部分 Arduino 板上有一个引脚通过一个串联电阻与 LED 灯相连。常量 LED_BUILTIN 是这个引脚的定义。大部分 Arduino 板用 13 脚连接 LED。

7.3.3.2 变量数据类型

Arduino 支持的变量数据类型如表 7-4 所示。

表 7-4 变量数据类型列表

数据类型	说 明
char	字符型，存储一个字符值，占一个字节
sring	字符串类
array	数组
bool	布尔变量，只有 true 或 false 两个值
boolean	boolean 是 Arduino 定义的 bool 的非标准的类型别名。推荐使用 boolean 代替标准类型 bool，二者用法相同
byte	字节类型
double	双精度浮点型，对 UNO 和其他基于 ATMEGA 的控制板，它占 4 个字节。双精度和浮点数的精度是同样的
float	浮点型
int	整型，存储 16 位（2 个字节）
long	长整型，存储 32 位（4 字节）
short	短整型，存储 16 位（2 个字节）
unsigned char	无符号字符型，存储 1 个字节

续表

数据类型	说　明
unsigned int	无符号整型，存储2个字节
unsigned long	无符号长整型，存储4个字节
void	无类型，void关键字仅用在函数声明中，声明函数无返回值
word	无符号整型，字型变量存储16位无符号数

7.3.3.3　数据类型转换函数

数据类型转换函数如表7–5所示。

表7–5　数据类型转换函数列表

函数	说　明
char( )	将一个数据转换成字符数据类型
byte( )	将一个数据转换成字节数据类型
int( )	将一个数据转换成整型数据类型
float( )	将一个数据转换成浮点数据类型
long( )	将一个数据转换成长数据类型
word( )	将一个数据转换成字数据类型

7.3.3.4　函数

Arduino提供了许多函数，其功能是控制Arduino开发板、进行数值计算等，包括数字I/O函数、模拟I/O函数、高级I/O函数、时间函数、数学函数、字符函数、随机函数、位和字节函数、外部中断函数以及串口通信函数等，如表7–6所示。函数的使用方法将在后续应用中详细介绍。

表7–6　Arduino提供的函数

函　数	语　句	
数字I/O	pinMode( ) 引脚模式 digitalWrite( ) 数字写	digitalRead( ) 数字读
模拟I/O	analogRead( ) 模拟读 analogWrite( ) 模拟写	analogReference( ) 基准电压
高级数字I/O	tone( )　方波输出 noTone( ) 停止方波输出 pulseIn( ) 脉冲输入	shiftOut( )串行输出 shiftIn( ) 串行输入

续表

函　数	语　句		
时间	millis( ) 上电运行时间毫秒数 micros( ) 上电运行时间微秒数	delay( ) 延时毫秒数 delayMicroseconds( ) 延时微秒数	
串口通信	Serial.begin( )串行通信波特率 Serial.read( ) 串口数据读取 Serial.println( )串口显示（换行）	Serial.available( )串口数据字节数 Serial.print( ) 串口显示（不换行）	
数学	min( ) max( ) abs( ) constrain( ) map( ) pow( ) sqrt( ) ceil( )	floor( ) fma( ) fmax( ) fmin( ) fmod( ) ldexp( ) fabs( ) exp( )	log( ) log10( ) round( ) signbit( ) sq( ) square( ) trunc( )
三角函数	sin( ) cos( ) tan( ) acos( ) asin( )	atan( ) atan2( ) cosh( ) degrees( ) hypot( )	radians( ) sinh( ) tanh( )
随机数	randomSeed( )	random( )	
位操作	lowByte( ) highByte( ) bitRead( )	bitWrite( ) bitSet( )	bitClear( ) bit( )
设置中断函数	attachInterrupt( )	detachInterrupt( )	
开关中断	interrupts( )	noInterrupts( )	

7.4 Arduino综合案例

7.4.1 LED灯闪烁程序设计

1）Blink示例程序

打开“文件”示例中的“Blink”程序，Blink 程序的 Mixly 代码见代码 7-2，参数设置如图 7-54 所示。

代码7-2

```
//setup函数每次reset之后执行一次
void setup( ) {
  // 初始化数字引脚LED_BUILTIN，将其设置为输出模式
  pinMode(LED_BUILTIN, OUTPUT);
}

//loop函数会不断执行
void loop( ) {
  digitalWrite(LED_BUILTIN, HIGH);        // 引脚LED_BUILTIN输出高电平，LED灯亮
  delay(1000);                            // 延时1s
  digitalWrite(LED_BUILTIN, LOW);         // 引脚LED_BUILTIN输出低电平，LED灯灭
  delay(1000);                            // 延时1s
}
```

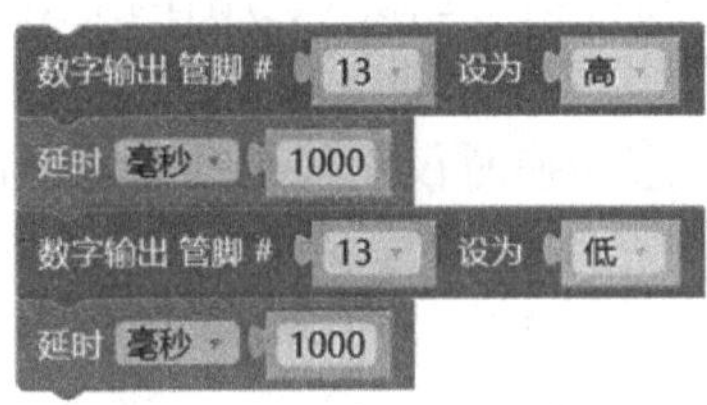

图7-54　Mixly参数设置

首先，在 setup( ) 函数中用 pinMode( ) 函数将 LED_BUILTIN 引脚设置为输出模式 OUTPUT。

然后，在 loop( ) 循环中用 digitalWrite( ) 函数控制 LED_BUILTIN 引脚输出电压，电压值为 HIGH，使得 LED 灯点亮；用 delay( ) 函数使得 LED 灯持续亮 1 秒；再用 digitalWrite( ) 函数控制 LED_BUILTIN 引脚输出电压为 LOW，LED 灯熄灭；用 delay( ) 函数使得 LED 灯持续熄灭 1 秒。

这里的 LED_BUILTIN 已被内部定义为数字 13 口，即数字 13 口设置为输出模式。如果数字 13 口接 LED 灯，那么这个 LED 灯将一亮一灭，产生闪烁效果。

2）电路连接

根据上述程序描述，对应的电路连接如图 7-55 所示，LED 灯和电阻串联，然后将它们的一端连接 Arduino 开发板的数字 13 口，另一端连接开发板“GND”接地。

3）程序上传及运行

电路接好后，在 Arduino IDE 界面点击“上传”按钮，将示例程序写入 Arduino。上传完成后，程序开始运行，观察 LED 灯是否一亮一灭重复执行。

我们可以把程序中的 LED_BUILTIN 改成 13，电路连接不需要改动。如果把 LED_BUILTIN 改成 12，那么电路连接时就要改成连接数字 12 口。程序与电路连接要对应上。

4）数字I/O接口封装函数

Arduino 板的数字引脚可实现数字接口的功能。每个数字引脚只能有两种电压值：高

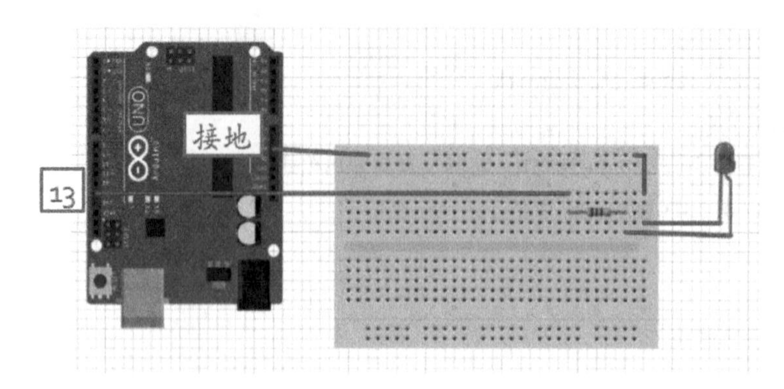

图7-55　Blink示例程序的电路连接图

电平和低电平。开发板的数字引脚通过编号进行区分。Arduino UNO的数字引脚编号是0～13。

Arduino板的数字引脚可设置为输入、输出和INPUT_PULLUP三种模式。

Arduino（基于ATmega）引脚默认为输入，用作输入时不需要明确声明；设置为输入时，引脚为高阻状态。输入引脚对外部电路要求很低，相当于在引脚上串联了一个100mΩ的电阻器。这意味着状态切换时仅需很小的电流，这个特性非常有利于读取传感器相关数据的操作。若设置输入的引脚为悬空，其引脚状态将是随机的。

输入引脚经常需要为确定状态，可通过上拉电阻器（连接到+5V）或下拉电阻器（连接到地）来实现，也可通过设置为INPUT_PULLUP模式实现。INPUT_PULLUP模式可访问在Atmega芯片内部集成的20kΩ上拉电阻器。此时，读入HIGH代表传感器（或开关）是关闭（或断开）状态，读入LOW代表传感器（或开关）是启动（或闭合）状态。

Arduino引脚设置为输出时，引脚为低阻状态，这意味着ATmega的引脚与其他电路或设备连接时，可以提供40mA的源电流或者灌电流。40mA电流足够点亮一个LED灯，或驱动某些传感器。若负载需要的驱动电流大于40mA（如电机）时，需要用晶体管或其他接口电路进行驱动。

Arduino开发语言在C/C++的基础上，提供了封装类库，封装类库提供了丰富的函数，负责对底层的硬件操作细节进行封装，在程序中调用相应的封装函数，可以直接对数字或者模拟引脚进行操作。

Arduino的基本数字I/O接口封装函数有3个：pinMode( )（引脚模式）、digitalRead( )（数字读）和digitalWrite( )（数字写）。

①pinMode( )

Arduino上的数字接口既可以作为输入，也可以作为输出，需要使用pinMode( )函数来指定其输入输出方式：

pinMode(pin,mode);

pinMode( )函数有两个参数。参数pin指定数字接口的编号，参数mode指定输入或输出模式。该参数有三种取值：INPUT 、INPUT_PULLUP或OUTPUT。

例如：

```
pinMode(13, OUTPUT);                //数字13口定义成输出
```

pinMode(8 , INPUT);　　　　　　　//数字8口定义成输入

pinMode(9 , INPUT_PULLUP);　　//数字9口定义内部带上拉电阻输入

②digitalWrite( )

对于输出模式，使用digitalWrite( )函数，设定该数字接口的输出电平为HIGH或LOW。

digitalWrite(pin,value);

参数说明：pin指定数字接口的编号；value设定指定数字接口的输出电压为HIGH或LOW。

例如：

digitalWrite(13, HIGH);　　　　　//数字13口输出值为高电平

③digitalRead( )

对于输入模式，使用digitalRead( )函数读取连接在数字接口上外部设备输入的数字信号。

result=digitalRead(pin);

参数说明：pin指定数字接口的编号；digitalRead( )函数返回一个布尔量：HIGH或LOW，可以赋值给变量。

例如：

A=digitalRead (8);　　　　　　　//从数字8口读入信号，赋值给A

5）时间函数

①delay( )

delay(ms);

功能：延时一段时间（单位为ms）。

参数说明：ms，延时的毫秒数 (unsigned long型)。

返回值：无。

许多程序使用delay( )函数来实现较短的延时，例如开关去抖动，但delay( )的使用也有严重缺陷。例如：延时期间无法读取传感器的值，无法进行数学计算，或无法控制引脚等。因此，延时函数阻止了大部分操作。控制时间的另一种方法是调用millis( )函数。当延时时间超过10秒时，有经验的人一般都尽量避免使用delay( )函数。

因为延时函数不能禁止中断，故当delay( )函数运行时，有些操作不受影响：RX引脚上的串行通信被记录下来；PWM（analogWrite函数输出）的值和引脚状态保持不变；中断操作正常。

②micros( )

time = micros( );

功能：返回以μs为单位的程序运行时间。大约70分钟后溢出。

返回值：返回以μs为单位的程序运行时间（unsigned long型）。

③millis( )

time = millis( );

功能：返回以ms为单位的程序运行时间。大约50天后溢出。

返回值：返回以ms为单位的程序运行时间（unsigned long型）。

7.4.2 LED灯亮度渐变程序设计

1）fade示例程序

打开“文件”示例中的“fade”程序，fade程序见代码7-3，Mixly参数设置如图7-56所示。

代码7-3

```
int led = 9;                      // LED 灯连接到PWM引脚9
int brightness = 0;               // 定义LED 灯亮度变量
int fadeAmount = 5;               // 定义LED 灯亮度变化变量，值为5

void setup( ) {
  pinMode(led, OUTPUT);           // 设置引脚9为输出模式
}

void loop( ) {
  analogWrite(led, brightness);          // PWM引脚9输出模拟量
  brightness = brightness + fadeAmount; // 亮度值增加
  // 当亮度达到最小值或最大值时，亮度变化值取相反数
  if (brightness <= 0 || brightness >= 255) {
    fadeAmount = -fadeAmount;
  }
  delay(30);                      // 延时30 ms以便看到效果
}
```

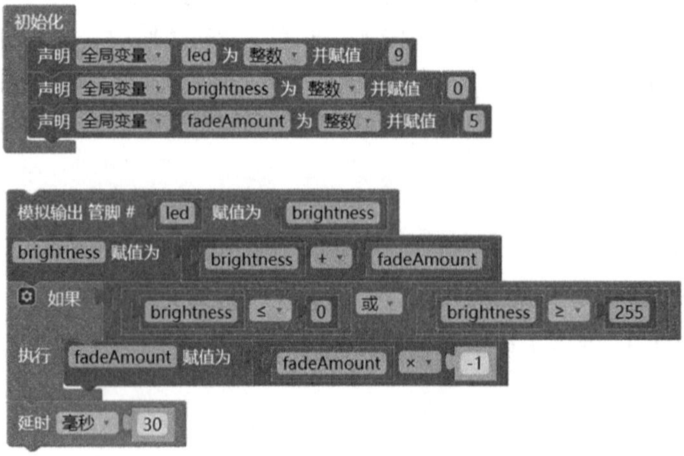

图7-56　Mixly参数设置

首先，定义整型变量“led”为数字9口，即LED灯连接在具有PWM功能的引脚9上；定义“brightness”变量为占空比，即亮度值；定义“fadeAmount”变量为亮度变化值。

然后，setup函数中的pinMode函数将数字9口设置为输出模式。

最后，loop循环中用analogWrite函数控制输出电压模拟量值，占空比brightness从0逐级增加至255，那么输出电压则从0V逐级增大到5V，LED灯逐渐变亮；然后占空比brightness从255逐级减少至0，输出电压则从5V逐渐减小到0V，LED灯逐渐变暗。这里用if条件语句判断是否达到最大值或最小值，从而改变亮度变化变量fadeAmount的正负号。

“fade”程序通过数字9口的PWM功能输出电压模拟量，实现LED灯亮度渐变的效果。

2）电路连接及程序上传运行

根据上述程序描述，对应的电路连接如图7-57所示，LED灯和电阻的一端连接开发板的数字9口，另一端连接开发板“GND”口接地。

电路接好后，在Arduino IDE界面点击“上传”按钮，将示例程序写入Arduino。上传完成后，程序开始运行，观察LED灯是否逐渐变亮然后再逐渐变暗并重复执行。

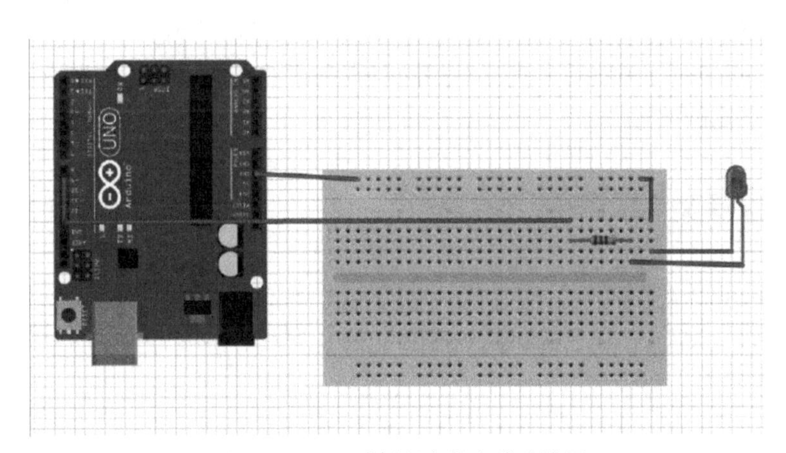

图7-57　fade示例程序的电路连接图

3）模拟I/O接口封装函数

模拟I/O为模拟电压信号的输入/输出。

①模拟输入

Arduino UNO板的模拟输入引脚共有6个，即A0～A5。通过Arduino的模拟输入引脚，可以实现模拟量到数字量的转换，即A/D转换。Arduino板包含10位A/D转换器，即将0V～5V的输入电压转换为0～1023之间的值。

Arduino的模拟输入函数为analogRead( )，如：

analogRead(pin)。

功能：读取并转换指定模拟引脚上的电压。

参数说明：pin为模拟输入引脚的编号，返回值为0～1023的整数。

②模拟输出

Arduino 没有直接的模拟信号输出接口，可以通过 PWM 引脚实现数字量到模拟量的转换，即 D/A 转换。在 Arduino 板上标有波浪号（～）的数字引脚为支持 PWM 输出引脚。Arduino UNO 板的 PWM 输出引脚共有 6 个，即数字接口 3、4、6、9、10 和 11。上述“fade”示例程序使用了 Arduino 的 PWM 模拟输出功能。

脉冲宽度调制（pulse width modulation，PWM）是一种通过数字方法得到模拟量结果的技术。它把每一脉冲宽度均相等的脉冲列作为 PWM 波形，通过改变脉冲列的周期可以调频，改变脉冲的宽度或占空比可以调压，采用适当控制方法即可使电压与频率协调变化。

Arduino 的模拟输出函数为 analogWrite( )，如：

analogWrite(pin, value)。

功能：通过 PWM 方式在指定引脚输出模拟量。常用于改变灯的亮度或改变电机的速度等。

参数说明：pin 指定引脚编号，允许的数据类型为 int；value 是占空比，0~255 之间的整数。

调用 analogWrite( ) 函数之前，不需要调用 pinMode( ) 函数设置该引脚为输出。analogWrite( ) 函数和模拟引脚或 analogRead( ) 函数没有任何关系。

调用 analogWrite( ) 函数后，直到对相同引脚有新的调用之前，引脚会一直输出一个稳定的指定占空比的波形。

7.4.3 蜂鸣器演奏音乐程序设计

1）tonemelody示例程序

打开“文件”示例中的“digital/tonemelody”程序，tonemelody 程序见代码 7-4，Mixly 参数设置如图 7-58 所示。

代码7-4

```
#include "pitches.h"      //引入音调库文件

// 列出曲谱各音符的频率
int melody[] = {
  NOTE_C4, NOTE_G3, NOTE_G3, NOTE_A3, NOTE_G3, 0, NOTE_B3, NOTE_C4
}

// 列出曲谱各音符的长度
int noteDurations[] = {
  4, 8, 8, 4, 4, 4, 4, 4
}
```

```
void setup( ) {
  // 输出8个音
  for (int thisNote = 0; thisNote < 8; thisNote++) {
    int noteDuration = 1000 / noteDurations[thisNote];//把音符长度换算为持续时间
    tone(8, melody[thisNote], noteDuration);     // 引脚8输出特定频率的方波

    int pauseBetweenNotes = noteDuration * 1.30; //音符间隔时间
    delay(pauseBetweenNotes);

    noTone(8);             // 停止引脚8输出
  }
}

void loop( ) {
  }
```

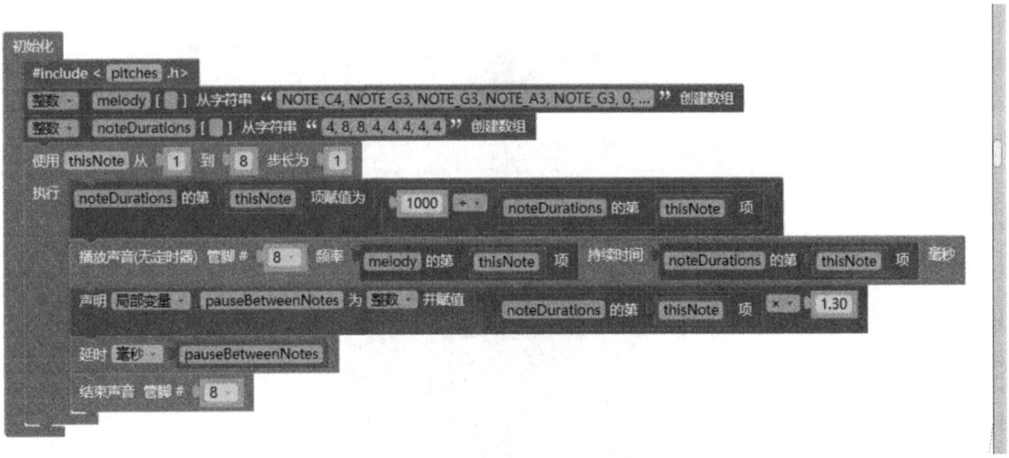

图7-58　Mixly参数设置

首先，用#include语句将音调库头文件包含进程序中。#include语句用于包含库文件名，方便用户对大量标准C库和Arduino库进行访问。

然后，定义两个数组melody[ ]和noteDuration[ ]分别用于存储音调的频率和音调的持续时间。音调的频率在音调库头文件中已定义。

最后，在setup( )函数中，用for循环语句输出8个音。每个循环一个音：用tone( )函数指定数字8口输出方波，使得与之连接的蜂鸣器发出声音；用noTone( )函数停止数字8口的输出，使得蜂鸣器停止发声。

loop( )函数中没有语句。

“tonemelody”程序通过控制数字8口的输出，实现蜂鸣器发出不同的声音，歌曲演奏一次。如果发声语句写在loop( )函数中则会一直循环播放。

2）蜂鸣器简介和电路连接

蜂鸣器是一种一体化结构的电子讯响器。蜂鸣器采用直流电压供电。蜂鸣器分为有源蜂鸣器和无源蜂鸣器。有源蜂鸣器底部为黑胶，而无源蜂鸣器底部可见绿色电路板，如图7-59所示。有源蜂鸣器内部有振荡电路，因此它工作的理想信号是直流电，一旦供电，蜂鸣器就会发出声音。无源蜂鸣器内部不带振荡源，如果提供直流信号，蜂鸣器不工作，它工作的理想信号是方波，方波的频率不同，发出的声音也不同。

本例使用有源蜂鸣器。蜂鸣器有2个引脚，标注了“+”的引脚接到Arduino板的数字8口，另一个引脚接到Arduino板的“GND”。

（a）有源蜂鸣器

（b）无源蜂鸣器

图7-59　蜂鸣器实物图

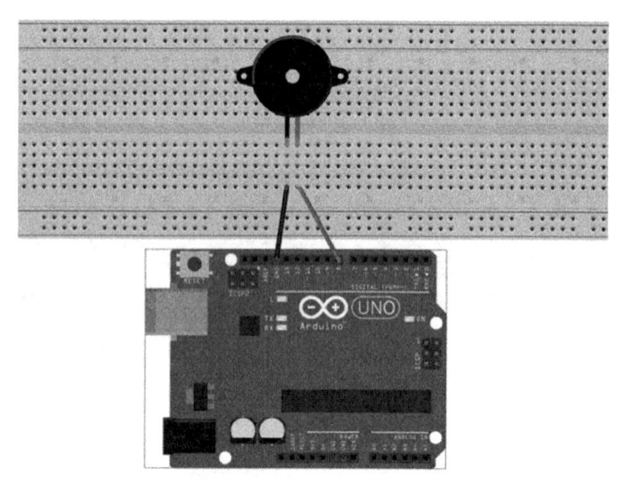

图7-60　蜂鸣器与Arduino板的电路连接实物图

3）tone函数

tone函数是Arduino的高级数字I/O接口封装函数，用于指定引脚输出占空比为50%的方波。引脚可连接一个蜂鸣器发出声音。调用tone( )一次只能在一个引脚发出一种声音。语句如下：

tone（pin,frequency,duration）。

参数说明：pin是输出方波的引脚编号；frequency是音调的频率（Hz）；duration是音调的持续时间（ms）（可选参数）。

调用noTone( )停止tone函数触发的方波输出。语句如下：

noTone（pin）。

7.5 数字接口

7.5.1 Arduino板上的数字端口

为了控制外部设备，Arduino 板提供了两种类型的接口：读取（发送）数字信号的数字接口和读取模拟电压的模拟接口。

Arduino 板的数字引脚实现数字接口的功能。每个数字引脚只能有两种电压值：高电平和低电平。Arduino 板不同的数字引脚通过编号进行区分，Arduino UNO 的数字引脚编号是0～13，如图 7-61 所示。

Arduino 有 14 个数字信号引脚： 0 号和 1 号引脚属于串口通信用的，一般不去占用；如果占用了会导致电脑无法把代码上传到 Arduino 以及电脑无法读取 Arduino 串口数据等情况。

① tx 和 rx 是串口通信的引脚，USB 是通用串行总线的协议，现在电脑上多数只有 USB 口，一般不会有串口，而 Arduino 使用的是 avr 芯片，单片机默认都会提供串口通信，所以 Arduino 为了解决电脑没有串口的问题，使用 USB 转串口的适配器把 USB 数据转成串口，然后再接到 Arduino 的 tx 和 rx 口上，USB 和 rx、tx 上的数据是一样的，只是使用的协议不一样而已。

② Serial.read 读的是 rx 引脚对应寄存器的数据，Serial.read 运行在主芯片上，读不到 USB 的数据，只能读转换后的数据。

③同理 Serial.print 是往 tx 引脚对应寄存器上写的。

从 2 号引脚到 13 号引脚是可随意使用的数字信号引脚（图 7-61），数字信号引脚可以读取数字信号，也可以输出数字信号。而在 2 到 13 号引脚中带有“～”符号的引脚代表它不仅可以输出高电平和低电平信号，也可以输出调制的模拟信号 (PWM)，不带“～”符号的引脚就只能输出 5V 高电平或者 0V 低电平。

图7-61　Arduino UNO的数字引脚

7.5.2 数字信号与触摸传感器的应用

数字信号是在数值和时间上不连续变化的信号，即只有高电平（HIGH）、低电平（LOW）跳变的矩形脉冲信号。

触摸传感器是一种常用的数字信号元件，常态下输出高电平，触摸时输出低电平。触摸板与 Arduino 板结合使用，可以制作非常有趣的触摸互动作品。图 7-62 所示是触摸传感器的实物图，G、V、S引脚分别为电源负极、电源正极和信号线。

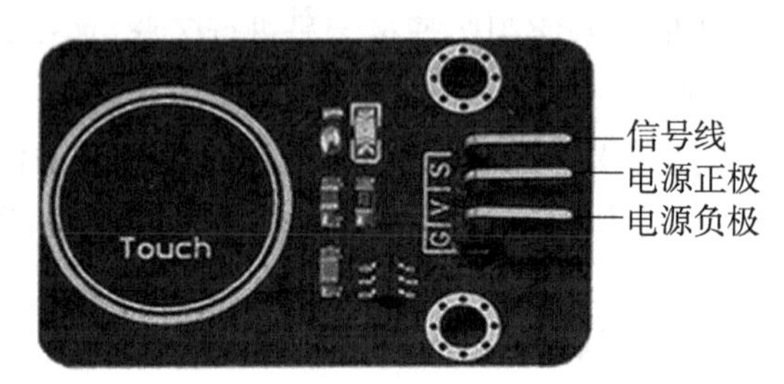

图7-62　触摸传感器实物图

Arduino IDE 的“文件/示例/Basics/DigitalReadSerial”程序可读取触摸传感器状态并输出状态值。DigitalReadSerial 程序如代码 7-5 所示。电路接线如图 7-63 所示，触摸传感器的信号线 S 接 Arduino 板的数字 2 口，电源正极 V 接 Arduino 板的 5V，电源负极 G 接 Arduino 板的 GND。

代码7-5　DigitalReadSerial程序

```
// digital pin 2 has a pushbutton attached to it. Give it a name: int
pushButton =2;
// the setup routine runs once when you press reset: void setup ( ) {
  // initialize serial communication at 9600 bits per second: Serial.begin
  (9600);
  // make the pushbutton's pin an input:
  pinMode (pushButton, INPUT);
}
// the loop routine runs over and over again forever: void loop( ){
  // read the input pin:
  int buttonState =digitalRead (pushButton):
  // print out the state of the button:
  Serial.println (buttonState):
  delay(1):     // delay in between reads for stability
```

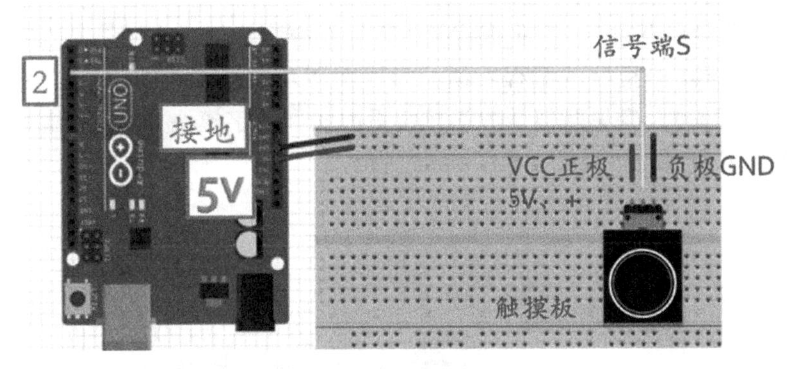

图7-63 电路接线

DigitalReadSerial 程序中，定义 pushButton 变量为数字 2 口；在 setup 函数中将数字 2 口设置为输入模式 INPUT；在 loop 函数中用 digitalRead 函数读取数字 2 口的状态，并赋值给变量 buttonState。为了使用串口监视器输出 buttonState 变量值，先在 setup 函数中使用 Serial.begin 函数设置串行通信波特率，然后在 loop 函数中用 Serial.println 函数输出。

Serial.begin(speed)。

参数说明：speed 是串行通信波特率，即数据传送速率，单位是位 / 秒。一般波特率使用以下数值：4800、9600 或 115200。

Serial.println(value)。

功能：按 ASCII 文本输出数据到串口，后接一个回车符（ASCII 13，或'\r'）和一个换行符（ASCII 10，或'\n'）。

参数说明：value 是要输出显示的内容（任何数据类型）。

现在可以尝试一下 Mixly 可视化编程。可视化程序如图 7-64 所示，先设一个数字变量用来存储数字 2 口的输入值，数字 2 口的值即触摸传感器的返回值；然后将变量的值通过串口监视器显示出来。

图7-64 代码7-5 Mixly代码版本

可视化程序设计的具体步骤如下：

①点击控制，把控制中的初始化模块拖动到编程区域内，随后再点击左侧“变量”按钮，选择“声明全局变量”，并将模块拖入放置在编程区域，将变量名改成pushButton（修改变量名有助于培养良好的编程习惯，当后面涉及多个变量的时候，变量名能让代码变得更加清晰可读），变量赋值从数学按钮里面找到数字模块并翻入变量赋值的后面。这样我们便完成了变量的初始化，如图7-65所示。

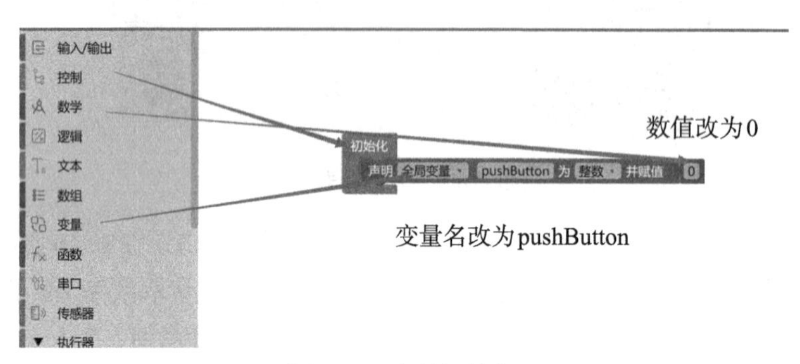

图7-65　变量初始化

②点击左边“变量”按钮，因为我们定义了一个变量，所以在变量栏目里面有了变量赋值和变量数值这两个模块，这里选择“pushButton赋值为”的模块，拖放到编程区的初始化方框的外面空白的地方，并在输入输出里面拖出一个数字输入给到变量赋值模块的后面，将数字输入的管脚改为2号引脚。这样就可以把Arduino数字引脚的2号引脚的数字赋值给pushButton的这个变量了，如图7-66所示。

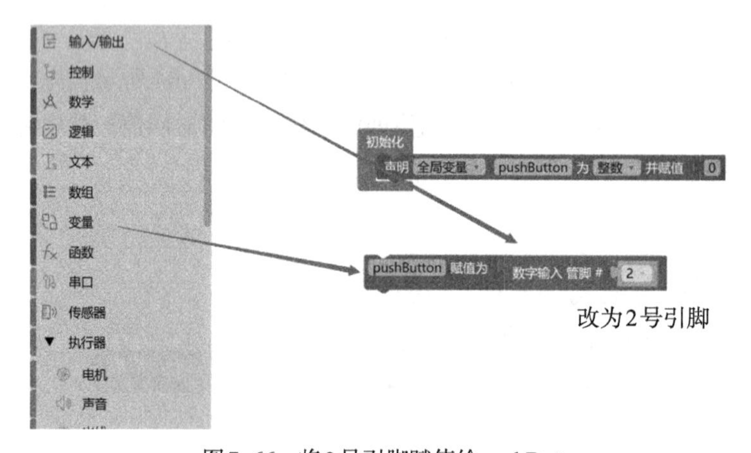

图7-66　将2号引脚赋值给pushButton

③点击左侧“串口”按钮，选择“波特率9600”，拖放到初始化中；选择“serial打印自动换行”拖放到空白区域，接到pushButton赋值的后面，如图7-67所示。

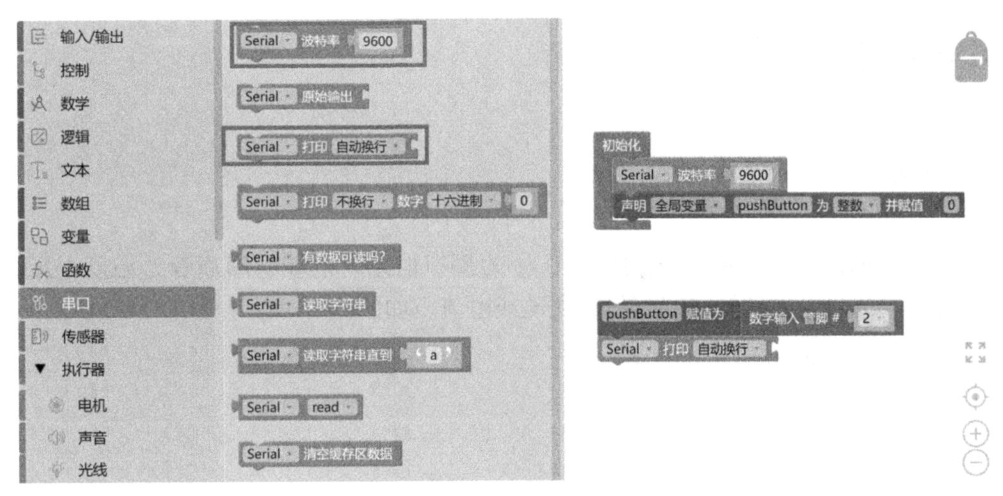

图7-67　“串口”参数设置

④点击“变量”按钮，将pushButton的数值连接到Serial打印的模块上，如图7-68所示。

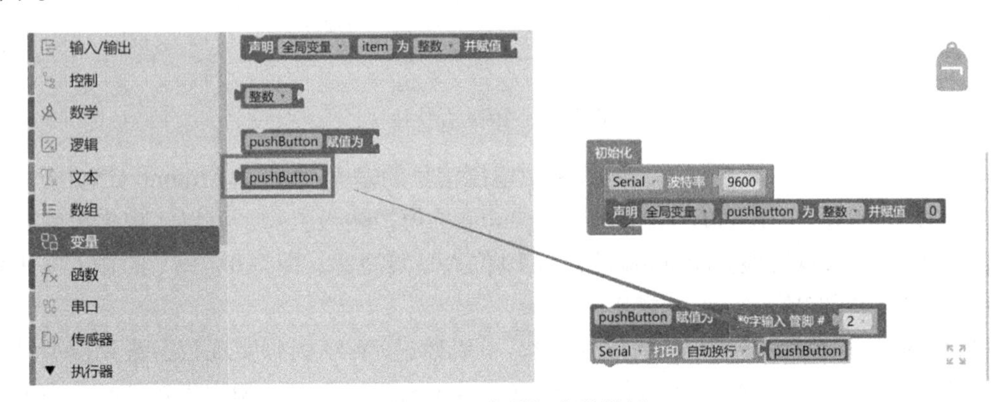

图7-68　“变量”参数设置

⑤最后点击“上传”按钮，就可以自动生成Arduino编程代码了。

下面的状态栏会自动打开对应COM口的串口监视器，观察串口监视窗口输出的值。触摸传感器在不触发时输出1，当用手指触摸时输出0，如图7-69所示。触摸传感器输出的是数字信号，只有1和0两种状态。

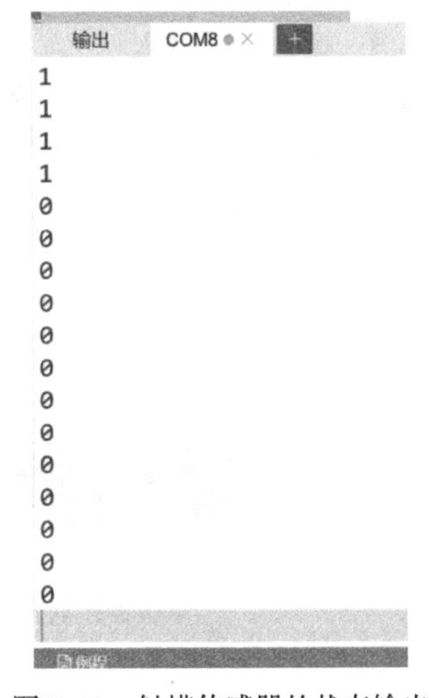

图7-69　触摸传感器的状态输出

7.6 模拟接口

7.6.1 Arduino板上的模拟接口

在数值和时间上都连续变化的信号，称为模拟信号。例如，随声音、温度、压力、湿度、速度、流量等物理量连续变化的电压或电流，如图 7–70 所示。

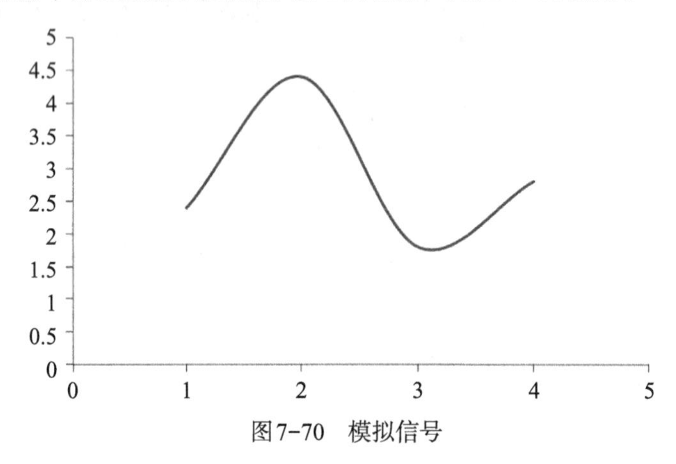

图7–70 模拟信号

Arduino 板上通过 I/O 模拟端口执行模拟电压信号的输入 / 输出。Arduino UNO 板的模拟输入引脚共有 6 个，即 A0～A5。通过 Arduino 的模拟输入引脚，可以实现模拟量到数字量的转换，即 A/D 转换。Arduino 板包含 10 位 A/D 转换器，即将 0V～5V 的输入电压转换为 0～1023 之间的值。

Arduino 没有直接的模拟信号输出接口，可以通过 PWM 引脚实现数字量到模拟量的转换，即 D/A 转换。在 Arduino 板上标有波浪号（～）的数字引脚为支持 PWM 输出引脚。Arduino UNO 板的 PWM 输出引脚共有 6 个，即数字接口 3、4、6、9、10 和 11。

案例 7–3：模拟信号输入

电位器是一种常用的模拟信号输入元件，它具有三个引出端，阻值可按某种变化规律调节，由于它在电路中的作用是获得与输入电压（外加电压）成一定关系的输出电压，因此称电位器。电位器模块与元件实物如图 7–71 所示，模块标有引脚说明，元件则没有说明。

电位器模块
引脚带有V、G、S说明

电位器元件
一般无任何说明

图7–71 电位器模块与元件实物

读取电位器模拟值及输出 Arduino IDE 的“文件 / 示例 /Basics/AnalogReadSerial”程序可读取电位器模拟值并输出显示。AnalogReadSerial 程序如代码 7-6 所示，电路接线如图 7-72 所示。如果是电位器模块，则信号线 S 接 Arduino 板的 A0 口，电源正极 V 接 Arduino 板的 5V，电源负极 G 接 Arduino 板的 GND。如果是电位器元件，则中间引脚是信号线，接 Arduino 板的 A0 口；左右两边引脚无正负极之分，分别接 Arduino 板的 5V 和 GND 即可。

代码7-6　AnalogReadSerial程序

```
//setup函数每次reset之后执行一次
void setup( ){
  //初始化pc端监视端口9600
  Serial.begin(9600);
}
//loop函数会不断执行
void loop( ) {
  //从A0端口读取数值
  int sensorValue = analogRead(A0);

  //把得到的数值输出到pc端监视
  Serial.println(sensorValue);

  //延时1毫秒，使信号更稳定
  delay(1);
}
```

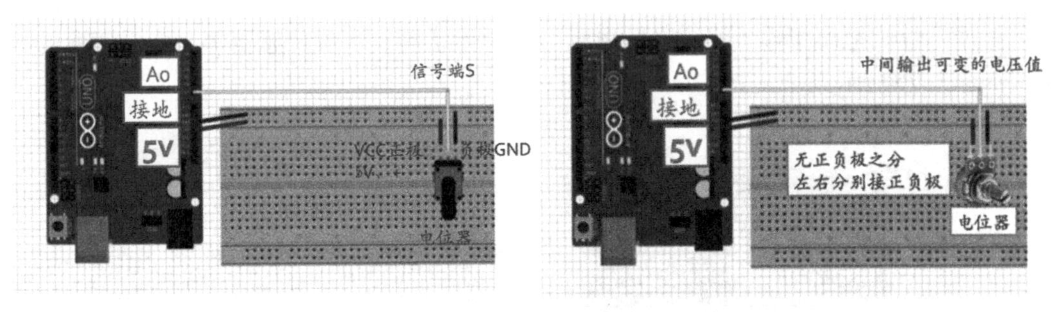

图7-72　电路接线

AnalogReadSerial 程序中，用 analogRead 函数读取模拟口 A0 的输入值：

analogRead(pin)。

功能：读取并转换指定模拟引脚上的电压。

参数说明：pin 为模拟输入引脚的编号，返回值为 0~1023 的整数。

下面采用 Mixly 进行可视化编程。可视化程序如图 7-73 所示，先用一个整型变量存储模拟口 A0 的输入值，模拟口 A0 的值即为电位器的模拟值；然后将该变量的值通过串口监视器显示出来。

图 7-73　AnalogReadSerial 可视化程序

打开串口监视器，转动电位器旋钮，屏幕上输出相应的模拟值，范围是 0～1023，如图 7-74 所示。

输出　COM
243
238
238
242
242
238

图 7-74　屏幕上输出的模拟值

拓展：尝试把模拟输入换成光敏电阻、声音传感器、水位传感器等，看看读取的数值，如图 7-75 所示。

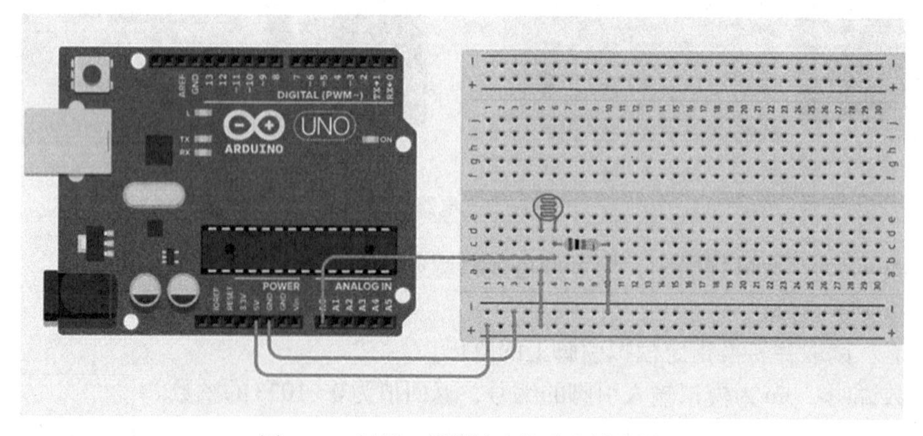

图 7-75　拓展：模拟输入换成光敏电阻

7.6.2 模拟信号的输出

Arduino的PWM功能可以在特定数字接口上实现模拟信号输出。PWM数字接口的编号前面有一个波浪号（～）。Arduino UNO板的PWM输出引脚共有6个，即数字接口3、4、6、9、10和11。

Arduino IDE的“文件/示例/Basics/Fade”程序通过端口9的PWM功能输出电压模拟量，实现LED灯亮度渐变的效果。LED灯渐变程序见代码7–7，电路连接如图7–76所示。

Fade程序中，用analogWrite函数输出模拟量：

analogWrite (pin,value)。

功能：通过PWM方式在指定引脚输出模拟量。常用于改变灯的亮度或改变电机的转速等。

参数说明：pin为引脚编号；value为占空比，即0（总是低）和255（总是高）之间的整数（int类型）。

代码7–7 LED灯渐变

```
int led =9;          //模拟信号输出的端口9，带～号的
int brightness = 0;       //存放led灯的亮度值
int fadeAmount =5;        //每次调节亮度变化的差值

void setup( ){
  //定义端口9为输出状态
  pinMode(led,OUTPUT);
}

void loop( ){
  //设置端口9为当前亮度值变量定义的值
  analogWrite(led,brightness);
//调节下一次循环时的亮度值
  brightness = brightness +fadeAmount;|
  //如果亮度值超过了极限则反转
  if (brightness == 0 || brightness=255){
    fadeAmount = -fadeAmount ;
  }
  //等待30毫秒以便人视觉停留能看到亮度变化
  delay(30);
}
```

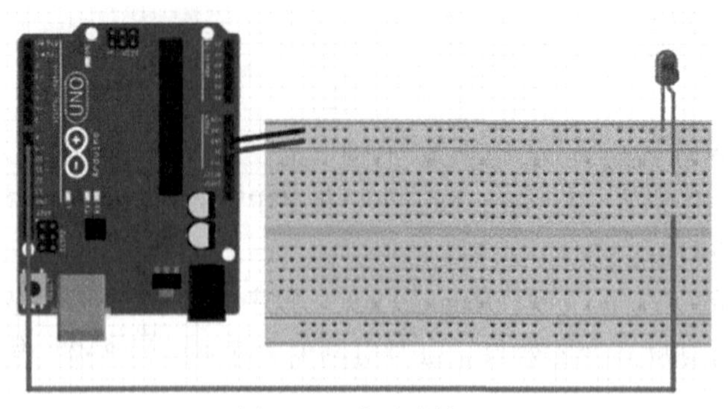

图7-76　电路连接

在 Mixly 可视化编程中，“输入 / 输出”模块中的“模拟引脚”模块用于设置模拟信号输出。该模块有两个参数，一个是针脚，另一个是占空比，占空比从 0～255 变化，那么输出电压则从 0～5V 变化，从而调节 LED 的亮度。

Fade 可视化编程如图 7-77 所示。程序设计思路是，用变量 brightness 存储占空比，即 LED 灯的亮度值；用变量 fadeAmount 存储每次调节亮度变化的差值。占空比从 0 变化到最大值（即 255），LED 灯逐渐变亮；然后占空比从 255 变化到最小值（即 0），LED 灯逐渐变暗。这里需要使用条件判断模块来判断占空比是否达到了最大值或最小值。变量 fadeAmount 和变量 brightness 是全局变量，变量赋初值命令只执行一次，因此应使用“program”作为主程序，将变量 brightness 和 fadeAmount 的赋值命令放置在“设定”里；其他需要循环的命令放置在“loop”里。

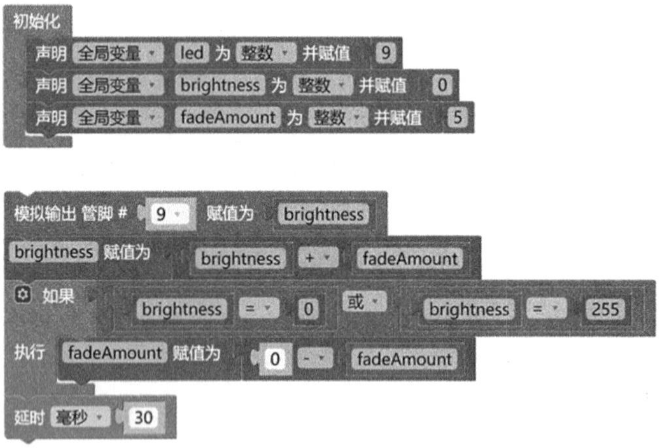

```
初始化
  声明 全局变量 led 为 整数 并赋值 9
  声明 全局变量 brightness 为 整数 并赋值 0
  声明 全局变量 fadeAmount 为 整数 并赋值 5

模拟输出 管脚 # 9 赋值为 brightness
brightness 赋值为 brightness + fadeAmount
如果 brightness = 0 或 brightness = 255
执行 fadeAmount 赋值为 0 - fadeAmount
延时 毫秒 30
```

图7-77　可视化编程

7.7　感应与反馈结合编程

传感器可以反应真实世界的量，然后输入给 Arduino 控制器，简单的可以分为数字开关类传感器（即传感器只有两个状态，UNO 读取的即为 0 或 1，如触摸传感器）和模拟量传感器（即变化可以被 Arduino 识别为变化的电压信号）。还有较复杂的传感器，例如温湿度传感器、加速度传感器、颜色传感器、手势传感器等。

Arduino控制器接收到外界输入的数字量或模拟量后，如何反馈控制其他元器件呢？下面通过几个实例研究如何编程完成Arduino的反馈控制。

7.7.1 数字信号输入+数字信号输出

触摸传感器控制LED灯亮灭的反馈控制系统电路连接如图7-78所示。触摸传感器与Arduino板的连接按7.6.2节的连接不变，这个回路可看作是控制系统的输入端。LED灯的阳极接Arduino板的数字13口，阴极接地，这个回路可看作是控制系统的输出端。Arduino程序读取数字2口触摸传感器状态值，如果状态值为0则使得数字13口输出为高电平，灯亮；如果状态值为1则使得数字13口输出为低电平，灯灭。实现程序见代码7-8，可视化编程如图7-79所示。

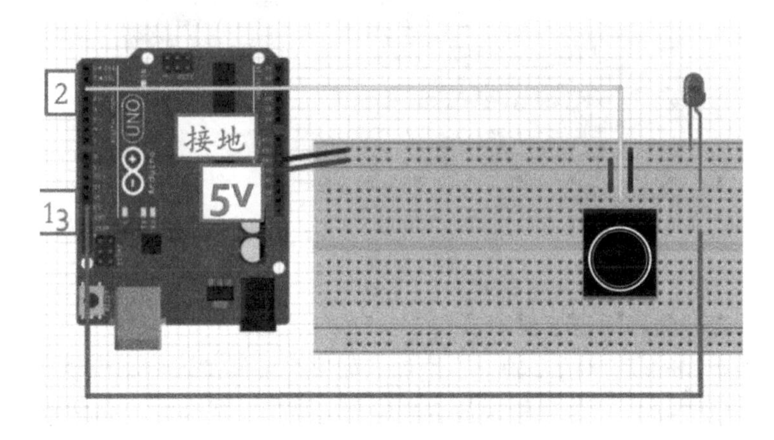

图7-78　反馈控制系统电路连接

代码7-8

```
1. void setup( ){
2.   Serial.begin(9600);
3.   pinMode(2,INPUT);
4.   pinMode(13,OUTPUT);
5. }
6.
7. void loop( ){
8.   // 读取2号引脚传感器的数值
9.   Serial.println(digitalRead(2));
10.  // 如果2号的数值为0，既2号的触摸传感器被触碰，则LED灯亮，反之LED灯熄灭
11.  if (digitalRead(2)==0){
12.    digitalWrite(13,HIGH);
13.
14.  }else{
```

```
15.     digitalWrite(13,LOW);
16.
17.   }
18.
19. }
```

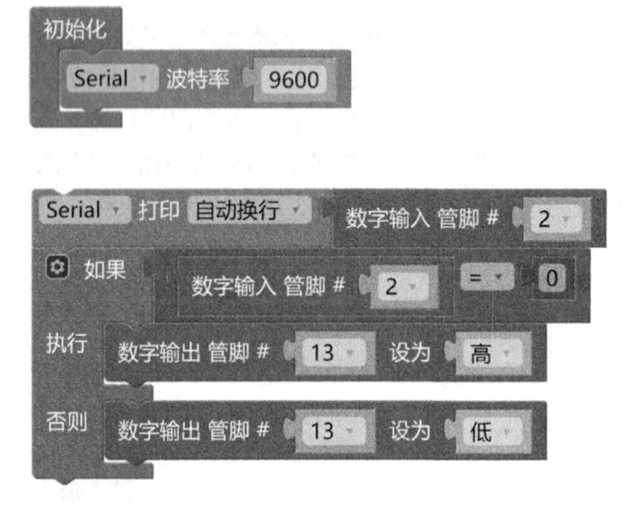

图7-79　可视化编程

可视化编程设计的具体步骤如下：

①在案例7-1 Blink程序的基础上，增加“如果”条件逻辑控制模块，同时删除延时1000ms的模块（图7-80）。如果模块放置到编程区域后，模块左上角的小齿轮icon可以为模块添加如果否则（if else）和否则（else）扩展模块，该程序为“如果”模块添加“否则”逻辑块。

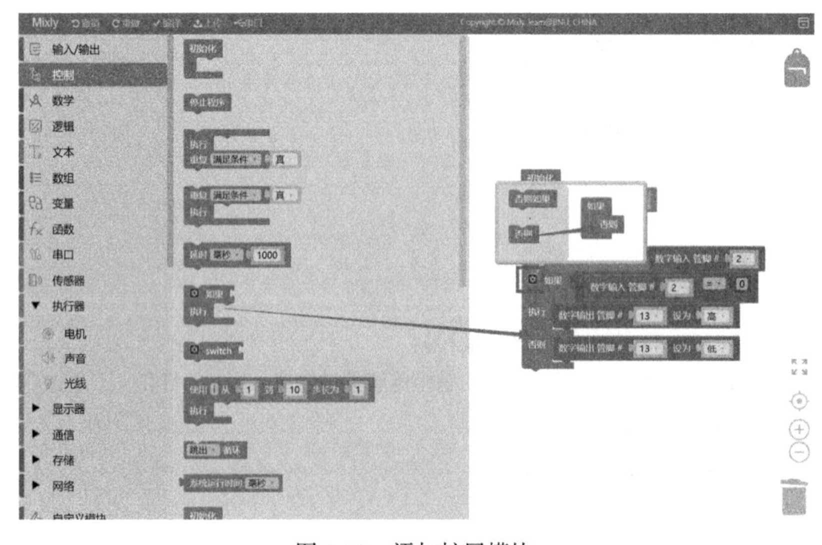

图7-80　添加扩展模块

②设置“如果/否则”的判断条件（图7-81）。

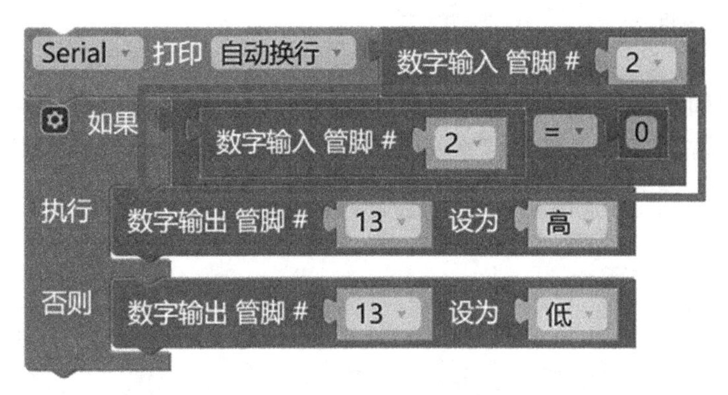

图7-81　设置判断条件

③“如果/否则”模块中，如果“数字输入管脚#2”为0，执行“设定数字针脚值”为D13，输出高电平HIGH；否则执行D13输出低电平（图7-82）。

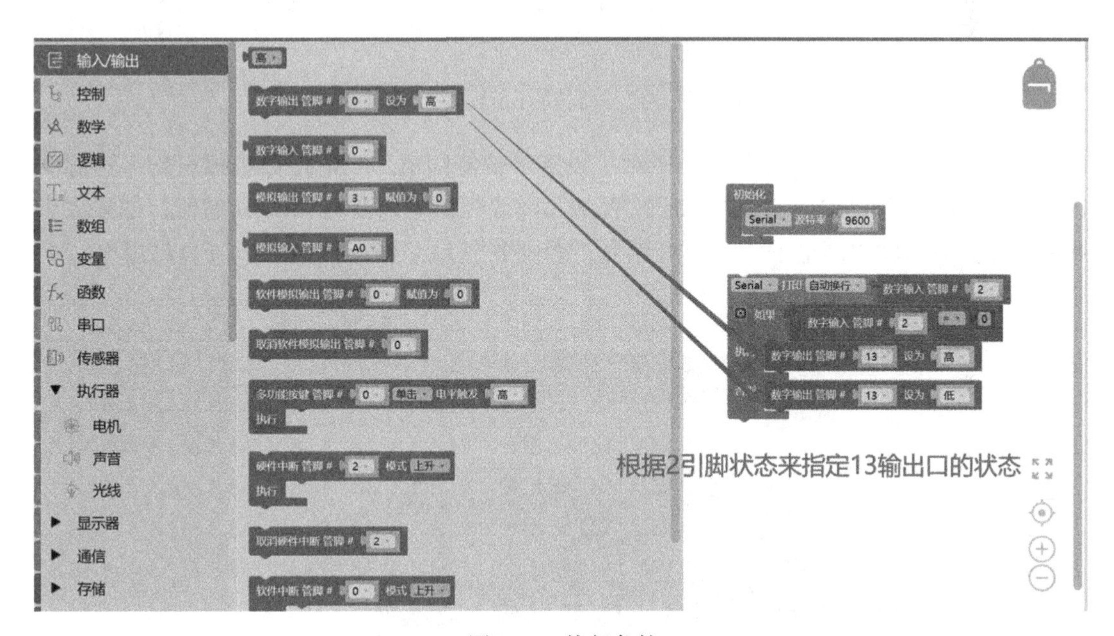

图7-82　执行条件

④最后点击“上载到Arduino”按钮，就可以自动生成Arduino编程代码了。

程序执行结果是：触摸传感器常态下（即触摸传感器不触发时）LED灯亮，当用手触摸传感器时LED灯灭。

拓展1：尝试把输入端换上红外感应器（光电开关）、水银开关（倾斜传感器）、按键模块来控制LED灯的亮灭。

拓展2：尝试通过触摸传感器控制蜂鸣器的发声。

7.7.2 模拟信号输入+数字信号输出

根据电位器阈值控制LED灯亮灭的反馈控制系统电路连接如图7-83所示。电位器与Arduino板的连接按案例7-3的连接不变。LED灯的阳极接Arduino板的数字13口，阴极接地。

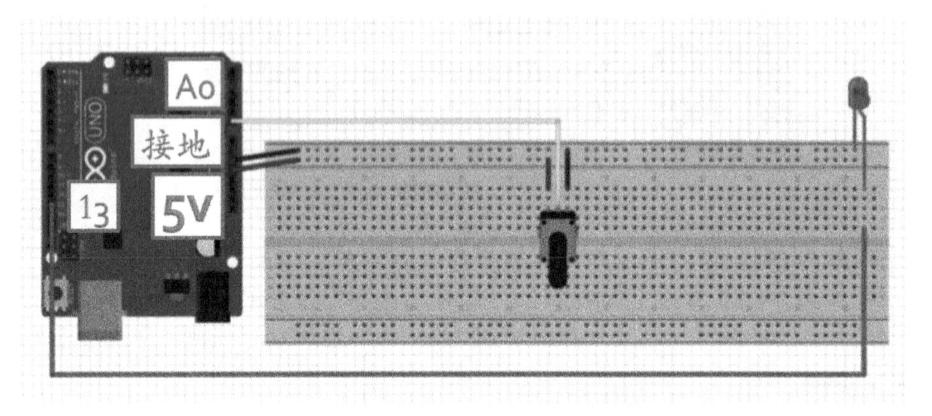

图7-83　通过电位器控制LED灯的电路连接

Arduino可视化编程如图7-84所示。设定电位器阈值，当电位器模拟量输入达到阈值时Arduino点亮LED灯。用“如果/否则”模块判断输入变量Integer的值，如果大于400则数字13口输出高电平，LED灯点亮；否则数字13口输出低电平，LED灯熄灭。

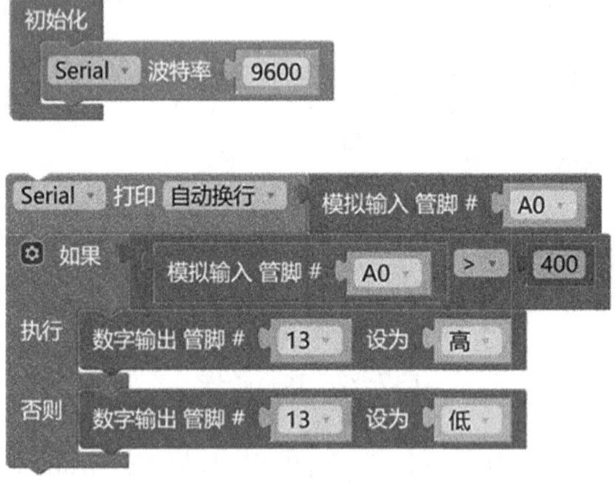

图7-84　可视化程序

在上一个案例的基础上，将数字传感器换成模拟传感器后，代码图块上只需要修改串口打印的管脚以及“如果”的条件语句中判断的条件。这里因为电位计是模拟的输入设备，所以在输入/输出栏目里找到模拟输入，替换掉原先的数字输入，把模拟输入A0作为串口打印的对象，和逻辑比较的对象，这里将比较条件改为A0的值大于400。最终的表现效果为当A0的数值大于400时，灯亮；小于400时，灯暗。

7.7.3 模拟信号输入+模拟信号输出

根据电位器模拟值大小调节LED灯亮度的反馈控制系统电路连接如图7-86所示。实现程序见代码7-9，可视化编程如图7-87、图7-88所示。用“映射”模块将0～1023的数值映射到0～255，即将电位器的模拟值（0～1023）映射成PWM数字9口的模拟值（0～255），连续变化的输出电压可控制LED灯的亮度，原理见图7-85。

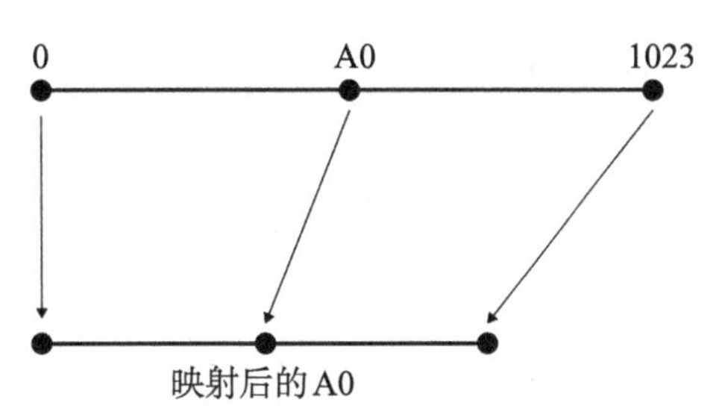

图7-85 映射的原理

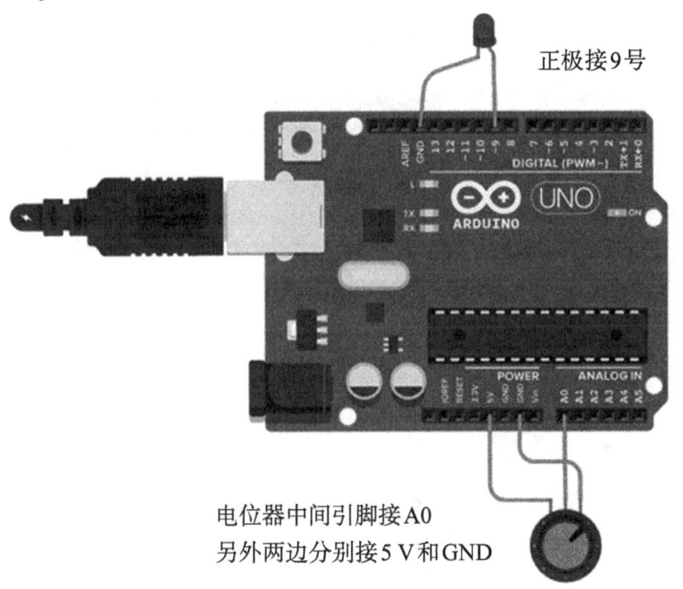

图7-86 Arduino接线

代码7-9

```
1. void setup( ){
2.   Serial.begin(9600);
3.   pinMode(A0,INPUT);
4.   pinMode(9,OUTPUT);
5. }
6.
7. void loop( ){
8.   // 将A0的值从0~1023映射到0~255，最后再把映射后的数值赋值给9号LED灯
9.   analogWrite(9,(map(analogRead(A0), 0, 1023, 0, 255)));
10.
11.}
```

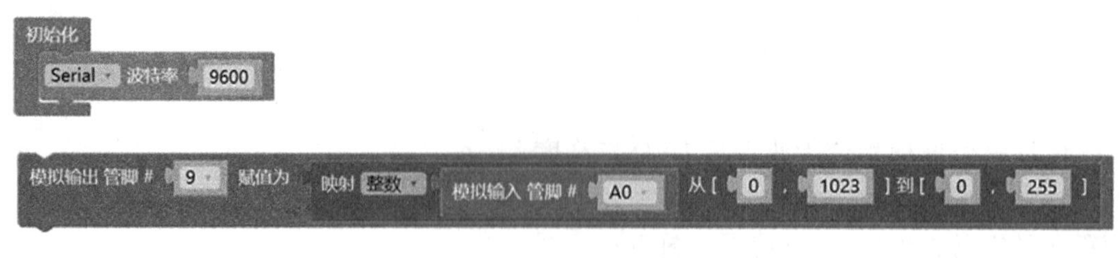

图7-87　可视化编程1

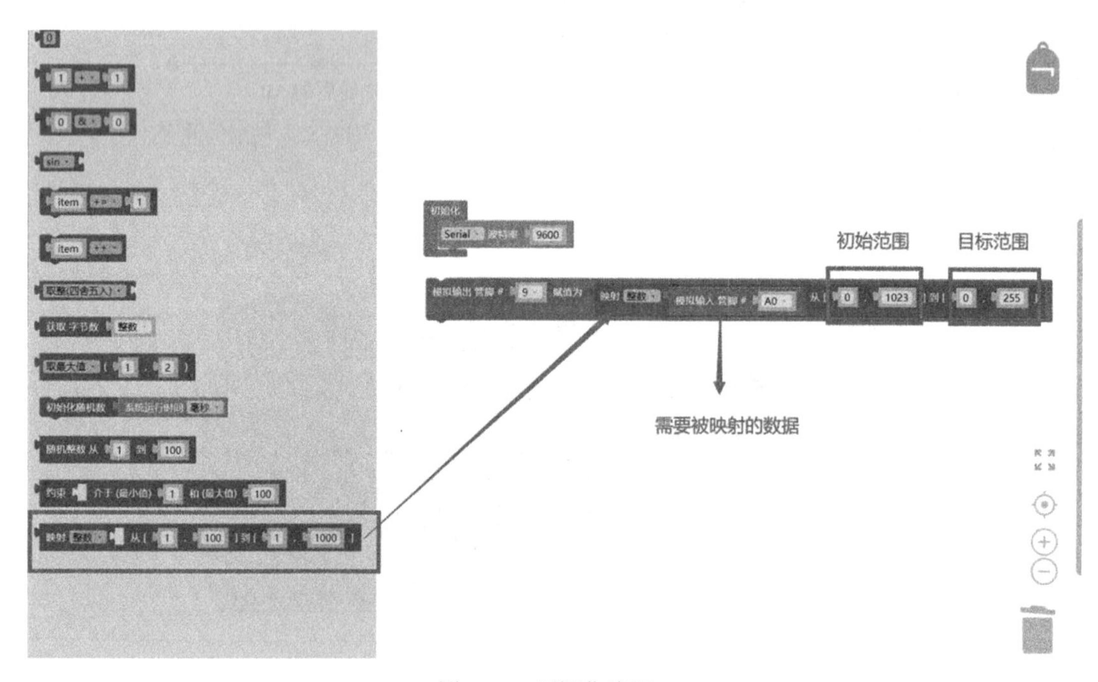

图7-88　可视化编程2

7.8　继电器与电机

7.8.1　继电器和电机简介

直流电机是最简单的电机，它常作为智能小车的驱动器件，其实物如图7-89所示。直流电机只有两个引出脚，两个引出端对调即可改变直流电机的转向。

图7-89　直流电机实物

电机主要包括一个用以产生磁场的电磁铁绕组或分布的定子绕组、一个旋转电枢或转子和其他附件。在定子绕组旋转磁场的作用下，其在电枢鼠笼式铝框中有电流通过并受磁场的作用而使其转动（图 7–90）。

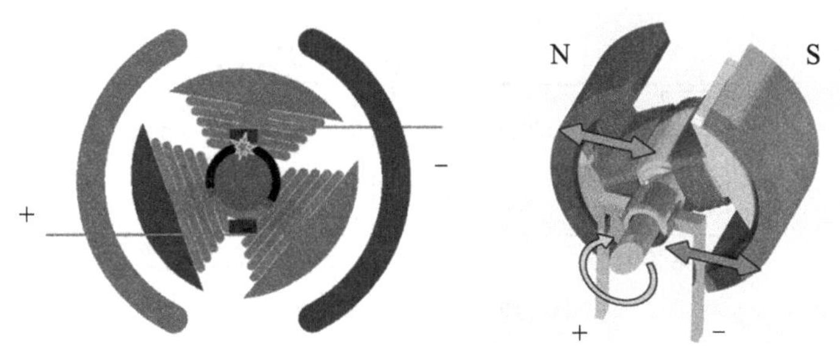

图7–90　直流电机原理

减速电机是指减速机和电机（马达）的集成体。这种集成体通常也可称为齿轮马达或齿轮电机。在面对一些项目时，传统的电机时常因为扭矩不够，无法带动一些设备或者装置，这时候就需要用到减速电机，购买减速电机时需要查看的几个参数分别是电压、转速（每分钟多少转）、扭矩等。图 7–91 所示为常见的 N20 型号的减速电机。

图7–91　N20型减速电机实物

Arduino 数字端口输出高电平时有 5V，但是输出功率太低，无法驱动电机。生活中还有需要直流电压 12V 的 LED 灯带以及需要交流电压 220V 的灯泡。如何用 Arduino 的数字端口来控制这些大功率器件呢？答案就是继电器。

继电器是一种电子控制器件，是能把小信号（输入信号）转换成高电压大功率控制信号（输出信号）的一种“自动开关”。继电器能控制多个对象和回路，还能控制远距离对象，故继电器在自动控制及远程控制领域有较广泛的应用，例如控制电灯、电冰箱、洗衣机、车库门等。按继电器的工作原理或结构特征分类，继电器可分为电磁继电器、固体继电器、舌簧继电器和时间继电器等。一般在 Arduino 中使用的是小型直流电磁式继电器，如图 7–92 所示。

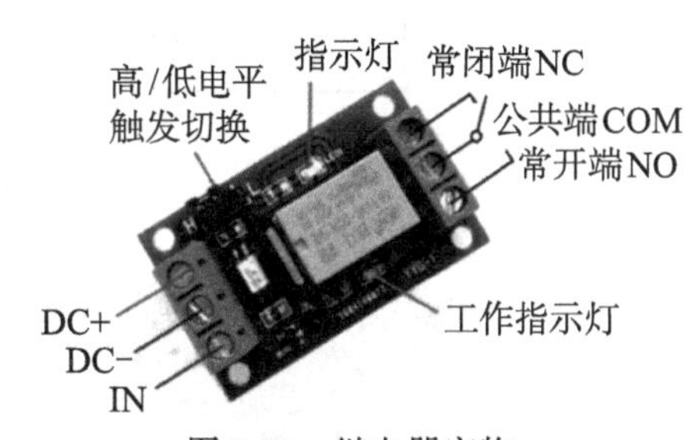

图7–92　继电器实物

继电器的工作原理（如图 7–93 所示）：当输入回路有电流通过，电磁铁产生磁力，吸力使输出回路的触点接通，则输出回路导电（通）；当输入回路无电流通过，电磁铁失去磁力，输出回路的触点弹回原位，断开，则输出回路断电（断）。一般通过 Arduino 控制继电器是通过输出高低电平来控制继电器内部衔铁的开闭，从而达到控制大电流高电压电路的目的。

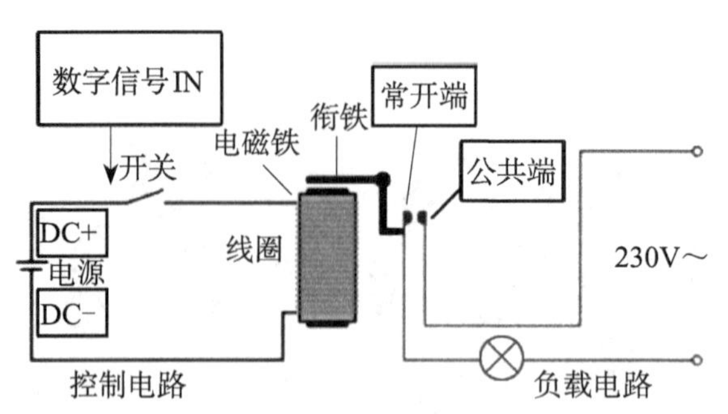

图7-93　继电器工作原理

7.8.2　通过继电器控制电机

通过继电器控制9V电机，用触摸传感器作为按键进行控制，每触摸一次，继电器状态改变一次，实现控制电机转停的功能。继电器模块控制9V电机的接线原理如图7-94所示，接线实物如图7-95所示。将Arduino板上的5V、GND和数字口13引脚用杜邦线与继电器模块相连，将继电器公共端和常开触点用导线串联到9V电机控制回路中，触摸传感器通过杜邦线与数字引脚2连接。

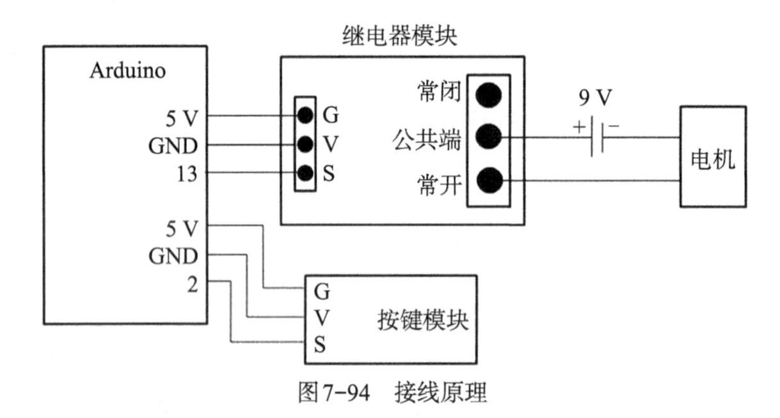

图7-94　接线原理

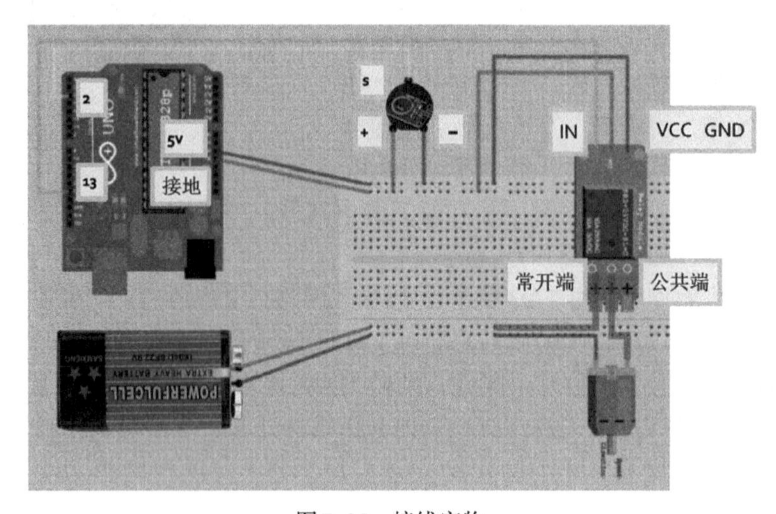

图7-95　接线实物

通过继电器控制 9V 电机的 Mixly 可视化编程与 7.7.1 节一致，如图 7–96 所示，实现程序见代码 7–10。

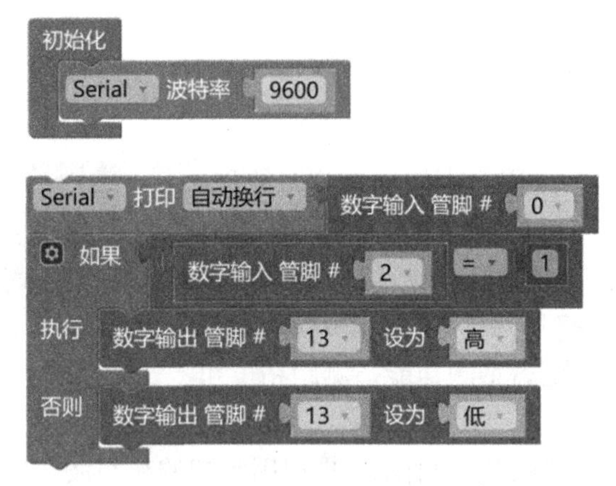

图7–96　通过继电器控制9V电机的Mixly可视化编程

代码7–10

```
1. void setup( ){
2.    Serial.begin(9600);
3.    pinMode(0,INPUT);
4.    pinMode(2,INPUT);
5.    pinMode(13,OUTPUT);
6. }
7.
8. void loop( ){
9.    Serial.println(digitalRead(0));
10.    if (digitalRead(2) ==1){
11.      digitalWrite(13,HIGH);
12.
13.   } else {
14.      digitalWrite(13,LOW);
15.
16.   }
17.
18. }
```

7.9 超声波测距传感器

7.9.1 超声波测距传感器简介

超声波测距传感器，采用超声波回波测距原理，运用精确的时差测量技术，检测传感器与目标物之间的距离。HC-SR04 是其中一种应用广泛的超声波测距模块，其实物如图 7-97 所示。HC-SR04 模块可提供 2～400cm 的非接触式距离感测功能，测距精度可达到 3mm。

图 7-97　HC-SR04实物

超声波测距的原理（如图 7-98 所示）是利用已知的超声波在空气中的传播速度，测量声波在发射后遇到障碍物反射回来的时间，根据发射和接收的时间差计算出发射点到障碍物的实际距离。首先，超声波发射器向某一方向发射超声波，在发射时刻的同时开始计时，超声波在空气中传播，途中碰到障碍物就立即返回来，超声波接收器收到反射波就立即停止计时。已知超声波在空气中的传播速度为 C=340m/s，根据计时器记录的时间 T(s)，就可以计算出发射点距障碍物的距离 L(m)，即：$L=C\times T/2$ 。这就是所谓的时间差测距法。

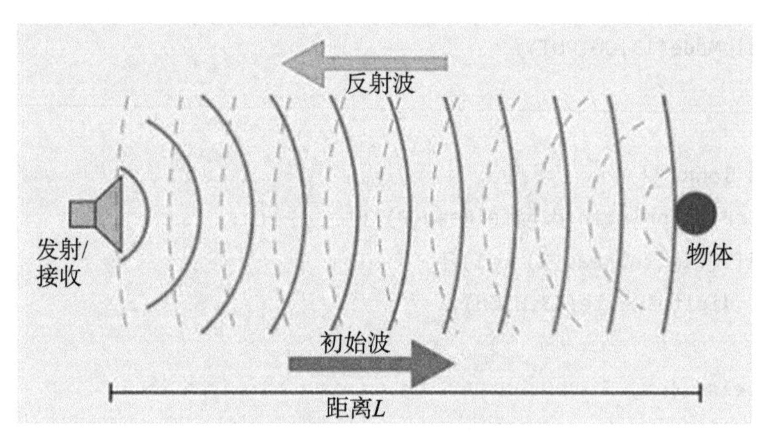

图 7-98　超声波测距原理

由于超声波也是一种声波，其声速 C 与温度有关，表 7-7 列出了几种不同温度下的声波速度。在使用时，如果温度变化不大，则可认为声速是基本不变的。如果测距精度要求很高，则应通过温度补偿的方法加以校正。

表 7-7　超声波波速与温度的关系

温度/℃	-30	-20	-10	0	10	20	30	100
声速/($m\cdot s^{-1}$)	313	319	325	323	338	344	349	386

由于超声波易于定向发射、方向性好、强度易控制、与被测量物体不需要直接接触，是用作倒车距离测量的理想选择。

7.9.2 超声波传感器的使用

在 Mixly 可视化编程中，超声波测距模块已封装，在传感器栏目里的第一个模块“超声波测距（cm)”，如图 7-99 所示，使用时只需指定“Trig”触发输入端和“Echo”回响信号输出端即可。

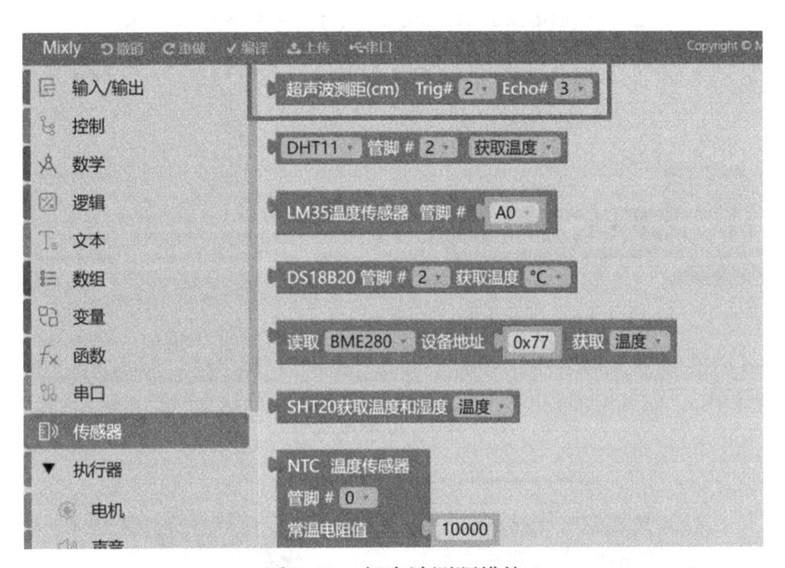

图7-99　超声波测距模块

下面用实例介绍 HC-SR04 超声波测距模块的程序代码及代码讲解（代码 7-11）与可视化编程（图 7-100），利用串口监视器实时查看障碍物与超声波测距模块的距离。其电路连接如图 7-101 所示。HC-SR04 与 Arduino 板的引脚连接对应关系如表 7-8 所示。

代码7-11　超声波测距模块代码讲解

```
1.    float checkdistance_2_3( )声明一个超声波的函数，返回浮点数
2.    digitalWrite(2,LOW);
3.    delayMicroseconds(2);
4.    digitalWrite(2,HIGH);        发送一个超声波
5.    delayMicroseconds(10);
6.    digitalWrite(2,LOW);
7.    float distance = pulseIn(3,HIGH) / 58.00;
8.          delay(10);        接收反射回来的超声波，并换算成距离(cm)
9.    return distance;
10. }
```

```
11.
12.  void setup( ){
13.    Serial.begin(9600);
14.    pinMode(2,OUTPUT);
15.    pinMode(3, INPUT);
16. }
17.
18.  void loop( ){
19.    serial.println(checkdistance_2_3( ));调用超声波的函数
20.
21. }|
```

初始化
Serial 波特率 9600

Serial 打印 自动换行 超声波测距(cm) Trig# 2 Echo# 3

图7-100　可视化编程1

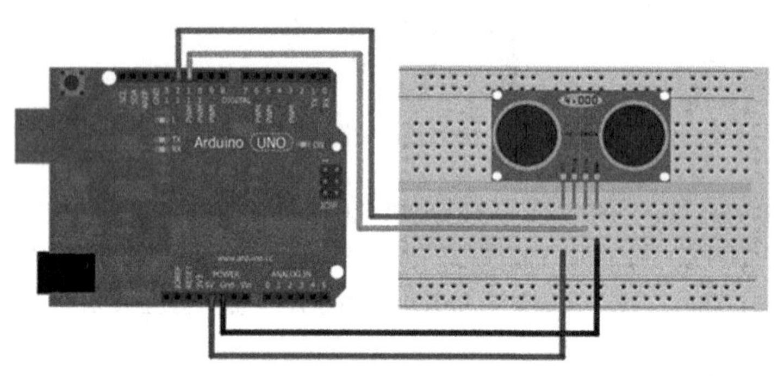

图7-101　电路连接实物

表7-8 HC-SR04与Arduino板的引脚连接对应关系

HC-SR04模块引脚名称	引脚说明	Arduino引脚编号
VCC	电源	5V
Trig	触发输入端	12
Echo	回响信号输出端	11
GND	地	RND

打开串口监视器，可实时查看障碍物与超声波测距模块的距离，数值的单位是cm，这里精确到小数点后2位数，如图7-102所示。

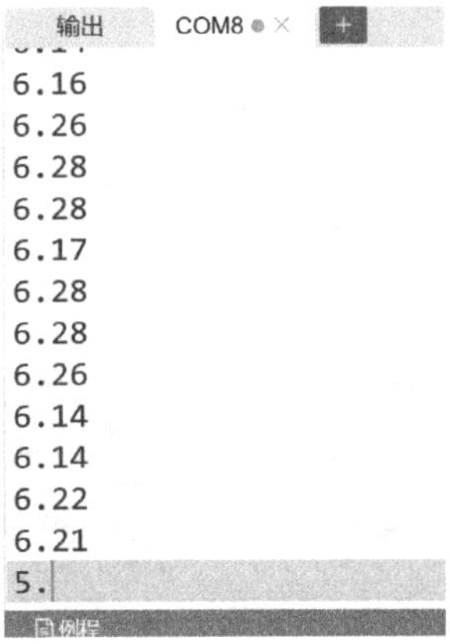

输出
COM8
6.16
6.26
6.28
6.28
6.17
6.28
6.28
6.26
6.14
6.14
6.22
6.21
5.

图7-102　超声波测距模块检测的距离

拓展1：尝试根据超声波的距离来点亮LED灯，可视化编程见图7-103。

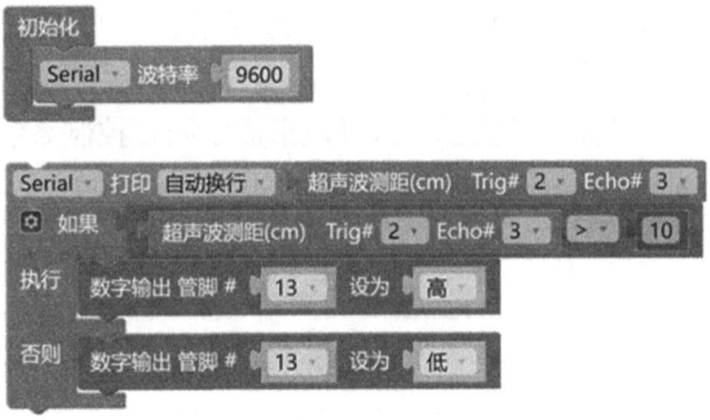

初始化
Serial 波特率 9600
Serial 打印 自动换行 超声波测距(cm) Trig# 2 Echo# 3
如果 超声波测距(cm) Trig# 2 Echo# 3 > 10
执行 数字输出 管脚 # 13 设为 高
否则 数字输出 管脚 # 13 设为 低

图7-103　可视化编程2

拓展2：尝试根据超声波的距离决定LED灯的亮度，可视化编程见图7-104。

初始化
Serial 波特率 9600
Serial 打印 自动换行 超声波测距(cm) Trig# 2 Echo# 3
模拟输出 管脚 # 9 赋值为 映射 整数 超声波测距(cm) Trig# 2 Echo# 3 从[2 , 50]到[0 , 255]

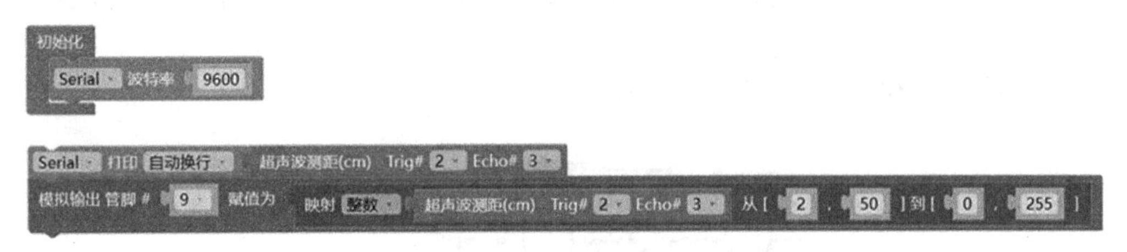

图7-104　可视化编程3

7.10　舵机的使用

7.10.1　舵机简介

舵机是一种位置（角度）伺服驱动器，适用于角度需要不断变化并能保持的控制系统。目前在高档遥控玩具，如航模、智能车和遥控机器人中已经普遍使用。舵机是一种俗称，其实是一种伺服电机。

舵机一般由直流电机提供动力，变速齿轮组进行减速以提供足够力矩，由控制电路和电位器等监控舵机输出轴的角度以控制方向，舵机可控角度约 180°。一般舵机有条三色引线，如图 7-105 所示，红色是电源线，棕色是地线，橙色是控制线。

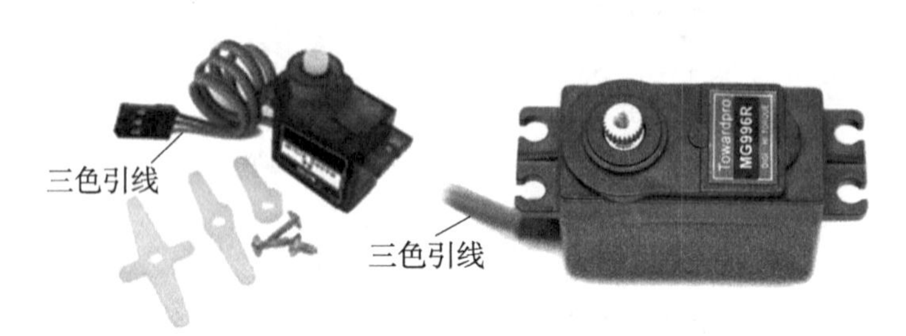

图 7-105　舵机实物

类似舵机这样的伺服系统通常由小型电动机、电位计、嵌入式控制系统和变速箱组成。电机输出轴的位置由内部电位计不断采样测量，并与微控制器（例如 ESP32、Arduino、STM32）设置的目标位置进行比较；根据相应的偏差，控制设备会调整电机输出轴的实际位置，使其与目标位置匹配。这样就形成了闭环控制系统（如图 7-106）。

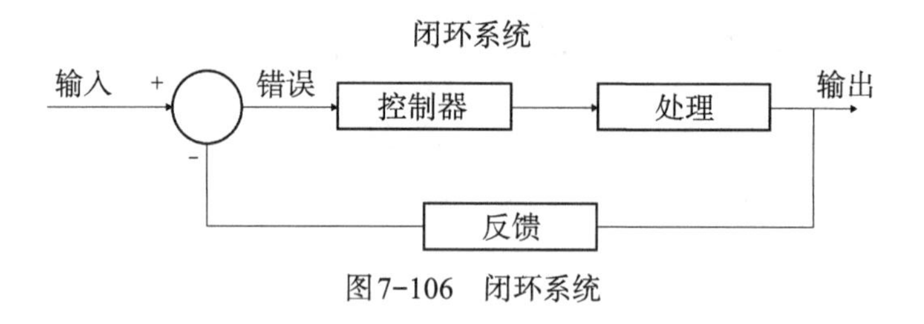

图 7-106　闭环系统

变速箱降低了电机的转速，从而增加了输出轴上的输出扭矩。输出轴的最大速度通常约为 60 r/min。

舵机的具体结构如图 7-107、图 7-108 所示。

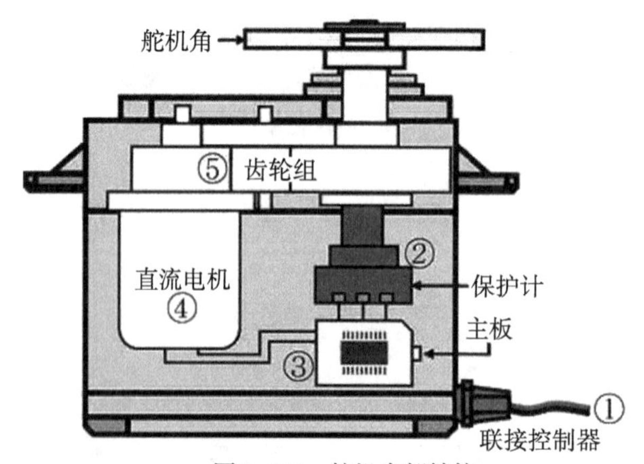

图 7-107　舵机内部结构

①信号线：接收来自微控制器的控制信号；

②电位器：可以测量输出轴的位置量，属于整个伺服机构的反馈部分；

③内部控制器：处理来自外部控制的信号，驱动电机以及处理反馈的位置信号，是整个伺服机构的核心；

④电机：作为执行机构，操作输出多少转速、转矩、位置控制等；

⑤传动机构/舵机系统：该机构根据一定传动比，将电机输出的行程缩放到最终输出的角度上。

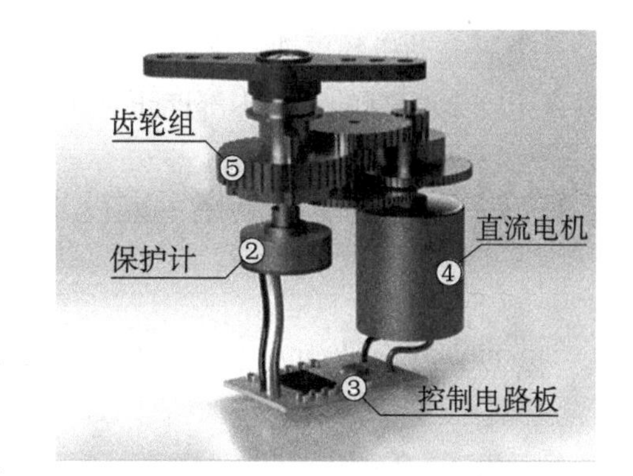

图7-108　舵机内部解剖图

因此舵机是伺服电机的一种，整体电机就是一个闭环系统，输入相应的信号，就能控制舵机输出对应的位置量。

7.10.2　舵机的伺服控制

舵机的控制实际上是通过向舵机的信号线发送PWM信号来控制舵机的输出量；一般来说，PWM信号的周期以及占空比是可控的，所以PWM脉冲的占空比直接决定了输出轴的位置。

比如，当向舵机发送脉冲宽度为1.5ms（毫秒）的信号时，舵机的输出轴将移至中间位置（90°）；脉冲宽度为1ms时，舵机的输出轴将移至最小的位置（0°）；脉冲宽度为2 ms时，舵机的输出轴将移至最小的位置（180°）。

注意：不同类型和品牌的伺服电机的最大位置和最小位置的角度可能会不同。许多伺服器仅旋转约170°（或者只有90°），但宽度为1.5 ms的伺服脉冲通常会将伺服设置为中间位置（通常是指定全范围的一半）。具体可以参考图7-109。

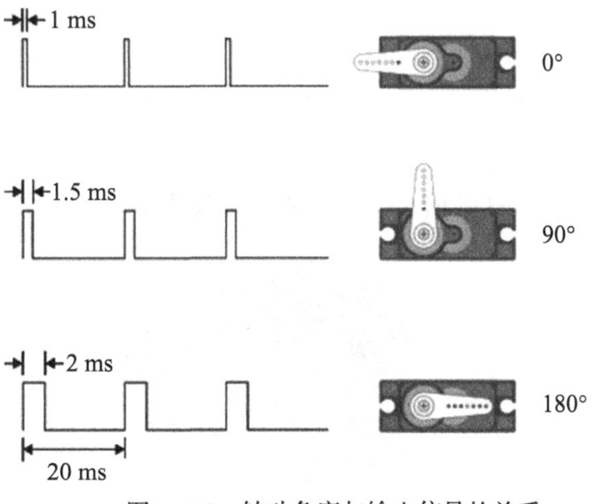

图7-109　转动角度与输入信号的关系

伺服电动机的周期通常为20 ms，希望以50 Hz的频率产生脉冲，但是许多伺服电动机在40～200 Hz的范围内都能正常工作。

7.10.3 常见的舵机规格与对比

1）SG90

SG90舵机实物如图7-110所示。其技术指标见表7-9。

图7-110 SG90舵机实物

表7-9 SG90技术指标

工作电压	4.8 V
质量	9 g
失速扭矩	1.8 kg/cm（4.8 V）
齿轮类型	POM齿轮
运行速度	0.12 sec/60°（4.8 V）
工作温度	0～55℃

2）MG90S

MG90S舵机实物如图7-111所示。其技术指标见表7-10。

图7-111 MG90S舵机实物

表7-10 MG90S技术指标

工作电压	4.8 V
质量	13.4 g
最大扭矩	1.8 kg/cm（4.8 V），2.2 kg/cm（6.6 V）
齿轮类型	6061-T6 铝合金
运行速度	0.10 sec/60°（4.8 V），0.08 sec/60°（6.0 V）
工作温度	0～55℃

3）MG996R

MG996R舵机实物如图7-112所示。其技术指标见表7-11。

图7-112 MG996R舵机实物

表7-11　MG996R技术指标

工作电压	4.8～6.6 V
空载时的电流消耗	10 mA
空载工作时的电流消耗	170 mA
最大电流消耗	1400 mA
质量	55 g
最大扭矩	9.4 kg/cm（4.8 V），11 kg/cm（6.0 V）
齿轮类型	金属齿轮
工作速度	0.19 sec/60°（4.8 V），0.15 sec/60°（6.0 V）
工作温度	0～55℃

7.10.4　舵机的控制

Arduino IDE的“文件/示例/Servo/Sweep”展示了如何让舵机动起来，从0°转到180°，再从180°转回到0°。Sweep程序及其对应的电路接线分别如代码7-12和图7-113所示。舵机和Arduino板的引脚连接说明如表7-12所示。

代码7-12　Sweep程序

```
#include <Servo.h>//引入控制舵机的库文件
servo myservo;     //创建舵机对象以便控制，一般的Arduino版可以支持12个舵机对象
int pos = 0;       //存放舵机角度的变量
void setup( )
{
myservo.attach(9);//通过数字端口9来控制舵机
}

void loop( )|
  for(pos = 0;pos <= 180;pos+=1) //循环产生0到180的数字，并赋予到pos变量
  {                              //循环每一度时需做到的操作
    myservo.write(pos);          //告诉舵机当前应处于的位置度数
    delay(15);      // 等15毫秒，让舵机有时间去到指定度数位置
  }
  for(pos = 180; pos>=0;pos-=1)  //循环产生180到0的数字，并赋予到pos变量
  {
    myservo.write(pos);   //告诉舵机当前应处于的位置度数
```

```
    delay(15);              //等15毫秒，让舵机有时间去到指定度数位置
  }
}
```

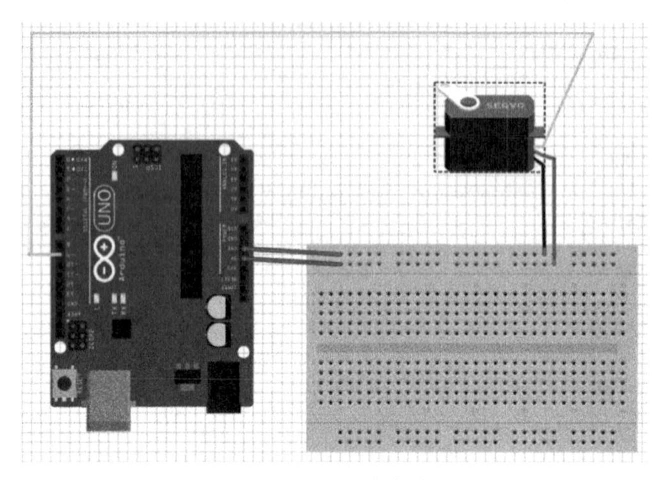

图7-113　电路接线

表7-12　舵机引脚连接说明

舵机引脚颜色	引脚说明	Arduino引脚名称
红色	电源	5V
棕色	地	GND
橙色	控制线	9

在 Mixly 可视化编程中，舵机模块已封装，按"执行器"→"电机"→"舵机"控制执行，使用时只需指定控制线连接的"针脚"和转向"角度"即可。舵机转向的可视化编程如图7-114所示。

案例7-4：通过电位器控制舵机

Arduino IDE的"文件/示例/Servo/Knob"展示了如何通过电位器控制舵机的转向：当改变电位器旋钮位置时，舵机转动的角度会随之改变。Knob程序如代码7-13所示。

通过电位器控制舵机的电路接线如图7-115所示。图中有电位器和Arduino板的引脚连接示意。

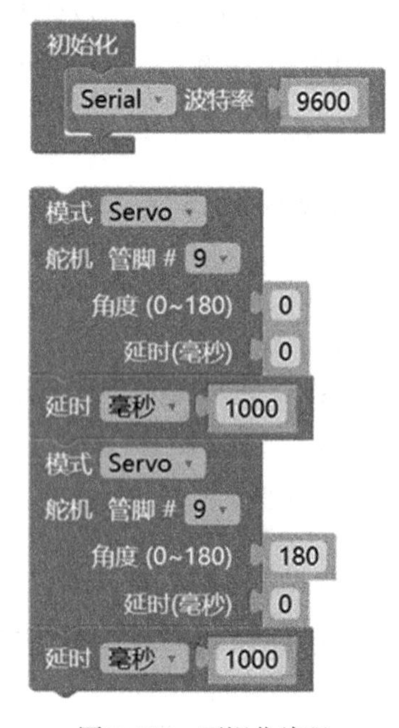

图7-114　可视化编程

代码7-13　Knob程序

```
#include <Servo.h>                  //引入控制舵机的库文件
Servo myservo;                      //创建舵机对象以便控制
int potpin =A0;                     //读取电位计数字的模拟输入端口
int val;                            //出模拟端口A0读到的数字存入到此变量

void setup( )
{
  myservo.attach(9);                //通过数字端口9来控制舵机
}
void loop( )
{|
  val = analogRead(potpin);         //读取感应端数值(数值会在0~1023)
  val = map(val, 0, 1023, 0, 180);  //将其压缩到舵机控制的数字:180到0
  myservo.write(val);               //告诉舵机当前应处于的位置度数
delay(15);                          //等15毫秒,让舵机有时间去到指定度数位置
}
```

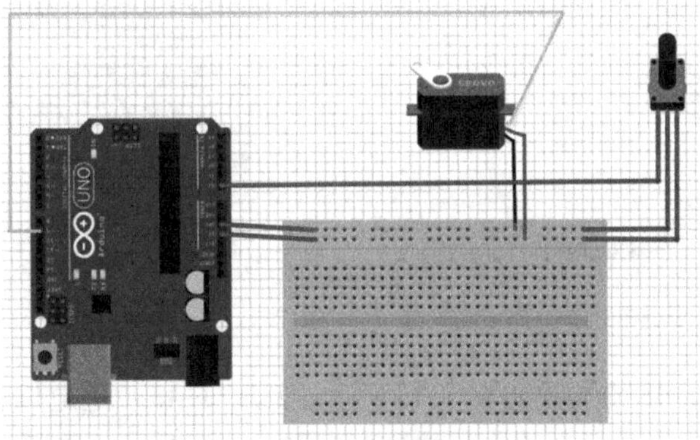

图7-115　通过电位器控制舵机接线

在Mixly可视化编程中，舵机模块的“角度”由电位器指定，电位器模拟值从A0口输入，然后将此值通过数学里面的映射从0～1023转成角度0～180°，最后可以通过串口打印，将映射后的舵机当前的角度打印出来。可视化编程如图7-116所示。

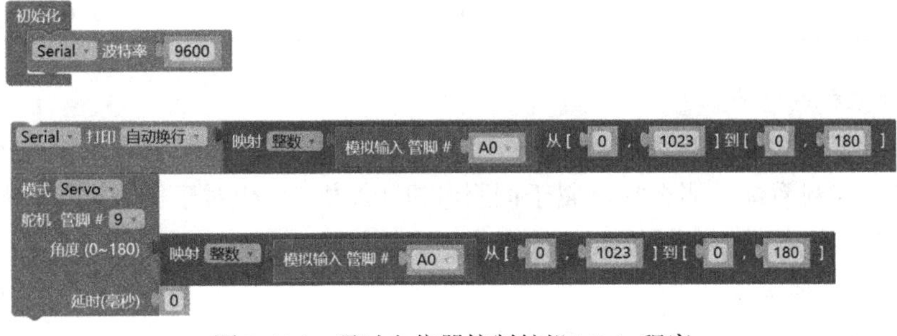

图7-116　通过电位器控制舵机Mixly程序

7.11 步进电机的使用

7.11.1 步进电机简介

1）步进电机简介

步进电机是一种将电脉冲转化为角位移的执行器件。当步进电机驱动器接收到一个信号时，它就驱动步进电机按设定的方向转动一个固定的角度（即步距角）。通过控制脉冲数可以控制角位移量，从而达到准确定位的目的，也可以通过控制脉冲频率控制电机转动的速度和加速度，从而达到调速的目的。步进电机是电机中比较特殊的一种，靠脉冲来驱动。步进电机常用作数控设备执行器件。图 7-117 和图 7-118 所示的是两种步进电机的实物图。

图7-117　永磁式减速步进电机28BYJ-48实物

图7-118　两相混合式步进电机42步进电机实物

步进电机 28BYJ-48 的参数如表 7-13 所示。28BYJ-48 步进电机转动一圈，按 4 拍运行的总步数是 2048 步。步进电机有最快速度限制，速度过快可能丢步，一般间隔时间最小在 3ms 左右。

表7-13　步进电机28BYJ-48的主要参数

极性	供电电压	相数/线数	拍数	步进角度	减速比	直径
单极性	5V	4相/5线	4拍	5.625度/64	1:64	28mm

2）步进电机的特点

步进电机工作时的位置和速度信号不反馈给控制系统，如果电机工作时的位置和速度信号反馈给控制系统，那么它就属于伺服电机（舵机）。相对于伺服电机，步进电机的控制相对简单，但不适用于精度要求较高的场合。

3）步进电机的优点

①可以将脉冲信号输入到电机进行控制；

②不需要反馈电路以返回旋转轴的位置和速度信息（开环控制）；

③由于没有接触电刷而实现了更大的可靠性。

4）步进电机的缺点

①需要脉冲信号输出电路；

②当控制不当时，可能会出现同步丢失；

③由于在旋转轴停止后仍然存在电流而产生热量。

步进电机的优点和缺点都非常突出，优点集中于控制简单、精度高，缺点是噪声、震动和效率，它没有累积误差，结构简单，使用维修方便，制造成本低。步进电机带动负载惯量的能力大，适用于中小型机床和速度精度要求不高的地方，缺点是效率较低、发热大，有时会“失步”。

5）步进电机的工作原理

根据步进电机的构造，可以分为永磁式、反应式和混合式3种（图7-119）。目前最常用的是混合式步进电机，因为它综合了永磁式和反应式的优点。我们先通过永磁式步进电机来了解其结构和控制原理，然后进一步了解反应式和混合式步进电机的结构和控制原理。

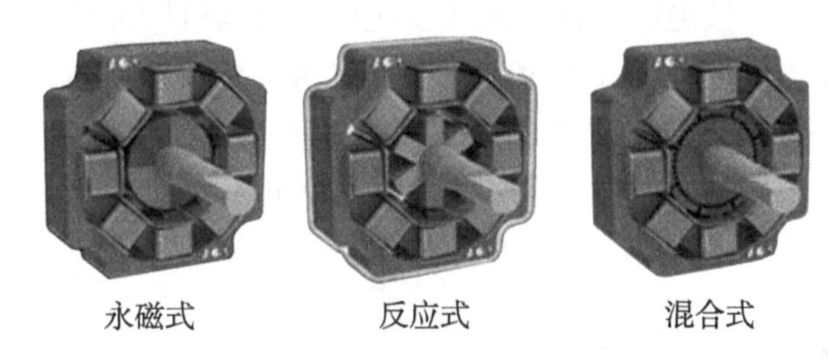

图7-119　三种步进电机

为了增大磁感应强度，减少涡轮损失，步进电机的转子和定子框架都是由高磁导率的硅钢片叠成。在定子框架上有4个定子齿，将其绕上两组线圈并通电后，根据电磁感应原理，此时线圈就变成了电磁铁，如图7-120所示。

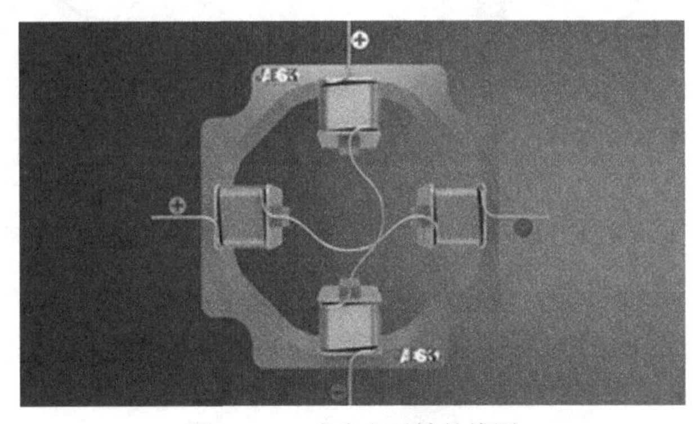

图7-120　成为电磁铁的线圈

根据右手定则，一端会变为N极，一端为S极，这种极性的变化可以通过改变电源的正负极来实现转换。如果将电源的正负极转换加上一定的规律，定子部分就形成一个旋转的磁场，这样转子就会随着旋转的磁场而转动（图 7-121）。而转子的转动有一个很重要的参数，那就是步距角。步距角就是输入一个脉冲信号时转子转过的角度，其计算公式为：

$$步距角=\frac{360}{转子齿数\times运行拍数}$$

永磁体齿数可以认为为 1。此步进电机的步距角为 90°。

图 7-121　转子根据磁场转动

步进电机并不能直接接电源工作，因为步进电机是通过脉冲信号来控制电机工作的，因此步进电机的工作需要驱动器来控制。通过 PLC 编程控制脉冲的数量和频率以及电机各相绕组的功率顺序，控制步进电机的旋转。步进电机的驱动方式有 3 种，即满步、半步以及微步驱动。而根据通电相数，满步驱动又分为单相满步驱动和双相满步驱动两种，如图 7-122 所示。

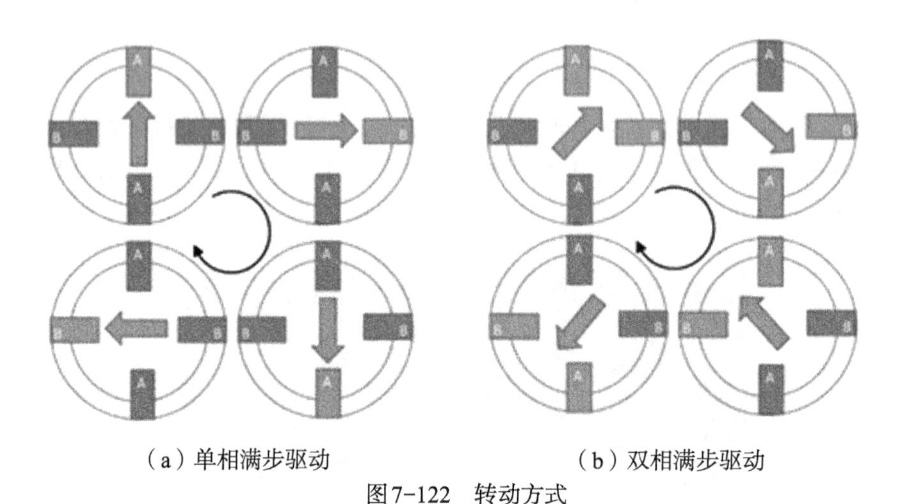

（a）单相满步驱动　　（b）双相满步驱动

图 7-122　转动方式

7.11.2　步进电机的控制

1）步进电机与驱动板的连接

步进电机 28BYJ-48 可以用普通 ULN2003 芯片驱动。图 7-123 所示的是两款采用 ULN2003 芯片驱动电路板实物。步进电机 28BYJ-48 与驱动板的连接如图 7-123 所示。

图7-123　步进电机28BYJ-48与驱动板的连接

2）步进电机旋转代码

Arduino IDE 的“文件 / 示例 /Stepper/one_Revolution”展示了如何控制步进电机的转动速度和方向。one_Revolution 程序如代码 7-14 所示。

代码7-14　one_Revolution程序

```
//引入控制步进电机库文件
#include <Stepper.h>
//设定步进电机频率，不同的步进电机会有所不同
const int stepsPerRevolution = 200;
//初始化步进电机变量，绑定在8，9，10，11四个端口
Stepper myStepper(stepsPerRevolution, 8,9,10,11);
void setup( ){
  //设置步进电机速度为60转每分钟
  mySteppeer.setSpeed(60);
}

void loop( ){
  //命令步进电机顺时针转一圈
  myStepper.step(stepsPerRevolution);
  delay(500);
  ////命令步进电机逆时针转一圈
  myStepper.step(-stepsPerRevolution);
  delay(500);
}
```

3）线路连接

驱动板和 Arduino 板的引脚连接说明如表 7-14 所示，注意线序，Arduino 板的数字 9 口和 10 口是对调了的，线序正确才能使得电机的正向旋转和反向旋转正常，线路连接如图 7-124 所示。

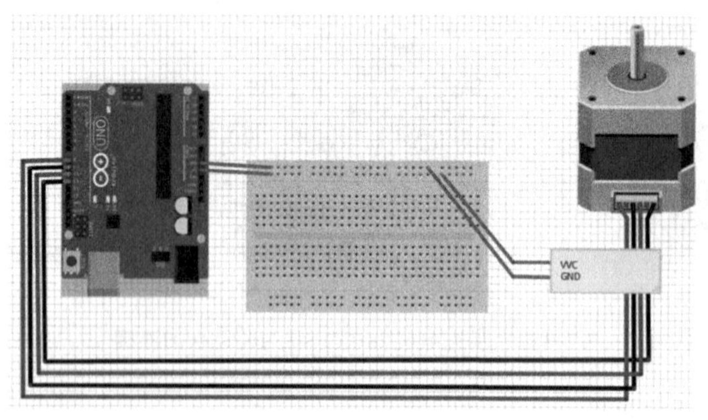

图7-124 线路图

表7-14 引脚连接说明

步进电机驱动板	Arduino引脚编号
IN1/INA	8
IN2/INB	10
IN3/INC	9
IN4/IND	11
VCC	5V
GND	GND

4）可视化编程

在Mixly可视化编程中，步进电机模块已封装在执行器的“电机”中，如图7-125所示。“步进电机”模块共有3个，“初始化步进电机”模块分为两种：一种是2条信号线驱

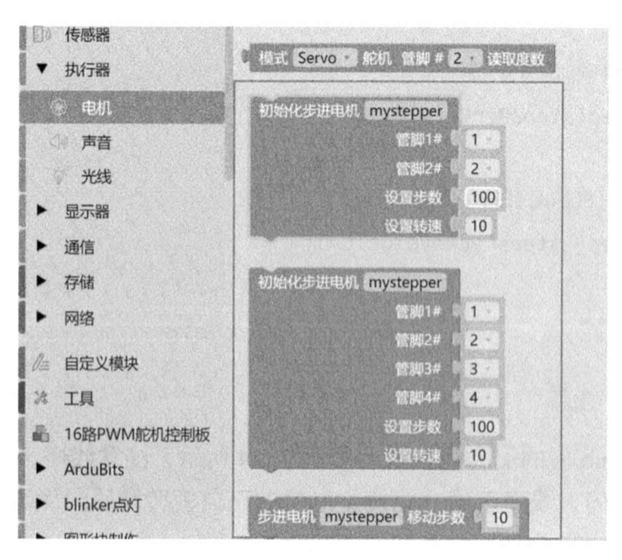

图7-125 步进电机模块的位置

动的单相步进电机，另一种是二相四线的步进电机；“步进电机移动步数”模块设置步进电机转动的总步数。

控制步进电机正向和反向各转一圈的可视化编程如图7-126所示。“初始化步进电机”模块中“设置步数”参数设为200。“设置转速”模块参数设为60；在初始化外面的步进电机移动步数的模块中，移动步数的正负决定步进电机的正反转。

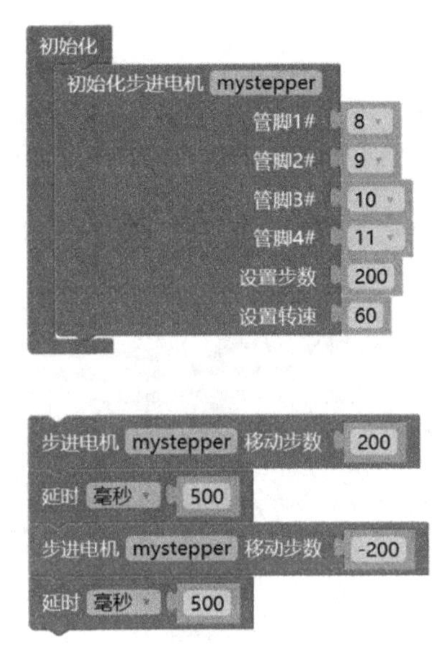

图7-126　可视化编程

拓展练习：尝试用电位器控制步进电机的旋转速度。

第8章

智能产品的感知与控制

8.1 传感器的应用原理介绍

传感器能够对周围环境的变化做出反应，例如温度、声音、光照（包括红外）、距离、压力、重力、姿态、磁场、烟粉尘等，也就是说它能够将周围环境的变化变换成电信号输出。正是因为有了各种传感器，才可以根据这些传感器输出的信号来调整设备的工作状态，达到与环境互动与世界互动的目的。

传感器（Transducer/Sensor）的定义为：能感受到被测量的信息，并能将检测感受到的信息按一定规律变换成电信号或其他所需形式的信息输出的器件或装置。

传感器一般由敏感元件、转换元件和辅助电路三部分组成，如图 8-1 所示。敏感元件能直接感受或响应被测量，并输出与被测量物体成确定关系的某一物理量的元件。通常这类元件是利用材料的某种敏感效应制成的，可以按输入的物理量来命名各类敏感元件，如热敏、光敏、力敏、磁敏、湿敏元件等。转换元件将敏感元件感受或响应的被测量转换成电信号。有些传感器的转换元件需要辅助电源。经过敏感元件和转换元件输出的电信号一般幅度比较小，而且混杂有干扰信号和噪声，所以在许多元器件中还包括辅助电路，对信号进行放大、滤波以及其他整形处理。

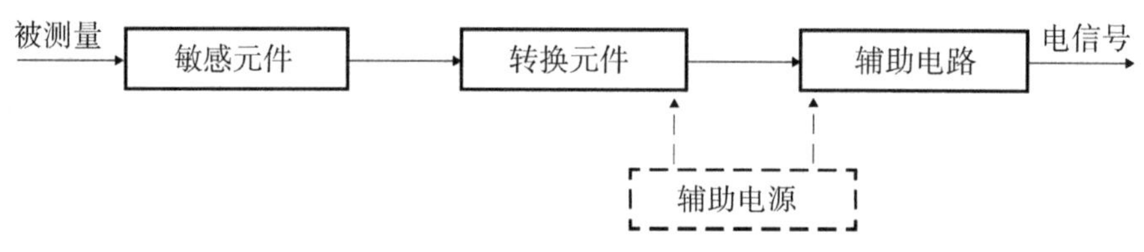

图 8-1　传感器组成示意图

根据其输出的信号，传感器可以分为数字传感器和模拟传感器。这些传感器的使用都大同小异，只需知道它是输出数字值还是模拟值，然后对应使用 digitalRead( ) 或者 analogRead( ) 函数读取即可。

在第 7 章我们学习了触摸传感器和超声波测距传感器，下面学习几个常见的传感器。

8.2 红外人体感应传感器

红外人体感应传感器 HC-SR505 是一个基于热释电效应的人体热释运动传感器，能检测到人体或者动物发出的红外线。HC-SR505 是基于红外线技术的自动控制模块，采用 LHI778 探头设计，其灵敏度高，可靠性强，具有超低电压工作模式，广泛应用于各类自动感应电器设备，尤其是干电池供电的自动控制产品。HC-SR505 是全自动感应，人体进入其感应范围则输出高电平；离开感应范围则自动延时关闭高电平，输出低电平。感应输出高电平后，在延时时间段内，如果有人体在其感应范围活动，其输出将一直保持高电平，直到人离开后才延时将高电平变为低电平。HC-SR505 属于数字传感器，其实物如图 8-2 所示，有三个引脚：电源引脚“+”、输出引脚“OUT”和接地引脚“-”。

图8-2　HC-SR505传感器实物

将HC-SR505的电源“+”端与Arduino板5V相连，HC-SR505的电源“-”端与Arduino板GND连接，中间的输出引脚与数字引脚2连接。实物连接如图8-3所示。

图8-3　HC-SR505与Arduino板的实物连接

读取HC-SR505红外人体感应传感器模块的Mixly可视化编程如图8-4所示。程序设计思路是：先设一个数字变量用来存储数字2口的输入值，数字2口的值即触摸传感器的返回值；然后将变量的值通过串口监视器显示出来。

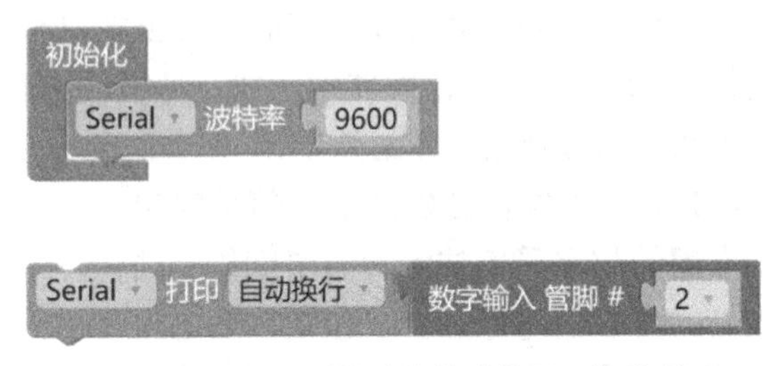

图8-4　读取红外人体感应传感值的可视化编程

可视化编程设计的具体步骤如下：

①点击左侧控制按钮，将初始化模块拖进编程区域；

②点击左边串口按钮，将设置波特率为9600的模块拖入初始化模块中；

③同样在左边串口按钮里面，将Serial打印模块拖放进编程区域；

④在输入/输出模块里面找到数字输入模块，并接到串口打印模块的后面，将数字输入的管脚改为2号管脚；

⑤最后点击“上传”按钮，程序就执行了，右边代码区域就可以自动生成Arduino编程代码了，如代码8-1所示。

代码8-1

```
void setup( ){
  Serial.begin(9600);
  pinMode(2, INPUT);
}

void loop( ){
  Serial.println(digitalRead(2));

}   Serial.println( );
}
```

程序运行后，打开串口监视器，观察串口监视窗口输出值。无人靠近时界面输出值为“0”，当人体靠近红外人体感应传感器时值为“1”，如图8-5所示。红外人体感应传感器输出的是数字信号，只有1和0两种状态。

```
输出    COM8
0
0
0
0
0
0
0
0
0
1
1
1
```

图8-5　显示人体感应值的串口监视器窗口

8.3　温湿度传感器

温湿度传感器用来测试环境的温度和湿度，它的种类很多，精度和价格也不尽相同。在日常应用中，经常选择DHT11温湿度传感器用于估计环境的温湿度。传感器将感应到的温湿度模拟信号转换为数字信号再通过单总线输出。

温湿度传感器DHT11是一款含有已校准数字信号输出的复合传感器。它采用专用的数字采集技术和温湿度传感技术，以确保产品具有较高的可靠性与稳定性。包括一个电阻式感湿元件和一个NTC测温元件，并与一个高性能的8位单片机连接。因此该产品具有响应快、抗干扰能力强、性价比高等优点。DHT11具有超小的体积和极低的功耗，信号传输距离可达20米以上，它是各类应用甚至较为苛刻的应用场合的最佳选择。

DHT11的供电电压为3.0～5.5V。传感器上电后，要等待1秒以越过不稳定状态，在此期间无须发送任何指令。DHT11为4针单排引脚封装，连接方便，如图8-6所示。

图8-6　DHT11实物

DHT11与Arduino板的引脚连接对应关系如表8-1所示。

表8-1 DHT11与Arduino板的引脚连接对应关系

引脚编号	DHT11引脚名称	DHT11引脚说明	Arduino板引脚
1	VCC	工作电源	5V
2	DATA	串行数据，单总线	2
3	NC	空脚，悬空	悬空
4	GND	电源地	GND

DHT11与Arduino板的电路连接如图8-7所示。

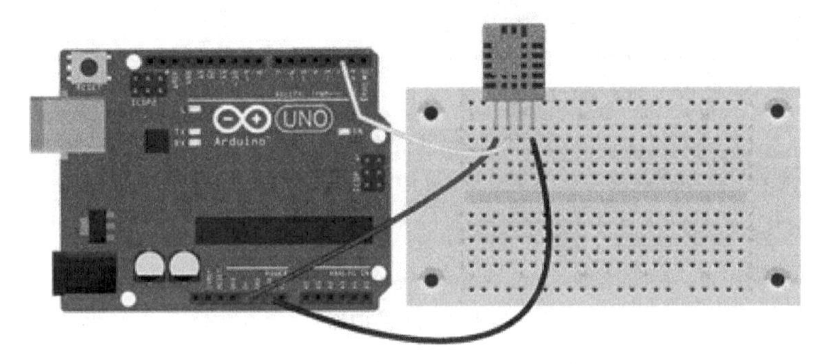

图8-7 DHT11与Arduino板的电路连接

DHT11的DATA端采用串行接口（单线双向）与Arduino进行同步和通信，数据传输和读取操作比较复杂。采用第三方DHT库文件则可以很容易实现温湿度的读取。网上有很多库可以下载，下载安装后才能使用。

为了将新库安装在Arduino软件中，可以使用库管理器。打开Arduino IDE，单击“项目”，然后选择“加载库 > 添加一个.ZIP库”（如图8-8所示），选择教材配套资料里的“EDU_DHT_Grove.zip”文件，就可以安装DHT库文件了。

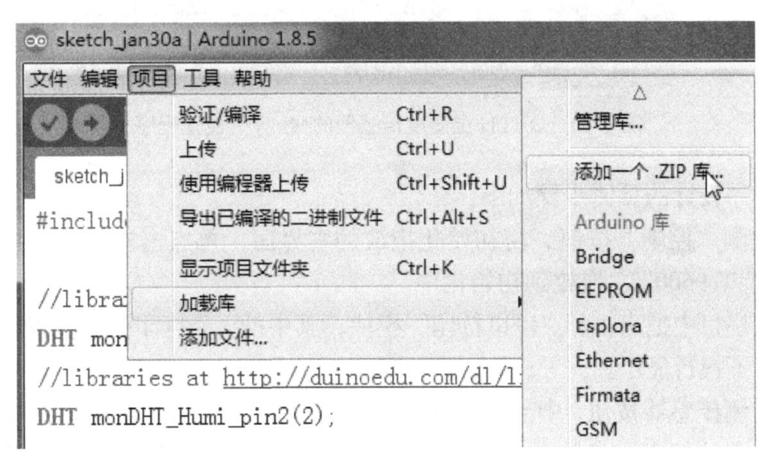

图8-8 加载库

选择“加载库 > 管理库”打开库管理器后，可以查看已安装的库清单，如图 8-9 所示。图中显示的“Humidity_Temperature_Sensor”就是已安装的DHT库文件。

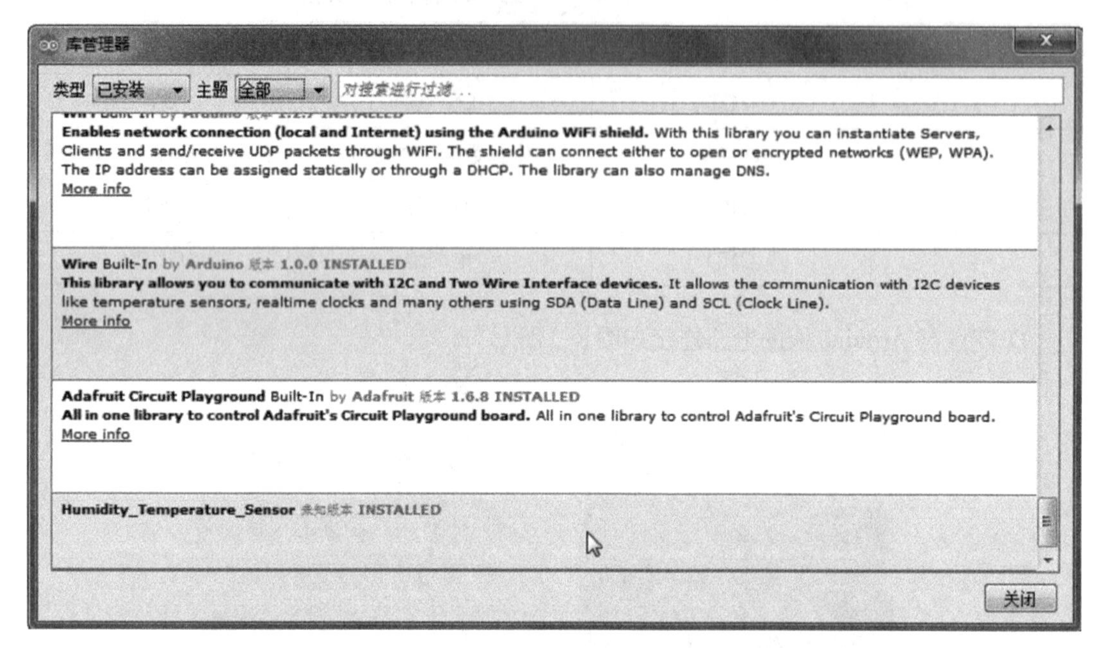

图8-9　库管理器

读取 DHT11 温湿度传感器的 Mixly 可视化程序如图 8-10 所示。Mixly 中的传感器栏目直接有 DHT11 温湿度传感器模块可供使用，所以只需要将模块直接接入串口打印就可以获得数据。

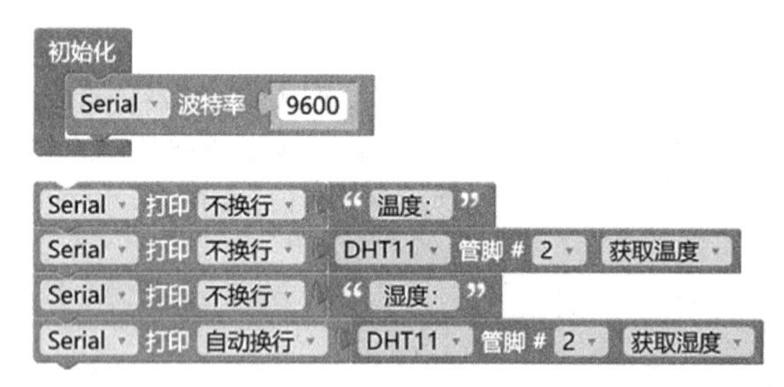

图8-10　DHT11温湿度传感器的Mixly可视化程序

可视化程序设计的具体步骤如下：

①点击左侧“控制”按钮，将初始化拖放的主界面，再点击左侧“串口”按钮，选择“Serial波特率9600”，拖放到初始化中。

②在串口栏目中拖出4个“串口打印”模块，其中前3个打印模块设置为不换行，在打印的时候会不换行显示。

③点击左侧传感器按钮，找到“DHT11 模块”，拖放在第二个和第四个串口打印的缺口处，并设置“针脚”参数为“D2”，即使用数字 2 口读取温度传感器值。将第一个DHT11 模块的读取内容设置为“获取温度”，将第二个 DHT11 模块读取的内容设置为

“获取湿度”，如图8-11所示。

④点击左侧“文本”按钮，选择第一个“Hello”的字符串模块，将其填入第一个和第三个串口打印（不换行）的模块中，最后将第一个字符串模块的内容改为“温度：”，第二个字符串的内容改为“ 湿度：”。

⑤单击“上传”按钮后，Mixly的状态栏自动打开窗口生成代码，如代码8-2所示。

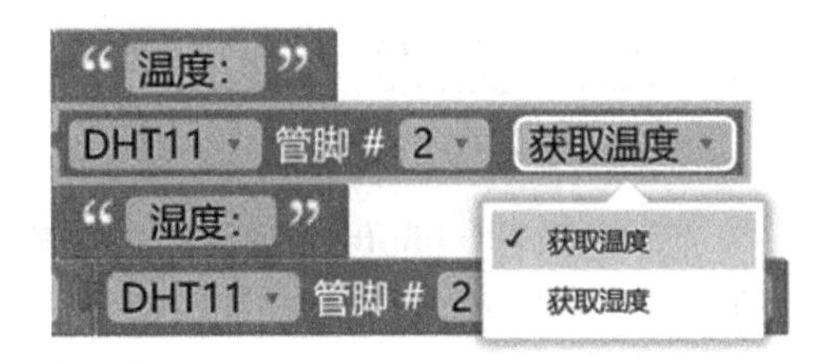

图8-11　步骤③

代码8-2

```
#include <DHT.h>


DHT dht2(2, 11);


void setup( ){
      Serial.begin(9600);
        dht2.begin( );
}


void loop( ){
      Serial.print("温度：");
      Serial.print(dht2.readTemperature( ));
      Serial.print(" 湿度：");
      Serial.println(dht2.readHumidity( ));


}
```

在Mixly下方状态栏的串口监视器栏目，可以看到温湿度值按程序设计格式输出，界面如图8-12所示。

```
输出    COM8 ● ×    +
温度：28.20 湿度：60.00
温度：28.20 湿度：60.00
温度：28.20 湿度：60.00
温度：28.20 湿度：60.00
温度：28.20 湿度：60.00
温度：28.20 湿度：60.00
温度：28.20 湿度：60.00
温度：28.20 湿度：60.00
温度：28.20 湿度：60.00
温度：28.20 湿度：60.00
温度：28.20 湿度：60.00
温度：28.20 湿度：60.00
温度：28.20 湿
```

图8-12　显示温湿度值的串口监视器窗口

8.4 光敏电阻器

光敏电阻器（photovaristor）又叫光感电阻，是利用半导体的光电效应制成的一种电阻值随入射光的强弱而改变的电阻器；入射光强，电阻减小；入射光弱，电阻增大。光敏电阻器一般用于光的测量、光的控制和光电转换（将光的变化转换为电的变化）。光敏电阻可广泛应用于各种光控电路，如对灯光的控制、调节等场合，也可用于光控开关。光敏电阻既然是可以根据光强改变阻值的元件，自然也需要模拟口读取模拟值了。图 8-13 所示是光敏电阻器实物图。

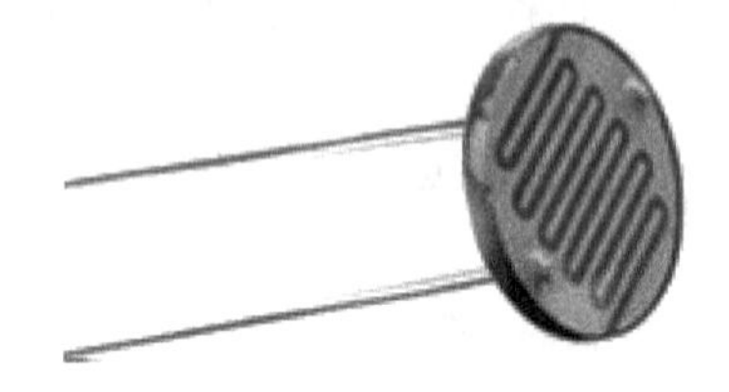

图 8-13　光敏电阻器实物

读取光敏感应值的原理和电路连接如图 8-14 所示。光敏电阻器与 10kΩ 电阻串联，串联的一端接 Arduino 板的 5V，另一端接 Arduino 板的 GND，光敏电阻器连接电阻的一端接 Arduino 板的 A5 模拟口。

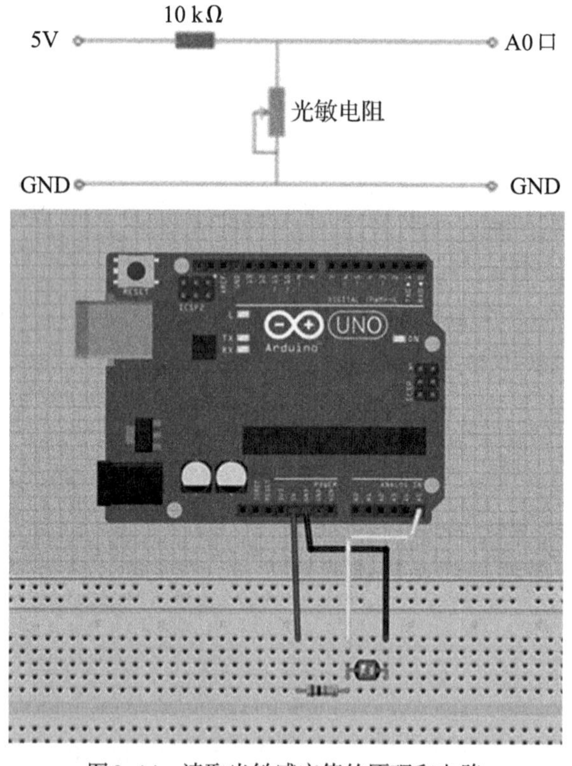

图 8-14　读取光敏感应值的原理和电路

读取光敏感应值的 Mixly 可视化程序如图 8-15 所示。程序设计思路是：使用模拟 A0 口读取光敏感应值；然后串口打印输出到串口监视器。

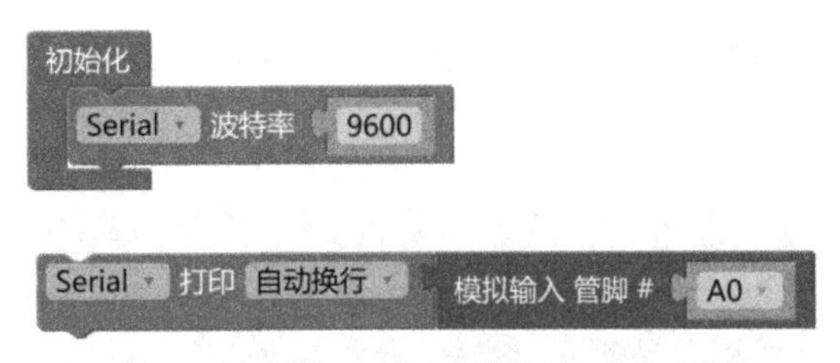

图8-15　读取光敏电阻数据的Mixly程序

可视化程序设计的具体步骤如下：

①点击左侧“控制”按钮，将初始化拖放的主界面，再点击左侧“串口”按钮，选择“Serial波特率9600”，拖放到初始化中；

②点击左侧“串口”按钮，选择“Serial打印自动换行”模块，拖放到编程区域的空白处。再从输入/输出的栏目里找到“模拟输入”的模块，将其设置为“A0”引脚，并接入“Serial打印自动换行”模块；

③最后点击“上传”按钮，程序就执行了，右边代码区域就可以自动生成Arduino编程代码了，如代码8-3所示。

代码8-3

```
void setup( ){
  Serial.begin(9600);
  pinMode(A0, INPUT);
}

void loop( ){
  Serial.println(analogRead(A0));


}
```

改变光照强度，可以在下方的串口监视器看到光敏感应值的变化，光照越强，值越小，如图8-16所示。

输出　COM8 ● ×　+

166
174
174
172
181
189
188
190
197
202
199
200
207
207
206
208
213
214
209

图8-16　显示光感应值的串口监视器窗口

8.5　液晶屏模块

液晶显示屏（liquid crystal display，LCD）是平面显示器的一种，常用于电视及计算机的屏幕显示。LCD的优点是耗电量低、体积小、辐射低。人机交互过程中，LCD显示器是重要的输出设备。LCD按显示技术分成4类，点阵式液晶屏、段码式液晶屏、字符式液晶屏和TFT彩屏。LCD1602是字符型液晶显示器，它是一种专门用于显示字母、数字和符号的点阵型液晶显示模块，能够同时显示“16×02”即32个字符。LCD1602液晶显示模块实物如图8-17所示。

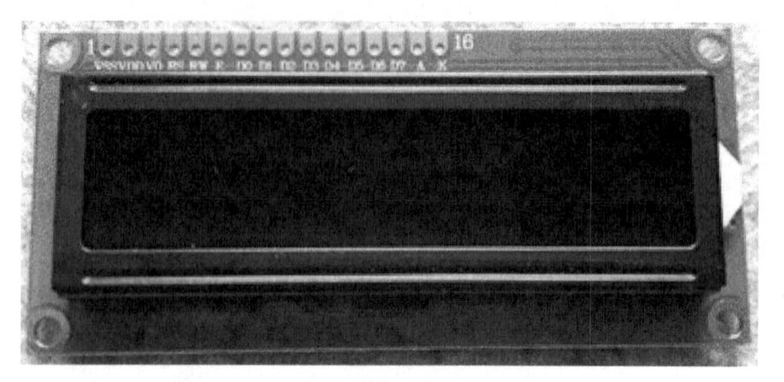

图8-17　LCD1602液晶显示模块实物

LCD1602采用16脚接口，各引脚接口说明如表8-2所示。

表8-2　引脚说明

编号	引脚名称	引脚说明	编号	引脚名称	引脚说明
1	VSS	电源地	9	D2	数据
2	VDD	电源正极	10	D3	数据
3	VO	液晶显示偏压	11	D4	数据
4	RS	数据/命令选择	12	D5	数据
5	R/W	读/写选择	13	D6	数据
6	E	使能信号	14	D7	数据
7	D0	数据	15	BLA	背光源正极
8	D1	数据	16	BLK	背光源负极

LCD1602模块与Arduino的常规控制方式及接线如图8-18所示。一般将R/W信号接地，通过延时方式控制，所以只需写入数据，不用读取LCD状态。此处采用4位数据总线方式，VO信号通过一个10kΩ电位器接入，可以调节液晶对比度，电源线和背光线分别接5V和GND。

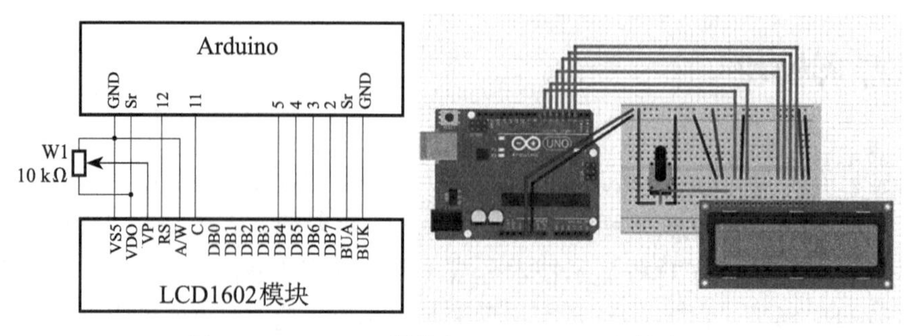

图8-18　LCD1602模块与Arduino UNO的接线图

LCD1602命令表中的11条指令需要参数和时序配合，对初学者来说，其编程比较复杂，因此Arduino IDE提供了LiquidCrystal类库。

打开Arduino IDE，单击“项目”，然后选择“加载库>管理库”，打开库管理器，在库清单中找到LiquidCrystal，如图8-19所示，一般选最新的库版本，然后单击“安装”按钮，等待Arduino IDE安装新库。

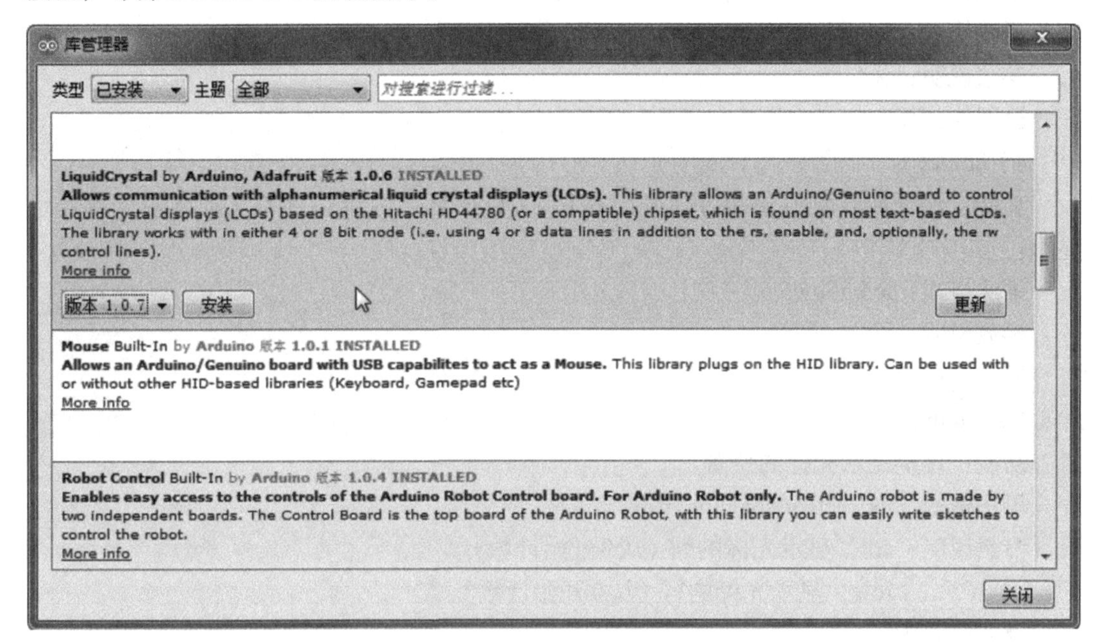

图8-19 在库管理器中安装LiquidCrystal库文件

下面对LiquidCrystal类库函数进行详细说明。

1）LiquidCrystal( )

功能：构造函数，创建LiquidCrystal的对象（实例）时执行，可使用4位或8位数据线的方式（请注意，还需要指令线）。若采用4线方式，则将d0～d3悬空。若RW引脚接地，函数中的rw参数可省略。

语法格式：LiquidCrystal lcd(rs，enable，d4，d5，d6，d7)
LiquidCrystal lcd(rs，rw，enable，d4，d5，d6，d7)
LiquidCrystal lcd(rs，enable，d0，dl，d2，d3，d4，d5，d6，d7)
LiquidCrystal lcd(rs，rw，enable，d0，dl，d2，d3，d4，d5，d6，d7)。

参数说明：rs，与rs连接的Arduino的引脚编号；
rw，与rw连接的Arduino的引脚编号；
enable，与enable连接的Arduino I的引脚编号；
d0，d1，d2，d3，d4，d5，d6，d7：与数据线连接的Arduino的引脚编号。

返回值：无。

2）begin( )

功能：初始化，设定显示模式（列和行）。

语法格式：lcd. begin(cols，rows)。

参数说明：cols，显示器的列数（1602是16列）；

rows，显示器的行数（1602是2行）。

返回值：无。

3）clear( )

功能：清除LCD屏幕上的内容，并将光标置于左上角。

语法格式：lcd. clear( )。

参数说明：无。

返回值：无。

4）home( )

功能：将光标定位在屏幕左上角。保留LCD屏幕上内容，字符从屏幕左上角开始显示。

语法格式：lcd.home( )。

参数说明：无。

返回值：无。

5）setcursor( )

功能：设定显示光标的位置。

语法格式：lcd. setCursor(col，row)。

参数说明：col，显示光标的列（从0开始计数）；

row，显示光标的行（从0开始计数）。

返回值：无。

6）write( )

功能：向LCD写一个字符。

语法格式：lcd. writedata( )。

参数说明：data，LCD1602内部字符和自定义的字符在库表中的编码。

返回值：写入成功返回true，否则返回false。

7）print( )

功能：将文本显示在LCD上。

语法格式：lcd. print(data)。

lcd. print(data，BASE)。

参数说明：data，要显示的数据，可以是char、byte、int、long或者string类型；BASE数制（可选的），BIN、DEC、OCT和HEX，默认是DEC。分别将数字以二进制、十进制、八进制、十六进制方式显示出来。

返回值：无。

8）cursor( )

功能：显示光标。

语法格式：lcd. cursor( )。

参数说明：无。

返回值：无。

9）noCursor( )

功能：隐藏光标。

语法格式：lcd.noCursor( )。

参数说明：无。

返回值：无。

10）blink( )

功能：显示闪烁的光标。

语法格式：lcd. blink( )。

参数说明：无。

返回值：无。

11）noBlink ( )

功能：关闭光标闪烁功能。

语法格式：lcd. noBlink( )。

参数说明：无。

返回值：无。

12）display( )

功能：打开液晶显示。

语法格式：lcd. display( )。

参数说明：无。

返回值：无。

13）noDisplay( )

功能：关闭液晶显示，但原先显示的内容不会丢失。可使用 display( ) 恢复显示。

语法格式：lcd. noDisplay( )。

参数说明：无。

返回值：无。

14）scrollDisplay Left( )

功能：使屏幕上的内容（光标及文字）向左滚动一个字符。

语法格式：lcd. scrollDisplay Left( )。

参数说明：无。

返回值：无。

15）scrollDisplay Right( )

功能：使屏幕上内容（光标及文字）向右滚动一个字符。

语法格式：lcd. scrollDisplay Right( )。

参数说明：无。

返回值：无。

16）autoscroll( )

功能：能使液晶显示屏自动滚动的功能，即当1个字符输出到LCD时，先前的文本将移动1个位置。如果当前写入方向为由左到右（默认方向），文本向左滚动。反之，文本向右滚动。它的功能是将每个字符输出到LCD上的同一位置。

语法格式：lcd.autoscroll( )。

参数说明：无。

返回值：无。

17）noAutoscroll( )

功能：关闭自动滚动功能。

语法格式：lcd. noAutoscroll( )。

参数说明：无。

返回值：无。

18）leftToRight( )

功能：设置将文本从左到右写入屏幕（默认方向）。

语法格式：lcd.leftToRight( )。

参数说明：无。

返回值：无。

19）rightToLeft( )

功能：设置将文本从右到左写入屏幕。

语法格式：lcd.rightToLeft( )。

参数说明：无。

返回值：无。

20）create Char( )

功能：创建用户自定义的字符。总共可创建8个用户自定义字符，编号为0～7。字符由8个字节数组定义，每行占用一个字节，DB7～DB5可为任何数据，一般取“000”，DB4～DB0对应于每行5点的字模数据。若要在屏幕显示自定义字符，应使用write(num)函数。其中num是0～7的序号。注意，当num为0时，需要写成byte(0)，否则编译器会报错。

语法格式：lcd.createChar(mum，data)。

参数说明：num，所创建字符的编号（0～7）；data，字符的像素数据。

返回值：无。

Arduino IDE的“文件/示例/LiquidCrystal”中有几个关于LCD的示例程序，打开“HelloWorld”程序，如图8-20所示。

“HelloWorld”程序代码如图8-21所示。先指定RS、EN、D4、D5、D6、D7的引脚号，然后创建一个LiquidCrystal类的实例lcd。在setup函数中，用begin函数初始化LCD需显示的2行16列，用print函数输出“hello, world!”字符。在loop函数中，用setCursor函数设定在第2行第1列显示输出程序开始运行的时间累计值，单位是秒。

可视化程序设计的具体步骤如下：

①点击左侧“控制”按钮，将初始化拖放到主界面，再点击左侧“串口”按钮，选择“Serial波特率9600”，拖放到初始化中；

②点击左侧“显示器”按钮，再点击“LCD液晶屏”，选择第二个“初始化液晶

图8-20 LCD示例

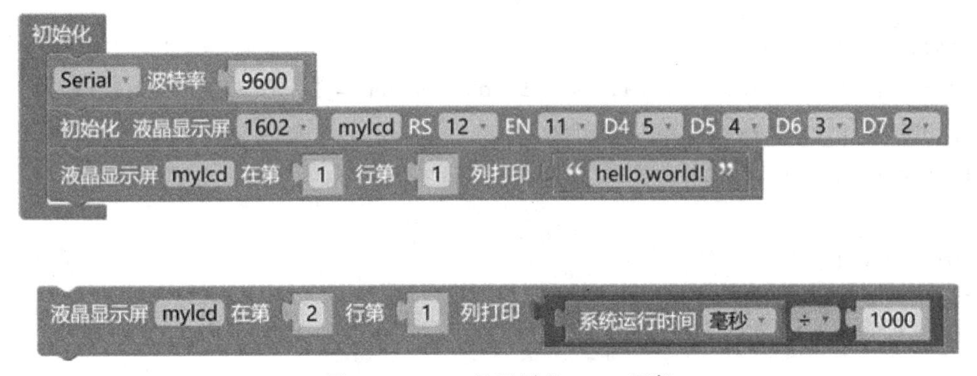

图8-21 LCD显示屏的Mixly程序

显示屏 1602”模块，拖放到初始化中。再从刚刚的地方选择“液晶显示屏 mylcd 在第 1 行第 1 列打印”（如图 8-22 所示），拖入到初始化模块中，将字符串的文本内容改为“hello，world!”

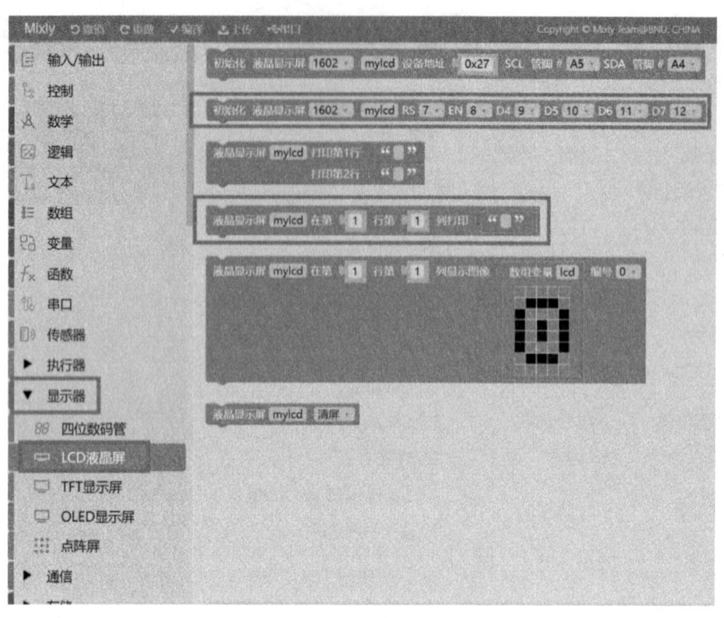

图8-22　LCD液晶屏的位置

③将刚刚的“液晶显示屏mylcd在第1行第1列打印”模块复制一个放置到初始化外边下面的空白处，把第1行改为第2行，将打印的内容改为“系统运行时间毫秒”，该模块可以从“控制”栏目里面找到。这个时间除以1000即得到秒的计时。

④最后点击“上传”按钮，程序就执行了，右边代码区域就可以自动生成Arduino编程代码了，如代码8-4所示。

代码8-4

```
#include <LiquidCrystal.h>
//指定引脚号rs = 12, en = 11, d4 = 5, d5 = 4, d6 = 3, d7 = 2;
//创建一个LiquidCrystal类的实例lcd
LiquidCrystal mylcd(12,11,5,4,3,2);

void setup( ) {
Serial.begin(9600);
  mylcd.begin(16,2);                          //设定显示模式
  mylcd.setCursor(1-1, 1-1);
  mylcd.print("hello,world!");                //输出字符
}

void loop( ) {
  mylcd.setCursor(1-1, 2-1);                  //设定显示光标的位置
  mylcd.print((millis( ) / 1000));            //输出程序开始运行的时间累计值
}
```

程序上传到Arduino，运行结果如图8-23所示。

图8-23　LCD示例程序执行效果

8.6　LED矩阵

LED灯点阵模块由发光二极管阵列组成。按发光二极管分类可分成单色、双色和全彩色LED灯点阵模块。多个LED灯点阵模块采用“级联”的方式可组成大显示屏，可显示汉字、图形、动画及英文字符等。

一个8×8的LED灯点阵模块，由64个发光二极管组成，且每个发光二极管放置在行线和列线的交叉点上。图8-24所示是有16个引脚的8×8点阵屏，一般数码管有出厂信息：比如型号为1088AS中的A代表共阴极、B代表共阳极，面对有出厂信息的一边，逆时针编号为1～8，9～16，如图8-24所示。

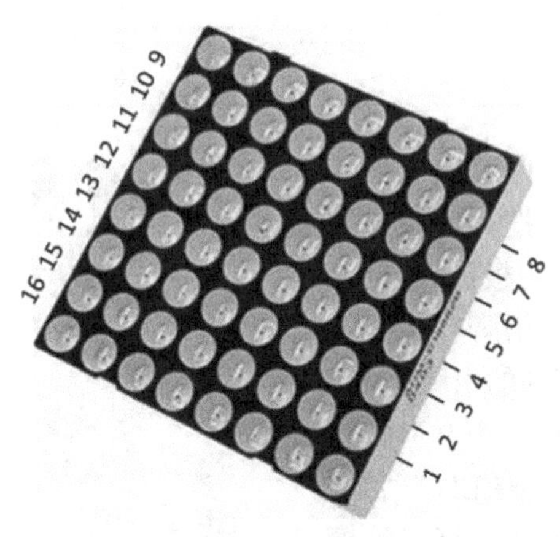

图8-24　LED灯点阵模块实物及引脚

LED灯点阵模块1088AS与Arduino的直接连接方式及电路连接如图8-25所示，引脚连接说明如表8-3所示。

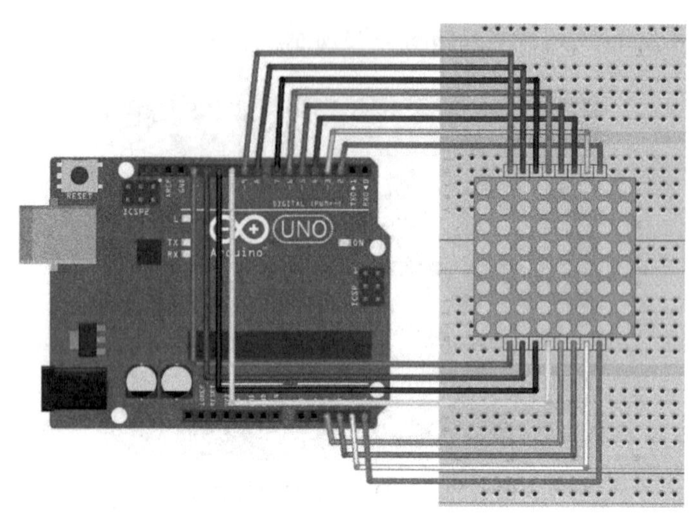

图8-25　LED灯点阵模块1088AS与Arduino开发板的电路连接实物

表8-3 LED灯点阵模块与Arduino开发板的引脚连接说明

LED灯点阵模块引脚	Arduino开发板引脚	LED灯点阵模块引脚	Arduino开发板引脚
1	13	9	2
2	12	10	3
3	11	11	4
4	10	12	5
5	A2	13	6
6	A3	14	7
7	A4	15	8
8	A5	16	9

图8-26所示是共阳极的LED灯点阵的原理及引脚示意图。如果把LED反向放置，其他不变，就称为共阴极的LED灯点阵。由图可知，控制行的引脚有9、14、8、12、1、7、2、5；控制列的引脚有13、3、4、10、6、11、15、16。第9引脚和第13引脚控制第一行第一列LED灯，以此类推。这样，共阴极的LED灯点阵模块，点亮1个LED灯需要对应的行线输出“0”，列线输出“1”，即需将第9脚接低电平且第13脚接高电平，对应Arduino板的引脚则是数字2口为低电平且数字6口

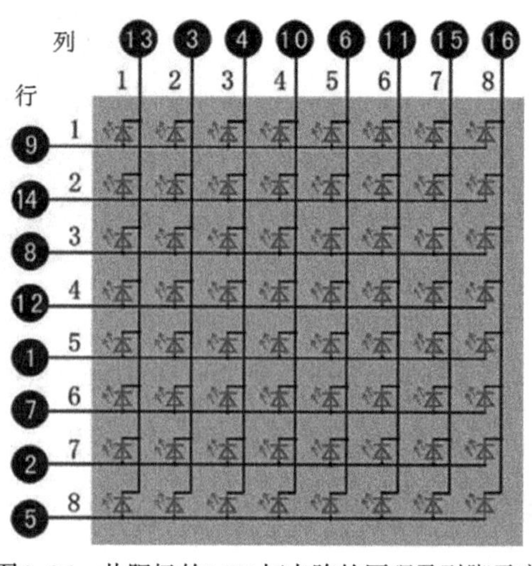

图8-26　共阳极的LED灯点阵的原理及引脚示意

为高电平。对于共阳极的LED灯点阵则相反，即第9脚接高电平且第13脚接低电平，对应Arduino板的引脚则是数字2口为高电平且数字6口为低电平。

LED灯点阵模块的行引脚9、14、8、12、1、7、2、5，对应Arduino的引脚2、7、A5、5、13、A4、12、A2。其列引脚13、3、4、10、6、11、15、16，对应Arduino的引脚6、11、10、3、A3、4、8、9。在编写程序时，用两个数组分别存放Arduino的行引脚和列引脚，通过循环语句控制引脚输出高电平或低电平来实现所需图形的呈现。代码8-5实现了LED灯点阵模块1088AS驱动及显示爱心图形的功能。图8-27为可视化程序。

代码8-5

```
int R[8] = {2,7,A5,5,13,A4,12,A2};        //Arduino行引脚
int C[8] = {6,11,10,3,A3,4,8,9};          //Arduino列引脚

unsigned char love[8][8] =                //"心型"的数据
{
  0,0,0,0,0,0,0,0,
  0,1,1,0,0,1,1,0,
  1,1,1,1,1,1,1,1,
  1,1,1,1,1,1,1,1,
  1,1,1,1,1,1,1,1,
  0,1,1,1,1,1,1,0,
  0,0,1,1,1,1,0,0,
  0,0,0,1,1,0,0,0,
};

void setup( ) {
  for (int i = 0; i < 8; i++)
  {
    pinMode(R[i], OUTPUT);
    pinMode(C[i], OUTPUT);
    digitalWrite(R[i], HIGH);              //初始化，行引脚拉高，熄灭所有LED灯
  }
}
void ledopen( )
{
  for (int i = 0; i < 8; i++)              //行引脚拉低，列引脚拉高，开启显示
  {
    digitalWrite(R[i],LOW);
    digitalWrite(C[i],HIGH);
```

```
  }
}
void ledclean( )
{
  for (int i = 0; i < 8; i++)           //行引脚拉高，列引脚拉低，关闭显示
  {
    digitalWrite(R[i], HIGH);
    digitalWrite(C[i], LOW);
  }
}

void loop( ) {
ledopen( );                              //打开显示
delay(500);
ledclean( );                             //关闭显示
delay(500);
for(int i = 0 ; i < 100 ; i++)           //循环显示100次
  {
Display(love);                           //调用显示函数，显示"心形"
  }
}

void Display(unsigned char date[8][8])  //显示函数
{
  for(int c = 0; c<8;c++)                //外循环，控制行
  {
    digitalWrite(R[c],LOW);              //行引脚拉低

    for(int r = 0;r<8;r++)               //内循环，控制列
    {
      digitalWrite(C[r],date[r][c]);     //按数组数据拉高或拉低某列引脚
    }
    delay(1);
    ledclean( );                         //清空显示
  }
}
```

```
初始化
整数 R [8] 从字符串 "2,7,A5,5,13,A4,12,A2" 创建数组
整数 C [8] 从字符串 "6,11,10,3,A3,4,8,9" 创建数组
初始化二维数组
无符号字符 love [][]
赋值 {0,0,0,0,0,0,0,0}
     {0,1,1,0,0,1,1,0}
     {1,1,1,1,1,1,1,1}
     {1,1,1,1,1,1,1,1}
     {1,1,1,1,1,1,1,1}
     {0,1,1,1,1,1,1,0}
     {0,0,1,1,1,1,1,0}
     {0,0,0,1,1,1,0,0}
使用 i 从 0 到 7 步长为 1
执行 管脚模式 R 的第 i 项 设为 输出
     管脚模式 C 的第 i 项 设为 输出
     数字输出 管脚# R 的第 i 项 设为 高

执行 ledopen
延时 毫秒 500
执行 ledclean
延时 毫秒 500
使用 i 从 0 到 99 步长为 1
执行 执行 Display

ledopen
使用 i 从 0 到 7 步长为 1
执行 数字输出 管脚# R 的第 i 项 设为 低
     数字输出 管脚# C 的第 i 项 设为 高

ledclean
使用 i 从 0 到 7 步长为 1
执行 数字输出 管脚# R 的第 i 项 设为 高
     数字输出 管脚# C 的第 i 项 设为 低

Display
使用 u 从 0 到 7 步长为 1
执行 数字输出 管脚# R 的第 u 项 设为 低
     使用 v 从 0 到 7 步长为 1
     执行 数字输出 管脚# C 的第 v 项 设为 获取二维数组 love 行 v 列 u
     延时 毫秒 1
     执行 ledclean
```

图8-27　可视化程序

程序上传到Arduino，运行结果如图8-28所示。

图8-28　LED灯点阵模块程序执行效果

8.7　无线模块

Wifi是一种可以将计算机、手持设备等终端以无线方式互相连接的技术。Wifi具有无线电波覆盖范围广、速度快、可靠性高、无需布线、健康安全等特点，目前已广泛应用于网络媒体、掌上设备、日常休闲、客运列车等众多场合。Wifi通信模块也广泛应用于监控、遥控玩具、网络收音机、摄像头、数码相框、医疗仪器、数据采集、手持设备、智能家居、仪器仪表、设备参数监测、无线POS机、现代农业等方面。

ESP8266系列模组ESPXXX是一系列基于ESP8266的超低功耗的UART-Wifi模块的模组。这些模组模块大同小异，主要区别是模块引出的阵脚数量、天线、Flash大小等外围元器件的不同。其中ESP-01S模块实物如图8-29所示。表8-4为ESP-01S引脚说明。

图8-29 ESP-01S模块实物

表8-4 ESP-01S引脚说明

ESP-01S引脚名称	引脚说明
TX	串口数据发送端
GND	接地
EN	高电平为可用，低电平为关机（串联10kΩ电阻连接3.3V）
IO2	可悬空
RST	重置，可悬空
IO0	上拉为工作模式，下拉为下载模式，可悬空
3V3	3.3V（切不可接5V，烧片）
RX	串口数据接收端

Wifi模块在正常使用前，需要用AT指令更改角色以及串口波特率、设备名称等参数。可以利用Arduino开发板自带的USB转串口芯片进行配置，或者利用USB转TTL模块进行配置。这里我们采用前者，设置步骤如下：

①在Arduino IDE中下载运行代码8-6，使Arduino开发板的0和1引脚处于上拉输入模式，可视化程序见图8-30。

代码8-6

```
void setup( ) {
  pinMode(0,INPUT_PULLUP);
  pinMode(1,INPUT_PULLUP);
}
void loop( ) {}
```

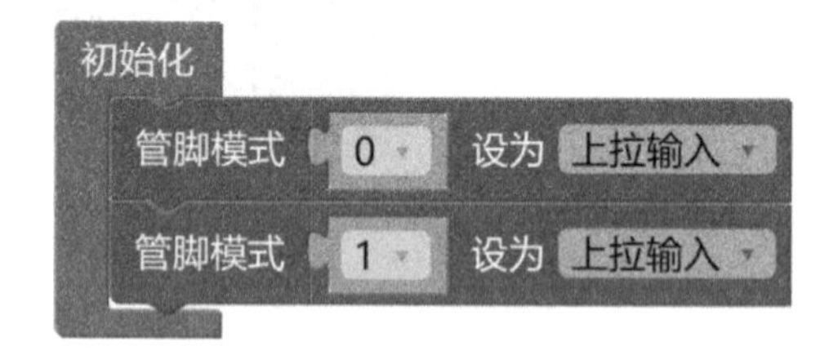

图8-30 可视化程序

②上一步设置好后，接下来将ESP-01S的TX和RX引脚与Arduino的TX（1脚）和RX（0脚）引脚一一对接，注意不是交叉连接；ESP-01S的3V3引脚接Arduino的3.3V，ESP-01S的EN引脚串联10kΩ电阻连接Arduino的3.3V；ESP-01S的GND接Arduino的GND。

③打开Arduino IDE的串口监视器，选择NL和CR，选择115200波特率，在界面中

出现“ready”信息，这时在发送栏尝试发送“AT”，如果收到“OK”，说明AT启动成功（图8-31）。

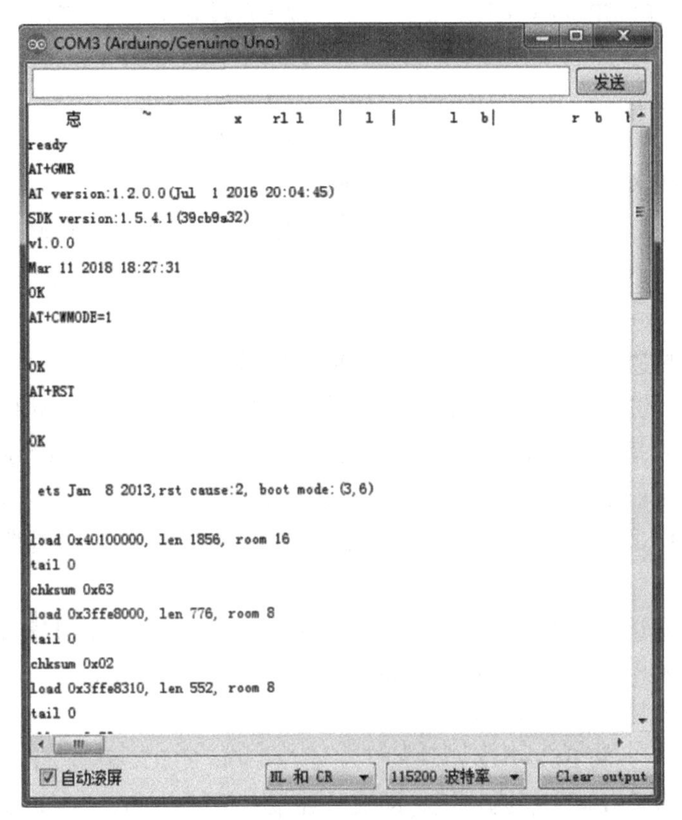

图8-31　ready信息

AT指令，英文也叫AT command set。这是1977年工程师为了海斯智能300(Hayes 300)调制解调器所开发的一种命令语言。这些命令集是由许多短的字符串组成长的命令，用于代表拨号、挂号以及改变通信参数的动作。之后很多调制解调器或者通信设备都借鉴或者沿用了海斯指令/AT指令的形式。ESP8266-01（ESP01）模块一般出厂都默认烧录了AT固件，ESP8266只听得懂AT指令。处于这种配置的ESP8266，非常适合作为从机使用，配合作为主机的Arduino或者其他单片机工作。主机通过串口发送AT指令控制从机，从机再返回执行结果给主机。

ESP8266模块有三种工作模式：Station（设备）模式、AP（Access Point）模式（相当于普通路由器）和AP兼Station模式。AP兼Station模式除了正常使用外，还可以接收其他设备的信号，再转发出来。

④上一步AT指令启动成功后，接下来采用AT指令配置Wifi模块。以Wifi模块与智能手机的通信为例，Wifi模块作为客户端，智能手机作为服务器，设置Wifi模式为Station模式。AT指令输入顺序如代码8-7所示。

代码8-7

```
AT+CWMODE=1                              //设置Wifi应用模式为Station
AT+CWJAP="SSID","Password"               //连接到Wifi路由器，SSID为路由器名称
                                         //Password为路由器Wifi密码
AT+CIPMUX=0                              //连接单连模式
AT+CIPMODE=1                             //设置为透传模式
AT+SAVETRANSLINK=1,"192.168.1.107",10500,"TCP"
                                         //IP地址为智能手机IP地址，
                                         //10500为服务器端口号
```

透传模式就是透明传输。顾名思义，透明传输就是指在传输过程中，对外界完全透明，不需要关系传输过程以及传输协议，最终目的是要把传输的内容原封不动地传递给被接收端，发送和接收的内容完全一致。这就相当于把信息直接扔给你想要传输的人，只需要扔（也就是传输）这一个步骤，不需要其他的内容安排。

执行上述AT指令后，Wifi模块能与智能手机进行无线通信，智能手机是Wifi接入点。

接下来，把ESP8266模块和Arduino连接起来，让ESP8266模块为Arduino所用。ESP-01有串口TX/RX针脚，Arduino上也有TX/RX，Arduino和ESP-01可以通过这两个串口交换数据。

如图8-32所示，将ESP-01S模块的TX与Arduino的RX（0脚）连接，ESP-01S的RX与Arduino的TX（1脚）引脚连接，即交叉连接；ESP-01S的3V3引脚接Arduino的3.3V，ESP-01S的EN引脚串联10kΩ电阻连接Arduino的3.3V；ESP-01S的GND接Arduino的GND。

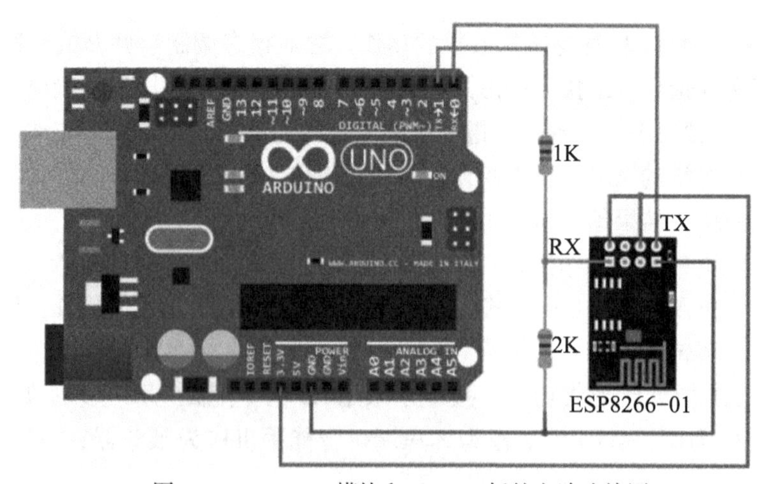

图8-32　ESP8266模块和Arduino板的电路连接图

打开 Arduino IDE，编辑代码 8-8 并上传执行，可视化程序见图 8-33。该代码功能是从 Arduino 的串口读取数据，即 ESP-01 通过 Wifi 接收到的未经处理的数据，如果接收到“on”，就点亮 Arduino 板上与 13 引脚连接的 LED 灯；接收到“off”就熄灭 LED 灯，其他命令则返回“X”字符。

代码8-8

```
//使用板载的LED
int led_pin=13;
//定义一个10字节的整型数据变量cmd作为命令，这里可以修改为不同的数字。此处设置为10是为了有更好的兼容性
char cmd[10];
//判断收到的cmd是否有内容
bool valid_cmd=false;

void setup( ){
    //定义连接led的引脚为输出信号
    pinMode(led_pin,OUTPUT);
    Serial.begin(115200);
}

void loop( ){
/*以下部分是串口信息处理过程*/
//定义一个整数型变量i
//如果串口收到有数据
if(Serial.available( )>0){
    //变量i最大为10
    for(i=0;i<10;i++){
        //清空缓存，存入cmd变量，并以\0作为结束符
        cmd[i]='\0';
    }
    //此时i只能取前9位，第10位是结束符\0

    for(i=0;i<9;i++){
        //再次判断串口是否收到有数据，防止数据丢失
        if(Serial.available( )>0){
            //给变量cmd赋值，取串口收到的前9位字符
            cmd[i]=Serial.read( );
            delay(1);
```

```
        }else{
            //如果串口数据超过9位，后面的字符直接忽略，跳到下一步
                break;
        }
    }
    /*以上串口信息处理结束*/

    //得到最终变量cmd的有效值
    valid_cmd=true;
}

//判断变量cmd的值，开始处理
if(valid_cmd){
    //如果变量cmd的前2位的值是on
    if(0==strncmp(cmd,"on",2)){
        //则连接led的引脚电压被置高5V，灯亮
        digitalWrite(led_pin,HIGH);
        //串口打印返回值ON，表示ON的操作执行成功
        Serial.println("ON");
    }else if(0==strncmp(cmd,"off",3)){  //如果变量cmd的前3位的值是OFF
        //则连接led的引脚电压被置低0V，灯灭
        digitalWrite(led_pin,LOW);
        //串口打印返回值F，表示OFF的操作执行成功
        Serial.println("OFF");
    }else {   //如果以上两个条件都不成立，前2位不是ON，或者前3位不是OFF
        //仅串口打印返回值X，表示指令错误
        Serial.println("X");
}
    //到此，变量cmd的指令被处理完毕
    valid_cmd=false;
}

//延迟10毫秒，返回loop主程序继续读取新的串口指令
delay(10);
}
```

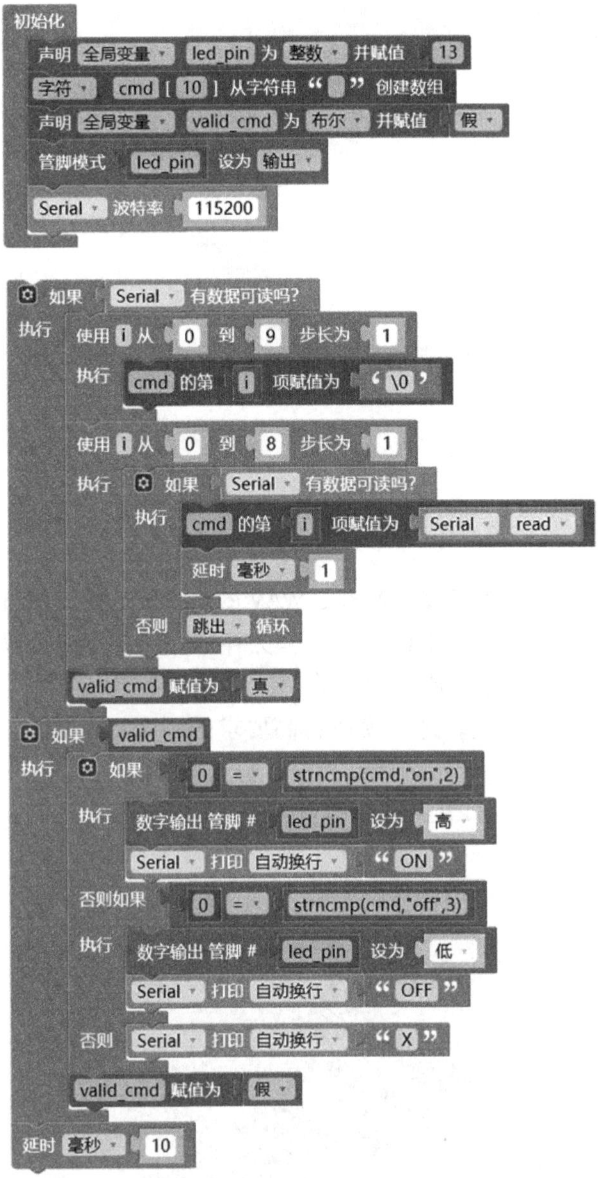

图8-33　可视化程序

在智能手机上下载网络调试助手App并安装，如图8-34所示，选择“TCP服务器”，输入手机的IP地址和端口号，然后点击“连接”按钮。看到连接成功提示后，在网络助手编辑框里输入“on”并发送（即智能手机向Wifi模块发送“on”信息）。这时Arduino板上13引脚LED灯点亮，并且在Arduino IDE串口监视器里显示“ON”信息。如果在网络助手编辑框中输入并发送“off”（即智能手机向Wifi模块发送“off”信息）则LED灯灭，串口监视器显示“OFF”信息。如图8-35所示。

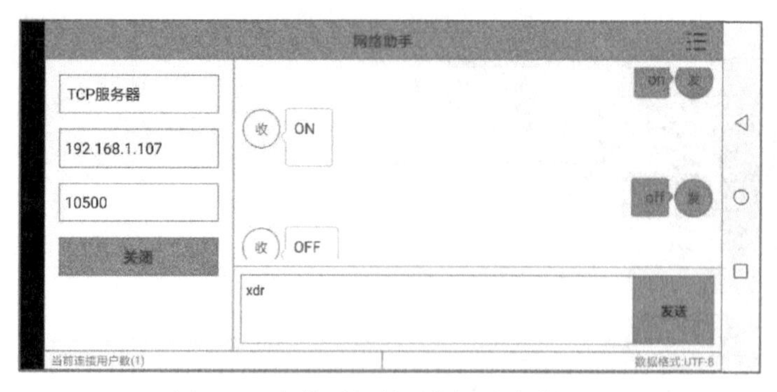

图8-34　智能手机的网络调试助手界面

图8-35　Arduino IDE串口监视器的显示界面

8.8　MP3模块

MP3语音播放模块完美地集成了MP3、WAV的硬解码。同时软件支持工业级别的串口通信协议，以SPIFLASH、TF卡或者U盘作为存储介质，用户可以灵活地选用其中的任何一种设备作为语音的存储介质。通过简单的串口指令即可完成播放指定的语音，无需繁琐的底层操作，使用方便。这类模块在高要求的语音提示场合和播放音乐的场合，比如银行等窗口提示、商场、超市内语音播报、打铃机等等，得到了很好的应用。

本实验所要介绍的是JZ-TRIG-MP3型号的语音播放模块，如图8-36所示。

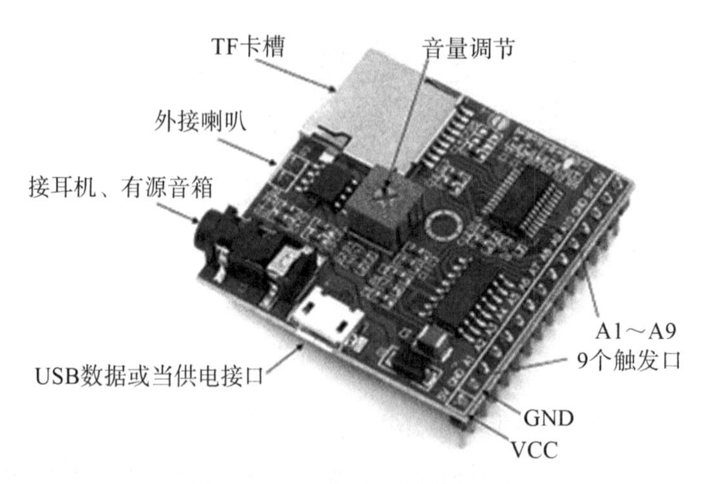

图8-36　MP3语音播放模块实物

此MP3模块使用要求：

①5V供电，可用microUSB供电，也可以在标有5V的引脚供电。

②GND接地，可用microUSB的地，也可以在标有GND的引脚接地。

③音频输出，可从耳机孔输出或者标有P2的接口接喇叭输出。

④需插入TF卡。

⑤触发控制，有9个触发端口，可用单片机I/O口拉低电平，也可以直接用A1～

A10对地短接触发。

该模块外接喇叭或有源音箱，用USB数据线供电时，即可播放TC卡中存储在“99”文件夹中的音频，如图8-37所示。

图8-37　MP3语音播放模块实物

模块播放控制是触发播放。触发一次，执行对应的触发播放命令，直到播放完或者有新的触发命令。

模块上电后A1～A10脚默认都是高电平，也就是有5V的电压，如果要触发其中的某个脚，就必须在这个脚为高电平的状态下，再拉低电平50 ms以上（大于50 ms就可以），这就算一个触发命令，如果该脚要再次触发，必须保证触发前该脚高电平状态下超过50 ms。

MP3模块有两种工作模式：单键触发模式和编码触发模式。

1）单键触发模式（A10不接地）

模块具备9个直接触发端口，是A1～A9这9根排针。这9个端口同时对应9首MP3歌曲或其他音频，分别是第一首到第九首，先放入TF卡的为第一首。

单键触发模式即直接触发9个触发口，每个触发口一首歌曲，因此单键触发模式只能播放9首歌曲。

触发方式为，例如A1口，只要向A1口提供1个低电平50ms以上，就马上播放第一首MP3歌曲（图8-38）。低电平为0V电压，可以将板上的GND去触发。或者直接用单片机I/O口触发。

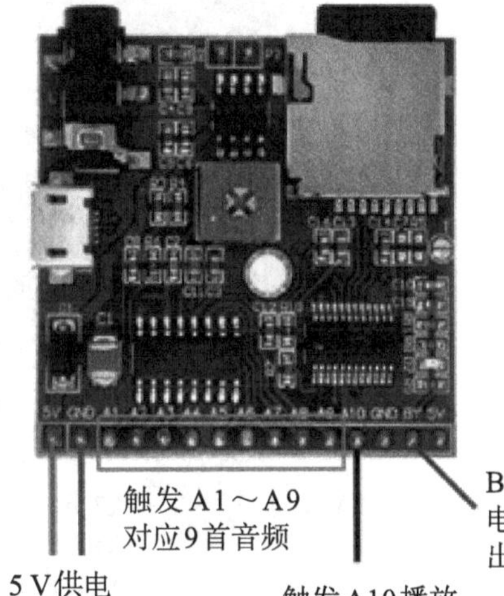

图8-38　单键触发模式引脚示意

2）编码触发模式（A10接地）

此模块除了直接触发9首MP3歌曲的功能外还具备31首MP3歌曲的点播功能（图8-39）。但此功能需要结合单片机才能完成操作。

在给模块上电之前，先把A10接地，这样在上电后就切换为编码模式。A1～A5为编码端口，为二进制编码的反码方式，A1为第一位。编码方式如表8-5所示。

表8-5　编码方式

序号	A5	A4	A3	A2	A1	动作
1	1	1	1	1	0	播放第1首MP3
2	1	1	1	0	1	播放第2首MP3
3	1	1	1	0	0	播放第3首MP3
4	1	1	0	1	1	播放第4首MP3

续表

序号	A5	A4	A3	A2	A1	动作
5	1	1	0	1	0	播放第5首MP3
6	1	1	0	0	1	播放第6首MP3
……						……
30	0	0	0	0	1	播放第30首MP3
31	0	0	0	0	0	播放第31首MP3

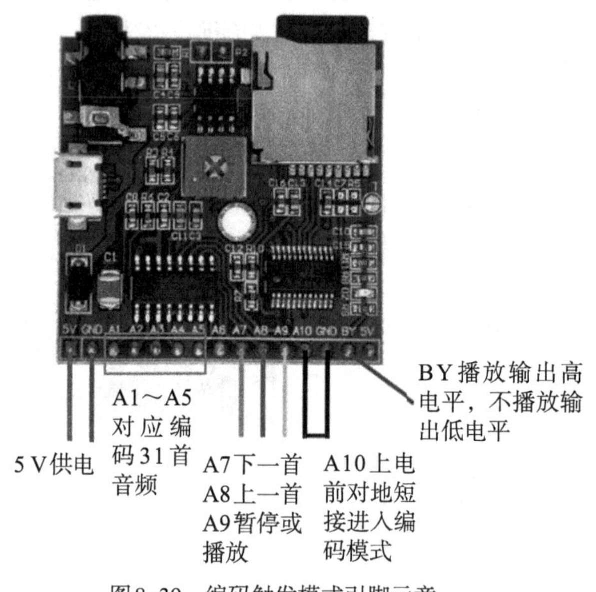

图8-39　编码触发模式引脚示意

MP3模块本身不带储存空间，需要另外配TF卡，可直接用模块通过数据线连接电脑，此时模块相当于一个读卡器。

先格式化TF卡，再拷入MP3文件，按照下面步骤操作。

①TF卡内建立一个命名为“01”的文件夹。

②要拷入的音频必须以001～999开头命名，按播放顺序命名，后面可加中文，必须在拷入TF卡前先把名字改好，再按顺序拷入TF卡的01文件夹下面。严格按步骤操作，否则可能导致顺序出错。

③拷贝完后，断开电脑连接，连接其他电源供电，这样MP3模块就可以播放音频文件了。

若需要开机播放一首歌曲则另外建立一个文件夹命名为“99”，将需要接电播放的音频放入99文件夹下。这时开机自动播放该目录下文件。若不需要开机播放，则不需要建立99文件夹。即01文件夹下存放触发播放音频，99文件夹下存放开机播放音频。TF卡文件夹和文件的创建如图8-40所示。

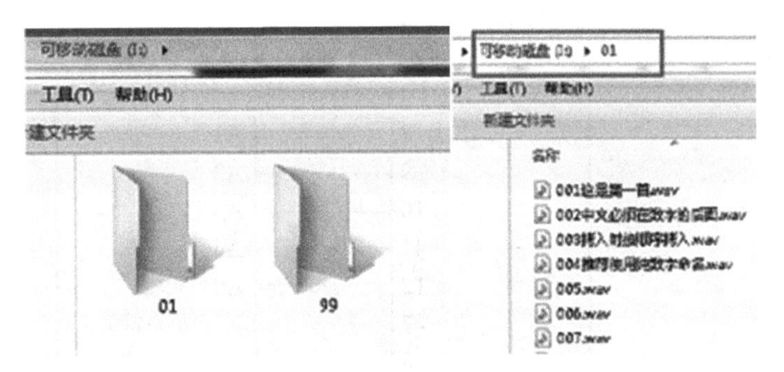

图 8-40　TF 卡文件夹和文件的创建

MP3 模块的 A10 引脚接自身模块的 GND，其他引脚和 Arduino 开发板的连接如表 8-6 所示。两个按键开关（上一首和下一首）与 Arduino 连接的电路原理如图 8-41 所示。MP3 模块、按键开关和 Arduino 开发板的电路连接原理如图 8-42 所示。

表 8-6　MP3 模块引脚和 Arduino 开发板的连接说明

MP3模块	Arduino开发板
5V	5V
GND	GND
A1	8
A2	9
A3	10
A4	11
A5	12
A7（下一首）	7
A8（上一首）	6

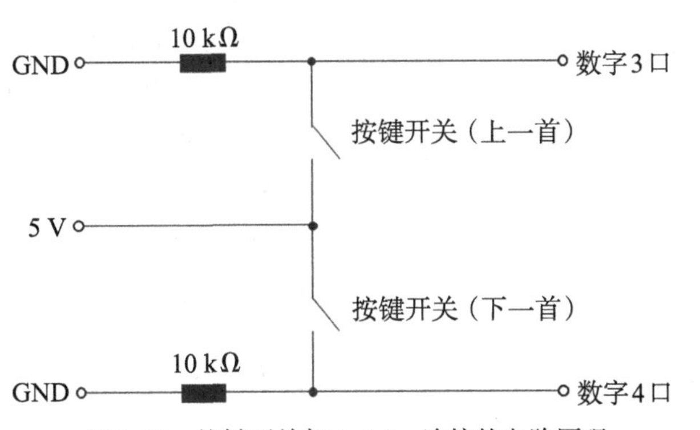

图 8-41　按键开关与 Arduino 连接的电路原理

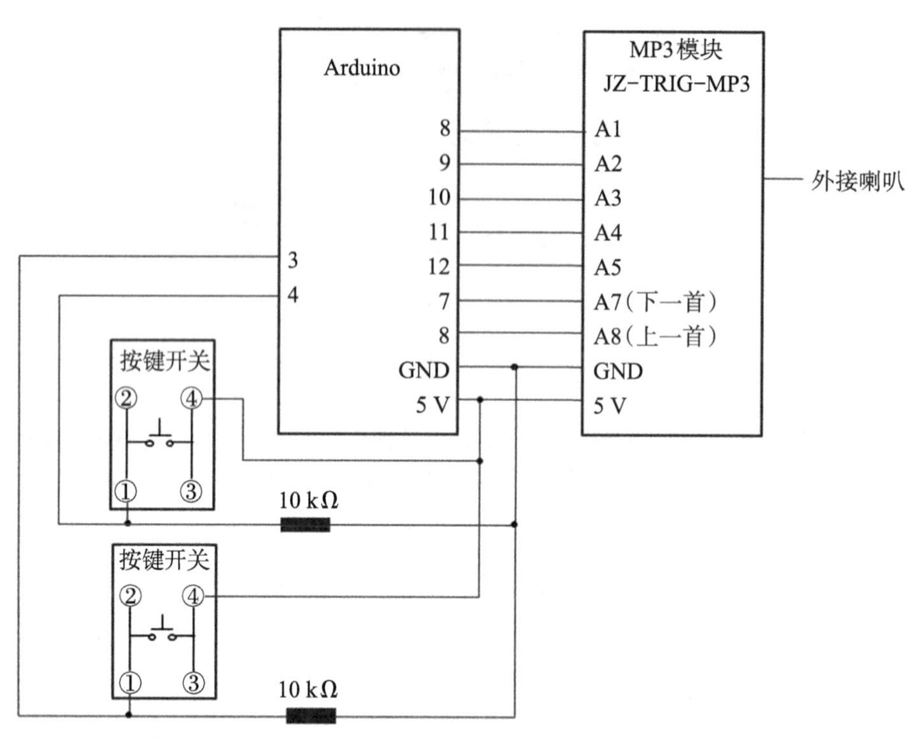

图8-42　MP3模块、按键开关和Arduino开发板的电路连接原理

程序的功能是点击按键开关，播放上一首或下一首 MP3。程序首先指定 MP3 连接到 Arduino 的各引脚，以及按键开关连接到 Arduino 的引脚。然后在 setup( ) 函数中初始化各引脚，并定义由 5 个编码位组成的曲目序号。在 loop( ) 函数中，先读取按键开关信号，然后相应改变曲目序号，分解曲目序号的 5 个编码位，相应设置引脚的高低电平输出，从而播放下一首或上一首 MP3 音频。程序代码见代码 8-9，可视化程序如图 8-43 所示。

代码8-9

```
int pinA1=8;                    //MP3的A1引脚接到Arduino的引脚8
int pinA2=9;                    //MP3的A2引脚接到Arduino的引脚9
int pinA3=10;                   //MP3的A3引脚接到Arduino的引脚10
int pinA4=11;                   //MP3的A4引脚接到Arduino的引脚11
int pinA5=12;                   //MP3的A5引脚接到Arduino的引脚12
int pinA7=7;                    //MP3的A7引脚接到Arduino的引脚7
int pinA8=6;                    //MP3的A8引脚接到Arduino的引脚6
int pinNext=4;                  //下一首按键开关引脚接到Arduino的引脚4
int pinLast=3;                  //上一首按键开关引脚接到Arduino的引脚3
bool buttonNextSong;            //下一首按键开关信号
bool buttonLastSong;            //上一首按键开关信号
bool b1,b2,b3,b4,b5;            //定义5个编码位，布尔类型
```

```
int song=0;                                    //定义曲目序号

void setup( ){
   //连接MP3的引脚初始化为输出模式
   pinMode(pinA1,OUTPUT);
   pinMode(pinA2,OUTPUT);
   pinMode(pinA3,OUTPUT);
   pinMode(pinA4,OUTPUT);
   pinMode(pinA5,OUTPUT);
   pinMode(pinA7,OUTPUT);
   pinMode(pinA8,OUTPUT);
   //连接按键开关的引脚初始化为输入模式
   pinMode(pinNext,INPUT);
   pinMode(pinLast,INPUT);
}

void loop( ){
      buttonNextSong=digitalRead(pinNext);     //读下一首按键开关信号
      buttonLastSong=digitalRead(pinLast);     //读上一首按键开关信号

      if(buttonNextSong || buttonLastSong){
        if(buttonNextSong){
          song++;                              //按下一首按钮，曲目序号加1
          if(song>=32)  song=1;                //循环播放
      }
      else{
          song--;                              //按上一首按钮，曲目序号减1
          if(song<=0)  song=31;                //循环播放
      }
   b1=!(song&B00000001);                       //获取曲目序号的b1位
   b2=!(song&B00000010);                       //获取曲目序号的b2位
   b3=!(song&B00000100);                       //获取曲目序号的b3位
   b4=!(song&B00001000);                       //获取曲目序号的b4位
   b5=!(song&B00010000);                       //获取曲目序号的b5位
   digitalWrite(pinA1,b1);                     //将MP3的A1引脚设置为b1值
   digitalWrite(pinA2,b2);                     //将MP3的A2引脚设置为b2值
   digitalWrite(pinA3,b3);                     //将MP3的A3引脚设置为b3值
   digitalWrite(pinA4,b4);                     //将MP3的A4引脚设置为b4值
```

```
    digitalWrite(pinA5,b5);                    //将MP3的A5引脚设置为b5值
    delay(200);                                //持续输出200ms
    digitalWrite(pinA1,HIGH);                  //将MP3的A1引脚设置为高电平
    digitalWrite(pinA2,HIGH);                  //将MP3的A2引脚设置为高电平
    digitalWrite(pinA3,HIGH);                  //将MP3的A3引脚设置为高电平
    digitalWrite(pinA4,HIGH);                  //将MP3的A4引脚设置为高电平
    digitalWrite(pinA5,HIGH);                  //将MP3的A5引脚设置为高电平
    }
    delay(500);                                //按键延时500ms
}
```

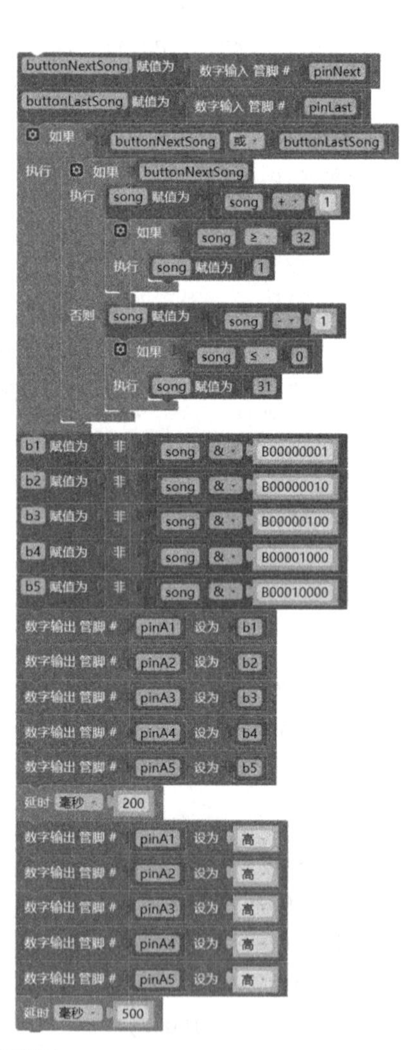

图8-43 可视化程序

程序上传Arduino并运行测试。如果MP3模块TF卡中有“99”文件夹，那么会先自动播放“99”文件夹中的音频，接下来是等待用户按“按键开关”才会开始播放，当播放到最后一首再按“下一首”时就会从第一首开始循环播放。

8.9 LilyPad

8.9.1 LilyPad简介

2012年谷歌眼镜的推出，将可穿戴的概念传递给大众，经过十几年市场的酝酿及发展，现在各种可穿戴产品如智能手环、智能手表层出不穷。

拥有广泛拥簇的开源硬件Arduino自然不会落后。早在2007年，在Leah Buechley和SparkFun Electronics的努力下，基于Arduino的开源硬件LilyPad问世了。

LilyPad是一个小型可穿戴CPU，它可以被缝在织物上通过导线控制其他外设，如前面介绍过的输入输出模块。LilyPad的核心是ATmega328V微控制器（板子中间的正方形），我们所有的工作都是围绕它展开的。

LilyPad有22个端口，它们以花瓣状环绕在板子的周围。其中，2个端口是电源（+和-），其他20个端口就可以用来控制各种外设。这20个端口分别为0～13和A0～A5。其中，0和1号端口可以被用为串口通信端口；所有20个端口都可以被用作数字输入输出端口；A0～A5端口具有模拟输入功能；3、5、6、9、10和11端口具有PWM输出功能。13号端口连接了一个板载LED，板子上方的六针插座用来连接编程器。LilyPad实物如图8-44所示。

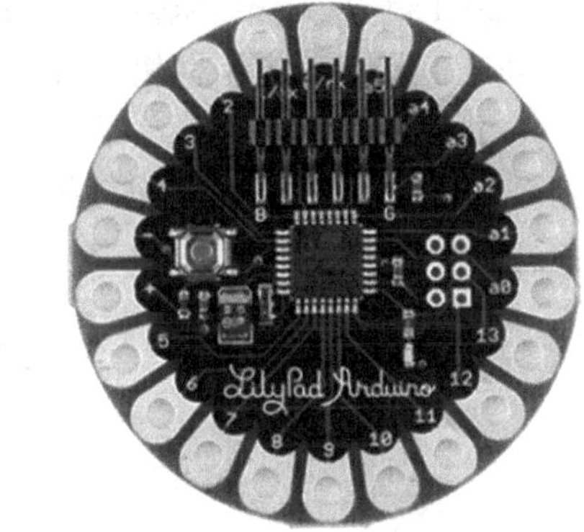

图8-44　LilyPad实物

Arduino LilyPad参数如表8-7所示。

表8-7　Arduino LilyPad参数表

处理器	ATmega168 or ATmega328
工作电压	2.7～5.5V
输入电压	2.7～5.5V
数字IO脚	14个（其中6路作为PWM输出）
模拟输入脚	6个
IO脚直流电流	40 mA
3.3V脚直流电流	50 mA
Flash Memory	16 KB（ATmega168，其中2 KB用于bootloader）
SRAM	1 KB
EEPROM	0.5 KB
工作时钟	8 MHz

LilyPad官方共提供了4种输出模块，他们分别是单色LED模块（图8-45a）、三色LED模块（图8-45b）、蜂鸣器模块（图8-45c）和振动马达模块（图8-45d）。输出模块的作用就是输出一些信息。这些信息可以以声音、光和振动的方式传播，从而适应各种应用。

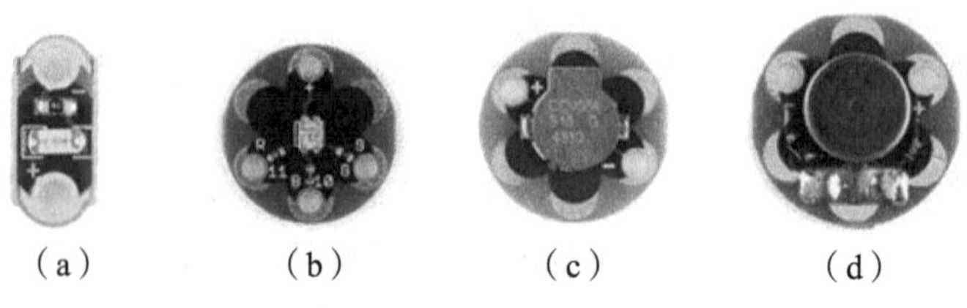

（a）　（b）　（c）　（d）

图8-45　LilyPad输出模块

LilyPad官方提供的输入模块共有5种，它们分别是开关模块（图8-46a)、按钮模块（图8-46b)、光敏电阻模块（图8-46c)、温度计模块（图8-46d)和三轴陀螺仪模块（图8-46e)。输入模块的作用就是将周围环境中的一些物理量（如温度、光照强度、位移）的变化值转换为可以识别的电信号以对设备进行控制。

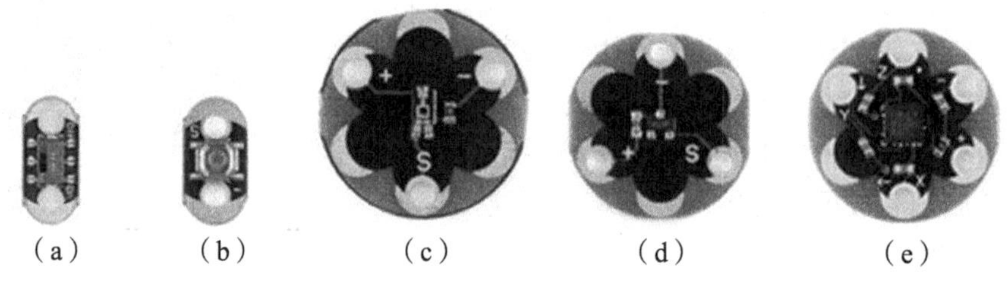

（a）　（b）　（c）　（d）　（e）

图8-46　LilyPad输入模块

LilyPad提供了4种电源模块，分别是简易电池插座（图8-47a）、纽扣电池座（图8-47b）、AAA电池升压模块（图8-47c）和锂电池升压模块（图8-47d)。

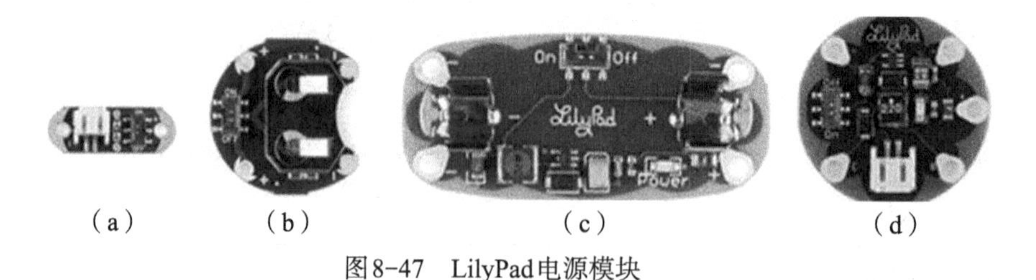

（a）　（b）　（c）　（d）

图8-47　LilyPad电源模块

LilyPad是独立的终端应用器件，没有集成USB功能，需通过LilyPad程序下载器连接到电脑进行编程。LilyPad程序下载器如图8-48所示。

程序下载器插入LilyPad后，用USB线连接电脑，在电脑上安装USB驱动程序即可与LilyPad通信。安装好驱动程序后，在Arduino IDE中选择开发板为“LilyPad Arduino”，如图8-49所示。

接下来就可以用前面所学的编程知识给LilyPad编程了。

图8-48　LilyPad程序下载器实物

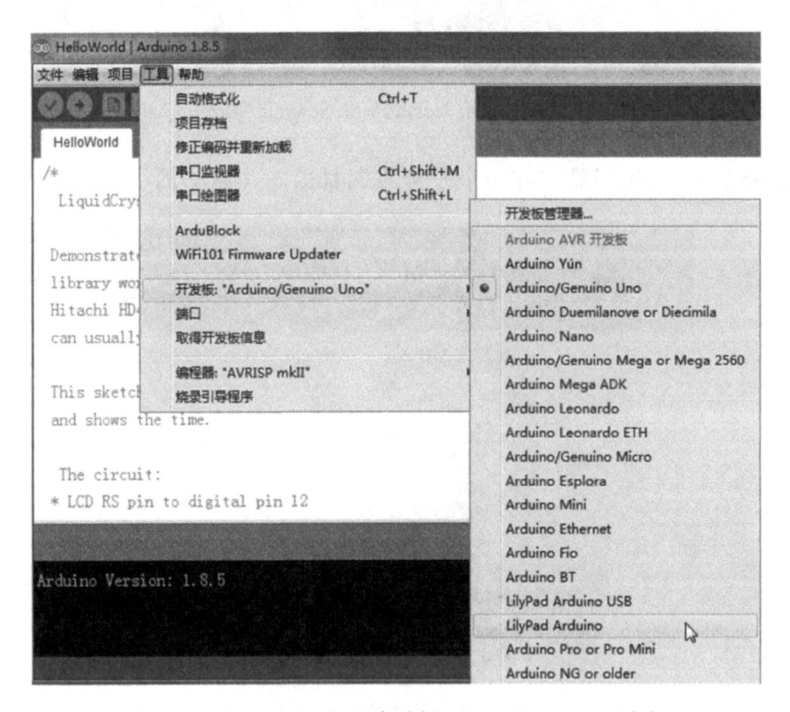

图8-49　在Arduino IDE中选择LilyPad Arduino开发板

8.9.2　Arduino LilyPad案例

8.9.2.1　三款Arduino LilyPad制作的可穿戴产品

1）带转向信号灯的夹克

这个项目是自行车手的转向灯夹克。该夹克背面缝有方向指示器，可以单独打开以发出转弯信号，或同时打开以发出夜间能见度信号。如图8-50所示，打开信号灯的开关可能需要重新考虑，以使激活更容易，但总体想法是相当有趣的。该套件使用LilyPad Arduino，这是麻省理工学院媒体实验室助理教授Leah Buechley的一套可缝纫的电子元件。

图8-50 Turn Signal Jackets with Sewn in Turn Signals

2）Arduino LilyPad控制器制作一个手势控制机器人（图8-51）

图8-51 手势控制机器人

3）声纳智能手表 盲人也能“看”清路（图8-52）

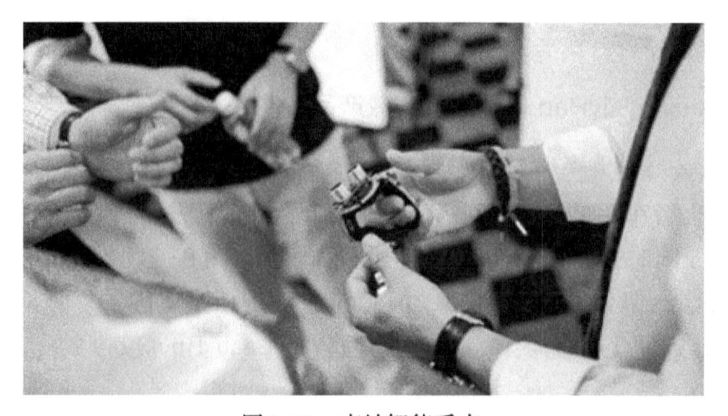

图8-52 声纳智能手表

这款名为“ HELP ”（Human Echo Location Partner) 手表的灵感来自于蝙蝠和飞蛾。手表装备有 Arduino LilyPad 微处理器、声纳、距离传感器和手机用震动马达，可以通过声纳传感器测量障碍物与人的距离。比如，当盲人与障碍物距离缩短时，手表的震动频率会加快。

8.9.2.2 制作带有转向信号灯的夹克

在服装上，可应用开关控制 LED 闪烁的原理制作一件带有转向信号灯的夹克，在骑自行车的时候可让别人知道你要往哪个方向转弯。将用到导线和可缝纫电子器件制作，完成后的夹克柔软舒适易穿着，而且还可以水洗。完成后的效果如图 8-53 所示。

图8-53 带有转向信号灯的夹克
（来源：https://www.instructables.com/turn-signal-biking-jacket/ ）

1）材料准备

①LilyPad Arduino 主电路板；

②程序下载器；

③迷你 USB 电缆；

④LilyPad 电源模块；

⑤16 个 LilyPad LED；

⑥2 个按钮开关；

⑦ 一卷 4 股导电线；

⑧可用于改造的一件衣服或者一块布料。

2）电路连接

LilyPad 板、LilyPad 电源模块、LED 方向灯和按键开关的电路连接原理如图 8-54 所示。

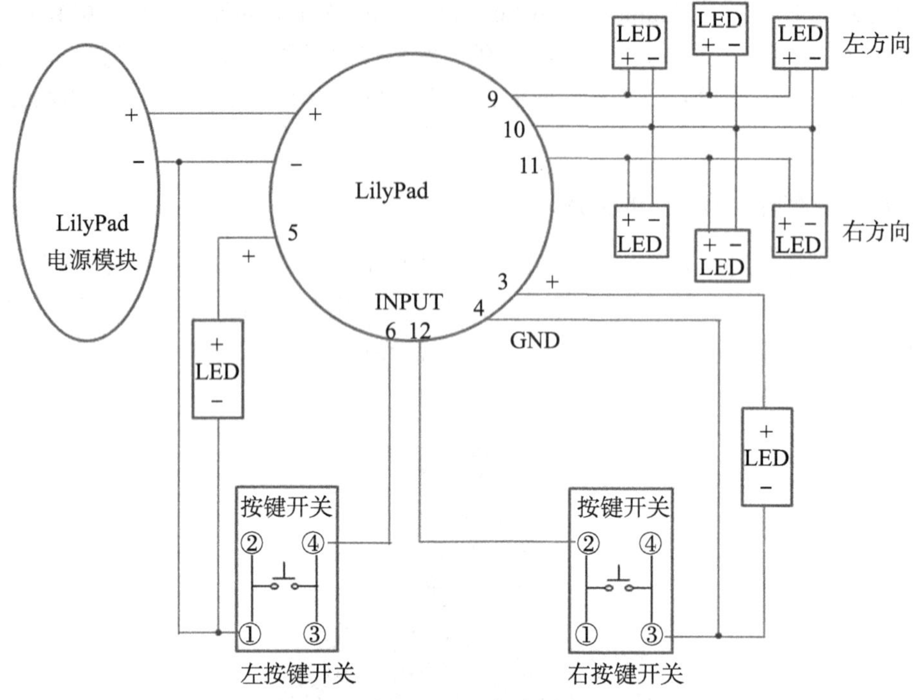

图8-54　LilyPad电路连接原理

实践操作中，首先要确定好每个元件放在哪里，并想好要怎么把它们缝起来才能让走线尽量少而短。设计草图如图8-55所示。供电（正极）的针脚显示为红色，接地（负极）的则为黑色，LED灯为绿色，开关输入则是紫色。在设计中让电源和LilyPad主电路相互靠近放置，如果它们离得太远的话，LilyPad就可能出现重置或者根本无法工作的情况 。

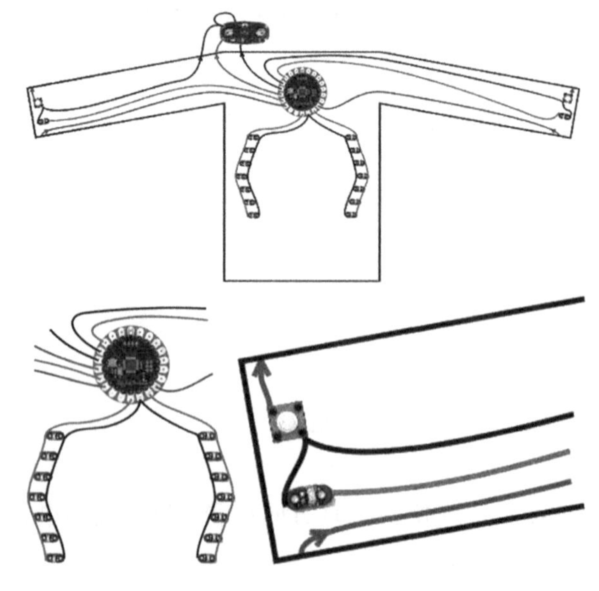

图8-55　设计草图

（来源：https://www.instructables.com/turn-signal-biking-jacket/）

3）缝制顺序

①把电源的正极缝在衣服上，然后一直缝到LilyPad正极；同样，将电源的负极缝在衣服上并一直缝到LilyPad负极。

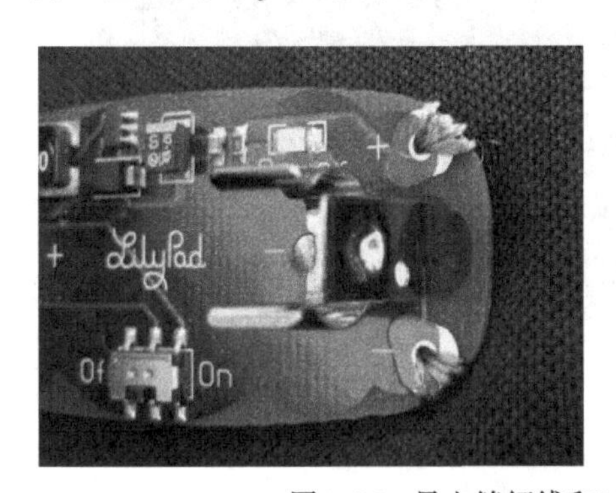

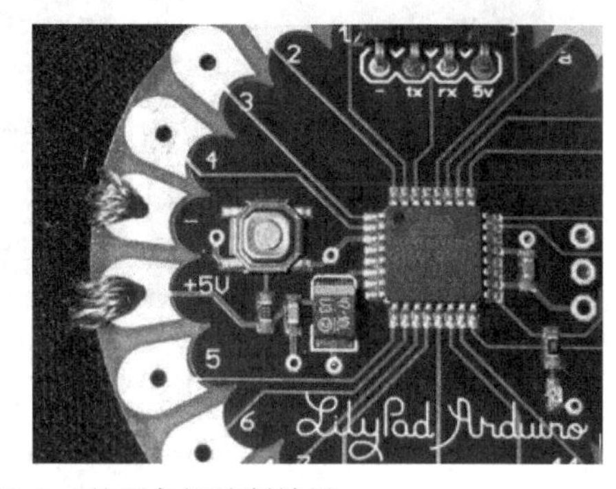

图8-56　导电缝纫线和LilyPad的正负极缝制效果
（来源：https://www.instructables.com/turn-signal-biking-jacket/）

②如图8-57万用表，将它调到阻值测试档位。测量电源正极和LilyPad正极之间以及电源负极到LilyPad负极之间的阻值。如果这些通路中任意一条的阻值大于10Ω，那么就应该用导电性更好的线来改良走线了。

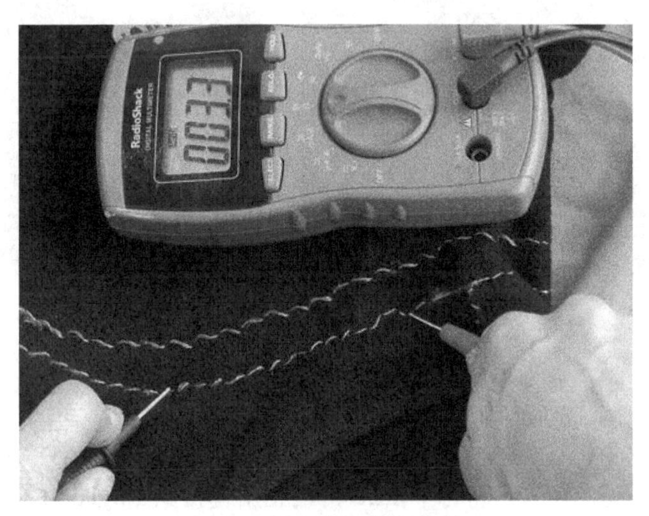

图8-57　导电缝纫线的导通性
（来源：https://www.instructables.com/turn-signal-biking-jacket/）

③缝上转向信号LED灯。左转信号灯的所有正瓣都连在LilyPad的一个引脚（这里是9号引脚）上，而右转信号灯的所有正瓣也连在另一个LilyPad引脚上（这里是11号引脚）。把所有灯的负瓣连在一起，然后接在LilyPad的负瓣或者另一个LilyPad引脚上（这里是10号引脚），如图8-58所示。

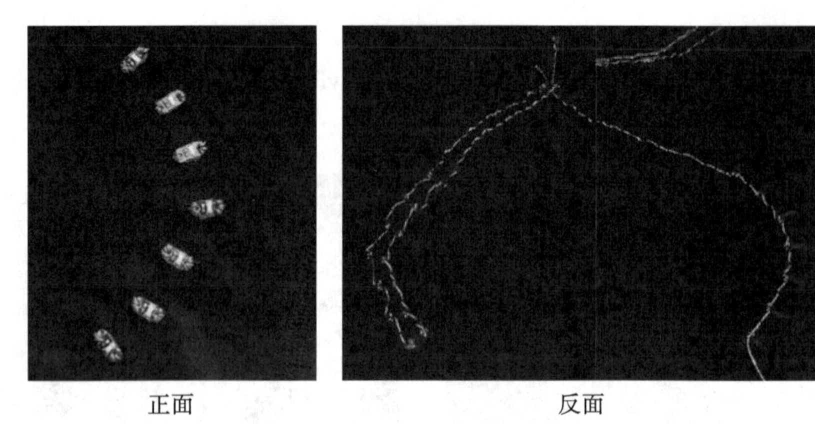

图8-58　LED灯的正反面的缝制效果
（来源：https://www.instructables.com/turn-signal-biking-jacket/）

④缝上控制开关。给开关找一个地方（比如衣袖），使用者在骑自行车的时候可以方便地按到。左侧开关的输入接在 LilyPad 的 6 号引脚上，而右侧开关的输入接在 LilyPad 的 12 号引脚上。左侧开关的负极接在 LilyPad 的负极上，右侧开关的负极可接在 LilyPad 的4号（置为低电平）引脚上。

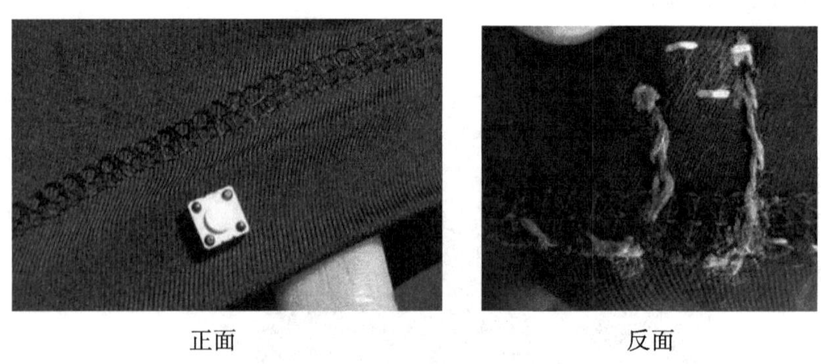

图8-59　开关的正反面缝制效果
（来源：https://www.instructables.com/turn-signal-biking-jacket/）

⑤分别在两臂的袖子上缝上 1 个 LED 灯用以反馈哪一侧的转向指示灯打开了。要将这些 LED 灯处于可见的位置。将每个 LED 灯的正瓣缝接到 LilyPad 的一个引脚上，而每个 LED 灯的负瓣接在开关的负极上（上一步所缝制的负极线路）。左向 LED 灯的正极接在5号引脚上，而右向 LED 灯的正极接在 3 号引脚上。

4）程序设计

程序的功能是按下左边的开关能让左转信号灯闪烁 5 下，按下右边的开关能让右转信号灯闪烁 5 下；同时手腕上相应的左右 LED 灯也闪烁 5 下，用于反馈信息，告诉用户夹克目前的状态。

程序中开关输入引脚设置为 INPUT_PULLUP 输入模式。如果设置 INPUT 输入模式，则引脚为悬空时引脚状态是随机的。而设置为 INPUT_PULLUP 输入模式可访问在 Atmega 芯片内部集成的 20kΩ 上拉电阻器，使得引脚悬空时引脚状态也能确定：当连接的按键开关断开时引脚状态为HIGH，开关闭合（接通）时为LOW。编程见代码8-10。可视化程序见图8-60。

代码8-10

```
int LEDLeftPin=9;                      //左转信号灯连接在 9 号引脚
int LEDRightPin=11;                    //右转信号灯连接在 11 号引脚
int LEDGNDPin=10;                      //信号灯的负极连接在 10 号引脚
int ButtonLeftPin=6;                   //左转开关连接在 6 号引脚
int ButtonRightPin=12;                 //右转开关连接在 12号引脚
int ButtonLEDLeftPin=5;                //左转反馈灯连接在 5 号引脚
int ButtonLEDRightPin=3;               //右转反馈灯连接在 3 号引脚
int ButtonGNDRightPin=4;               //右转反馈灯负极连接在 4 号引脚
bool ButtonLeftState;                  //左转开关状态
bool ButtonRightState;                 //右转开关状态

void setup( ) {
  pinMode(LEDLeftPin,OUTPUT);          //将LEDLeftPin管脚设为输出
  pinMode(LEDRightPin,OUTPUT);         //将LEDRightPin管脚设为输出
  pinMode(LEDGNDPin,OUTPUT);           //将LEDGNDPin管脚设为输出
  pinMode(ButtonGNDRightPin,OUTPUT);   //将ButtonGNDRightPin管脚设为输出
  pinMode(ButtonLEDLeftPin,OUTPUT);    //将ButtonLEDLeftPin管脚设为输出
  pinMode(ButtonLEDRightPin,OUTPUT);   //将ButtonLEDRightPin管脚设为输出
  //将ButtonLeftPin和ButtonRightPin管脚设为上拉输入模式，该模式内置上拉电阻，开关
断开时输入值为HIGH，闭合时为LOW
  pinMode(ButtonLeftPin,INPUT_PULLUP);
  pinMode(ButtonRightPin,INPUT_PULLUP);

  digitalWrite(ButtonLEDLeftPin,LOW);    // 将左转反馈灯关闭
  digitalWrite(ButtonLEDRightPin,LOW);   // 将右转反馈灯关闭
  digitalWrite(ButtonGNDRightPin,LOW);   // 将ButtonGNDRightPin设为LOW(负极)
  digitalWrite(LEDGNDPin,LOW);           // 将LEDGNDPin设为 LOW(负极)
}

void loop( ) {
  ButtonLeftState=digitalRead(ButtonLeftPin);        //读取左转开关信息
  if(ButtonLeftState==false){                         //左转开关闭合
    for(int i=0;i<5;i++){
      digitalWrite(LEDLeftPin,HIGH);                  //左转信号灯亮
```

```
      digitalWrite(ButtonLEDLeftPin,HIGH);               //左转反馈灯亮
      delay(500);                                         //等待 0.5 秒
      digitalWrite(LEDLeftPin,LOW);                       //左转信号灯灭
      digitalWrite(ButtonLEDLeftPin,LOW);                 //左转反馈灯灭
      delay(500);                                         //等待 0.5 秒
    }
    digitalWrite(ButtonLEDLeftPin,LOW);                   //关闭左转反馈灯
  }

  ButtonRightState=digitalRead(ButtonRightPin);           //读取右转开关信息
  if(ButtonRightState==false){                            //右转开关闭合
    for(int i=0;i<5;i++){
      digitalWrite(LEDRightPin,HIGH);                     //右转信号灯亮
      digitalWrite(ButtonLEDRightPin,HIGH);               //右转反馈灯亮
      delay(500);                                         //等待 0.5 秒
      digitalWrite(LEDRightPin,LOW);                      //右转信号灯灭
      digitalWrite(ButtonLEDRightPin,LOW);                //右转反馈灯灭
      delay(500);                                         //等待 0.5 秒
    }
    digitalWrite(ButtonLEDRightPin,LOW);                  //关闭右转反馈灯
  }

}
```

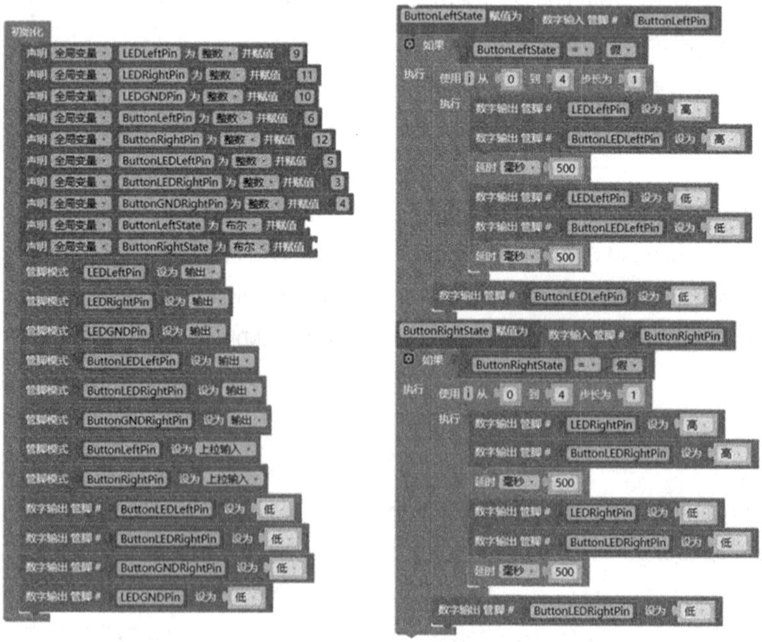

图8-60　可视化程序

用程序加载器将程序加载到LilyPad上，然后进行测试。

最后用胶水把导线结固定住，并且修平，将线路用泡沫布料和涂料覆盖好，不能造成任何短路。这件作品是可以水洗的，要将电池拿出来，然后就能用一般的洗衣机清洗这件衣服了。

8.10 RFID

射频识别（radio frequency identification，RFID）技术又称无线射频识别，是一种短距离通信识别技术，可通过无线电信号识别特定目标并读写相关数据，而无需识别系统与特定目标之间建立机械或光学接触。常用的有低频（125k～134.2kHz）、高频（13.56MHz）、超高频和微波等技术。RFID读写器有移动式和固定式两种类型。目前RFID技术已广泛应用于图书馆、门禁、地铁、公交和食品安全溯源等系统。

一套完整的RFID系统由阅读器（Reader）、电子标签（TAG）也就是所谓的应答器（Transponder）及应用软件三个部分组成，其工作原理是：阅读器发射一特定频率的无线电波给应答器，用以驱动其电路将其内部的数据送出，此时阅读器便依次接收并解读数据，传送给应用程序做相应的处理。

常用的无源读写模块RFID-RC522和标签卡（IC卡）如图8-61所示。其天线工作频率为13.56MHz，支持SPI、I2C和UART通信接口。

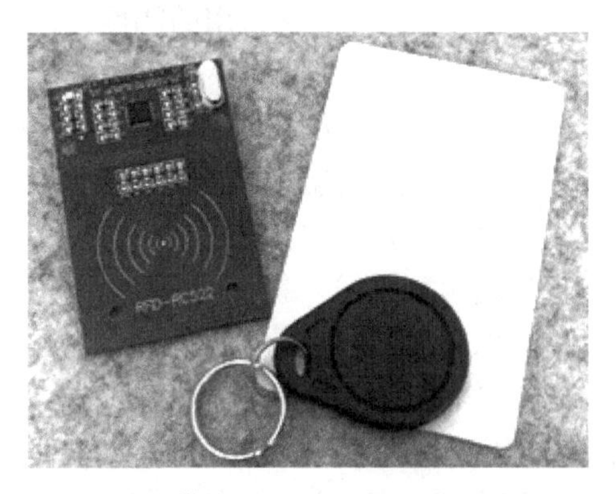

图8-61　读写模块RFID-RC522和标签卡（IC卡）

本实验使用的标签卡（IC卡）是Mifare 1k卡，简称M1卡，如图8-62所示。M1卡分为16个扇区，每个扇区由4块（块0、块1、块2、块3）组成。16个扇区的64个块常按绝对地址进行编号使用，即0～63号，存贮结构如图8-62所示。M1卡第0扇区的块0（即绝对地址0块），它用于存放厂商代码（即ID号，全球唯一），已经固化，不可更改。每个扇区的块0、块1、块2为数据块，可用于存贮数据。数据块可用作一般的数据保存，可以进行读、写操作，也可用作数据值，进行初始化值、加值、减值、读值操作。每个扇区的块3为控制块，包括了密码A、存取控制、密码B。每个扇区的密码和存取控制都是独立的，可以根据实际需要设定各自的密码及存取控制。

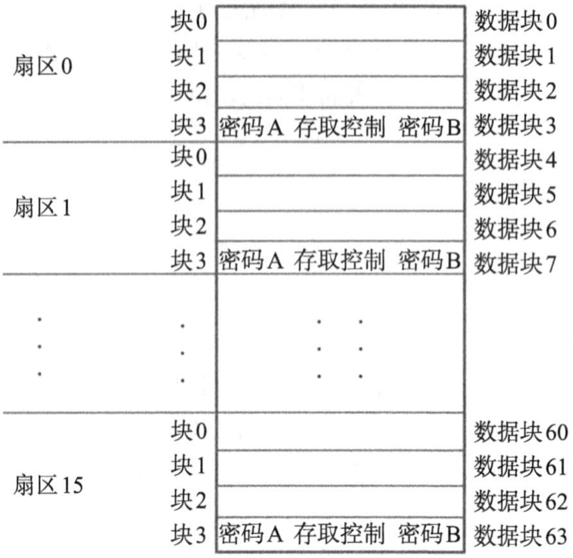

扇区	块	内容	数据块
扇区0	块0		数据块0
	块1		数据块1
	块2		数据块2
	块3	密码A 存取控制 密码B	数据块3
扇区1	块0		数据块4
	块1		数据块5
	块2		数据块6
	块3	密码A 存取控制 密码B	数据块7
⋮	⋮	⋮ ⋮	
扇区15	块0		数据块60
	块1		数据块61
	块2		数据块62
	块3	密码A 存取控制 密码B	数据块63

图8-62 Mifare 1k卡的存储结构

RFID采用SPI通信接口。SPI即串行外设接口（serial peripheral interface），是Motorola公司提出的一种同步串行数据传输标准。它允许微处理控制单元（MCU）以全双工的同步串行方式与各种外围设备进行高速数据通信。

SPI在芯片中只占用四个引脚，用来控制数据传输，节约了芯片的引脚数目，同时为PCB在布局上节省了空间。正是由于这种简单易用的特性，现在越来越多的芯片上都集成了SPI。

SPI经常被称为四线串行总线，以主/从方式工作，数据传输过程由主站初始化。

①SCLK：串行时钟，用来同步数据传输，由主站输出。

②MOSI：主站输出，从站输入数据线。

③MISO：主站输入，从站输出数据线。

④SS：片选线，低电平有效，由主站输出。

其中，SS传输的是从站被主站选中的控制信号。SPI总线上可以连接多个从站，但只能存在一个主站，主站通过片选线（低电平）来确定要进行通信的从站。

这里，RFID-RC522模块为主站，Arduino板为从站。

读写模块RC522引脚和Arduino板引脚的连接对应关系如表8-8所示。其电路连接如图8-63所示。

表8-8 RC522模块引脚和Arduino板引脚的连接对应表

Arduino引脚	RC522引脚	RC522引脚功能
10	SS(SDA)	使能
13	SCK	时钟
11	MOSI	数据入
12	MISO	数据出

续表

Arduino引脚	RC522引脚	RC522引脚功能
GND	GND	电源地
9	RST	复位
3.3V	3.3V	电源

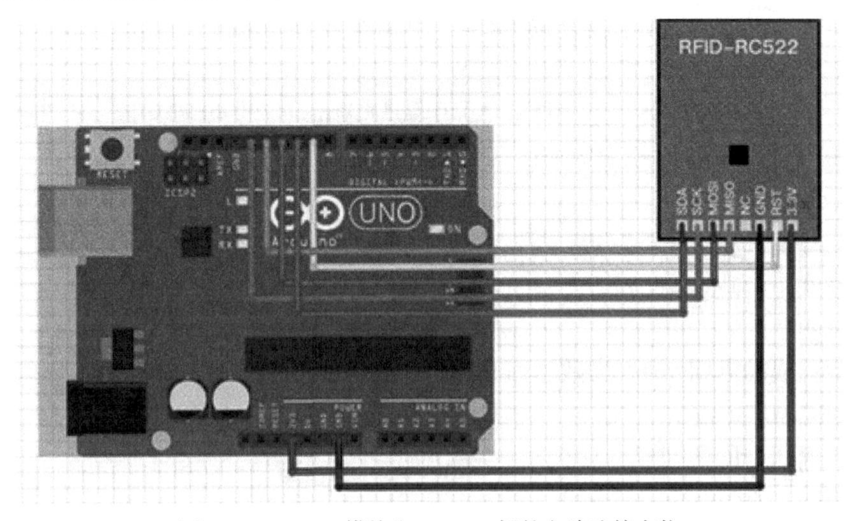

图8-63　RC522模块和Arduino板的电路连接实物

RC522模块的读写程序比较复杂，因此Arduino IDE提供了RFID类库。打开Arduino IDE，单击“项目”，然后选择“加载库 > 管理库”，打开库管理器，在库清单中找到MFRC522，如图8-64所示，一般选最新的库版本，然后单击“安装”按钮，等待Arduino IDE安装新库。

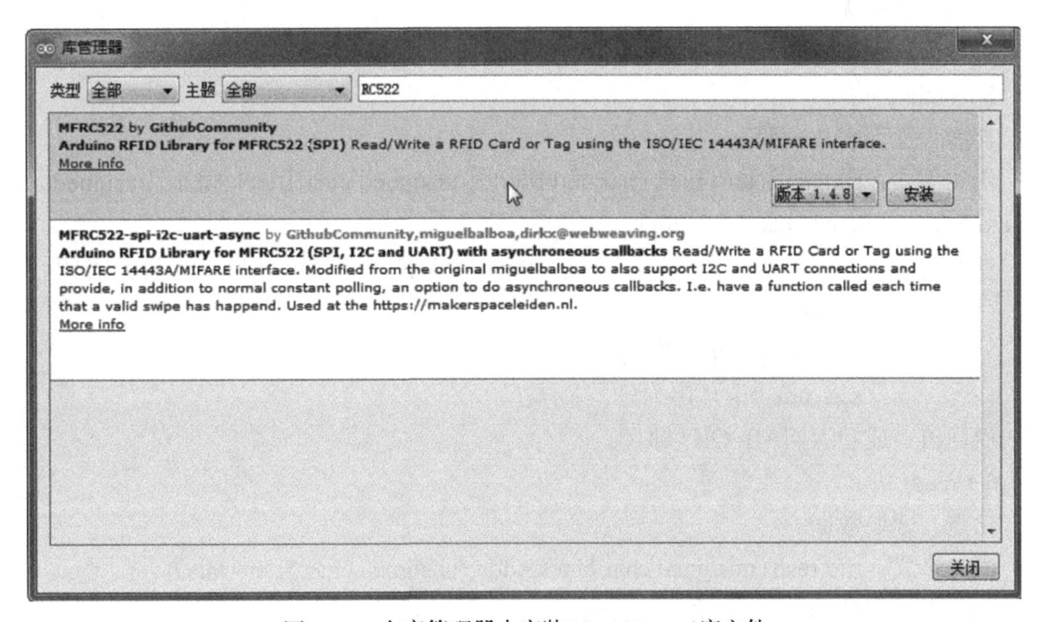

图8-64　在库管理器中安装LiquidCrystal库文件

下面对RFID类库函数进行详细说明。

1）RFID( )

功能：构造函数，创建一个RFID类的对象时被执行，执行时设置读卡器使能SS（模块中SDA）和复位RST引脚。

语法格式：RFID rfid（pin1，pin2）。

参数说明：pin1：与读卡器使能引脚（SS）连接的Arduino引脚编号。

pin2：与读卡器复位（RST）引脚连接的Arduino引脚编号。

例如：RFID rfid（49，47）。

创建一个对象rfid，SS（模块中SDA）引脚与Arduino的49脚连接，RST与Arduino的47脚连接。下面以该对象为例描述其他类成员函数的语法格式。

2）isCard( )

功能：寻卡。

语法格式：rfid.isCard( )。

参数说明：无。

返回值：成功返回true；失败返回false。

3）readCardSerial( )

功能：返回卡的序列号：4字节。

语法格式：rfid.readCardSerial( )。

参数说明：无。

返回值：成功返回true；失败返回false。

4）init( )

功能：初始化RC522。

语法格式：rfid.init( )。

参数说明：无。

返回值：无。

5）auth( )

功能：验证卡片密码。

语法格式：rfid.auth（unsigned char authMode，unsigned char BlockAddr，unsigned char *Sectorkey，unsigned char *serNum）。

参数说明：authMode：密码验证模式。0x60为验证A密钥；0x61为验证B密钥。

BlockAddr：块地址。

Sectorkey：扇区密码。

serNum：卡片序列号，4字节。

返回值：成功返回MI_OK（即0）。

6）read( )

功能：读块数据。

语法格式：rfid.read（unsigned char blockAddr，unsigned char *recvData）。

参数说明：blockAddr指块地址；recvData指读出的块数据。

返回值：成功返回MI_OK（即0）。

7）write( )

功能：写块数据。

语法格式：rfid.write（unsigned char blockAddr，unsigned char *writeData）。

参数说明：blockAddr：块地址。

writeData：将16字节数据写入块。

返回值：成功返回MI_OK（即0）。

8）selectTag( )

功能：选卡，读取卡存储器容量。

语法格式：rfid.selectTag（unsigned char *serNum）。

参数说明：serNum：传入卡序列号。

返回值：成功返回卡容量。

9）Halt( )

功能：命令卡片进入休眠状态。

语法格式：rfid.Halt( )。

参数说明：无。

返回值：无。

MFRC522类库安装好后，在Arduino IDE的“文件/示例”菜单中多了第三方库示例MFRC522这一项，展开后可以看到多个关于RFID的示例程序，如图8-65所示，打开其中的“ReadNUID”程序，其功能是读取RFID标签的ID号。

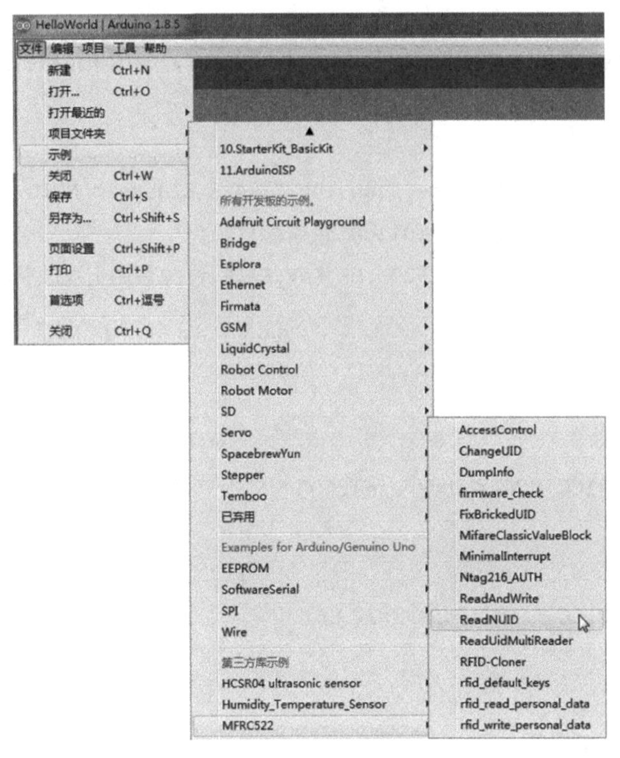

图8-65　RFID示例菜单

“ReadNUID”程序如代码8-11所示。

代码8-11

```
#include <SPI.h>                                    //添加SPI库函数
#include <MFRC522.h>                                //添加MFRC522库函数

#define SS_PIN 10                                   //指定使能引脚
#define RST_PIN 9                                   //指定复位引脚

MFRC522 rfid(SS_PIN, RST_PIN);                      //创建一个RFID实例

MFRC522::MIFARE_Key key;

byte nuidPICC[4];                                   // 定义数组，用于存储读取的ID号

void setup( ) {
  Serial.begin(9600);                               // 设置串口波特率为9600
  SPI.begin( );                                     // SPI通信开始
  rfid.PCD_Init( );                                 // 初始化MFRC522

  for (byte i = 0; i < 6; i++) {
    key.keyByte[i] = 0xFF;                          //卡的出厂密钥
  }

  Serial.println(F("This code scan the MIFARE Classsic NUID."));
  Serial.print(F("Using the following key:"));
  printHex(key.keyByte, MFRC522::MF_KEY_SIZE); //调用十六进制输出函数
}

void loop( ) {

   if ( ! rfid.PICC_IsNewCardPresent( ))           // 搜索新卡
     return;

   if ( ! rfid.PICC_ReadCardSerial( ))             // 读取ID号
     return;

  //显示卡片的详细信息
```

```
Serial.print(F("PICC type: "));
MFRC522::PICC_Type piccType = rfid.PICC_GetType(rfid.uid.sak);
Serial.println(rfid.PICC_GetTypeName(piccType));

// 查验是否MIFARE卡类型
if (piccType != MFRC522::PICC_TYPE_MIFARE_MINI &&
  piccType != MFRC522::PICC_TYPE_MIFARE_1K &&
  piccType != MFRC522::PICC_TYPE_MIFARE_4K) {
  Serial.println(F("Your tag is not of type MIFARE Classic."));
  return;
}

if (rfid.uid.uidByte[0] != nuidPICC[0] ||
  rfid.uid.uidByte[1] != nuidPICC[1] ||
  rfid.uid.uidByte[2] != nuidPICC[2] ||
  rfid.uid.uidByte[3] != nuidPICC[3] ) {
  Serial.println(F("A new card has been detected."));

  // 保存读取到的UID
  for (byte i = 0; i < 4; i++) {
    nuidPICC[i] = rfid.uid.uidByte[i];
  }

  Serial.println(F("The NUID tag is:"));
  Serial.print(F("In hex: "));
  printHex(rfid.uid.uidByte, rfid.uid.size);   //十六进制输出
  Serial.println( );
  Serial.print(F("In dec: "));
  printDec(rfid.uid.uidByte, rfid.uid.size);   //十进制输出
  Serial.println( );
}
else Serial.println(F("Card read previously."));

// 使放置在读卡区的IC卡进入休眠状态，不再重复读卡
rfid.PICC_HaltA( );

// 停止读卡模块编码
rfid.PCD_StopCrypto1( );
```

```
}

// 十六进制输出函数
void printHex(byte *buffer, byte bufferSize) {
  for (byte i = 0; i < bufferSize; i++) {
    Serial.print(buffer[i] < 0x10 ? " 0" : " ");
    Serial.print(buffer[i], HEX);
  }
}

// 十进制输出函数
void printDec(byte *buffer, byte bufferSize) {
  for (byte i = 0; i < bufferSize; i++) {
    Serial.print(buffer[i] < 0x10 ? " 0" : " ");
    Serial.print(buffer[i], DEC);
  }
}
```

上传运行程序，打开串口监视器，将标签Mifare卡靠近模块天线感应区，可读出卡片ID，如图8-66所示。

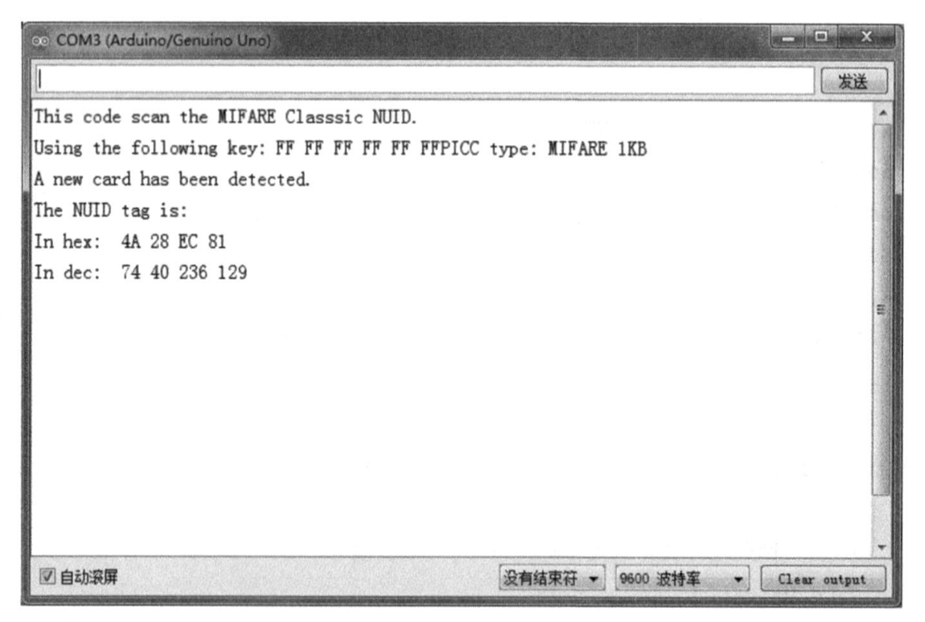

图8-66　读取RFID标签ID的串口监视器窗口

下面是使用Mixly编写RFID的方法，在Mixly中，RFID模块的位置在左侧通信这一栏里面的RFID位置（图8-67），可视化程序如图8-68所示，将标签Mifare卡靠近模块天线感应区，可读出卡片ID，如图8-69所示。

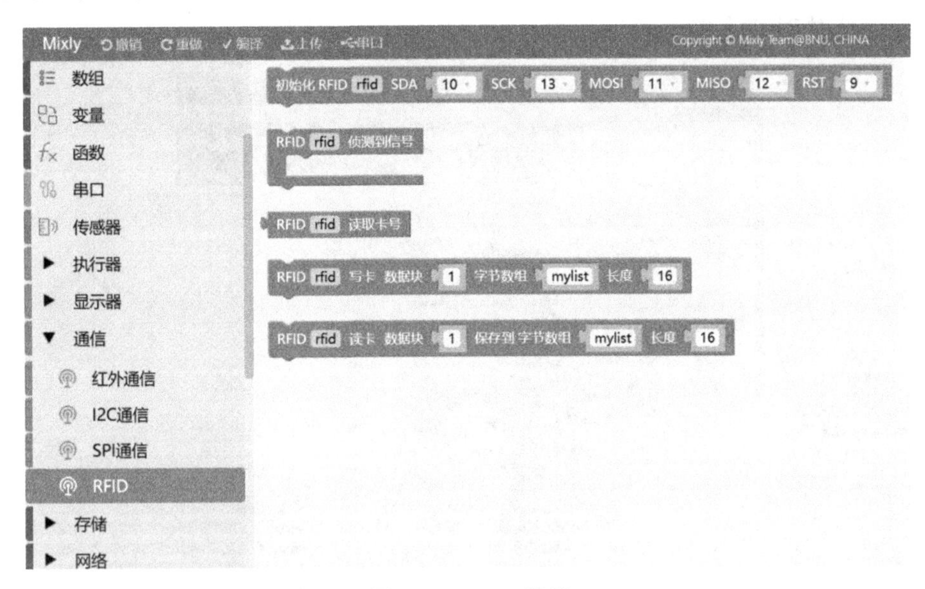

图8-67　RFID位置

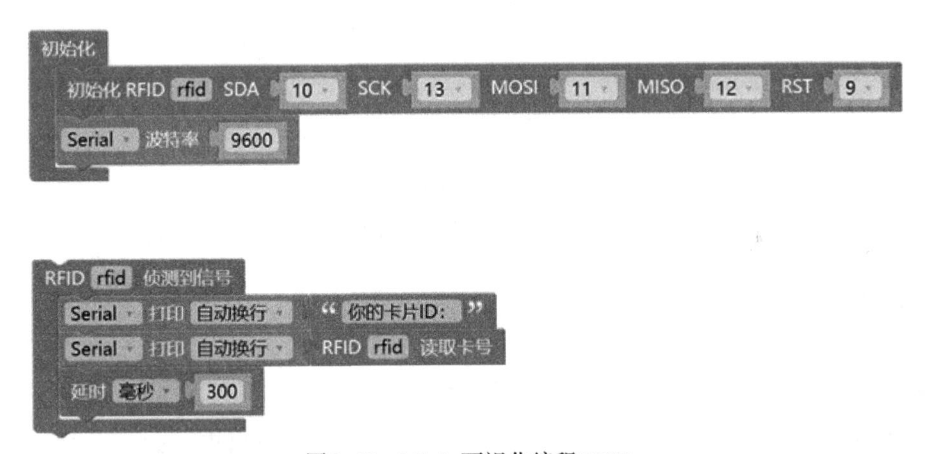

图8-68　Mixly可视化编程RFID

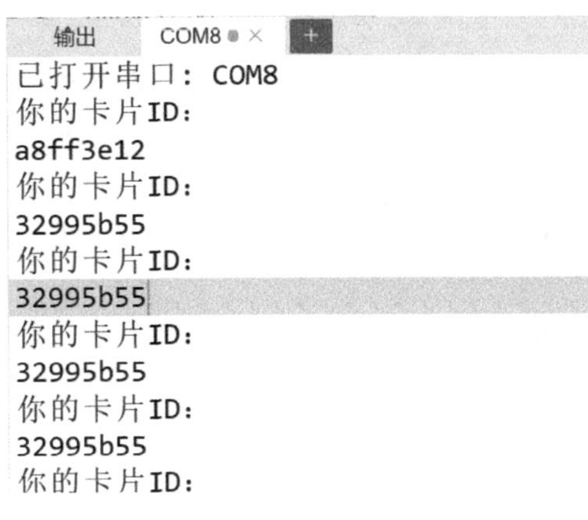

图8-69　读出卡片ID

打开 Arduino IDE“文件/示例/MFRC522”的“ReadAndWrite”程序，如图8-70所示，其功能是对RFID标签的读取与写入。

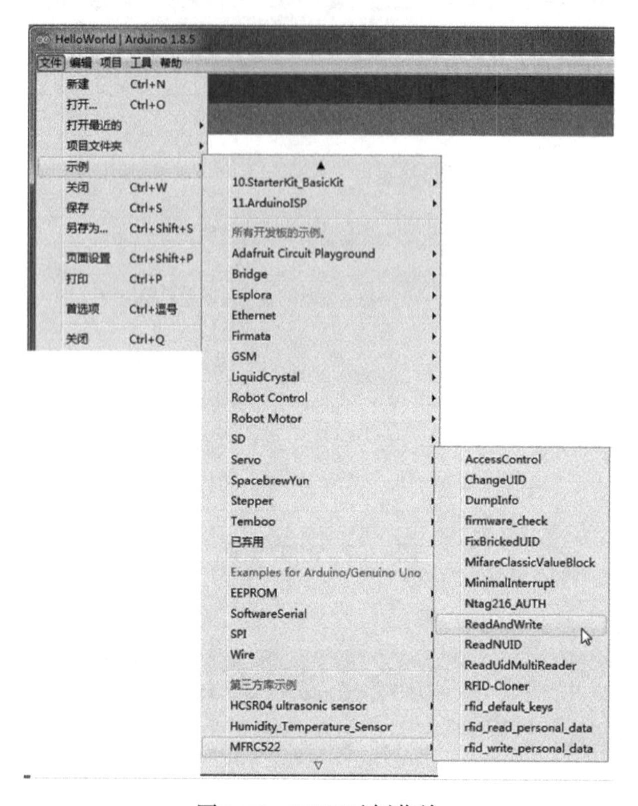

图8-70　RFID示例菜单

ReadAndWrite程序如代码8-12所示。

代码8-12

```
#include <SPI.h>                                //引用SPI库函数
#include <MFRC522.h>                            //引用MFRC522库函数

#define SS_PIN 10                               //指定使能引脚
#define RST_PIN 9                               //指定复位引脚

MFRC522 mfrc522(SS_PIN, RST_PIN);               //创建一个RFID实例

MFRC522::MIFARE_Key key;

//初始化
void setup( ) {
    Serial.begin(9600);                         // 设置串口波特率为9600
```

```
    while (!Serial);      // 如果串口没有打开，则死循环下去不进行下面的操作
    SPI.begin( );                                     // SPI通信开始
    mfrc522.PCD_Init( );                              // 初始化MFRC522

    for (byte i = 0; i < 6; i++) {
        key.keyByte[i] = 0xFF;                        //卡的出厂密钥
    }

    Serial.println(F("扫描卡开始进行读或者写"));
    Serial.print(F("卡密码是："));
    dump_byte_array(key.keyByte, MFRC522::MF_KEY_SIZE);
    Serial.println( );

    Serial.println(F("注意：在扇区1进行数据读写。"));
}

void loop( ) {
    if ( ! mfrc522.PICC_IsNewCardPresent( ))    //寻找新卡
        return;

    if ( ! mfrc522.PICC_ReadCardSerial( ))      //读取卡ID号
        return;

    //显示卡片的详细信息
    Serial.print(F("卡片UID："));
    dump_byte_array(mfrc522.uid.uidByte, mfrc522.uid.size);
    Serial.println( );
    Serial.print(F("卡片类型："));
    MFRC522::PICC_Type piccType = mfrc522.PICC_GetType(mfrc522.uid.sak);
    Serial.println(mfrc522.PICC_GetTypeName(piccType));

    //检查是否MIFARE卡类型
    if (piccType != MFRC522::PICC_TYPE_MIFARE_MINI
        &&  piccType != MFRC522::PICC_TYPE_MIFARE_1K
        &&  piccType != MFRC522::PICC_TYPE_MIFARE_4K) {
        Serial.println(F("不支持读取此卡类型。"));
        return;
    }
```

```
        byte sector= 1;                              //操作的扇区号为1
        byte blockAddr= 4;                           //操作的块编号为4
        byte dataBlock[]= {                          //要写入的数据（十六进制）
            0x01, 0x02, 0x03, 0x04,
            0x05, 0x06, 0x07, 0x08,
            0x09, 0x0a, 0xff, 0x0b,
            0x0c, 0x0d, 0x0e, 0x0f
        };
        byte trailerBlock= 7;                        //存取控制的块编号为7
        MFRC522::StatusCode status;                  //返回状态
        byte buffer[18];
        byte size = sizeof(buffer);

        //使用密码A进行身份认证，进行读取操作
        Serial.println(F("使用密码A进行身份认证..."));
        status = (MFRC522::StatusCode) mfrc522.PCD_Authenticate(MFRC522::PICC_CMD_
MF_AUTH_KEY_A, trailerBlock, &key, &(mfrc522.uid));
        if (status != MFRC522::STATUS_OK) {
            Serial.print(F("身份认证失败"));
            Serial.println(mfrc522.GetStatusCodeName(status));
            return;
        }

        //显示当前扇区数据
        Serial.println(F("当前扇区数据："));
        mfrc522.PICC_DumpMifareClassicSectorToSerial(&(mfrc522.uid), &key, sector);
        Serial.println( );

        //读取块数据
        Serial.print(F("读取块")); Serial.print(blockAddr);
        Serial.println(F("数据..."));
        status = (MFRC522::StatusCode) mfrc522.MIFARE_Read(blockAddr, buffer,
&size);
        if (status != MFRC522::STATUS_OK) {
            Serial.print(F("读取失败"));
            Serial.println(mfrc522.GetStatusCodeName(status));
        }
        Serial.print(F("块")); Serial.print(blockAddr); Serial.println(F("数据：
"));
```

```
        dump_byte_array(buffer, 16); Serial.println( );
        Serial.println( );

        //使用密码B进行身份认证，进行写入操作
        Serial.println(F("使用密码B进行身份认证..."));
        status = (MFRC522::StatusCode)
        mfrc522.PCD_Authenticate(MFRC522::PICC_CMD_MF_AUTH_KEY_B, trailerBlock,
&key, &(mfrc522.uid));
        if (status != MFRC522::STATUS_OK) {
            Serial.print(F("身份认证失败"));
            Serial.println(mfrc522.GetStatusCodeName(status));
            return;
        }

        //写入当前扇区
        Serial.print(F("写入块")); Serial.print(blockAddr);
        Serial.println(F("数据..."));
        dump_byte_array(dataBlock, 16); Serial.println( );
        status = (MFRC522::StatusCode) mfrc522.MIFARE_Write(blockAddr, dataBlock,
16);
        if (status != MFRC522::STATUS_OK) {
            Serial.print(F("写入失败"));
            Serial.println(mfrc522.GetStatusCodeName(status));
        }
        Serial.println( );

        //再次读取卡中数据，这次是写入之后的数据
        Serial.print(F("读取块 ")); Serial.print(blockAddr);
        Serial.println(F("数据 ..."));
        status = (MFRC522::StatusCode) mfrc522.MIFARE_Read(blockAddr, buffer,
&size);
        if (status != MFRC522::STATUS_OK) {
            Serial.print(F("读取失败"));
            Serial.println(mfrc522.GetStatusCodeName(status));
        }
        Serial.print(F("块")); Serial.print(blockAddr); Serial.println(F("数据:
"));
        dump_byte_array(buffer, 16); Serial.println( );
```

```
        // 验证数据，保证写入正确
        Serial.println(F("检测结果..."));
        byte count = 0;
        for (byte i = 0; i < 16; i++) {
      //比较缓存中的数据（读出来的数据）是否等于刚刚写入的数据
            if (buffer[i] == dataBlock[i])
                count++;
        }
        Serial.print(F("字符数= ")); Serial.println(count);
        if (count == 16) {
            Serial.println(F("正确:-)"));
        } else {
            Serial.println(F("错误，不匹配 :-("));
            Serial.println(F("  写入不正确..."));
        }
        Serial.println( );

        // 转储当前扇区数据
        Serial.println(F("当前扇区数据："));
        mfrc522.PICC_DumpMifareClassicSectorToSerial(&(mfrc522.uid), &key,
sector);
        Serial.println( );

        //使放置在读卡区的IC卡进入休眠状态，不再重复读卡
        mfrc522.PICC_HaltA( );
        //停止读卡模块编码
        mfrc522.PCD_StopCrypto1( );
    }

    //将字节数组转储为串行的十六进制值
    void dump_byte_array(byte *buffer, byte bufferSize) {
        for (byte i = 0; i < bufferSize; i++) {
            Serial.print(buffer[i] < 0x10 ? " 0" : " ");
            Serial.print(buffer[i], HEX);
        }
    }
```

上传运行程序，打开串口监视器，将标签Mifare卡靠近模块天线感应区，读出卡片ID及扇区1数据，程序写入数据后再次读出显示，如图8-71所示。

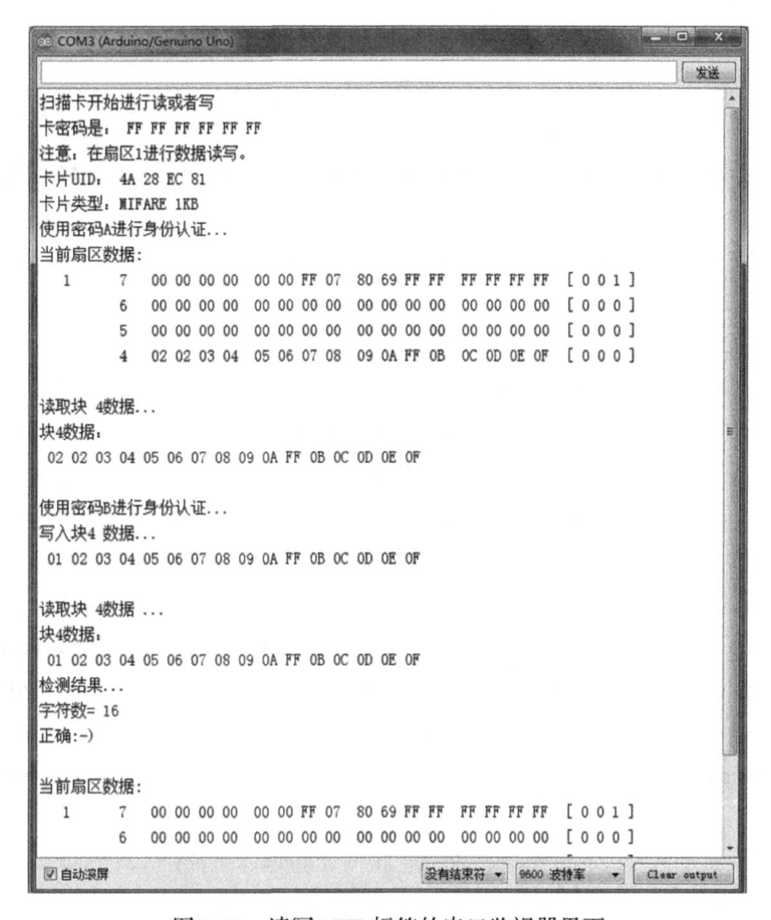

图8-71　读写RFID标签的串口监视器界面

Mixly版本的RFID的读取和写入如图8-72所示，可以看到，当检测到卡的信号时，就对卡的信息进行写入，同时也将卡内的数据保存记录起来，并且打印，如果打印的数据和开始mylist中预设写入的数据一致，就说明卡的信息读写成功。

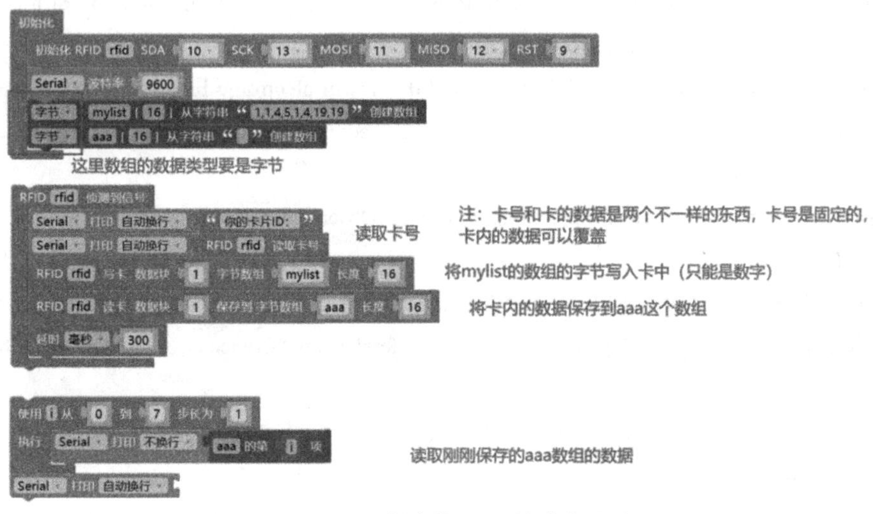

图8-72　Mixly版本的RFID的读取和写入

参考文献

[1] Raskin J. The humane interface: New directions for designing interactive systems [M]. Addison-Wesley, 2000.

[2] Houde S, Hill C. What do prototypes prototype? [M] //Handbook of human-computer interaction. North-Holland, 1997: 367–381.

[3] Dow S P, Heddleston K, Klemmer S R. The efficacy of prototyping under time constraints [C] // Proceedings of the seventh ACM conference on Creativity and cognition. 2009: 165–174.

[4] Kirsh D, Maglio P. Some epistemic benefits of action: Tetris, a case study [C] //Proceedings of the Fourteenth Annual Conference of the Cognitive Science Society: July. 1992, 29: 224–229.

[5] Caminha T F. High-fidelity physical prototyping: a design approach to [D]. University of the State of Rio de Janeiro, 2020.

[6] Helander, Martin G., ed. Handbook of human-computer interaction [M]. Elsevier, 2014.

[7] Hodges S, Scott J, Sentance S, et al. NET Gadgeteer: A new platform for K–12 computer science education [C] //Proceeding of the 44th ACM technical symposium on Computer science education. 2013: 391–396.

[8] Yang Q, Steinfeld A, Rosé C, et al. Re-examining whether, why, and how human-AI interaction is uniquely difficult to design [C] //Proceedings of the 2020 chi conference on human factors in computing systems. 2020: 1–13.

[9] McElroy K. Prototyping for designers: developing the best digital and physical products [M]. "O' Reilly Media, Inc.", 2016.

[10] Kelley J F. An empirical methodology for writing user-friendly natural language computer applications [C] //Proceedings of the SIGCHI conference on Human Factors in Computing Systems. 1983: 193–196.

[11] Collaros P A, Anderson L R. Effect of perceived expertness upon creativity of members of brainstorming groups [J]. Journal of Applied Psychology, 1969, 53(2p1): 159.

[12] Diehl M, Stroebe W. Productivity loss in brainstorming groups: Toward the solution of a riddle [J]. Journal of personality and social psychology, 1987, 53(3): 497.

[13] De Vreede G J, Briggs R O, van Duin R, et al. Athletics in electronic brainstorming: Asynchronous electronic brainstorming in very large groups [C] //Proceedings of the 33rd Annual Hawaii International Conference on System Sciences. IEEE, 2000: 11 pp.

[14] Mackay W E. Video techniques for participatory design: Observation, brainstorming & prototyping [M]. ACM, 2000.

[15] Beaudouin-Lafon M, Mackay W E. Reification, polymorphism and reuse: three principles for designing visual interfaces [C] //Proceedings of the working conference on Advanced visual interfaces. 2000: 102–109.

[16] tzzt01. 排序：为什么插入排序比冒泡排序更受欢迎 [EB/OL]. [2022–05–12]. https://blog.csdn.net/tzzt01/article/details/116637676.

[17] Hollan J, Hutchins E, Kirsh D. Distributed cognition: toward a new foundation for human-computer

interaction research［J］. ACM Transactions on Computer-Human Interaction (TOCHI), 2000, 7(2): 174–196.

［18］Wensveen S, Matthews B. Prototypes and prototyping in design research［M］//The routledge companion to design research. Routledge, 2014: 262–276.

［19］Hodges S, Taylor S, Villar N, et al. Prototyping connected devices for the internet of things［J］. Computer, 2012, 46(2): 26–34.

［20］Yang Q, Banovic N, Zimmerman J. Mapping machine learning advances from HCI research to reveal starting places for design innovation［C］//Proceedings of the 2018 CHI conference on human factors in computing systems. 2018: 1–11.

［21］Beaudouin-Lafon M, Mackay W E. Prototyping tools and techniques［M］//The human-computer interaction handbook. CRC Press, 2007: 1043–1066.

［22］Reas C, Fry B. Getting Started with Processing: A Hands-on introduction to making interactive Graphics［M］. Maker Media, Inc., 2015.

［23］Schneider K. Prototypes as assets, not toys. Why and how to extract knowledge from prototypes. (Experience report)［C］//Proceedings of IEEE 18th International Conference on Software Engineering. IEEE, 1996: 522–531.